Raphael Knoll

# Einfluß der Bodenmakrofauna auf Bodenmikromorphologie und Bodenchemie in zentralamazonischen Agrar- und Waldökosystemen

Karlsruher Schriften zur Geographie und Geoökologie
Band 25

Institut für Geographie und Geoökologie, Karlsruher Institut für Technologie
Hrsg.: M. Meurer, D. Burger, C. Kramer, S. Norra

Eine Übersicht über alle bisher in dieser Schriftenreihe erschienenen Bände
finden Sie am Ende des Buchs.

# Einfluß der Bodenmakrofauna auf Bodenmikromorphologie und Bodenchemie in zentralamazonischen Agrar- und Waldökosystemen

von
Raphael Knoll

Dissertation, genehmigt von der Fakultät für Bauingenieur-, Geo- und
Umweltwissenschaften der Universität Fridericiana zu Karlsruhe (TH), 2010
Referenten: Prof. Dr. Dieter Burger, PD Dr. Stefan Norra

**Impressum**

Karlsruher Institut für Technologie (KIT)
KIT Scientific Publishing
Straße am Forum 2
D-76131 Karlsruhe
www.ksp.kit.edu

KIT – Universität des Landes Baden-Württemberg und nationales
Forschungszentrum in der Helmholtz-Gemeinschaft

KIT Scientific Publishing 2010
Print on Demand

ISSN 2190-7889
ISBN 978-3-86644-511-6

Einfluß der Bodenmakrofauna auf Bodenmikromorphologie und Bodenchemie
in zentralamazonischen Agrar- und Waldökosystemen


Zur Erlangung des akademischen Grades eines

DOKTORS DER NATURWISSENSCHAFTEN

von der Fakultät für

Bauingenieur-, Geo- und Umweltwissenschaften
des Karlsruher Instituts für Technologie
(Universität Fridericiana zu Karlsruhe)

genehmigte

DISSERTATION

von

Dipl.-Geogr. Dipl.-Geol. Raphael Knoll

aus Stuttgart

Tag der mündlichen Prüfung: 29.01.2010
Hauptreferent: Prof. Dr. Dieter Burger
Korreferent: PD Dr. Stefan Norra
Vorsitz: Prof. Dr. Joachim Vogt

Karlsruhe 2010

**Lebenslauf von Raphael Knoll**

**Geburtsdatum und -ort:**  24.03.1971, Stuttgart
**Familienstand:**  ledig
**Nationalität:**  deutsch

**Schulbildung:**
08/1977-07/1981:  Grundschule in Leinfelden-Echterdingen und Tamm
08/1981-05/1990:  Gymnasium in Asperg, Allgemeine Hochschulreife

**Universität:**
10/1990-03/1991:  Universität Tübingen: Studium der Volkswirtschaftslehre
04/1991-09/1991:  Universität Mannheim: Studium der Geographie
10/1991-07/1997:  Universität Stuttgart: Studium der Geographie
Studienschwerpunkte: Physische Geographie, Landschaftsökologie, Botanik, Bodenkunde
Abschluß als Diplom-Geograph am 09.07.1997
10/1993-04/1999:  Universität Stuttgart: Studium der Geologie/Paläontologie
Studienschwerpunkte: (Sediment-)Petrographie, Mineralogie, Hydrogeologie
Abschluß als Diplom-Geologe am 22.04.1999

**Berufserfahrung:**
08/2000-12/2000:  Landratsamt Heilbronn:
Praktikum im Umweltschutzamt und im Kreisplanungsamt
01/2001-07/2002:  Universität Stuttgart:
Mitarbeiter in der Zentralen Studienberatung im Bereich Internetkoordination und Veranstaltungsorganisation
08/2002-07/2008:  Universität Karlsruhe:
Wissenschaftlicher Mitarbeiter, Institut für Geographie und Geoökologie

# Danksagung

Ich danke Herrn Prof. Dr. DIETER BURGER vom Institut für Geographie und Geoökologie der Universität Karlsruhe für den Vorschlag des Promotionsthemas, die Betreuung der Arbeit sowie die unkomplizierte Hilfestellung bei fachlichen Problemen.

Vielen Dank an Herrn Dr. WERNER HANAGARTH vom Staatlichen Museum für Naturkunde Karlsruhe, der die Farbtracer-Experimente initiierte und mir wertvolle Anregungen für diese Arbeit gab. Ohne seine engagierte fachliche und administrative Unterstützung hätte ich die Arbeit in dieser Form nicht durchführen können.

Ich danke Herrn Dr. HUBERT HÖFER und Frau Dr. PETRA SCHMIDT vom Staatlichen Museum für Naturkunde Karlsruhe für die Zusammenarbeit im Gelände und in Karlsruhe sowie die Bereitstellung von Datenmaterial der Mulchexperimente. Vielen Dank an Herrn Dr. MANFRED VERHAAGH vom Naturkundemuseum für die Zusammenarbeit, die Bereitstellung von Daten des Holzexperiments sowie die Bestimmung der Ameisen. Danke auch an den Initiator des Projekts, Herrn Prof. Dr. LUDWIG BECK vom Naturkundemuseum.

Ein besonderes Dankeschön möchte ich Herrn Dipl.-Forstwirt PRZEMYSLAW WALOTEK für die hervorragende Zusammenarbeit im Gelände und die nette Zeit in Brasilien aussprechen.

Vielen Dank an Frau Dr. LUCILENE MEDEIROS für die Zusammenarbeit im Gelände sowie die Bestimmung der Termiten.

Der EMBRAPA danke ich für die Bereitstellung von Unterkunft und technischer Ausstattung. Vielen Dank den Landarbeitern für das Ausheben der Profilgruben und die Zusammenarbeit im Gelände.

Herrn cand. biol. CHRISTIAN RABELING danke ich für die Zusammenarbeit im Gelände sowie die Bestimmung der Ameisen.

Vielen Dank an Herrn cand. biol. FLORIAN RAUB für die Bildbearbeitung der Farbtracer-Aufnahmen.

Herzlichen Dank an Herrn Dipl.-Chem. MARTIN KULL vom Institut für Geographie und Geoökologie der Universität Karlsruhe für die bodenchemischen Analysen und die Anfertigung der Dünnschliffe. Seine tatkräftige Arbeit im Labor war entscheidend für die Durchführung dieser Arbeit. Vielen Dank an Herrn Dipl.-Geoökol. JAN GRAMLICH und Herrn Dipl.-Geoökol. INGO STEINSBERGER für die Durchführung der bodenchemischen Analysen.

Vielen Dank an Herrn Dipl.-Geoökol. Dipl.-Ing. (FH) REINER GEBHARDT vom Institut für Geographie und Geoökologie der Universität Karlsruhe für Hilfe bei Computerangelegenheiten.

Ich danke Herrn Dipl.-Geoökol. STEFFEN SCHWEIZER für die umfangreichen Untersuchungsergebnisse aus seiner Diplomarbeit, die mir wichtige Anhaltspunkte für meine Untersuchungen geliefert hat.

Frau Dipl.-Biol. MARION MATEJKA-DEITMERS vom Staatlichen Museum für Naturkunde Karlsruhe und Herrn cand. geoökol. HARALD

NEIDHARDT danke ich für die Durchführung der C/N-Analysen.

Abschließend danke ich meinen Eltern und meiner Freundin auf das herzlichste für die Unterstützung während der Promotionszeit.

Im Juli 2009
RAPHAEL KNOLL

SHIFT-Experimentalflächen auf dem Gelände des Forschungszentrums EMBRAPA Amazônia Ocidental am Rande eines tropischen Primärwaldes in Zentralamazonien (Brasilien).

# Inhaltsverzeichnis

# Abbildungsverzeichnis

# Tabellenverzeichnis

# Anhangverzeichnis

# 1 Einführung und Fragestellung

## 1.1 Einführung

Die Böden in der *Terra-firme*-Region um Manaus in Zentralamazonien (Brasilien) sind stark und tiefgründig chemisch verwittert, tonreich und weisen vor allem im Unterboden aufgrund der Dominanz von Zweischichttonmineralen eine sehr niedrige Kationenaustauschkapazität der mineralischen Bodenfraktion auf. Die in und auf dem Boden lebenden Tiere sind von großer Bedeutung für die Streuzersetzung und die Nährstoffversorgung, da es aufgrund der mächtigen Verwitterungsdecke zu keiner Nährstoffnachlieferung aus dem Boden kommen kann. Daher wird in den stark verwitterten Böden der *Terra firme* Amazoniens die Bodenfruchtbarkeit stark von der Menge und Qualität der organischen Bodenbestandteile bestimmt. In den Agrar- und Waldökosystemen Zentralamazoniens sind Termiten (*Isoptera*), Ameisen (*Formicidae*) und Regenwürmer (*Oligochaeta*) die am häufigsten vorkommenden Vertreter der Bodenmakrofauna und spielen eine wichtige Rolle beim Abbau und Einbau organischer Substanz im Boden. Dies eröffnet die Möglichkeit, durch den Einbau der organischen Substanz die Kationenaustauschkapazität entscheidend zu erhöhen, das Bodengefüge zu verbessern und eine gezielte Düngung zu ermöglichen.

An verschiedenen Kulturen eines Agroforstsystems sowie an Standorten in Primärwäldern soll exemplarisch aufgezeigt werden, ob Ameisen, Termiten und Regenwürmer durch die Anlage von Gängen und Kammern sowie den Einbau organischer Substanz bodenphysikalische (vor allem Bodenporosität) und bodenchemische (vor allem Kationenaustauschkapazität) Eigenschaften beeinflussen und die Standorteigenschaften verbessern können. Farbtracer-Experimente sollen präferentielle Fließwege kenntlich machen und die Verbreitung gezielter Düngergaben sichtbar machen.

Die vorliegende Arbeit ist Teil eines Projekts, das unter anderem in Zusammenarbeit mit dem Staatlichen Museum für Naturkunde Karlsruhe (SMNK) sowie dem brasilianischen Forschungsdepartement für Landwirtschaft und Viehzucht (Centro de Pesquisa Agroflorestal da Amazônia Ocidental da Empresa Brasileira de Pesquisa Agropecuária (EMBRAPA)) in Manaus in Zentralamazonien durchgeführt wurde. Diese Arbeit erfolgte im Rahmen des SHIFT-Projekts ENV 52 (BMBF 01LT0014 / CNPq 690018/00-2) „Management pflanzlicher Bestandesabfälle und seine Auswirkungen auf Streuabbau und Boden-Makrofauna in zentralamazonischen Agrar-Ökosystemen" mit einer Projektlaufzeit von 01.10.2000 bis 30.09.2003. Die finanzielle Unterstützung erfolgte im Rahmen des deutsch-brasilianischen Forschungsprogramms „Studies on Human Impact on Forests and Floodplains in the Tropics" (SHIFT) durch das Bundesministerium für Bildung und Forschung (BMBF, Deutschland) und das Conselho Nacional de Desenvolvimento Científico e Tecnológico (CNPq, Brasilien).

Hauptziel des SHIFT-Projekts war die Entwicklung nachhaltiger Landnutzungsformen, die eine nachhaltige ökonomische Entwicklung unter Reduzierung der Abholzungsrate erlauben und so zum Erhalt der tropischen Regenwälder beitragen (HÖFER et al. 2004:3). Ziel des Projekts ENV 52 und benachbarter Projekte war die Entwicklung stabiler Mischkultursysteme für kleinbäuerliche Betriebe auf der *Terra firme* und damit die Verbesserung der Ertragslage der Kleinbauern in Amazonien. Dadurch soll der Holzeinschlag in Primärwäldern zur Anlage neuer Nutzungsflächen verringert werden (HÖFER et al. 2004:3). Ein großer Prozentsatz der anthropogen genutzten Flächen im Einzugsgebiet der Stadt Manaus und in anderen Regionen Amazoniens liegt brach aufgrund geringer Bodenfruchtbarkeit und den Folgen unangepaßter landwirtschaftlicher Nutzungsformen. Die Folge davon ist ein zunehmender Flächenverbrauch an neuen Regenwaldgebieten mit einem damit verbundenen Rückgang der lokalen Biodiversität. Daher ist es erforderlich, brachliegende Flächen erneut zu nutzen und damit noch ungestörte Regenwaldflächen zu schützen und zu erhalten (HÖFER et al. 2004:8). Voraussetzung für nachhaltige Agrarsysteme ist kurzzeitig das Nährstoffrecycling und langfristig der Erhalt und die Verbesserung der Bodenfruchtbarkeit, aber auch deren Regeneration und damit die Rekultivierung bereits degradierter Kulturflächen. Eine Schlüsselrolle hierbei spielt der langfristige Erhalt physikalischer Bodeneigenschaften und der organischen Substanz im Boden (SOM - soil organic matter), deren Menge und Qualität in starkem Maße von der Aktivität der Bodenfauna beeinflußt wird (HÖFER et al. 2004:3).

## 1.2 Fragestellung

In dieser Arbeit soll vor allem die Rolle der Bodenmakrofauna für den hydrologischen, mikromorphologischen und bodenchemischen Zustand des Bodens untersucht werden. Dabei werden die folgenden drei Hypothesen aufgestellt und überprüft:

**1) Die Wasserversickerung in einem tropischen Ferralsol wird hauptsächlich durch biogene Strukturen, vor allem durch Gänge von Ameisen, Termiten und Regenwürmern sowie Wurzelkanäle geprägt.**

Bereits an der Bodenoberfläche sind zahlreiche Spuren faunistischer Tätigkeit zu erkennen, beispielsweise Ameisenhügel, Laubstreu mit Fraßspuren von Termiten und Kotablagerungen von Regenwürmern. Bei der Betrachtung des in Zentralamazonien weit verbreiteten Xanthic Ferralsol wird im Bodenprofil deutlich, daß das homogen gelblich gefärbte Bodenprofil stark von biogenen Strukturen durchzogen wird. Sofern diese Strukturen eine Verbindung zur Bodenoberfläche haben, müßte einsickerndes Niederschlagswasser vor allem durch Gänge von Ameisen, Termiten und Regenwürmern sowie Wurzelkanälen als präferentieller Wasserfluß in die Tiefe geleitet werden. Durch die Anwendung eines Tracers in Regenwald- und Agroforst-Flächen besteht die Möglichkeit, den Wasserfluß sichtbar zu machen und die Bedeutung der Makrofauna für die Versickerung aufzuzeigen. Eine von W. HANAGARTH und P. WALOTEK entwickelte Methodik zur Auszählung biogener Strukturen hilft bei der Quantifizierung dieser Strukturen.

**2) Die Bodenmakrofauna hat durch die Anlage von Gängen und Kammern sowie den Eintrag organischen Materials einen starken Einfuß auf bodenchemische Faktoren und die Porosität.**

Die Anlage von Gängen dürfte sich erhöhend auf die Porosität des Bodens auswirken. Der Einbau organischer Substanz in einen von Zweischichttonmineralen geprägten und damit nährstoffarmen Boden müßte durch ein zusätzliches Angebot an Austauscherplätzen für eine merkliche Erhöhung der Kationenaustauschkapazität und des C-Gehalts sorgen. Insbesondere die Verdauungstätigkeit der unterirdisch lebenden Regenwürmer dürfte für eine intensive Durchmischung organischen und mineralischen Materials sorgen. Durch eine gezielte Beprobung sowie bodenchemische und mikromorphologische Analysen dieser biogenen Strukturen sollte es möglich sein, den Einfluß im Untersuchungsgebiet häufig anzutreffender und für Zentralamazonien charakteristischer Arten nachzuweisen.

**3) Der Eintrag organischer Substanz durch Mulchen führt aufgrund des zusätzlichen Nahrungsangebots zu einem verstärkten Einbau organischen Materials durch die Bodenmakrofauna.**

Mulchen mit organischen Substanzen sorgt durch die aufgebrachten Materialien für ein erhöhtes Nahrungsangebot für die Bodenmakrofauna. Dies müßte sich in der Menge des von Tieren eingetragenen organischen Materials und einer Zunahme der Kationenaustauschkapazität bemerkbar machen. Die im Rahmen dieser Arbeit untersuchten Mulchversuche wurden durchgeführt von Mitarbeitern des Staatlichen Museums für Naturkunde Karlsruhe.

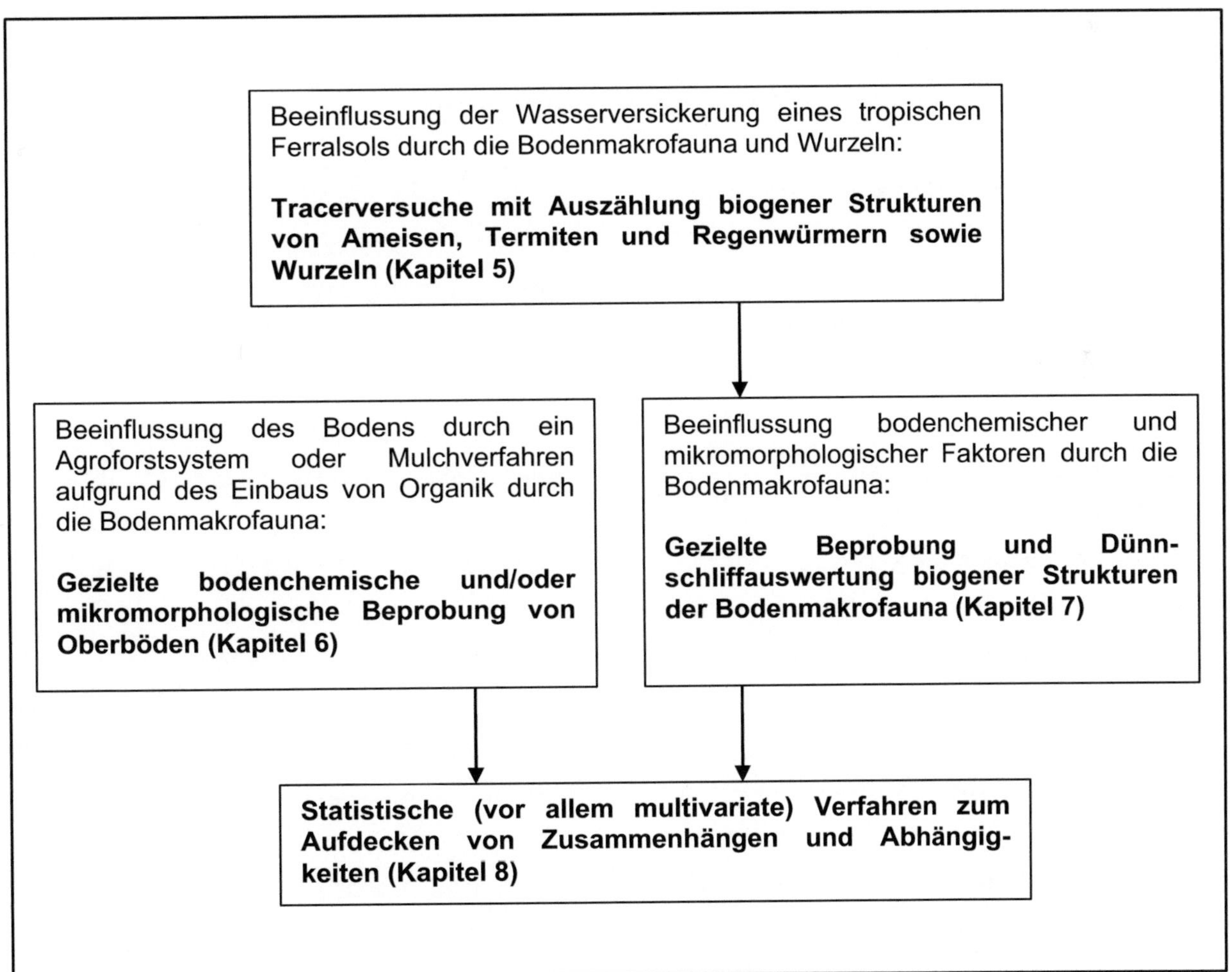


Abb. 1:　Hypothesen und Ablauf der vorliegenden Arbeit.

## 2 Forschungsstand

### 2.1 Präferentielle Fließvorgänge in Böden

Das Thema *Preferential flow* (präferentielle Sickerung, präferentielle Fließvorgänge in Böden) ist Gegenstand zahlreicher wissenschaftlicher Untersuchungen. Diese erfolgten bereits im 19. Jahrhundert, verstärkt aber erst seit den achtziger Jahren des 20. Jahrhunderts (DEMUTH & HILTPOLD 1993:479).

*Preferential flow* ist ein anerkannter Begriff für das in Böden häufig auftretende Phänomen schnellen Wasser- und Stofftransportes, wobei „schnell" bedeutet, daß über den gesamten Querschnitt auf den Boden gelangendes Wasser und darin gelöste und partikuläre Stoffe nur durch einen kleinen Teil des zur Verfügung stehenden Porenraumes sickern (DEMUTH & HILTPOLD 1993:479). Dabei sind verschiedene Fließsituationen möglich (verkürzt nach DEMUTH & HILTPOLD 1993:479):

- *Preferential flow* in Böden aufgrund örtlicher Variabilität hinsichtlich der Durchlässigkeit.
- *Preferential flow* in den Rissen und Poren strukturierter Böden.
- *Preferential flow* aufgrund von Dichte- und Viskositätsunterschieden zwischen infiltrierendem und vorhandenem Wasser, hydrophoben Bodenmaterialien oder einer Schichtung von unterschiedlich durchlässigem Material.

*Preferential flow* ist der Gegensatz zur Sickerung in der Matrix, die von der reversiblen Diffusion des Kapillarpotentials beherrscht wird. Voraussetzungen für *Preferential flow* sind die über größere Strecken auftretenden Makroporen, ein minimaler Wassergehalt der Matrix sowie eine während einer minimalen Infiltrationsdauer auftretende minimale Infiltra-

tionsrate (GERMANN 1999:1). Dabei handelt es sich um Wassersickerungen, die während kurzer Perioden von Stunden auftreten und bis mehr als zwei Meter tief in den Boden eindringen können. Sie werden beispielsweise durch heftige Niederschläge oder intensive Bewässerung verursacht (GERMANN 1999:1).

Die Fließwege von Wasser und Lösungen in Böden bilden verschiedene Muster aus, die nicht vorhersagbar sind. Die Struktur der Makroporen ist dabei eine wichtige Ursache, aber auch andere Faktoren, wie unterschiedliche Anfangs- oder Grenzbedingungen können einen Boden für die Umleitung von infiltrierendem Wasser prädisponieren (FLURY et al. 1994:1945).

Die Fließwege von Wasser durch Böden sind in vielen, wenn nicht den meisten Fällen, höchst unregelmäßig. Präferentielle Fließvorgänge in Böden sind weit verbreitet (FLURY et al. 1994:1945). In gut strukturierten, lehmigen bis tonigen Böden kann sich das Wasser entlang von Rissen bewegen (BEVEN & GERMANN 1982, BOUMA 1991, beide zit. bei: FLURY et al. 1994:1945). In strukturlosen sandigen Böden kann eine infiltrierende Wasserfront instabil werden und sich in „Finger" aufspalten (HILLEL 1987, zit. bei: FLURY et al. 1994:1945). In Böden mit biogenen Poren kann Wasser entlang dieser Poren kanalisiert werden, ohne daß die feine Bodenmatrix durchflossen wird (EDWARDS et al. 1989 und 1993, zit. bei: FLURY et al. 1994:1945).

Auch BERG et al. (1999:139) stellen fest, daß die Fließwege im Boden in den meisten Fällen sehr unregelmäßig sind und daß das Auftreten bevorzugter Fließwege eher die Regel als die Ausnahme ist. In gut strukturierten, lehmigen und tonigen Böden bewegt sich das Wasser entlang von Rissen, wogegen in strukturlosen, sandigen Böden die Feuchtefront instabil wird und es zu einem schnellen Vordringen einzelner „Finger" kommen kann. In Böden mit höherem Schluffanteil ist zu beobachten, daß die obersten Bodenschichten zumeist homogen gefärbt sind, darunter findet sich der Farbstoff oft nur in Makroporen biogenen Ursprungs (BERG et al. 1999:139).

GISH et al. (1998:47f.) unterscheiden drei Typen präferentieller Fließmechanismen. Der erste Typ ist der Makroporenfluß, bei dem Wasser durch zusammenhängende Hohlräume fließt, die von Regenwürmern, abgestorbenen Wurzeln und Bruchflächen der Bodenaggregate geschaffen wurden. Der zweite Typ ist der fingerförmige Fluß, der sich dann ausbildet, wenn sich eine einheitliche Versickerungsfront in einem sehr grobkörnigen und trockenen Boden bewegt, in dem sich das Wasser in getrennte säulenartige Fließpfade aufteilt. Der dritte Typ ist das trichterförmige Fließen, das sich entlang geneigter Texturgrenzen mit einem abrupten Wechsel in der Porengrößenverteilung ausbildet. Alle drei Typen präferentiellen Fließens können gleichzeitig vorkommen (GISH et al. 1998:47f.).

*Preferential flow* ist von praktischer Bedeutung, da gelöste und partikuläre Stoffe (Biozide, Düngestoffe, Schwermetalle) nicht im Oberboden sorbiert und mikrobiell abgebaut oder von Pflanzenwurzeln aufgenommen werden, sondern sehr schnell von der Wurzelzone in tiefere Bodenbereiche und schließlich ins Grundwasser oder in Oberflächengewässer

transportiert werden (DEMUTH & HILTPOLD 1993:479). In den achtziger und neunziger Jahren des 20. Jahrhunderts wurde allmählich erkannt, daß präferentielles Fließen der bedeutendste Versickerungsprozeß ist, der das Verschmutzungspotential von Agrochemikalien beeinflußt (GISH et al. 1998:47).

Das präferentielle Fließen erfolgt entlang von Makroporen, wobei keine einheitlich festgelegte Grenze zwischen Makro- und Mikroporen besteht (SCHEFFER et al. 1992:149). Die Fließgeschwindigkeiten werden durch die kleinste Porengröße entlang des Fließpfades kontrolliert. Makroporen können sich über mehrere Meter vertikal oder seitlich fortsetzen (BEVEN & GERMANN 1982:1311). Der Äquivalentdurchmesser von Makroporen liegt im allgemeinen bei über 1000 µm (Aufzählung bei BEVEN & GERMANN 1982:1312). BEVEN & GERMANN (1982:1312f.) unterscheiden vier Typen von Makroporen:

- Poren, die von der Bodenfauna geschaffen werden und die zumeist röhrenförmig sind mit Durchmessern von unter 1 mm bis über 50 mm in Abhängigkeit von der Tierart.

- Poren, die im Zusammenhang mit lebenden oder abgestorbenen Pflanzenwurzeln geschaffen werden und die ebenfalls röhrenförmig sind.

- Risse unterschiedlicher Größe, die durch das Austrocknen und Schrumpfen toniger Böden, chemische Verwitterung des Ausgangsmaterials, Frieren und Tauen des Bodens oder durch Kulturtechniken entstehen.

- Natürliche Röhren im Boden, die aufgrund unterirdischer Erosion entstehen.

Auch andere Autoren betonen die Rolle biogener Makroporen für den Wasserfluß in

Böden, so zum Beispiel AUBERTIN (1971:11f.), der feststellt, daß die Leitfähigkeit von alten Wurzelkanälen und Tiergängen diejenige der Bodenmatrix deutlich überwiegt.

Da die quantitative Erfassung von *Preferential flow* schwierig und in den meisten Fällen unmöglich ist, ist oft nur ein qualitativer Nachweis möglich (DEMUTH & HILTPOLD 1993:482). In zahlreichen Untersuchungen erfolgt die Darstellung präferentieller Fließwege über die Infiltration von Farbstoffen, wozu häufig der Lebensmittelfarbstoff Brilliant Blue FCF (C.I. 42090) eingesetzt wird (so zum Beispiel bei FLURY et al. 1994, WEILER & FLÜHLER 2004, MORRIS & MOONEY 2004, ALAOUI & GOETZ 2008, LIPSIUS & MOONEY 2006, WEILER & NAEF 2003), oft in Verbindung mit rechnergestützter Bildauswertung der eingefärbten Bodenprofile. Ein Nachteil der Verwendung von Farbstoffen besteht darin, daß die Datengewinnung durch Ausgraben der eingefärbten Flächen erfolgt und somit zerstörerisch und an derselben Stelle nicht wiederholbar ist (FLURY et al. 1994:1945).

Von FLURY et al. (1994) in der Schweiz mit Brilliant Blue durchgeführte Färbeversuche, bei der die eingefärbten Profile bis in 1 m Tiefe aufgegraben wurden und der Grad sowie die Tiefe der Einfärbung an der Profilwand bestimmt wurden, hatten zum Ergebnis, daß das Auftreten von präferentiellen Fließvorgängen nicht eine Ausnahme, sondern die Regel ist. In den meisten der 14 beprobten Profile wird das Wasser in unterschiedlichem Ausmaß an der Bodenmatrix vorbeigeleitet. In strukturierten Böden dringt das Wasser tiefer ein als in unstrukturierten Böden, wobei der anfängliche Bodenwassergehalt keine deutliche Auswir-

kung auf die Fließmuster und die Einsickerungstiefe hat (FLURY et al. 1994:1953).

Eine in den Tropen (Malaysia) durchgeführte Untersuchung, in der in Wasser gelöste weiße Farbe als Tracer diente, betont die herausragende Rolle von vertikalen Wurzelkanälen, wobei vor allem abgestorbene Wurzeln Kanäle bilden, die als präferentielle Fließwege dienen (NOGUCHI et al. 1997:119).

Das in Färbeversuchen (wie auch in der vorliegenden Arbeit) häufig verwendete Brilliant Blue FCF (Summenformel: $C_{37}H_{34}N_2Na_2O_9\text{-}S_3$) hat sich als nützlicher Farbstoff erwiesen, um die Fließwege von Wasser im Boden einzufärben. Der Farbstoff ist, abhängig vom pH-Wert, neutral oder anionisch und wird daher nicht stark an negativ geladene Bodenbestandteile gebunden (FLURY & FLÜHLER 1994:1108, 1995:22). Die Toxizität von Brilliant Blue ist gering, weshalb es auch als Lebensmittelfarbstoff genutzt wird. Der Farbstoff sammelt sich nicht in Pflanzen oder Tieren an, wird aber in der Umwelt nur langsam abgebaut. Die wichtigste industrielle Anwendung von Brilliant Blue ist als Farbstoff in Toilettenreinigungsmitteln. Für eine gute Sichtbarkeit im Boden empfiehlt sich eine Dosierung von 3 bis 5 Gramm pro Liter Wasser (FLURY & FLÜHLER 1994:1108). Durch die grünlich-blaue Farbe hebt sich der Farbstoff gut von der Bodenfarbe ab. Durch die Kombination aus geringer Toxizität, guter Sichtbarkeit und hoher Mobilität ist Brilliant Blue gut als Tracer geeignet und ist daher zur Zeit der am häufigsten verwendete Farbstoff zur Sichtbarmachung von Fließwegen in der vadosen Zone (GERMÁN-HEINS & FLURY 2000:88).

Laut WEILER & NAEF (2003) werden bislang in hydrologischen Modellen Böden üblicherweise als durchgehend poröses Medium betrachtet, wobei der Durchfluß nur von der hydraulischen Leitfähigkeit und dem Bodenwassergehalt abhängt. Fließprozesse in Makroporen werden oft nicht berücksichtigt. Vor allem von Regenwürmern geschaffene Gänge weisen immer höhere Abflußmengen auf, als die Niederschlagsintensität es vermuten läßt. Regenwurmgänge können so die Infiltrationsrate signifikant erhöhen, sofern das Wasser in den Makroporen nicht unmittelbar von der umgebenden Bodenmatrix absorbiert wird (WEILER & NAEF 2003:477f.). Experimente (durchgeführt an Braunerden in der Schweiz) zeigen, daß der Fluß in Makroporen entweder von der Bodenoberfläche oder von einem gesättigten oder teilweise gesättigten Bodenhorizont ausgeht (WEILER & NAEF 2003:491).

GJETTERMANN et al. (1997:139) stellen im Rahmen eines Färbeversuchs mit Brilliant Blue (durchgeführt an Parabraunerden in Dänemark) fest, daß ein tiefes Eindringen von Wasser in den Boden als präferentielles Fließen durch Makroporen erfolgt. Dabei handelt es sich hauptsächlich um Regenwurmgänge, in denen ein Großteil des Wassers an der Bodenmatrix vorbeigeleitet wird. Mit steigender Bewässerungsintensität wurde im Unterboden eine höhere Anzahl eingefärbter Makroporen beobachtet. Das Pflügen des Bodens führt zu einer Zerstörung der Regenwurmgänge und damit zu einer Verringerung präferentieller Fließvorgänge bei einem gleichmäßigeren Einsickern des Tracers in den Pflughorizont (GJETTERMANN et al. 1997:149f.).

Auch KERN et al. (2001) stellen fest, daß Bodenbearbeitung den Tracergehalt der obersten 10 cm des Bodenprofils erhöht, wogegen hohe Beregnungsintensität auf unbearbeitetem Boden zu stark ausgeprägtem präferentiellen Fluß führt. Bodenbearbeitung verhindert den präferentiellen Stofftransport nicht, vermindert ihn jedoch, da ein größerer Teil der Beregnungslösung in der Bodenmatrix der obersten Zentimeter verbleibt (KERN et al. 2001:96).

Pflanzenwurzeln tragen stark zum präferentiellen Fließen bei, da sie Hohlräume schaffen, die als Fließwege genutzt werden können (GISH et al. 1998:47). Alte Wurzelkanäle, die bereits leer sind, sind Bereiche mit hoher Leitfähigkeit. Allerdings wird dort durch den im Vergleich zum benachbarten Boden höheren Organikgehalt, höhere Mikrobenpopulation und höheren Sauerstoffgehalt der Abbau von Pestiziden beschleunigt (GISH et al. 1998:53).

VAN NOORDWIJK et al. (1991) zeigen an Beispielen aus Nigeria und Indonesien die Bedeutung der Kanäle alter Baumwurzeln für präferentielle Fließvorgänge auf. Entlang dieser Kanäle, die mit teilweise zersetztem Organikmaterial ausgekleidet sind, können Wurzeln von Kulturpflanzen, ohne Schädigung durch Aluminium-Toxizität, in den sauren Unterboden wachsen. In die Kanäle eingedrungenes Oberbodenmaterial mit einem höheren Organikgehalt trägt ebenfalls zum Wurzelwachstum der Kulturpflanzen bei. Trotz ebenfalls saurer pH-Werte hilft die organische Substanz möglicherweise bei der Entgiftung von Aluminium. Während Starkniederschlägen sind diese Wurzelkanäle am bedeutendsten für die Infiltration des Niederschlagswassers (VAN NOORDWIJK et al. 1991:37-44).

Die bisherige Forschungstätigkeit über präferentielle Fließvorgänge hat sich bislang überwiegend auf außertropische Böden beschränkt, wobei die Rolle zoogener Strukturen im Boden nicht quantitativ erfaßt wurde. Dies soll im Rahmen der vorliegenden Arbeit geschehen.

## 2.2. Der Einfluß der Bodenmakrofauna auf den Boden

### 2.2.1 Allgemeine Betrachtung

Eine wesentliche Bedeutung der Bodenfauna für Ökosysteme liegt im Abbau und Einbau organischer Substanz in den Boden. Der Abbau organischer Substanz ist ein biologischer Prozeß, der als Bodenatmung gemessen wird und zu 80 bis 95 % von Mikroorganismen geleistet wird (LAVELLE et al. 1993, zit. bei: BECK et al. 1997:26). Neben Mikroorganismen gehört die Bodenmakrofauna zu den Primärzersetzern der Streu (BECK et al. 1997:28). Der Begriff Makrofauna wird nicht einheitlich gehandhabt. Eine Übersicht verschiedener Autoren bei HANGARTH et al. (2000:65-124) zählt Organismen von 2 bis 20 mm beziehungsweise 4 bis 80 mm Körperlänge zur Makrofauna.

Im Gegensatz zu den Mikroorganismen haben die Vertreter der Makrofauna nur begrenzte enzymatische Leistungsfähigkeiten und nur eine geringe Fähigkeit, harten Umweltbedingungen zu widerstehen. Sie brechen den physikalischen Schutz der organischen Substanz des Bodens während des Verdauens und Durchmischens des Bodens in ihrem Darm auf. Ein Teil der Makrofauna besitzt keine Grabwerkzeuge und bleibt in der Streuschicht (wie beispielsweise Spinnentiere) (LAVELLE et al. 1992:162). In der vorliegenden Arbeit werden Ameisen, Termiten und Regenwürmer zur Bodenmakrofauna zugehörig angesehen.

Termiten, Ameisen und Regenwürmer werden wegen ihrer Auswirkungen auf Bodeneigenschaften und ihres Einflusses auf die Ressourcenverfügbarkeit für andere Organismen (einschließlich Mikroorganismen und Pflanzen) als „soil engineers" angesehen (JOUQUET et al. 2006:153).

Zahlreiche Vertreter der Makrofauna können sich durch den Boden bewegen, indem sie Gänge und Bauten anlegen. Ein Teil der Makrofauna dringt nicht in den Boden ein, sondern lebt aufgrund des Fehlens von Grabwerkzeugen in der Streuschicht, wie beispielsweise eine Reihe großer Insekten und anderer Arthropoden. Die wichtigsten bodenbewohnenden Vertreter der Makrofauna, von denen einige auch in und von der Streuschicht leben, sind Regenwürmer, Termiten und Ameisen (LAVELLE et al. 1992:162). Die wichtigsten faunistischen Strukturen in Böden sind Gänge und Kotablagerungen. Regenwürmer erzeugen die größten Gänge, aber Ameisen und insbesondere Termiten produzieren die höchsten Dichten (FITZPATRICK 1993:135f.).

Regenwürmer sind in den humiden und subhumiden Tropen am aktivsten, wogegen Termiten und Ameisen in semiariden und ariden Regionen aktiver sind. Die Bodenfauna beeinflußt die Rate des Bodenumsatzes, der Mineralisierung und Humifizierung organischer Substanz des Bodens, Bodentextur und Bodendichte, Gesamt- und Makroporosität sowie Infiltrationsrate und Wasserrückhaltevermögen. Biogen bearbeitete Böden besitzen oft mehr organisches Material, mehr pflanzenverfügbare Nährstoffe und Wasserreserven als der angrenzende Boden. Population, Artenvielfalt und Aktivität der Bodenfauna werden durch landwirtschaftliche Praktiken beeinflußt. Die Praktiken, die die Faunenpopulationen ungünstig beeinflussen, sind mechanisierte Landrodung, Pflügen, Monokulturen und unkritischer Einsatz von Agrochemikalien. Bodenbearbeitungs- und Anbautechniken, die die Bodenfauna begünstigen und ihre Anzahl erhöhen, beinhalten den Einsatz von Mulch, Verzicht auf Pflügen, Anlegen einer Schutzbepflanzung, Agroforstwirtschaft und andere ökologisch verträgliche Anbausysteme. Bodendegradation in den Tropen steht in Verbindung mit einer drastischen Reduktion der Aktivität und Diversität der Bodenfauna (LAL 1988:101).

Als „ecosystem engineers" werden diejenigen Organismen bezeichnet, die ihre Umwelt durch die Anlage biogener Strukturen modifizieren (JIMENÉZ & DECAËNS 2006:92). Eine in einer kolumbianischen Savanne durchgeführte Analyse biogener Strukturen von Ameisen und Termiten zeigt erhöhte Nährstoffkonzentrationen der biogenen Strukturen im Vergleich zum Umgebungsmaterial (JIMENÉZ & DECAËNS 2006:92).

LAVELLE et al. (2001) zeigen die Bedeutung organischer Substanz als Energiequelle zur Aufrechterhaltung von Bodenfaunengemeinschaften und zur Stabilisierung der von diesen produzierten biogenen Strukturen auf. Der direkte Effekt von Bodeninvertebraten auf den Nährstoffkreislauf scheint eher begrenzt zu sein (ANDRÉN et al. 1999, zit. bei: LAVELLE et al. 2001:58f.). Der Nährstoffeintrag beispielsweise durch Regenwürmer hat nur geringe Auswirkungen auf das Pflanzenwachstum mit Ausnahme extrem nährstoffarmer Böden, wo deren Beitrag einen beträchtlichen Teil des Nährstoff-Flusses darstellt (BAROIS et al. 1999 und BROWN et al. 1999, beide zit. bei: LAVELLE

et al. 2001:58f). Die Haupteffekte der Wirbellosen scheinen aus ihren „engineering"-Aktivitäten zu resultieren. Die Bioturbation des Bodens hat beträchtliche Auswirkungen auf die Regulation mikrobieller Aktivitäten. Die Akkumulation biogener Strukturen ist für die Makroaggregatstruktur der meisten tropischen Böden in den obersten 10 bis 20 cm verantwortlich. Die von der Bodenmakrofauna durch grabende Tätigkeit geschaffene Makroporosität beeinflußt auch die hydraulischen Eigenschaften des Bodens. Da die biogenen Strukturen oft lange erhalten bleiben, sind diese noch vorhanden, wenn unvorteilhafte Bodenbearbeitung die Populationen bereits verringert hat. Das in den kompakten biogenen Strukturen befindliche organische Material ist oft vor weiterem Abbau geschützt (LAVELLE et al. 2001:53, 58). Umweltfreundliche Bodenbearbeitungspraktiken sollten die wirbellosen Bodentiere als Ressource betrachten und diese richtig beeinflussen (LAVELLE et al. 1999, zit. bei: LAVELLE et al. 2001:58). Zuerst ist es erforderlich, diese richtig zu „füttern", um ihre Aktivität zu ermöglichen. Es gibt Hinweise darauf, daß alle Praktiken, die eine bedeutsame Rückgabe von Pflanzenresten an den Boden ermöglichen, eine hohe Aktivität wirbelloser Tiere aufrecht erhalten. Dies ist zum Beispiel der Fall bei Techniken mit minimalem Pflugeinsatz, die die Wurzelproduktion und den Einbau toten Wurzelmaterials in den Boden unterstützen. Mulchen und Aufbringen von Dung und anderen organischen Düngern und Abfällen haben ähnlich günstige Auswirkungen (LAVELLE et al. 2001:58f.).

Die Bedeutung der Bodenmakrofauna für den Abbau des organischen Materials, vor allem der Streuauflage, konnte durch Experimente mit Streubeuteln unterschiedlicher Maschenweite nachgewiesen werden (HÖFER et al. 2001:232). Ein Ausschluß der Makrofauna in Streubeuteln mit kleinerer Maschenweite führte zu signifikant geringeren Abbauraten der Streu. Die höchsten Abbauraten fanden sich nur bei den Streubeuteln mit der größten Maschenweite, in die auch die Bodenmakrofauna gelangen konnte. Die dominierende Rolle der Bodenmakrofauna konnte im Primär- und Sekundärwald als auch in Agroforstflächen nachgewiesen werden (HÖFER et al. 2001:229, 232). Dieses Experiment fand auf den in der vorliegenden Arbeit untersuchten Flächen im Rahmen des Vorgängerprojekts statt und belegt den hohen Stellenwert der Bodenmakrofauna für den Abbau organischen Materials.

Eine ebenfalls auf diesen Flächen durchgeführte Untersuchung belegt einen engen (positiven) Zusammenhang zwischen Streumenge und Faunenabundanz (VOHLAND & SCHROTH 1999:66). Das Schaffen einer Streu- oder Mulchschicht sowie das Anpflanzen von Bäumen und Bodendeckern mit günstigem Einfluß auf die Bodenfauna sind geeignete Bearbeitungsmethoden für den Erhalt einer individuen- und artenreichen Streufauna in Agroforstsystemen der humiden Tropen (VOHLAND & SCHROTH 1999:57).

Nach LAVELLE et al. (1992:158f.) beinhaltet die Bodenfruchtbarkeit mehrere Komponenten. Zunächst die Nährstoffversorgung der Pflanzen, die von der Intensität, der räumlichen und zeitlichen Muster der Nährstoff-Freisetzung durch die Mineralisierung organischer Sub-

stanz abhängt sowie der Fähigkeit des Bodens, Kationen in austauschbarer Form an der Oberfläche von Tonmineralen und organischer Substanz zurückzuhalten. Ein weiterer Faktor ist die physikalische Struktur des Bodens, die den Porenraum und damit die Menge an Wasser und Sauerstoff kontrolliert, die im Boden gespeichert ist sowie die Geschwindigkeit der Weiterleitung an die Wurzeln. Das Klima kontrolliert die Abbauraten organischer Substanz und die Verwitterung des Ausgangsgesteins. Das Ausgangsgestein wiederum beeinflußt die Bodentextur, die Nährstoffmenge und die Art und Menge der Tonminerale. Die Qualität des organischen Eintrags beeinflußt die Abbauraten durch eine mögliche Hemmung der mikrobiellen Aktivität. Schließlich beeinflußt die Bodenfauna die Abbauvorgänge durch Verdauungstätigkeit und die Produktion von Stoffwechselprodukten und Kotablagerungen (LAVELLE et al. 1992:158f.).

In tropischen Ökosystemen lassen sich vier biologische Regulierungssysteme unterscheiden (LAVELLE et al. 1992:161). Erstens das System Streu und oberflächliche Wurzeln, dessen Hauptaufgabe das direkte Zurückführen von Nährstoffen aus der Blattstreu zu den oberflächlichen Wurzeln ist. Zweitens die Rhizosphäre, in der Wurzeln, Mikroflora und Mikrofauna wechselwirken. Drittens die „Drilosphäre", die die geophagen Regenwurmpopulationen und den von ihnen beeinflußten Boden beinhalten. Viertens die „Termitosphäre", die die Termiten, die von ihnen beeinflußte Mikroflora und den beeinflußten Boden umfaßt (LAVELLE et al. 1992:161).

### 2.2.2 Der Einfluß von Ameisen auf den Boden

Es gibt nur vergleichsweise wenige Informationen über die Auswirkungen von Ameisen auf tropische Böden. Die Artenvielfalt der Ameisen nimmt vom Äquator zu den gemäßigten Breiten deutlich ab. Obwohl viele Ameisenarten Nester in Bäumen tropischer Regenwald- und Savannenökosysteme errichten, sind es die bodenbewohnenden Ameisen, die für Bodenkundler von unmittelbarem Interesse sind. Bei einigen Ameisenarten ist der Bau von Hügeln verbreitet. Die meisten der bodenbewohnenden Ameisen gehören zu den Unterfamilien *Ponerinae*, *Myrmecinae* und *Formicinae* (LAL 1986:423).

Die Nahrungsgewohnheiten der Ameisen sind je nach Art und Lebensweise sehr verschieden. In den humiden und subhumiden Regionen sind die meisten Ameisenarten (65 bis 70 %) Allesfresser und 30 bis 33 % sind Fleischfresser (DEIOMANDÉ 1981, LÉVIEUX 1983, beide zit. bei: LAL 1986:424).

Einige Ameisenarten leben im Unterboden und konstruieren ein Netzwerk miteinander verbundener Gänge und Kammern. Obwohl Ameisen den Boden umwenden können, bauen sie in den ausgegrabenen Boden nicht auf die Weise Organik ein, wie Regenwürmer dies tun. Die unterirdisch lebenden Ameisen haben einen kleinen Erdhügel um den Nesteingang (LAL 1986:427). Ameisen reduzieren ihre Aktivität während der heißen Zeit des Tages und wandern während heißer trockener Sommer in größere Bodentiefen (LÉVIEUX 1983, zit. bei: LAL 1986:427). Einige Arten sind nomadisch und legen im Boden kleine Kanäle an, wenn die Kolonie von einer Stelle zur anderen wandert (LAL 1986:427).

Ameisen transportieren große Mengen Bodenmaterial an die Oberfläche und verändern die Bodenstruktur. Wenn sie zahlreich vorkommen, wie beispielsweise in humiden Waldökosystemen, beeinflussen sie die Bodeneigenschaften. Die Auswirkungen von Ameisen auf Böden werden jedoch erheblich geringer eingeschätzt als die von Regenwürmern und Termiten (LAL 1986:427-429).

COSARINSKY & ROCES (2007) führten eine vergleichende Studie der Nestmikromorphologie einer in Nordwestargentinien vorkommenden Blattschneiderameise (*Atta vollenweideri*) und einer hügelbauenden Termite (*Cortaritermes fulviceps*) durch. Dabei stellen sie fest, daß die Termitenhügel aus Bodenmaterial und Kot bestehen und eine sehr massive Mikrostruktur aufweisen. Von Termiten aus dem A-Horizont ausgegrabenes Material wird häufig in Form linsenförmiger Kügelchen zusammengepackt, die wahrscheinlich in den Backenhohlräumen der Termiten geformt und dann wieder ausgespuckt und mit Kot überzogen werden. Die Ameisen bewohnen Kammern, die sie im Bt-Horizont gegraben haben. Nirgends im Ameisennest werden Kot enthaltende mikromorphologische Formen beobachtet. Es werden auch keine Auskleidungen von Gang- und Kammerwänden festgestellt. Der Ameisenhügel weist eine sehr poröse Mikrostruktur auf, die aus schwach mit Ton zementierten Sandkörnern besteht (COSARINSKY & ROCES 2007:224-234).

CAMMERAAT et al. (2002:1) verzeichnen in einem semiariden Gebiet Spaniens in ameisenbeeinflußten Böden mit *Messor bouvieri* einen geringeren pH-Wert, höhere Gehalte organischen Kohlenstoffs und anorganischer Nährstoffe. Unter humiden

Bedingungen ist die Infiltration in Ameisennestern erhöht, unter ariden Bedingungen jedoch verringert.

WANG et al. (1996:91f.) konnten dagegen keine signifikanten Auswirkungen von Ameisengängen mit 1 bis 5 mm Durchmesser auf die Wasserinfiltration in einen sandigen Boden feststellen.

Ähnlich wie Termiten graben einige Ameisen tiefe Gänge in den Boden und transportieren Unterbodenmaterial an die Oberfläche. Die Konstruktion von Hügeln ist bei einigen Ameisenarten verbreitet. Beim Ausgraben transportieren die Ameisen lockeres, aus Einzelkörnern bestehendes Material durch einen zentralen Kanal und lagern einen flachen Hügel ab. Der zentrale Kanal ist oft mit einem Blatt bedeckt. Das ausgegrabene Material wird in einem kraterförmigen Hügel locker aufgehäuft. Der Hügel besteht aus Material derselben Farbe wie der Unterboden. Die Arbeiter transportieren die Bodenpartikel mit ihren Mandibeln, wobei die Größe der Partikel von der Größe der Ameisenart abhängt. Im Gegensatz zu Termiten zementieren Ameisen die ausgegrabenen Bodenpartikel nicht zusammen. Termiten transportieren bevorzugt feine Bodenpartikel, wogegen Ameisen diese Präferenz nicht zeigen. Das locker aufeinandergehäufte Material wird ausschließlich durch den Aufprall von Regentropfen kompaktiert, wodurch die Lagerungsdichte gering ist. Die Bedeutung großer Kanäle für die Erleichterung schneller Wasserbewegungen durch das Profil ist offensichtlich (LAL 1986:429-432).

Es gibt nur wenige Informationen über die chemischen Eigenschaften von Ameisennestmaterial. Eine in Nigeria durchgeführte Untersuchung weist in einem Ameisenhügel höhere organische Kohlenstoffgehalte und höhere Gehalte austauschbarer Kationen nach (LAL 1986:435).

Im Untersuchungsgebiet der vorliegenden Arbeit sind Ameisen der Gattungen *Atta*, *Acromyrmex* und *Mycocepurus* häufig anzutreffen (Anm. des Autors). Von großer Bedeutung in den Neotropen sind die Blattschneider-Ameisen der Gattungen *Atta* und *Acromyrmex*. Diese bewegen für den Bau ihrer oft über 100 m² ausgedehnten Nester große Erdmengen, wodurch es zu einer gründlichen Durchmischung des Bodens kommt. Sie ernten frisches Blattmaterial, auf dem sie Pilze zur Nahrungsgewinnung züchten (BECK et al. 1997:28). 12 bis 17 % der Blattproduktion neotropischer Regenwälder sollen allein von Arten der Gattung *Atta* abgebaut werden (CHERRETT 1986, zit. bei: BECK et al. 1997:28). Die Blattschneider-Ameisen der Gattungen *Atta* und *Acromyrmex* tragen frische Blätter in die Kammern ein, auf denen Pilze wachsen, die den Ameisen als Nahrung dienen, wobei Untersuchungen zeigen, daß die Ameisen und ihre Pilze komplementäre enzymatische Fähigkeiten aufweisen (RICHARD et al. 2005:297). Durch ihre vegetabile Lebensweise können Blattschneiderameisen zu Schädlingen in der Landwirtschaft werden (EIDMANN 1936:257).

Die nicht blattschneidenden, aber streueintragenden und pilzzüchtenden Ameisen der Gattung *Mycocepurus* legen aus mehreren Kammern (ca. 5 cm Durchmesser) und dazwischen liegenden Gängen bestehende Nester an. Die eingetragene Streu, die für die Kultivierung der Pilzgärten benötigt wird, besteht überwiegend aus Insektenkot und vegetativen

Pflanzenteilen, vor allem Laubstreu (RABELING 2004:43-45, unveröffentl. Diplomarbeit).

Eine Literaturauswertung von CAMMERAAT & RISCH (2008:285-294) belegt, daß in der Mehrzahl der Studien ameisenbeeinflußte Böden eine veränderte Bodentextur, eine verringerte Lagerungsdichte und eine erhöhte Infiltration aufweisen. Im allgemeinen sind Nährstoffe in Ameisennestern konzentriert, und es wurde ein beschleunigter Nährstoffkreislauf mit daran beteiligten mikrobiellen Prozessen beobachtet. Ameisenbeeinflußte Oberböden haben im Vergleich zu unbeeinflußten Oberböden einen höheren Anteil an Feinmaterial (CAMMERAAT & RISCH 2008:285-294).

Mehrere Untersuchungen belegen veränderte Kohlenstoff-, Stickstoff- und Kationen-Gehalte in ameisenbeeinflußten Böden. So stellen WAGNER & JONES (2006:2596) in ariden Gebieten Nordamerikas in Nestern von *Pogonomyrmex rugosus* eine Erhöhung des Stickstoffgehalts fest. Bei *Pogonomyrmex barbatus* zeigen sich in den Nestern erhöhte Gehalte an organischer Substanz, Stickstoff und Phosphor (WAGNER et al. 2004:799). In Nestern von *Pachycondyla harpax* in Mexiko werden im Vergleich zum Umgebungsmaterial signifikant höhere Gehalte an Stickstoff, Magnesium, Eisen, Mangan, Cadmium und organischer Substanz festgestellt, die aber keinen positiven Einfluß auf das Wachstum von Sämlingen haben (HORVITZ & SCHEMSKE 1986:318f.). WAGNER et al. (1997:234) stellen in Nestern von *Pogonomyrmex barbatus* signifikant höhere Gehalte an Nitrat, Ammonium, Phosphor und Kalium fest. FROUZ et al. (2003:205, 208) fanden in Mitteleuropa in Nestern von *Lasius niger* höhere Gehalte an Phosphor, Kalium und Natrium. Dagegen stellen NKEM et al. (2000:619) in Australien unter dem Einfluß

von *Iridomyrmex greensladei* im Boden geringere Gehalte an Kalzium, Magnesium, Kalium und Natrium fest. In Nestern der pilzzüchtenden Blattschneiderameise *Atta laevigata* in der kolumbianischen Savanne konnten JIMÉNEZ et al. (2008:120) im Vergleich zur Termite *Spinitermes* sp. in den Ameisenhügeln geringere Gehalte an organischem Kohlenstoff und Ammonium messen. Nester von *Atta sexdens* im östlichen Amazonien weisen weder bei der Mineralisierung noch bei der Nitrifikation höhere Werte auf als der Kontrollboden (VERCHOT et al. 2003:1219-1222.).

### 2.2.3. Der Einfluß von Termiten auf den Boden

Termiten sind Insekten, die ungefähr zwischen 45° Nord und 45° Süd vorkommen. Alle Termiten leben in Kolonien von mehreren Tausend bis mehreren Millionen Individuen innerhalb eines Nestsystems. Das Nest und die damit verbundenen Strukturen wie hügelförmige Auswurfhügel, Gänge und unterirdische Kammern umfassen ein mehr oder weniger geschlossenes System, das sich ständig entsprechend der Verfügbarkeit von Ressourcen und den Bedürfnissen der Kolonie verändert (WOOD 1988:228).

Ein Termitenbau besteht aus miteinander verbundenen Hohlräumen. Das zentrale Nest ist oft mit Gängen verbunden, die die Termiten zur Nahrungssuche an der Oberfläche benutzen (LAL 1986:341). Die Königin ist relativ immobil und der zentrale Punkt der Kolonie. Sterile Arbeiter konstruieren das Nestsystem um die Königin herum und suchen Nahrung in Distanzen von wenigen Zentimetern bis zu 50 Meter in Abhängigkeit von Art und Größe der Kolonie. Fast alle Termitenarten leben im Boden oder in Beziehung zwischen ihrem Nest und dem Boden. (WOOD 1988:228f.). Termitennester bestehen aus Boden- oder Holzpartikeln, die mit Kot und Speichel zementiert sind und in denen, wie zahlreiche Studien belegen, die Organik- und Stickstoffgehalte im allgemeinen höher sind als im angrenzenden Boden (MARTIUS 1994:420). Die Nester können unterirdisch, oberirdisch (Auswurfhügel) oder innerhalb von Bäumen oder an diesen befestigt sein. Einige Termitennester sind einfache Konstruktionen mit einem Mikroklima, welches sich kaum vom umgebenden Boden unterscheidet. Andere Nester sind oft komplexe Strukturen, in denen Temperatur und Luftfeuchtigkeit reguliert sind, um günstige Umweltbedingungen zu schaffen. Oberirdische Nester werden kontinuierlich erodiert und wiederaufgebaut, wodurch Boden über die Oberfläche neu verteilt wird (WOOD 1988:228f.). Durch die organischen Bindemittel sind die Komponenten im Nestmaterial gewöhnlich dichter zusammen gebunden als im Boden. An Stellen, an denen Nestmaterial mit Bodenpartikeln gemischt ist, neigen die Bodenaggregate dazu, größer und dauerhafter zu sein (LEE & WOOD 1971, zit. bei: MARTIUS 1994:420).

Es wird allgemein akzeptiert, daß Termiten zu den wichtigsten Zersetzergruppen in tropischen Regenwäldern zählen. Untersuchungen in Amazonien ergaben, daß Termiten 8 % der Bodenmasse der Biomasse der Bodenfauna ausmachen, in totem Holz 82 %. Es gibt zahlreiche Studien über den Einfluß von Termiten in Savannengebieten, aber nur wenige über ihre Auswirkungen in tropischen Regenwäldern (MARTIUS 1994:407f.).

Termiten sind je nach Art in drei Ernährungsarten unterteilt. Es gibt xylophage (holz-

fressende) Termiten, streufressende Arten und bodenfressende (geophage oder humivore) Termiten, die sich vom organischen Material des Bodens ernähren. In der Neuen Welt fehlen die pilzzüchtenden Termiten (MARTIUS 1994:411f.).

In semiariden und ariden Regionen beeinflussen Termiten die Bodeneigenschaften stärker als Regenwürmer (LAL 1988:109). Termiten beeinflussen die Bodenstruktur in vielfältiger Weise (LAL 1986:367-369). Die direkten Auswirkungen bestehen in der Konstruktion von Gängen zur Nahrungssuche und den mit diesen verbundenen anderen Gängen und Kammern, die die Wasserdurchlässigkeit verändern. Das für den Bau des Auswurfhügels nach oben transportierte umgearbeitete Material bedeckt einen beträchtlichen Teil der Bodenoberfläche (LAL 1986:367). Dabei befördern Termiten feines Bodenmaterial an die Oberfläche (LAL 1988:110). Die unterirdischen Gänge können sich bis zu 50 m vom Auswurfhügel erstrecken (GREAVES 1962, zit. bei: LAL 1986:367) und bis in eine Tiefe von 10 bis 15 m reichen (GHILAROV 1962, zit. bei: LAL 1986:367). Weitere Auswirkungen der Termitenaktivität auf die Bodenstruktur liegen in der schnellen Mineralisierung von Ernterückständen und organischen Abfallstoffen (LAL 1986:367-369). Die Nahrung der Termiten ist normalerweise reich an Lignin und anderen widerstandsfähigen Pflanzenbestandteilen, was zu Verbindungen mit Mikroorganismen geführt hat, die mit ihrem weiten Spektrum an enzymatischen Fähigkeiten zum Abbau dieser Bestandteile beitragen (LAVELLE et al. 1992:178).

Als bodenlebende Organismen beeinflussen Termiten bodenphysikalische Eigenschaften durch die Anlage von Auswurfhügeln, Nestkammern und Gängen. Bei der Anlage des Baus bringen sie eine beträchtliche Menge an feinem Bodenmaterial an die Oberfläche. Termiten transportieren die für die Konstruktion von Auswurfhügeln benötigten Bodenpartikel mit ihren Mandibeln, was den Dimensionen und dem Gewicht der Teilchen eine artspezifische Grenze setzt. Kleinere Partikel (in Tongröße) werden gefressen und später wieder ausgeschieden (LAL 1986:352).

Bei der Konstruktion des Auswurfhügels werden die Einzelkörner oder kleinen Aggregate mit Speichel und anderen Körperausscheidungen zusammengeklebt. Die Oberfläche des Hügels wird sorgfältig konstruiert, damit kein Wasser durchsickert. Dabei werden die Makroporen während des Bauprozesses entfernt, weswegen Auswurfhügel im Vergleich mit einem Boden mit ähnlicher Korngrößenverteilung eine höhere Lagerungsdichte aufweisen können (LAL 1986:364). Als Ergebnis erhält man eine dicht gepackte, zementierte und harte Masse mit hoher Festigkeit. Das Auswurfmaterial ist deshalb widerständig gegenüber Regentropfen und fließendem Wasser (LAL 1986:367-369.). Der größte Teil des auf den Hügel auftreffenden Regenwassers fließt oberflächlich ab, weshalb das Material des Hügels weniger ausgelaugt ist und mehr Pflanzennährstoffe enthält als der Ausgangsboden (LAL 1986:372).

Über die Höhe der organischen Gehalte in termitenbeeinflußten Böden im Vergleich zu termitenfreien Böden gibt es widersprüchliche Angaben. Einige Forscher haben in Termitenbauten einen höheren Gehalt an organischer Substanz beobachtet, was wahrscheinlich auf den Gebrauch von Körperflüssigkeiten und Exkrementen bei der Erstellung des Auswurfhügels und der Anhäufung von Biomasse als Nahrungsreserve zurückzuführen ist. Es gibt auch Berichte über geringere Gehalte organischer Substanz in termitenbeeinflußten Böden (LAL 1986:392). Über den pH-Wert in Termitenbauten findet man ebenfalls widersprüchliche Aussagen. Im allgemeinen hängt der pH-Wert von Auswurfhügeln vom pH-Wert des umgebenden Bodens ab (LAL 1986:395). Viele Forscher haben in Termitenbauten eine Anhäufung austauschbarer Basen beobachtet (LAL 1986:395). Das Material des Auswurfhügels, durch das das Wasser nur langsam durchsickert, läßt das meiste Niederschlagswasser oberflächlich abfließen und weist nur wenig Sickerwasser auf. Daher ist der auswaschungsbedingte Verlust basischer Kationen und löslicher Elemente geringer. Die Basen sollen aus pflanzlichem Material stammen, welches als Futter eingetragen wurde (LAL 1986:399-402).

Im allgemeinen zeichnen sich Termitenhügel gegenüber dem umgebenden Boden durch deutlich höhere Anteile an austauschbaren Kationen aus (LEE & WOOD 1971, zit. bei: GRAFF & MAKESCHIN 1979:482), wobei zwischen den Spezies große Unterschiede bestehen (GRAFF & MAKESCHIN 1979:482).

Zahlreiche weitere Studien belegen den Einfluß von Termiten auf den Boden. Viele Autoren weisen höhere Gehalte an Kohlenstoff und/oder Stickstoff in termitenbeeinflußten Böden nach, zum Beispiel bei *Cubitermes niokoloensis* (FALL et al. 2001:131), *Spinitermes* sp. (JIMENEZ et al. 2008:120), *Ancistrotermes cavithorax* und *Odontotermes pauperans* (JOUQUET 2005:365), *Nasutitermes* sp. (JIMÉNEZ et al. 2006), *Cubitermes fungifaber*

(DONOVAN et al. 2001:1) und bei mehreren in Zentralamazonien vorkommenden Arten (ACKERMAN et al. 2007:267). Andere Autoren berichten von höheren Kationengehalten bei Termiteneinfluß, so beispielsweise bei *Trinervitermes geminatus* und *T. trinervius* (BROSSARD et al. 2007:437), *Cubitermes* sp. (MADUAKOR et al. 1995:157 und ROOSE-AMSALEG et al. 2005:1910) und mehreren in Brasilien vorkommenden Arten (SARCINELLI et al. 2009:107). WOOD et al. (1983:575) berichten bei Bauten von *Cubitermes* von erhöhten Gehalten an Ton und Pflanzennährstoffen. Es werden auch Veränderungen der mineralogischen Eigenschaften von Tonmineralen unter Termiteneinfluß festgestellt, zum Beispiel bei *Odontotermes pauperans* (JOUQUET et al. 2002:521) und *Pseudacanthotermes spiniger* (JOUQUET et al. 2007:127).

Termiten haben aufgrund der Anlage von bis an die Oberfläche reichenden Gängen einen Einfluß auf Abfluß und Infiltration des Niederschlagswassers. Es wird geschätzt, daß die Infiltration in Flächen mit Termiteneinfluß um den Faktor zwei bis drei erhöht ist und damit die Wasserspeicherung des Bodens erhöht wird (LÉONARD & RAJOT 2001:38). Eine Kolonie mit vielen tausend oder Millionen Insekten hat Auswirkungen auf Porosität und Korngrößenverteilung. Die Auswirkungen der Gänge und Kammern hängen davon ab, ob sie mit der Bodenoberfläche verbunden sind (LAL 1986:370f.). Nach Schätzungen sind mindestens etwa 30 Makroporen pro m² erforderlich, damit der Abfluß signifikant beeinflußt wird (LÉONARD & RAJOT 2001:38).

Eingriffe in tropische Wald- und Savannenvegetation durch kommerzielle Landwirtschaft haben das Vorkommen, die Vielfalt der Nahrungsquellen und andere ökologische Faktoren negativ beeinflußt. Zu den landwirtschaftlichen Praktiken, die drastische Effekte auf Termiten haben, gehören die Waldrodung, Monokulturen, Beweidung und vor allem der wahllose Einsatz von Agrochemikalien (LAL 1986:407).

Termiten sind dafür bekannt, viele Kulturpflanzen zu schädigen, wobei exotische und eingeführte Arten besonders anfällig sind. Termiten beeinflussen die Pflanzenproduktion indirekt durch Materialumlagerung im Boden, Abbau von Mulchmaterial und der Veränderung von bodenphysikalischen, -chemischen und -biologischen Eigenschaften (LAL 1986:409).

Termiten können bei der Regenerierung verkrusteter Böden behilflich sein. Untersuchungen in Westafrika zeigen, daß durch Mulchen angelockte Termiten die Infiltrationsraten und Porosität eines verkrusteten Lixisols (FAO-Klassifizierung) durch die Anlage von Gängen erhöhen können (MANDO et al. 1996:112, MANDO & MIEDMA 1997:247).

Im Untersuchungsgebiet der vorliegenden Arbeit sind Termiten der Gattung *Syntermes* besonders häufig anzutreffen (Anm. des Autors). Die neotropische Gattung *Syntermes* ist beschränkt auf die Wälder und Savannen Südamerikas östlich der Anden von Venezuela bis Nordargentinien und umfaßt einige der größten Arten der Welt. Die meisten Arten dieser Gattung leben in unterirdischen Nestern und ernähren sich von Gras- oder Laubstreu, die sie nachts oberirdisch sammeln, in kreisförmige Stücke schneiden und in unterirdischen Kammern lagern. Einige Arten sind Schädlinge in Land- und Forstwirtschaft. Durch ihre überwiegend unterirdische Lebensweise und der Neigung, sich bei Störungen schnell in den Boden zurückzuziehen, gibt es nur wenige gesammelte Exemplare, und ihre Nester sind schwierig zu studieren, wie beispielsweise auch die verbreitete Gattung *Syntermes* (CONSTANTINO 1995:456).

## 2.2.4. Der Einfluß von Regenwürmern auf den Boden

Die Anzahl wissenschaftlicher Untersuchungen über den Einfluß von Regenwürmern auf den Boden ist überaus zahlreich. Bereits CHARLES DARWIN beobachtete das Auswerfen von Boden an die Oberfläche und stellte fest, daß Regenwürmer durch das Herausschaffen der mineralreichen Losung aus dem Boden eine feinerdige und humose Kruste schaffen (DARWIN 1881, zit. bei: GRAFF & MAKESCHIN 1979:483). Die Bodenbewegung erfolgt bei Regenwürmern einerseits durch Aufnahme mit der Nahrung und Ablage der Losung an anderer Stelle sowie andererseits durch Beiseitedrücken des Bodens, vor allem bei der Neuanlage von Gängen (GRAFF & HARTGE 1974, zit. bei: GRAFF & MAKESCHIN 1979:484).

WEST et al. (1991:368f.) stellen fest, daß eine Verdichtung des Bodens bei der Neuanlage von Regenwurmgängen auch mikromorphologisch im Dünnschliff zu beobachten ist. Dabei kann es in tonigen Böden an den Wänden der Gänge zusätzlich zur Verdichtung und zu einer Neuorientierung von Tonteilchen kommen, wodurch die Infiltration von Wasser aus den Gängen in den benachbarten Boden eingeschränkt sein kann.

Regenwürmer finden sich in den Tropen vor allem in Gebieten mit natürlicher Vegetation. Sie nehmen Bodenmaterial und organische Substanzen zu sich und geben das mineralische Bodenmaterial durchmischt mit humifiziertem organischen Material und Körpersekreten als Kot von sich. Regenwürmer sorgen für die Zerkleinerung von Ernterückständen und anderer Biomasse, schaffen ein stabiles Netzwerk aus Kanälen und bringen Bodenmaterial zusammen mit ausgewaschenen Nährstoffen wieder an die Oberfläche, wodurch sie den Boden auf natürliche Weise umpflügen (LAL 1986:286).

Bei den Regenwürmern lassen sich drei Lebensweisen unterscheiden.

(1) Epigäische Arten leben in der Streuschicht, weshalb ihre Aktivität keine oder geringe Auswirkungen auf Bodenstruktur und Bodenaggregate hat (SIX et al. 2004:17).

(2) Anäische Arten leben in Gängen im Mineralboden und tragen tote Blätter von der Bodenoberfläche ein, um sich zu ernähren (LEE 1985, zit. bei: SIX et al. 2004:17). Das organische Material wird mit den mineralischen Bestandteilen vermischt, was zu einer Bildung stabiler organomineralischer Strukturen innerhalb der Kotablagerungen führt. Anäische Arten bilden ein ausgedehntes Netzwerk an Gängen und tragen zur Aggregatbildung und Aggregatstabilisierung bei (SIX et al. 2004:17).

(3) Endogäische (oder hypogäische) Arten leben im Mineralboden und ernähren sich aus Bodenmaterial, das mit organischem Material angereichert ist. Sie gelten als die Hauptverantwortlichen für Bodenaggregierung und Stabilisierung des organischen Materials (LAVELLE & SPAIN 2001, zit. bei: SIX et al. 2004:17).

Die Regenwurmpopulationen der humiden Tropen werden dominiert von endogäischen Arten, die das organische Material des Bodens als Nahrungsquelle benutzen. Endogäische Regenwürmer haben starke Auswirkungen auf die Bodenstruktur, indem sie die Makroaggregatbildung (also die Kombination von Bodenpartikeln innerhalb stabiler Verbundstrukturen) fördern (LAVELLE et al. 1992:165f.). Endogäische Regenwürmer können, abhängig von Art und Bodenzustand, täglich das fünf- bis dreißigfache ihres Körpergewichts an Bodenmaterial aufnehmen (LAVELLE 1975 und 1988, zit. bei: LAVELLE et al. 1992:166), wobei der größte Teil dieses Materials in den Boden freigesetzt wird und nur ein kleiner Teil an der Oberfläche abgesetzt wird. Man kann zwei Arten von Kotablagerungen unterscheiden. Erstens kugelförmige Gebilde von hoher Stabilität, bei denen runde oder abgeflachte Untereinheiten zusammengewachsen sind, zweitens körnige Ablagerungen, die aus einer Anhäufung feinkörniger zerbrechlicher Kügelchen mit geringer Stabilität bestehen (LAVELLE et al. 1992:166).

In Böden der humiden Tropen mit einer hohen Aktivität endogäischer Regenwürmer sind Kotablagerungen im Boden die Bestandteile stabiler Makroaggregatstrukturen. Diese Strukturen überdauern die Anwesenheit von Regenwürmern über mehrere Jahre (LAVELLE et al. 1992:167). Endogäische Regenwürmer beeinflussen die Dynamik der organischen Substanz sowohl in kurzen (Beschleunigung der Nährstoff-Freisetzung) als auch langen Zeiträumen (physikalischer Schutz der organischen Materie in den Kotablagerungen) (LAVELLE et al. 1992:167). Der Durchgang der organischen Substanz durch den Regenwurmdarm hat die Freisetzung bedeutsamer Nährstoffmengen zur Folge (beispielsweise Stickstoff in Form von Ammonium ($NH_4^+$) und Nitrat ($NO_3^-$), Phosphor etc.) (LAVELLE et al. 1992:170).

Bei den Regenwürmern wird zwischen „kompaktierenden" und „dekompaktierenden" Arten unterschieden. Zu den „kompaktierenden" Spezies gehört unter anderem (die im Untersuchungsgebiet dieser Arbeit häufig vorkommende Art; Anm. des Autors) *Pontoscolex corethrurus*, die große und kompakte Kotausscheidungen (>5 mm) produziert (BLANCHART et al. 1999, zit. bei: SIX et al. 2004:17f.). Die „kompaktierenden" Arten erhöhen die Lagerungsdichte und vergrößern die Makroaggregate. Die erhöhte Lagerungsdichte wird verursacht durch die Bildung organomineralischer Bindungen nach dem Mischen und der chemischen Umwandlung im Darm, der Wiederaufnahme von Wasser im hinteren Teil des Darms und der starken Verdichtung durch Muskeln, wenn der Kot ausgeschieden wird (MCKENZIE & DEXTER 1988, zit. bei: SIX et al. 2004:18.). Die Kotablagerungen „kompaktierender" Arten können anaerobe Bedingungen schaffen, die den Abbau verlangsamen (BLANCHART et al. 1993, zit. bei: SIX et al. 2004:18). Die ausschließliche Aktivität „kompaktierender" Arten kann die Bildung einer kompakten Oberflächenkruste verursachen. „Dekompaktierende" Arten verringern dagegen die Lagerungsdichte und verringern die Größe großer kompakter Aggregate (SIX et al. 2004:18). „Dekompaktierende" Arten können kleine und unbeständige Kotablagerungen produzieren, die ebenfalls die Versiegelung der Oberfläche und damit Bodenverluste fördern (BLANCHART et al. 2004:312).

Vor allem in kaolinitischen Böden haben Regenwürmer ein hohes Potential, die Bodenstruktur zu modifizieren und so die Erosionsanfälligkeit zu beeinflussen. Die durch Regenwurmaktivität erhöhte Aggregatstabilität wird auf unterschiedliche Weise erklärt, beispielsweise durch mechanische Bindung mit Hilfe pflanzlicher Gefäßbündel oder durch Pilzwachstum nach der Kotablage (MARINISSEN & DEXTER 1990, zit. bei: SIX et al. 2004:17). SHIPITALO & PROTZ (1989:357) folgern, daß beim Durchgang des Bodenmaterials durch den Regenwurm präexistente Mikroaggregate aufgespalten werden. In den Aggregaten enthaltene organische Bruchstücke werden mit einer Plasmakruste überzogen und dienen als Kerne für neue Aggregate. Mikrobielle Polysaccharide stärken in den Kotablagerungen die Bindungen zwischen organischen und mineralischen Komponenten (SHIPITALO & PROTZ 1989:370).

Populationsdichte, Artenzusammensetzung sowie Grabe- und Kotablageaktivität der Regenwürmer hängen unter anderem von Niederschlagsmenge und Länge der Regenzeit ab. Mit fallender jährlicher Niederschlagsmenge nehmen auch die Regenwurmpopulationen ab (LAL 1988:103). Die optimale Temperatur für tropische Regenwurmarten liegt bei 20 bis 25 °C, wobei die Bodentemperatur größere Auswirkungen auf deren Aktivität hat als die Lufttemperatur. Ebenfalls wichtig für die Aktivität der Regenwürmer ist eine ausreichend hohe Bodenfeuchtigkeit (LAL 1986:289). Das Entfernen der natürlichen Vegetation zu landwirtschaftlichen Zwecken führt daher oft zu drastischen Veränderungen im Mikroklima und dem hydrologischen Gleichgewicht (LAL 1986:317). Unter Ackerland sind die Regenwurmpopulationen oft deutlich verringert (LAL 1988:104).

Im tropischen Regenwald sind Regenwürmer ein wichtiges Element der Makrofauna. Sie nehmen Boden und organisches Material zu sich und schaffen ein Netzwerk von Makroporen im Oberboden. Die Bodenoberfläche unter der Streuauflage ist oft mit Kotablagerungen bedeckt, wobei die Kotablagerungen 2 bis 5 cm dick sein können. Bodenpartikel werden beim Durchgang durch das Verdauungssystem der Regenwürmer zerkleinert und mit organischem Material durchmischt (LAL 1988:103). Während des Grabens wird Druck auf den umgebenden Boden ausgeübt und Schleim wird auf den Wänden der Gänge abgelagert (EDWARDS & BOHLEN 1996, zit. bei: SIX et al. 2004:16). Die Kanäle werden oft durch Auskleiden mit Körperflüssigkeiten stabilisiert (LAL 1986:291).

Die grabende Tätigkeit der Regenwürmer produziert stabile und durchgängige Makroporen, die Wasser leiten, den Gasaustausch erleichtern und günstige Bedingungen für das Wurzelwachstum schaffen (LAL 1988:106). Die Infiltrationsrate wird durch Regenwurmaktivität drastisch erhöht, vor allem während der Brache (WILKINSON 1975, zit. bei: LAL 1988:106). Regenwurmkot ist ein Nebenprodukt der grabenden Tätigkeit und wird entweder in Hohlräumen im Boden oder auf der Bodenoberfläche abgelegt. Er ist reich an Pflanzennährstoffen und weist eine stabile Struktur auf. Der Kot ist ein Gemisch aus Bodenmaterial, organischem Material und Mikroorganismen. Die Bodenpartikel werden durch Stoffwechselnebenprodukte und Körperflüssigkeiten verkittet und so in stabile Aggregate umgewandelt, die im Vergleich zum benachbarten Boden eine geringere Anfälligkeit gegenüber Wassererosion haben (LAL 1986: 296f.). Ein Boden mit hoher Regenwurmaktivität weist im allgemeinen eine günstige Bodenstruktur, eine geringe Lagerungsdichte und ein hohes Wasserrückhaltevermögen auf. Intensive Regenwurmtätigkeit wandelt einen kompakten und dichten Boden in eine schwammartige poröse Struktur um. Böden mit großen Regenwurmpopulationen und entsprechenden Mengen an Regenwurmkot haben im allgemeinen höhere Gehalte an organischem Material und eine höhere Bodenfruchtbarkeit (höhere Gehalte an austauschbaren Kationen, höhere Gehalte an Phosphor, Stickstoff und Kohlenstoff) (LAL 1988:107-109). Regenwurmkot enthält im Vergleich zum benachbarten Boden zwei bis fünf mal so viel organischen Kohlenstoff und Gesamtstickstoff und hat eine drei bis sechs mal so hohe Kationenaustauschkapazität (LAL 1986:309).

Auch JOUQUET et al. (2008:231) bemerken, daß der Kot des tropischen Regenwurms *Amynthas khami* immer stabiler ist als die umgebenden Bodenaggregate. Regenwurmkot weist im Vergleich einen höheren pH-Wert, einen höheren C-Gehalt und höhere Gehalte an $Ca^{2+}$, $Mg^{2+}$ und $K^+$ auf. Korngröße und Oxidgehalte werden durch die Regenwurmaktivität nicht beeinflußt. OYEDELE et al. (2006:106) stellen fest, daß Regenwurmkot von *Hyperiodrilus africanus* signifikant mit organischer Substanz und austauschbaren Basen angereichert ist und eine erhöhte Kationenaustauschkapazität und Basensättigung besitzt.

Die Verwendung von Pflanzenresten als Mulchmaterial steigert die Aktivität der Regenwürmer, indem Bodentemperatur und Feuchteregime reguliert werden und der Mulch als Nahrung dient (LAL 1978, zit. bei: LAL 1988:104). Eine mechanische Bearbeitung des

Saatbetts durch Pflügen führt wegen der ungünstigeren Bodenfeuchte- und Bodentemperaturverhältnisse sowie der mechanischen Zerstörung ihres Habitats zu einer Verringerung der Regenwurmaktivität. Böden ohne oder mit reduziertem Pflügen, auf denen Ernterückstände als Mulchmaterial auf dem Boden aufliegend zurückgelassen werden, weisen eine höhere Regenwurmaktivität auf als gepflügte Flächen (LAL 1976, zit. bei: LAL 1988:104). Eine mit Gras oder Leguminosen bepflanzte Brache liefert organisches Material, und die Bodentemperatur ist durch Beschattung verringert. In bepflanzten Brachen ist die Regenwurmaktivität höher als unter Kultur (LAL 1986:321). Anbausysteme, bei denen Ernterückstände im Boden zurückbleiben und bei denen die Bodenoberfläche ständig bedeckt ist, begünstigen eine hohe Regenwurmaktivität. Mischkulturen und Agroforstsysteme weisen höhere Aktivitäten auf als Monokulturen. Organische Dünger haben positive Auswirkungen auf Regenwurmpopulationen, wogegen Kunstdünger und Agrochemikalien deren Aktivität unterdrücken (LAL 1988:104f.).

Besonders gut untersucht ist der Einfluß von *Pontoscolex corethrurus*, einem geophagen, endogäischen und „kompaktierenden" pantropischen Regenwurm. Diese Art ist in die meisten Kulturflächen der humiden Tropen eingedrungen und lebt zumeist in den oberen 10 cm des Bodens (LAVELLE et al. 1987:188f.). *P. corethrurus* ist auch im Untersuchungsgebiet der vorliegenden Arbeit häufig anzutreffen (Anm. des Autors). In Amazonien wurde beobachtet, daß nach Waldrodung die ursprünglichen Arten dezimiert werden und es dafür zu einem massenhaften Auftreten von *P. corethrurus* kommt. Dessen intensive Kotablage auf der Bodenoberfläche führt zu einer

Kotkruste von bis zu 5 cm Dicke mit drastisch reduzierter Makroporosität, welche aufgrund ihres hohen Wasseranteils den Gasaustausch zwischen Boden und Atmosphäre hemmt (CHAUVEL et al. 1999:33, BARROS et al. 2004:157). Die Lagerungsdichte im Kot ist erhöht, wogegen die Porosität abnimmt und die Wasserinfiltration erschwert wird (HALLAIRE et al. 2000:35). Im Darm von *P. corethrurus* findet eine Destrukturierung und anschließende Restrukturierung des gefressenen Bodenmaterials statt (BAROIS et al. 1993:57). Im Verdauungstrakt kommt es zu einer Erhöhung des Wassergehalts und des pH-Werts (BAROIS & LAVELLE 1986:540). Die Tätigkeit von *P. corethrurus* bewirkt eine Zunahme der Ammonium- und Nitratgehalte (ARAUJO et al. 2004:150, TAPIA-CORAL et al. 2006:413f.). Auch die Kationengehalte sind im Kot erhöht, und bei einigen Kulturpflanzen wurde ein beschleunigtes Wachstum festgestellt (PASHANASI et al. 1992:1657 und PASHANASI et al. 1996:806). Die Bildung der Kotkruste kann durch eine Nutzungsänderung rückgängig gemacht werden (BARROS et al. 2001:193). In stark verdichteten Böden kann ein Einsatz von *P. corethrurus* zur Verbesserung der Bodenstruktur dienen (ZUND et al. 1997:202).

Für das Untersuchungsgebiet der vorliegenden Arbeit auf dem EMBRAPA-Gelände wurde festgestellt (RÖMBKE & GARCIA 2000, in: HÖFER et al. 2000:149-163), daß die Regenwurm-Biozönosen des Primärwalds vergleichbar mit denjenigen anderer (neotropischer) Regenwaldgebiete sind. Im Regenwald finden sich höhere Biomassen als in den Agroforstflächen. Die hohe Biomasse der Regenwürmer, die so hoch sein kann als diejenige aller anderen Bodeninvertebraten zusammen, verdeutlicht ihre zentrale Rolle für die ökologischen Bodenfunktionen (RÖMBKE & GARCIA 2000, in: HÖFER et al. 2000:149-163).

## 2.3 Der Einfluß von Mulchverfahren auf den Boden

Die in dieser Arbeit aufgeführten Mulchversuche (Mulchexperimente und Holzexperiment) wurden von Mitarbeitern des Staatlichen Museums für Naturkunde Karlsruhe (SMNK) geplant, durchgeführt und ausgewertet. Im Rahmen der vorliegenden Arbeit wurden Dünnschliffe aus den Oberböden der Versuchsparzellen untersucht. Die Darstellung der Versuche und der Parzellen erfolgt in Kapitel 3.3 und 3.4.

Mulch ist eine Lage „ungleichen" Materials, welches die Bodenoberfläche von der Atmosphäre trennt (LAL 1986:635). Mulch kann organisch sein (Ernterückstände, Stroh etc.) oder anorganisch (Kunststoff-Folie). Er kann *in situ* gewachsen sein, wie beispielsweise auf der Bodenoberfläche zurückgelassene Ernterückstände oder Material einer speziell dafür angebauten Deckfrucht. Mulch kann von außen eingetragen werden, zum Beispiel Stroh, Sägemehl, Kunststoffprodukte oder sogar Kies. Mulch wird oberirdisch aufgebracht. Eine Anwendung unter der Bodenoberfläche wird nicht mehr als Mulchen bezeichnet. Die Praxis des Mulchens ist seit langer Zeit weit verbreitet. Mulch hat einen puffernden Effekt und dämpft die Einflüsse der Umweltfaktoren auf den Boden. Die Stärke des Effekts hängt von Menge, Qualität und Dauerhaftigkeit des Materials ab. Ebenfalls wichtig sind die klimatischen Bedingungen und die Bodeneigenschaften. In den Tropen ist Mulch aus Ernterückständen besonders bedeutend und beeinflußt physikalische, chemische und biologische Bodeneigenschaften (LAL 1986:635).

Die wiederholte Ausbringung von Mulch über mehrere Jahre kann durch indirekte Effekte auf Abfluß, Bodenerosion und Tonauswaschung zu Veränderungen der Bodentextur führen. Mulch beeinflußt die strukturellen Eigenschaften direkt, da dem Aufprall der Regentropfen entgegengewirkt wird. Indirekt fördert er die biotische Aktivität. Meßbare Auswirkungen des Mulchs kann man an der erhöhten Gesamtporosität und Makroporosität und dem steigenden Anteil und Durchmesser wasserfester Aggregate erkennen. Durch den Einfluß auf Makroporosität und Aggregatstabilität verbessert Mulchen die Wasserbewegung innerhalb des Bodenprofils. Mulch beeinflußt das Wasserspeichervermögen, die Infiltrationsrate und die Bodenverdunstung. Die Effekte von Mulch auf die Bodenfeuchte unterscheiden sich stark und hängen vom Mulchmaterial, der Niederschlagsmenge und -häufigkeit und der Anbaufrucht ab. Mulch wirkt im allgemeinen ausgleichend auf die Bodentemperatur und dämpft die Amplitude der täglichen Temperaturschwankungen im Boden. Mulchen verbessert die Bodendurchlüftung, indem das Mulchmaterial durch Erhöhung der Gesamt- und Makroporosität den freien Austausch von Gasen zwischen dem Boden und der Atmosphäre fördert und die Drainage verbessert. Die Bodenerosion wird durch Mulchen verringert, da Menge und Geschwindigkeit des Oberflächenabflusses sowie die Aufprallenergie der Regentropfen reduziert werden (LAL 1986:635-637).

Die bodenchemischen Eigenschaften werden durch Unterschiede zwischen den Mulchmaterialien stärker beeinflußt als die bodenphysikalischen. Organische Mulche führen dem Boden zusätzliche Nährstoffe zu. Einer der wichtigsten Auswirkungen des Mulchens ist die Erhöhung des Organikgehalts des Bodens. Die Bodenfauna reagiert positiv auf das zusätzliche Nahrungs- und Energieangebot. In den Tropen ist es zur Aufrechterhaltung der Produktivität des Bodens wichtig, den Organikgehalt des Bodens hoch zu halten (LAL 1986:654f.). Experimente haben gezeigt, daß regelmäßige und hohe Zugaben von Ernterückständen die Abnahme der organischen Substanz des Bodens verlangsamen (LAL & KANG 1982, zit. bei: LAL 1986:654). Die Kationenaustauschkapazität, ein wichtiger Faktor für Nährstoffspeicherung und -verfügbarkeit, wird in Böden, die überwiegend Zweischichttonminerale enthalten, im wesentlichen vom organischen Gehalt des Bodens beeinflußt. Gemulchte Böden mit einem relativ hohen Gehalt an Organik haben oft eine höhere Kationenaustauschkapazität als diejenigen ohne Mulch (LAL 1973, LAL et al. 1980, LAL & KANG 1982, alle zit. bei: LAL 1986:655). Der Umfang der Zugabe von Pflanzennährstoffen hängt von Qualität, Menge und Häufigkeit des zugeführten Materials ab. Die bemerkenswertesten Auswirkungen durch Mulchen sind beim Kalium-Gehalt des Bodens zu verzeichnen (LAL 1986:654f.).

Mulchen beeinflußt die biologischen Eigenschaften eines Bodens direkt und indirekt. Direkte Auswirkungen sind die Zufuhr von Nahrung, indirekte Wirkungen ergeben sich aufgrund der Veränderung von Bodentemperatur und Bodenfeuchteverhältnissen. Mikroorganismen (Bakterien, Pilze etc.) und die Bodenmakrofauna spielen eine wichtige Rolle beim Abbau der organischen Substanz. Die Aktivität und Diversität dieser Organismen wird wesentlich durch die Mulchqualität und Häufigkeit des Mulchens beeinflußt (LAL 1986:655).

# 3 Untersuchungsgebiet und Experimentalflächen

## 3.1 Beschreibung des Untersuchungsgebietes

### 3.1.1 Untersuchungsgebiet, Geologie und Böden

Die Farbtracer-Experimente und die Probenahme für bodenchemische und mikromorphologische Untersuchungen wurden im Norden von Brasilien auf dem Forschungsgelände des agroforstwirtschaftlichen Forschungszentrums EMBRAPA Amazônia Ocidental nördlich der Stadt Manaus durchgeführt. Das Forschungszentrum gehört der brasilianischen Forschungseinrichtung für Landwirtschaft und Viehzucht, der EMBRAPA (Empresa Brasileira de Pesquisa Agropecuaria) an und ist dem Landwirtschaftsministerium unterstellt. Da auf diesem Gelände seit den achtziger Jahren des zwanzigsten Jahrhunderts Feldversuche durchgeführt werden, sind die Bodeneigenschaften hinreichend bekannt. Vom Gelände der EMBRAPA existieren keine ausreichend genauen Karten. Topographische Karten der Umgebung des Geländes sind nur im Maßstab 1:1.000.000 vorhanden (pers. Nachfrage bei IGBE (Instituto Brasileiro de Geografia e Estatística) in Manaus im September 2002).

Ein Überblick der naturräumlichen Verhältnisse des EMBRAPA-Geländes findet sich im Schlußbericht des vorigen Projektteils (ENV 52), aus dem die nachfolgenden Informationen über die Bodenverhältnisse entnommen sind (RÖMBKE & MARTIUS 2000, in: HÖFER et al. 2000:13-17). Eine detaillierte Darstellung der Nutzungsgeschichte des Geländes findet sich bei SCHWEIZER (2001:11-18, unveröffentl. Diplomarbeit). Hier soll nur eine kurze Zusammenfassung gegeben werden.

Das Gelände der EMBRAPA liegt auf 2° 53' südlicher Breite und 59° 59' westlicher Länge (HÖFER et al. 2004:12) etwa 30 km nördlich von Manaus (Brasilien), der Hauptstadt des Bundesstaates Amazônia in Zentralamazonien. Das Forschungsgelände befindet sich an der Fernstraße AM-10 von Manaus nach Itacoatiara und umfaßt eine Fläche von rund 50 km². Bei dem flachen Gelände, das etwa 40 bis 50 m über NN liegt, handelt es sich um einen *Terra-firme*-Standort, der während der Regenzeit nicht von Flüssen überflutet wird (im Gegensatz zu den *Varzea*-Gebieten) und dessen natürliche Vegetation aus einem dichten *Terra-firme*-Primärwald mit palmenreichem Unterwuchs besteht. Die Kronenhöhe des Waldes liegt bei etwa 30 m mit einigen Überständern bis maximal 60 m Höhe (eigene Schätzung).

Das Amazonasbecken in Südamerika stellt eine 3500 km lange und 300 bis 1000 km breite Depression dar und trennt den Guayana-Schild im Norden und den Zentralbrasilianischen Schild im Süden, die beide ein Alter von über 900 Millionen Jahren aufweisen. Die Anlage des Amazonasbeckens erfolgte im frühen Erdaltertum und wurde zunächst mit marinen, ab dem Erdmittelalter überwiegend mit festländischen Sedimenten aufgefüllt (HOPPE 1990, zit. bei: SCHWEIZER 2001:5, unveröffentl. Diplomarbeit).

Ein Überblick über die Entwicklung der Böden in der Region um Manaus findet sich bei CHAUVEL et al. (1987:234-241). Die Region nördlich des Amazonas zwischen dem Rio Negro und dem Trombetas besteht aus

Abb. 2: Lage des EMBRAPA-Geländes. (Grundlage oben: Diercke Weltatlas 1974:162, Quelle unten: Höfer et al. 2000)

tertiären kontinentalen Sedimenten der „Barreiras"-Formation. Es handelt sich vor allem um kreuzgeschichtete Sandsteine, die überwiegend aus Quarz und Kaolinit bestehen. Diese Sedimente bilden eine tief liegende Ebene, die von Flüssen zerschnitten ist und von dichtem immergrünem Tieflandsregenwald der inneren Tropen bedeckt ist. Aus diesen Sedimenten sind Böden durch intensive Silikatlösung, Anreicherung von Aluminiumhydroxiden und die Kristallisation von Kaolinit in Lösungshohlräumen entstanden. Die Sedimente und die daraus hervorgegangenen gelblichen Böden (Latosole) sind sehr nährstoffarm mit einem sehr geringen Anteil austauschbarer Basen ($Ca^{2+}$, $Mg^{2+}$, $K^+$, $Na^+$) und Phosphor. Die Entstehung der Böden wird erklärt durch intensive chemische Verwitterung im Oberboden, unterstützt durch Bildung organischer Säuren. Es kam zur Abfuhr des gelösten Aluminiums durch Sickerwasser und einer daraus folgenden Neubildung von Gibbsit und Kaolinit im Unterboden. Der Boden befindet sich im Gleichgewicht, wenn die Silikatverwitterung im Oberboden und der Abtransport der Lösungsprodukte mit dem Sickerwasser äquivalent zum Vordringen der Kaolinitisierungszone ins Sediment verlaufen, wobei es zur allmählichen Tieferlegung der Geländeoberfläche kommt. In Bereichen von Tälern verläuft durch erhöhte Drainage die Abfuhr des Oberbodens schneller als das Vordringen der Kaolinitisierungszone, was eine verstärkte Tieferlegung der Oberfläche im Vergleich zum umgebenden Plateau zur Folge hat. In diesen Bereichen entwickeln sich aus den Alterationsprodukten der anstehenden Sedimente extrem nährstoffarme, podsolierte Böden mit lückenhafter „campinas"-Vegetation (Chauvel et al. 1987: 234).

Bei den Böden in der Region Manaus handelt es sich nach der FAO/UNESCO-Klassifizierung (FAO/Unesco 1990) um extrem nährstoffarme, gelbliche Xanthic Ferralsols, die repräsentativ für große Gebiete Zentralamazoniens sind (Vieira & Santos 1987, zit. bei: Hanagarth 2003:4, unveröffentl. Bericht). Die gelbe Farbe wird erklärt durch fortschreitende Transformation von Hämatit und Al-armem Goethit in Al-reichen Goethit und einer damit verbundenen Gelbfärbung (Fritsch et al. 2005:575).

Eine Analyse der Bodenart (MÜLLER 1995, zit. bei: RÖMBKE & MARTIUS 2000, in: HÖFER et al. 2000:13-17) erbrachte in den oberen 10 cm einen sandigen Ton (60 % Ton, 25 % Sand, 15 % Schluff), wobei der Tongehalt nach unten zunimmt und in 60 bis 80 cm Tiefe auf 80 % ansteigt. Die Tonfraktion im Untersuchungsgebiet wird dominiert von Kaolinit mit etwas Gibbsit (CAMARGO & RODRIGUES 1979, RODRIGUES 1998, beide zit. bei: SCHROTH et al. 2000:144). Die pH-Werte des Bodens sind durch Auswaschung basisch wirkender Kationen niedrig. Die auf dem Gelände gemessenen pH-Werte weisen eine geringe Schwankungsbreite auf und liegen zwischen 3,8 und 4,5 bei Messung in $H_2O$, also im Aluminium-Pufferbereich (SCHWEIZER 2001:44, unveröffentl. Diplomarbeit). Daten von MÜLLER (1995, zit. bei: RÖMBKE & MARTIUS 2000, in: HÖFER et al. 2000:13-17) weisen Werte von 4,1 bis 5,0 auf (bei Messung in Wasser), was mit den im Projekt gemessenen Werten vergleichbar ist. Die Wurzeln von Kulturpflanzen können unter Aluminiumtoxizität leiden, und die hohen Aluminium- und Eisengehalte führen oft zu Phosphatfixierung (ZECH 1997:11). Die $C_{org}$-Gehalte im Oberboden liegen zwischen 2,5 und 4,5 % ohne nennenswerte Unterschiede zwischen Primärwald, Sekundärwald und den Agroforst-Flächen, die N-Gehalte liegen zwischen 0,2 und 0,31 % (RÖMBKE & MARTIUS 2000, in: HÖFER et al. 2000:13-17). Die Streuauflage ist, bedingt durch den raschen Umsatz, nur geringmächtig. Eine Anreicherung organischen Materials ist, abgesehen von Anreicherungen durch Tierbauten und Wurzeln, nur in den obersten 10 cm des Bodens festzustellen. Eine deutlich ausgeprägte Horizontierung des Unterbodens ist nicht erkennbar. Er weist eine einheitliche gelbe Farbe auf, wird nach unten etwas toniger und weist häufig Spuren der Aktivität von Bodenorganismen auf. Der Boden hat eine Pseudosandstruktur mit einer Reaktion zwischen negativ geladenen Tonmineralen und positiv geladenen Oxiden. Trotz hoher Tongehalte fühlt sich der Boden bei der Fingerprobe schluffig-sandig an.

1970 wurde von der Vorläuferorganisation der EMBRAPA das Versuchsgelände bodenchemisch und bodenphysikalisch untersucht. Eine detaillierte Profilansprache wurde vom INSTITUTO DE PESQUISAS E EXPERIMENTAÇÂO AGROPECUÁRIAS DA AMAZÔNIA OCIDENTAL (1972) durchgeführt (zit. bei: SCHWEIZER 2001:16f., unveröffentl. Diplomarbeit): Es werden zwei Oberbodenhorizonte (A I und A II mit braun-gräulicher Farbe bis 33 cm Tiefe) und vier Unterbodenhorizonte (B I bis B IV mit gelber Farbe bis 170 cm Tiefe) ausgewiesen. Sämtliche Horizonte weisen hohe Tongehalte (von 81 % im A I-Horizont bis 93 % im B IV-Horizont) mit subpolyedrischem Gefüge auf. Das Gefüge ist in trockenem Zustand stabil und wird in feuchtem Zustand schnell plastisch und klebrig. Im A I-Horizont (0 bis 8 cm Tiefe) befinden sich viele feine und mittelgroße Wurzeln sowie einige große Wurzeln, in den tieferen Horizonten sind nur noch einige bis wenige Wurzeln zu finden. In allen Horizonten kommen Poren und Gänge vor. Im gesamten Profil konnten Aktivitäten von Bodenorganismen festgestellt werden. Die pH-Werte steigen mit zunehmender Bodentiefe von 3,8 / 3,6 ($H_2O$ / KCl) im A I-Horizont auf 5,2 / 4,2 im B IV-Horizont. Die Kationenaustauschkapazität ist sehr niedrig und sinkt von 10,71 meq/100 g Trockengewicht im A I-Horizont auf Werte zwischen 2,8 und 3,7 meq in den B-Horizonten.

## 3.1.2 Klima

Das Klima in Manaus ist ein immerfeucht-tropisches Tieflandsklima mit minimalen Schwankungen der Tageslänge und einer Jahresdurchschnittstemperatur von 26,9 °C, einer Jahresamplitude unter 2 °C und einer mittleren Niederschlagsmenge von 1997 mm jährlich mit 2 Monaten unter 60 mm (Am-Klima nach KÖPPEN; Daten aus MÜLLER 1979:245). In der trockeneren Jahreszeit von Juli bis September werden aufgrund der höheren Einstrahlung geringfügig höhere Monatsmittel als in der feuchteren Jahreszeit verzeichnet. Die höchsten Niederschlagsmengen werden zwischen Dezember und Mai mit Monatsmitteln um oder über 200 mm gemessen. Eine auf dem EMBRAPA-Gelände vorhandene Wetterstation, die seit 1971 Meßdaten erhebt, registrierte von 1971 bis 1994 durchschnittliche Tagestemperaturen von 26 °C mit monatlichen Schwankungen der durchschnittlichen Tagestemperaturen zwischen 21 und 33 °C, einen durchschnittlichen Jahresniederschlag von 2622 mm und eine durchschnittliche monatliche relative Luftfeuchte von 80 bis 90 % (SCHWEIZER 2001:14, unveröffentl. Diplomarbeit).

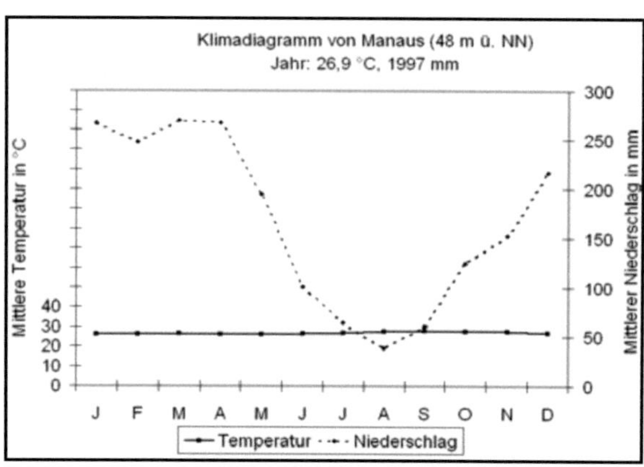


Abb. 3:   Klimadiagramm von Manaus.
          (Grundlage: MÜLLER 1979:245)

## 3.2 Beschreibung der Agroforst-Versuchsflächen

Bei der Agroforstwirtschaft werden tiefwurzelnde holzige Arten und ausdauernde Pflanzen zusammen mit nahrungsliefernden Pflanzen angebaut (LAL 1986:668). Die Agroforstwirtschaft beruht auf kombiniertem Anbau von bevorzugt stickstoffbindenden Gehölzen und landwirtschaftlichen Nutzpflanzen auf demselben Standort, wobei die Gehölze oft in Reihen mit mehreren Metern Abstand gepflanzt werden. Dazwischen werden die Nutzpflanzen angebaut. Die Gehölze liefern Brenn- und Baumaterial und pumpen mit ihren tief im Boden verankerten Wurzeln Nährstoffe nach oben (ZECH 1997:15). Eine möglichst waldähnliche Struktur mit weitgehendem Kronenschluß verbessert aufgrund der mikroklimatischen Bedingungen die Lebensbedingungen der Bodenfauna und -flora (MARTIUS et al. 2004a:303).

Das Versuchsgelände des SHIFT-Projekts, auf dem sich die Agroforst-Flächen befinden und auf dem ein Großteil der Untersuchungen durchgeführt wurde, liegt auf dem Gelände der EMBRAPA, umfaßt eine Fläche von 19 Hektar und ist fast vollständig von immerfeuchtem tropischen Regenwald (Primärwald und Sekundärwald) umgeben (Abb. 4).

In den Jahren 1979 und 1980 wurde der Primärregenwald für die Anlage einer Kautschukplantage (*Hevea brasiliensis*; brasilianischer Name: Seringueira) gerodet, die 1984 aufgegeben wurde. Nach Rodung des Sekundärwaldes wird das Gelände seit 1992 als agroforstliche Versuchsfläche genutzt (MARTIUS et al. 2004b:138f.). Das Feldexperiment zur „Rekultivierung verlassener Monokulturen durch Mischkultursysteme" wurde 1992 von der Universität Hamburg angelegt

(HÖFER et al. 2004:12f.). Das Versuchsgelände ist in fünf Blöcke mit 90 Versuchsflächen (je 32 x 48 m) aufgeteilt. Bei den Geländearbeiten in den Jahren 2002 und 2003 befanden sich die Flächen bereits in einem ungepflegten Zustand.

Im Rahmen dieser Arbeit wurden mehrere Kultursysteme, Grasland-Flächen und Primärwälder untersucht, die sich auf oder nahe der SHIFT-Versuchsfläche befinden. Bei den angepflanzten Arten handelt es sich überwiegend um für den regionalen Markt bedeutsame Arten. Im Rahmen dieser Arbeit wurden folgende Nutzpflanzenarten bzw. Kultursysteme untersucht (vollständige Aufzählung in HÖFER et al. 2004:12):

1) Cupuaçu (*Theobroma grandiflorum*, Sterculiaceae) in Polykultur (Abb. 9).
   Die weißliche Pulpa der Früchte des großblütigen Kakaobaums wird für die Herstellung von Speiseeis, Marmelade und Fruchtgetränken verwendet (SCHMIDT et al. 2005:1-4).

2) Kokos (*Cocos nucifera*; Arecaceae) in Polykultur (Abb. 10).
   Die vielseitig verwendbare Kokospalme ist für ihre Kokosnüsse bekannt, deren Fruchtfleisch ein wichtiges Nahrungsmittel darstellt. Kokosöl und -fasern sind weitere wirtschaftlich bedeutsame Produkte.

3) Kudzu (*Pueraria phaseoloides*; Leguminosae) in Polykultur (Abb. 7).
   Es handelt sich um eine bodendeckende Leguminose, die den Luftstickstoff binden und im Boden anreichern kann.

4) Pupunha (*Bactris gasipaes*; Arecaceae) in Monokultur (Abb. 11).
   Die schnellwachsende Pfirsichpalme liefert stärkereiche und ölhaltige Steinfrüchte, die vielfältig verwendet werden. Die Sproßachsen werden zur Gewinnung von Palmherzen (stärkereiches Nahrungsmittel) gefällt (SCHMIDT et al. 2005:1-4).

5) Seringueira (*Hevea brasiliensis*; Euphorbiaceae) in Monokultur (außerhalb der SHIFT-Versuchsfläche; Abb. 12).
   Hauptprodukt des Kautschukbaums ist der aus den Milchröhren der Rinde gewonnene Latex. Das biegefeste Holz wird im Möbelbau eingesetzt, die Samen dienen der Ölproduktion (SCHWEIZER 2001:22f., unveröffentl. Diplomarbeit).

6) Urucum (*Bixa orellana*; Bixaceae) in Polykultur (Abb. 8).
   Der Orleansbaum (strauchförmig oder kleiner Baum bis 6 m) entwickelt grün bis dunkelrot gefärbte Kapselfrüchte. Die an der Samenschale entwickelten Papillen enthalten einen roten Lebensmittelfarbstoff (SCHMIDT et al. 2005:1-4).

Zusätzlich zu diesen Kulturen wurden drei Primärwald-Flächen (Abb. 5) und drei degradierte Grasland-Flächen in der Nähe der SHIFT-Versuchsfläche untersucht (Abb. 6).

## 3.3 Beschreibung der Flächen des Holzexperiments

Ziele und Durchführung des Holzexperiments sind im Schlußbericht des Projekts ENV 52 ausführlich beschrieben (VERHAAGH et al. 2004, in: HÖFER et al. 2004:120-150). Die Experimente wurden von Dr. MANFRED VERHAAGH (SMNK), PD Dr. CHRISTOPHER MARTIUS (ZEF),

Dr. LUCILENE MEDEIROS (INPA) und M. Sc. GILVAN MARTINS (EMBRAPA) durchgeführt:

„Das Holzexperiment hatte zum Ziel, die Auswirkungen einer feuerfreien Anlage neuer Kulturflächen in Zentralamazonien auf die Bodenmakrofauna und die Nährstoffverfügbarkeit zu erfassen. Als Alternative zur Brandrodung sollte dabei ein Management der bei der Rodung anfallenden pflanzlichen Biomasse (i. w. des Holzes) dieser Flächen durchgeführt werden. Zu diesem Zweck wurden im Experiment praxisnah Sekundärwaldflächen in Maniok-Pflanzungen umgewandelt, wie dies im Amazonasgebiet durch Kleinbauern geschieht. In je drei Wiederholungen wurden dabei drei Landbearbeitungsmethoden miteinander verglichen: Traditionelle Brandrodung [...], Rodung und Anhäufen des grob zerkleinerten Holzes in Reihen [...] sowie Rodung und Häckseln der gesamten pflanzlichen Biomasse und Ausbringen des Häckselgutes als Mulch auf den Flächen [...]."
(wörtliches Zitat aus VERHAAGH 2004, in: HÖFER et al. 2004:120)

Für die Anlage der Flächen wurden neun Parzellen von jeweils 40 x 30 m (1200 m²) in Sekundärwaldflächen auf dem Gelände der EMBRAPA manuell gerodet. Jeweils drei Parzellen lagen eng beieinander und waren nur durch wenige Meter Sekundärwaldstreifen voneinander getrennt, wogegen die Replikate weiter auseinander lagen. Auf den Brandrodungs-Parzellen wurde das geschlagene Holz verbrannt und die Asche möglichst gleichmäßig auf der Fläche verteilt. Auf den Holzreihen-Flächen (Abb. 13) wurden Stämme und Äste höchstens grob zerkleinert und in jeweils vier Längsreihen von 3 - 3,5 m Breite und ca. 1 m Höhe auf dem Feld angeordnet. Auf den Holzschredder-Flächen wurde das gesamte gerodete Holzmaterial der Flächen mit einem handelsüblichen Holzschredder zu Häcksel verarbeitet (VERHAAGH et al. 2004, in: HÖFER et al. 2004:121-124).

## 3.4 Beschreibung der Flächen der Mulchexperimente

Ziele und Durchführung der Mulchexperimente sind im Schlußbericht des Projekts ENV 52 ausführlich beschrieben (SCHMIDT & HÖFER 2004, in: HÖFER et al. 2004:103-119). Die Experimente wurden von Dr. PETRA SCHMIDT und Dr. HUBERT HÖFER vom Staatlichen Museum für Naturkunde Karlsruhe (SMNK) durchgeführt:

„Mit dem Ziel Abundanz, Biomasse und Struktur der Bodenmakrofauna sowie chemische und physikalische Bodenvariablen durch wiederholte Behandlungen mit Leguminosenmulch und Mineraldünger zu verändern wurden zwei Feldexperimente durchgeführt. In einem Experiment (Experiment II) wurden die Effekte unterschiedlicher Qualitätsstufen des Mulchs auf die verschiedenen Bodenvariablen getestet, in einem weiteren (Experiment III) dagegen unterschiedliche Mengen an Mulch mittlerer Qualität. Die hinter beiden Experimenten stehende Vorstellung (das Modell) ist, daß eine Erhöhung der Streu, also der Eintrag an totem organischem Material (Pflanzenreste) bei ausreichender Funktion (Siedlungsdichte und Aktivität) der Bodenfauna zu einer Erhöhung des organischen Gehalts im oberen Bereich des Bodens führt. Der organische Gehalt im Boden (SOM) spielt durch seine Eigenschaft als Nährstoff- und Wasserspeicher und die Beeinflussung von physikalischen und chemischen Bodeneigenschaften eine Schlüsselrolle bei der nachhaltigen Nährstoffversor-

gung von Nutzpflanzen in den Tropen. Der experimentelle Ansatz sollte zeigen, ob über die Anwendung von Mulch die Bodenfruchtbarkeit, gemessen an einer Vielzahl von bodenchemischen und -physikalischen Variablen, nachhaltig verbessert werden kann."
(wörtliches Zitat aus SCHMIDT & HÖFER 2004, in: HÖFER et al. 2004:103)

Insgesamt wurden 84 Parzellen mit einer Größe von jeweils 4 x 4 m (16 m²) vermessen und markiert (Abb. 14). Die Parzellen wurden in einem randomisierten Blockdesign angelegt. Der Boden wurde weder gekalkt noch aufgelockert.

Bei Experiment II (unterschiedliche Mulchqualität) erfolgten sechs Behandlungsvarianten (schlechte, mittlere und gute Mulchqualität; jeweils ungedüngt und gedüngt). Während der zweijährigen Dauer des Experiments wurden vier Mulchungen in mehreren Monaten Abstand durchgeführt. Das vor Beginn des Experiments in der Sekundärvegetation dominierende Gras (*Bracharia* sp.) bildete beim Experiment II (Mulchqualität) die Qualitätsstufe „gering", Blätter der Leguminose *Flemingia macrophylla* die Stufe „gut" und eine massenäquivalente Mischung aus beiden die Stufe „mittel".

Bei Experiment III (unterschiedliche Mulchmenge) erfolgte die erste Mulchung mit einer Mischung aus Blättern, Ästen und Stammabschnitten der strauchförmigen Leguminose *Tephrosia candida*, bei den drei weiteren Mulchungen wurde zusätzlich dieselbe Menge Blattmaterial von *Pueraria phaseloides* verwendet. Die Mulchmenge umfaßte vier Stufen: kein Mulch, geringe (ca. 50 kg pro Behandlung), mittlere (ca. 100 kg) und hohe (ca. 150 kg) Mulchmenge (SCHMIDT & HÖFER 2004, in: HÖFER et al. 2004:105).

**Fotos des Primärwaldes, der Agroforst-Versuchsflächen, des Holzexperiments und der Mulchexperimente:**

Abb. 4:

Luftaufnahme der Agroforst-Versuchsflächen des SHIFT-Projekts aus dem Jahr 1992.
Das Gelände hat eine Fläche von ca. 19 ha und ist fast vollständig von Primär- und Sekundärwald umgeben.
(Quelle: HÖFER et al. 2000)

Abb. 5:    Primärwald nahe der SHIFT-Fläche.

Abb. 6:    Grasland nahe der SHIFT-Fläche.

Abb. 7:    Pueraria (*Pueraria phaseoloides*) bzw. Kudzu.

Abb. 8:    Urucum (*Bixa orellana*).

Abb. 9: Cupuaçu (*Theobroma grandiflorum*).

Abb. 10: Kokos (*Cocos nucifera*).
Im Hintergrund: Pupunha.

Abb. 11: Pupunha (*Bactris gasipaes*).

Abb. 12: Seringueira (*Hevea brasiliensis*).

Abb. 13: Fläche des Holzexperiments (Holz-reihen). Das Experiment wurde durchgeführt von M. VERHAAGH, C. MARTIUS, L. MEDEIROS und G. MARTINS.

Abb. 14: Flächen der Mulchexperimente. Diese wurden von H. HÖFER und P. SCHMIDT durchgeführt.

# 4 Methodische Vorgehensweise

## 4.1 Farbtracer-Experimente und Auszählung biogener Strukturen

Aufgrund der homogenen bodenchemischen und -physikalischen Bodeneigenschaften ist das Gelände der EMBRAPA gut geeignet, um vergleichende Untersuchungen hinsichtlich der Infiltration von Niederschlagswasser durchzuführen. Bereits vor Durchführung der Farbtracer-Experimente gab es Hinweise auf eine deutliche bioturbate Beeinflussung des Bodens. An vielen Stellen der Bodenoberfläche sind Nestkegel von Ameisen zu erkennen. Eine nächtliche Begehung eines Primärwaldes zeigte die weit verbreitete Aktivität von Termiten und deren Eintrag organischen Materials in den Boden. In der Pupunha-Monokultur sind weite Bereiche des Oberbodens mit Kotablagerungen von Regenwürmern bedeckt. Um nachzuweisen, daß nicht nur auf, sondern auch im Boden eine starke biogene Beeinflussung zu verzeichnen ist, wurden mit Hilfe eines Farbtracers präferentielle Fließwege des Niederschlagswassers im Boden sichtbar gemacht, um feststellen zu können, inwieweit biogene Strukturen zur Versickerung des Wassers beitragen.

Die hier vorgestellten Farbtracer-Experimente wurden initiiert von Dr. WERNER HANAGARTH und Dipl.-Forstwirt PRZEMYSLAW WALOTEK, die in Kapitel 5 dargestellte Auswertung erfolgte durch den Autor. Ziel der Untersuchungen ist es, den Einfluß der wichtigsten Vertreter der Bodenmakrofauna auf die Einsickerung von Niederschlagswasser aufzuzeigen. Bei den Vertretern handelt es sich in Zentralamazonien, wie auch in anderen tropischen Regionen, um Ameisen (*Formicidae*), Termiten (*Isoptera*) und Regenwürmer (*Oligochaeta*). Durch die Anwendung eines Farbtracers (Lebensmittelfarbstoff Brilliant Blue FCF, C. I. 42090) konnten präferentielle Fließwege entlang biogener Strukturen von Ameisen, Termiten und Regenwürmern in dem für Zentralamazonien typischen Bodentyp des Xanthic Ferralsol markiert werden. Durch Tracerversuche und bodenchemische Analysen soll die Rolle der Bodenmakrofauna für den Bodenwasserhaushalt, die Kationenaustauschkapazität (KAK) und den Einbau organischer Substanz in den Boden abgeschätzt werden. Es soll geklärt werden, ob sich hinsichtlich der Infiltration ein Gradient vom Primärwald zu anthropogen beeinflußten Systemen ergibt. Die Tracerversuche wurden in einem Zeitraum von Mai bis September 2002 sowie im Mai und Juni 2003 durchgeführt und zeigten die hohe biogene Turbation des Bodens.

### 4.1.1 Art und Anzahl der Farbtracer-Versuchsflächen

Im Primärwald, in sechs Kulturen eines Agroforstsystems und einer degradierten Grasland-Fläche wurden Tracerversuche durchgeführt und Profilgruben angelegt (drei Profile in jedem System, insgesamt 24 Profile):

- Primärwald: ein Primärwald-Standort befindet sich am Rande der SHIFT-Fläche, die beiden anderen sind ca. 2 km davon entfernt.
- Baumkulturen:
    1. Kokos (*Cocos nucifera;* Arecaceae)
    2. Cupuaçu (*Theobroma grandiflorum;* Sterculiaceae)
    3. Urucum (*Bixa orellana;* Bixaceae).
- Bodendecker:
    1. Kudzu (*Pueraria phaseoloides;* Leguminosae)

2.  Grasland (degradierte baumlose Grasfläche, etwa 2 km von der SHIFT-Fläche entfernt).

- Monokulturen:

1.  Pupunha (*Bactris gasipaes;* Arecaceae)

2.  Seringueira (*Hevea brasiliensis;* Euphorbiaceae).

Profile ohne Tracer-Experimente:

In den Holzexperiment-Flächen von Dr. MANFRED VERHAAGH wurden drei Profile angelegt (Holzmulch-, Holzreihen- und Brandrodungsfläche), im angrenzenden Sekundärwald eines. In diesen vier Profilen wurden aus Zeitgründen keine Tracerversuche durchgeführt, sondern nur Material für mikromorphologische und bodenchemische Analysen entnommen. In den Parzellen der Mulchexperimente von Dr. HUBERT HÖFER und Dr. PETRA SCHMIDT wurden aus Zeit- und Platzgründen (geringe Flächenausdehnung der Parzellen) keine Profile angelegt.

Die Arbeiten im Gelände wurden erschwert durch das Fehlen von geeignetem Kartenmaterial. Vom Gebiet nördlich von Manaus existieren topographische Karten nur im Maßstab 1:1.000.000, und vom Forschungsgelände der EMBRAPA gibt es keine Übersichtskarten. Eine Skizze der SHIFT-Versuchsfläche findet sich im Abschlußbericht des Projekts (HÖFER et al. 2004:13).

## 4.1.2  Anlage und Einfärben der Profile

In den Agroforst-Versuchsflächen erfolgte die Einfärbung und Anlage der Profile in etwa einem Meter Stammentfernung zu einem Baum, um eine für die jeweilige Agroforstkultur typische Umgebung anzutreffen (also beispielsweise keine Lichtung). Im Primärwald wurde darauf geachtet, in der Nähe eines größeren Baums zu sein, jedoch mindestens ein Meter von diesem entfernt, um nicht von Wurzelwerk am Graben gehindert zu werden. Bei der Suche der Standorte für die Profile war es wichtig, eine möglichst ebene Fläche auszuwählen, damit das mit dem Tracer eingefärbte Beregnungswasser nicht oberflächlich abfließt. Bei der Auswahl der Standorte wurde nur untergeordnet auf das Vorhandensein biogener Strukturen geachtet (z. B. Ameisenhügel), da diese nur manchmal an der Oberfläche erkennbar waren. Flächen mit oberflächlich deutlich sichtbaren Löchern (z. B. Wurzelgänge) wurden verworfen, um ein schnelles Versickern des Farbstoffs zu vermeiden. Auch Flächen mit Bodenverdichtung durch Fahrspuren wurden verworfen. Nach Auswahl der Fläche wurde ein Gebiet von 1,5 x 1,5 m für die Beregnung abgegrenzt und in diesem die Laubstreu, die Vegetation und oberflächliche Wurzeln entfernt (von außerhalb der Fläche, um Bodenverdichtung zu vermeiden), um ein Zurückhalten des Farbstoffs auf der Bodenoberfläche zu verhindern. Die für die Beregnung vorgesehene Fläche (1,5 x 1,5 m) war größer als die Fläche, in der die Profilschnitte angefertigt wurde (1 x 1 m), so daß sich die eingefärbte Fläche über die Fläche der Profilschnitte erstreckt und damit Randeffekte ausgeschlossen werden können. In der eingegrenzten Fläche wurde durch Beregnung mit einer Gießkanne ein Starkniederschlag von 35 mm über einen Zeitraum von zwei Stunden simuliert (die Verwendung einer Beregnungsanlage war aufgrund der Bedingungen im Gelände nicht möglich). Vor der Anwendung des Tracers wurde der Boden homogenisiert, indem 30 Liter Wasser (ohne Farbstoff) über einen Zeitraum von einer halben Stunde gleichmäßig auf die Fläche aufgebracht wur-

den. Wie auch bei der anschließenden Beregnung mit Farbstoff mußte darauf geachtet werden, daß sich in kleinen Senken keine Pfützen
bilden und Wasser nicht oberflächlich aus der
eingegrenzten Fläche herausfließt. Anschließend wurden 80 Liter Wasser mit einem
Farbstoffgehalt von 4 g/l (nach FLURY &
FLÜHLER 1994:1108) innerhalb von zwei Stunden appliziert (in Profilen, in denen nur ein
oder zwei Profilschnitte beprobt wurden, wurde
eine Fläche von 1,5 x 1 m mit 20 Liter Wasser
vorbefeuchtet und dann mit 55 Liter farb-
stoffhaltigem Wasser eingefärbt). Nach einer
Wartezeit von mindestens drei Stunden (in der
Regel am nächsten Tag) wurden die Profile
etwas tiefer als 100 cm aufgegraben. Das
Aufgraben der Profile erfolgte außerhalb der
Einfärbung und wurde in Richtung des eingefärbten Bereichs vorangetrieben, wo auch
die Profilwand angelegt wurde. Um ein Aus-
waschen des Tracers durch Regenwasser zu
verhindern, wurden die eingefärbten Bereiche
mit einer Kunststoff-Folie abgedeckt.

Jede Profilwand, Ausschnitte aus dem Oberboden und sämtliche größeren biogenen
Strukturen wurden mit einer Digitalkamera
(Nikon Coolpix 995) in einer weitgehend standardisierten Prozedur dokumentiert. Beim
Fotografieren wurde, falls Schattenwurf vorhanden war, die Profilwand mit einem Tuch
abgeschattet, um keine Sonnen- bzw. Schat-
tenflächen zu bekommen. Die Aufnahmen des
Jahres 2002 erfolgten mit einem Weitwinkel-
oder einem Normalobjektiv. Um Verzerrungen
zu verringern, wurden die Aufnahmen des Jahres 2003 nur noch mit einem Normalobjektiv
gemacht. Um Verwacklungen zu vermeiden,
wurde ein Stativ benutzt. Von mehreren Aufnahmen wurde jeweils die schärfste für die
Auswertung verwendet.

Abb. 15: Einfärben eines Profils mit Farbtracer.

Abb. 16: Eingefärbtes Profil im Primärwald.

### 4.1.3 Auszählung biogener Strukturen

Die Aufnahme und Auszählung biogener
Strukturen fand ebenfalls an den für die Farb-
tracer-Untersuchungen angelegten Boden-
profilen statt, und zwar an den Vorderseiten
der aufgegrabenen Profile (die bodenchemische Probenahme erfolgte an den Seitenwänden). Außerdem wurden in den Holzexperiment-Flächen vier weitere Profile angelegt (Holzmulch-, Holzreihen- und Brandrodungsfläche sowie im angrenzenden Sekundärwald), in denen keine Tracerversuche
durchgeführt wurden, sondern nur Material für
mikromorphologische und bodenchemische
Analysen entnommen wurde.

Zur Auszählung biogener Strukturen wurde ein Auszählrahmen aus Holz mit 100 x 100 cm Größe verwendet, der in 100 Quadranten (je 10 x 10 cm; mit Schüren voneinander abgetrennt) aufgeteilt war (Abb. 22 bis 24 in Kapitel 5). An der Profilwand wurden quadrantenweise hydrologisch relevante biogene Strukturen systematisch mit einem Formblatt erfaßt. Um eine eindeutige Zuordnung der Strukturen zu den jeweiligen Quadranten zu ermöglichen, waren die Quadranten von „A 1" (links oben) bis „J 10" (rechts unten) benannt. Die Methodik der Auszählung der dabei erfaßten Variablen sowie das dafür verwendete Formblatt wurden von Dr. WERNER HANAGARTH und Dipl.-Forstwirt PRZEMYSLAW WALOTEK entwickelt. Bei den zuerst, im Jahr 2002, angelegten Profilen wurden zehn Schnitte (in 10-cm-Abständen) ausgezählt, schließlich nur noch fünf Schnitte. Im Jahr 2003 wurde die Zahl der Schnitte auf einen bzw. zwei (mit 20 cm Abstand) reduziert. Aus Zeitgründen wurden die jeweils dritten Profile nur noch mit einem Schnitt ausgezählt und beprobt.

Bei der Auszählung an der Profilwand wurden für jeden eingefärbten Quadranten (10 x 10 cm) Anzahl und Art der biogenen Strukturen, vor allem lebende und tote Wurzeln sowie Bauten und Gänge von Termiten, Ameisen und Regenwürmern bestimmt. Folgende Variablen wurden erfaßt:

- lebende Wurzeln (Anzahl und Durchmesser)
- tote Wurzeln (Anzahl, Durchmesser, Zersetzungsstadium, Verfüllung und Verfüllungsmaterial)
- biogene Gänge (Wandstruktur, Verfüllung, Verfüllungsmaterial, Herkunft, Tierpräsenz)

- biogene Poren (Anzahl, Durchmesser, Verfüllung, Verfüllungsmaterial, Herkunft, Tierpräsenz)
- Vorhandensein von diffusen Verfärbungen und Rostflecken
- Kammern (Größe, Wandstruktur, Zugänge, Verfüllung, Verfüllungsmaterial, Herkunft, Tierpräsenz)
- Holzkohle (Anzahl, Durchmesser).

Bei den Aufnahmen im Jahr 2002 wurden nur die Strukturen in den eingefärbten Quadranten ausgezählt, im Jahr 2003 wurden sowohl eingefärbte als auch nicht eingefärbte Quadranten ausgezählt, sofern eine der oben genannten Strukturen erkennbar war.

Die Unterscheidung von Ameisen-, Termiten- und Regenwurmgängen erfolgte, sofern kein Tier anwesend war, im wesentlichen über den Durchmesser. Termitengänge sind deutlich größer als Ameisengänge. Die ausgezählten Termitengänge haben im Mittel einen Durchmesser von ca. 9 mm, die Ameisengänge ca. 5 mm. Im Gegensatz zu Ameisengängen sind Termitengänge manchmal mit Blattschnipseln verfüllt. Regenwurmgänge sind im Mittel ähnlich groß wie Termitengänge (ca. 9 mm) und leicht an den Abdrücken der Wurmsegmente sowie an Kotablagerungen zu erkennen. Kammern von Ameisen weisen häufig eine kugelförmige Gestalt auf und sind, je nach Art, mit Blattmaterial oder (den häufiger angetroffenen) Pilzkulturen verfüllt und daher zweifelsfrei zuzuordnen. Termitenkammern sind im Gegensatz zu Ameisenkammern eher länglich und gegebenenfalls dicht mit Blattschnipseln oder Abfallstoffen angefüllt. Bei Poren (biogene Makroporen) ist die Zuordnung zu einer Tiergruppe schwierig oder nicht möglich; in den meisten Fällen wurde deshalb darauf verzichtet („unbekannte Herkunft"). Aufgrund ihrer geringeren Größe sind Poren nur dann gut zu erkennen, wenn sie leitend sind und vom Tracer durchflossen werden. Die Gesamtzahl der biogenen Poren dürfte daher wesentlich größer sein als die Zahl der ausgezählten Poren.

Insgesamt wurden 89 Farbtracer-Profilschnitte angelegt und fotografiert. Bei 69 dieser Schnitte wurde eine Auszählung biogener Strukturen durchgeführt. Bei 20 Profilschnitten wurde nur ein Foto angefertigt (ohne Ansprache biogener Strukturen) bzw. die Auszählung erfolgte mit einer anfänglich angewandten Auszählmethodik, deren Ergebnisse nicht auf neuere Profilschnitte übertragbar waren.

Die Ergebnisse der Farbtracer-Experimente und der Auszählung biogener Strukturen finden sich in Kapitel 5. Dort werden die Tiefengradienten der Einfärbung und der Anzahl biogener Strukturen dargestellt und erläutert.

An den Geländeaufnahmen (Tracerversuche und Auszählung biogener Strukturen) waren Dr. WERNER HANAGARTH, Dipl.-Forstwirt PRZEMYSLAW WALOTEK, Dr. LUCILENE MEDEIROS sowie der Autor beteiligt. Die Auszählung der biogenen Strukturen erfolgte hauptsächlich durch P. WALOTEK, da die Beschränkung auf eine Auszählperson am ehesten eine Konstanz der Ergebnisse gewährleistet. Das Einfärben und Aufgraben der Profile wurde von Arbeitern der EMBRAPA sowie den oben genannten Personen durchgeführt. Das Herauspräparieren der biogenen Strukturen sowie die Entnahme von Bodenmaterial wurden von P. WALOTEK und dem Autor durchgeführt. Die Bestimmung der Termiten

erfolgte durch Dr. LUCILENE MEDEIROS, die der Ameisen durch cand. biol. CHRISTIAN RABELING und Dr. MANFRED VERHAAGH.

### 4.1.4  Mikromorphologische und bodenchemische Probenahme

In allen Profilen wurde Material für mikromorphologische und bodenchemische Untersuchungen entnommen. Wie bei der Auszählung der biogenen Strukturen erfolgte bei der Probenahme eine Beschränkung auf die drei häufigsten Gruppen der Bodenmakrofauna: Ameisen, Termiten und Regenwürmer. Dabei wurden organische Verfüllungen, Seitenwände, Böden und Decken von Ameisen- und Termitenkammern sowie Bereiche mit Ameisen-, Termiten- sowie Regenwurmgängen beprobt.

Für die Herstellung mikromorphologischer Dünnschliffpräparate wurden diese Strukturen mit besonderer Sorgfalt ungestört mit Spachtel und Messer aus der Profilwand herauspräpariert und in Kleinbild-Filmdosen gefüllt. Aus derselben Struktur wurde jeweils Material für bodenchemische Untersuchungen entnommen. Bei den Kammern von Ameisen und Termiten wurde ein Teil der Kammerwand für ein mikromorphologisches Präparat verwendet, vom Rest wurde Material für bodenchemische Analysen abgeschabt. Aufgrund der geringen Probenmengen konnte bei der Entnahme von Material für chemische Analysen oft nicht zwischen Wand, Boden und Decke einer Kammer unterschieden werden und nicht alle drei Teile beprobt werden. Bei der Beprobung der Ameisen-, Termiten- und Regenwurmgänge mußte das für chemische Analysen benötigte Material aus der Fortsetzung derselben Struktur (also hinter der Entnahmestelle für die mikromorphologischen

Proben) entnommen werden, um ausreichend Probenmaterial zu erhalten. Bei den Proben für die bodenchemischen Analysen der biogenen Strukturen ist immer auch eine unbestimmte Menge Nachbarmaterial enthalten, da es bei der Probenahme nicht möglich ist, eine eindeutige Grenze zwischen der biogenen Struktur und ihrer Umgebung zu ziehen. Daher spiegeln die gewonnenen bodenchemischen Daten nur Tendenzen wider.

Die Probenahme für mikromorphologische und bodenchemische Analysen erfolgte bei den biogenen Strukturen an den (nicht eingefärbten) Seitenwänden der Profilgruben, um eine Verfälschung der bodenchemischen Analysen durch das im Farbtracer enthaltene Natrium auszuschließen, und um Beeinträchtigungen der automatisierten Bildauswertung der Dünnschliffe durch den blauen Farbstoff zu vermeiden. Aus jedem Profil wurden Vergleichsproben für mikromorphologische und bodenchemische Untersuchungen aus Bereichen des Ober- und Unterbodens genommen, die keine deutlich erkennbare biogene Beeinflussung zeigten. Wenn möglich, wurden Tierproben für eine spätere Bestimmung gesammelt. Die Mehrzahl der angetroffenen biogenen Strukturen war ohne Tierpräsenz oder bereits verlassen, weswegen eine eindeutige Zuordnung zu einer Gattung oder Art in vielen Fällen nicht möglich war.

Zusätzlich zur Anlage der 24 Profile wurden Bauten von je zwei im Untersuchungsgebiet häufig vorkommenden Ameisen- und Termitengattungen aufgegraben und in diesen organische Verfüllungen, die Wände von Gängen und Kammern sowie das Umgebungsmaterial für mikromophologische und bodenchemische Untersuchungen beprobt. Bei den Ameisenbauten handelt es sich um die Blattschneiderameisen *Atta* sp. und *Acromyrmex* sp., die Termitenbauten stammen von *Cornitermes* sp. und *Syntermes molestus*.

Diese vier Bauten wurden mikromorphologisch und bodenchemisch beprobt. Eine systematische Ansprache (mit Quadrantenrahmen) der biogenen Strukturen im Umfeld der Bauten ist nicht erfolgt, da die Flächen nicht mit Farbtracer begossen wurden. Eine Tracer-Einfärbung hätte die Proben aufgrund des Natrium-Gehalts für bodenchemische Untersuchungen unbrauchbar gemacht und mikromorphologische Untersuchungen durch die blaue Einfärbung erschwert.

Die Probenahme für mikromorphologische Analysen in den Parzellen des Agroforstsystems, des Holzexperiments und der Mulchexperimente erfolgte im Oberboden in etwa 1 bis 6 cm Bodentiefe.

Die mikromorphologische Beprobung in den Agroforst-Flächen und der Flächen der Mulchexperimente erfolgte durch P. WALOTEK und den Autor, die des Holzexperiments durch die Durchführenden des Experiments. Zusätzlich standen Dünnschliffe der Agroforst-Flächen zur Verfügung, die STEFFEN SCHWEIZER im Rahmen seiner Diplomarbeit anfertigte. Unter den Baumkulturen der Agroforst-Flächen erfolgte die Probenahme durch den Autor unter zufällig ausgewählten Bäumen in etwa 1 m Stammentfernung, bei den von S. SCHWEIZER gesammelten Proben in 1 und 2 m, bei Pupunha in 0,5 und 1 m sowie im Primärwald in 1 m Stammentfernung (genauere Angaben finden sich bei SCHWEIZER 2001:25-28, unveröffentl. Diplomarbeit).

In den Oberböden der Agroforst-Flächen wurde durch den Autor Material für bodenchemische Analysen entnommen, indem das beim Zurechtschneiden der Mikromorphologie-Proben herunterfallende Material in Probenbeuteln eingesammelt wurde. Dadurch ist eine direkte Vergleichbarkeit des Materials durch eine identische Herkunft gewährleistet. Es wurden immer auch Vergleichsproben aus dem Unterboden entnommen. In den Parzellen des Holzexperiments und der Mulchexperimente wurde auf eine Probenahme für bodenchemische Analysen verzichtet, da hier bereits im Rahmen der auf diesen Flächen durchgeführten Experimente Daten erhoben wurden. Diese wurden dem Autor von Dr. HUBERT HÖFER, Dr. PETRA SCHMIDT und Dr. MANFRED VERHAAGH zur Verfügung gestellt. Weitere bodenchemische Daten zu den Parzellen der Agroforst-Flächen wurden der Diplomarbeit von cand. geoökol. STEFFEN SCHWEIZER (2001) entnommen.

### 4.1.5 Auswertung der Farbtracer-Experimente

Nach Abschluß der Geländearbeiten wurden folgende 89 Profilschnitte, davon die meisten mit einer Auszählung biogener Strukturen, vom Autor ausgewertet (jeder Profilschnitt beinhaltet 100 Quadranten):

(* ohne Auszählung biogener Strukturen)

- Primärwald 1 mit elf Profilschnitten: 0, 10, 20, 30, 40, 50*, 70, 80, 90, 110, 120 cm
- Primärwald 2 mit vier Profilschnitten: 0, 10*, 20, 40 cm
- Primärwald 2/2 mit fünf Profilschnitten: 0, 10*, 20, 30, 40 cm
- Primärwald 3 mit einem Profilschnitt: 0 cm
- Grasland 1 mit zwei Profilschnitten: 0, 20 cm
- Grasland 2 mit einem Profilschnitt: 0 cm
- Grasland 3 mit einem Profilschnitt: 0 cm
- Cupuaçu 1 mit fünf Profilschnitten: 0, 10, 20, 30, 40 cm
- Cupuaçu 2 mit zwei Profilschnitten: 0, 20 cm
- Cupuaçu 3 mit einem Profilschnitt: 0 cm
- Kokos 1 mit fünf Profilschnitten: 0, 10, 20, 30, 40 cm
- Kokos 2 mit zwei Profilschnitten: 0, 20 cm
- Kokos 3 mit einem Profilschnitt: 0 cm
- Kudzu 1 mit elf Profilschnitten: 0*, 10*, 20*, 30*, 40*, 60*, 70*, 80*, 90*, 110, 120 cm
- Kudzu 2 mit zwei Profilschnitten: 0, 20 cm
- Kudzu 3 mit einem Profilschnitt: 0 cm
- Pupunha 1 mit zwölf Profilschnitten: 10*, 20*, 30*, 40*, 50*, 60*, 70* 80*, 90*, 100*, 110, 120 cm
- Pupunha 2 mit einem Profilschnitt: 0 cm
- Pupunha 3 mit einem Profilschnitt: 0 cm
- Seringueira 1 mit zehn Profilschnitten: 0, 10, 20, 30, 40, 50, 60, 70, 80, 90 cm
- Seringueira 2 mit zwei Profilschnitten: 0, 20 cm
- Seringueira 3 mit einem Profilschnitt: 0 cm
- Urucum 1 mit fünf Profilschnitten: 0, 10, 20, 30, 40 cm
- Urucum 2 mit einem Profilschnitt: 0 cm
- Urucum 3 mit einem Profilschnitt: 0 cm.

Die im Gelände erhobenen Daten der Auszählung der biogenen Strukturen wurden für die Auswertung leicht reduziert übernommen. Folgende 23 biogene Variablen wurden bei der Auswertung berücksichtigt:

- Wurzeln lebend Anzahl
- Wurzeln tot Anzahl
- Wurzeln gesamt Anzahl
- Gänge insgesamt Anzahl
- Gänge von Säugern
- Gänge von Regenwürmern insgesamt

- Gänge von Regenwürmern (frisch)
- Gänge von Regenwürmern (alt)
- Gänge von Ameisen
- Gänge von Termiten
- Gänge undefinierter Herkunft
- Poren (biogene Makroporen) insgesamt Anzahl
- Poren von Regenwürmern
- Poren von Ameisen
- Poren von Termiten
- Poren von ehemaliger Kammer
- Poren undefinierter Herkunft
- Kammern insgesamt Anzahl
- Kammern von Termiten
- Kammern von Ameisen
- Kammern von Säugern
- Kammern undefinierter Herkunft
- Holzkohle Anzahl.

Gegenüber der Erhebung der biogenen Strukturen im Gelände wurde bei der späteren Auswertung der Daten auf selten auftretende oder schlecht quantifizierbare Parameter verzichtet (Zersetzungsstadium und Verfüllungsmaterial toter Wurzeln, Wandstruktur und Verfüllung(smaterial) von Gängen und Poren, diffuse Verfärbungen, Rostflecken, Gänge von Doppelfüßlern und Spinnentieren).

Um einen Zusammenhang zwischen Art und Anzahl der biogenen Strukturen und den präferentiellen Fließwegen herstellen zu können, wurde der Anteil der eingefärbten Fläche in jedem 10 x 10 cm-Quadranten bestimmt. Dieses Vorgehen ist sinnvoll, da auch die Auszählung der biogenen Strukturen quadrantenweise erfolgte. Eine Erfassung der Einfärbung in Pixelreihen würde keine direkte Zuordnung der Einfärbung zu den biogenen Strukturen ermöglichen, da von diesen nur die Lage in

einem bestimmten Quadranten erfaßt wurde, nicht jedoch deren genaue Tiefenlage in Zentimetern.

Da die Auswertung der Tracerversuche zeitlich nach der Dünnschliffauswertung erfolgte, wurde versucht, die (nachfolgend beschriebene) Methodik der Dünnschliffauswertung mit „ImagePro Plus" auf die Auswertung der Farbtracer-Profilschnitte zu übertragen. Zunächst wurden aus der Vielzahl der zur Verfügung stehenden digitalen Profilfotos die am besten geeigneten ausgewählt. Dabei waren vor allem gute Kontraste, geringe Verzerrung und hohe Schärfe der Fotos von Bedeutung. Aus dem Jahr 2002 standen von cand. biol. FLORIAN RAUB entzerrte Profilfotos zur Verfügung. Bei den im Jahr 2003 angefertigten Fotos wurde bereits bei der Aufnahme im Gelände auf eine minimale Verzerrung geachtet, so daß hier keine weitere Bearbeitung notwendig war. Im Laufe der Bildauswertung stellte sich heraus, daß mit dem hier angewandten Verfahren auch stärker verzerrte Aufnahmen für die Auswertung zu gebrauchen waren.

Da die Fotos zu unterschiedlichen Tageszeiten, mit unterschiedlicher Exposition der Profilwand und bei unterschiedlicher Beschattung aufgenommen wurden, wurde bei wenigen Aufnahmen zur Bildverbesserung manuell eine Kontrastverstärkung durchgeführt. Zwar wurde im Gelände eine manuelle Beschattung der Profilwand vorgenommen, diese erwies sich aber in manchen Fällen als nicht ausreichend. Wie auch bei Auswertung der Dünnschliffaufnahmen erwies sich eine Anwendung des „Median-Filters" bei allen 89 Profilfotos als vorteilhaft, um das Bildrauschen zu reduzieren und den Gegensatz von eingefärbten und nicht eingefärbten Flächen zu verstärken.

Für jedes Profilfoto erfolgte eine manuelle Festlegung der Farbklassen (Unter- und Obergrenzen der Rot-, Grün- und Blauanteile) mit einer Erarbeitung einer „Standard-Klassifizierung", die dann für jedes Profilfoto individuell angepaßt werden mußte. Nach der Festlegung der Farbwerte färbte das Programm die vom Tracer bläulich eingefärbten Bereiche der Profilfotos in eine andere Farbe um und ermittelte den prozentualen Anteil dieser Flächen (Abb. 17 und 18). Dabei wurde quadrantenweise vorgegangen: jeder 10 x 10 cm-Quadrant wurde manuell umfahren und dann vom Programm ausgezählt. Beim manuellen Markieren der Quadranten mußte darauf geachtet werden, die Schnüre des Quadrantenrahmens sowie dessen Holzrahmen nicht in die auszuzählende Fläche einzuschließen. Als problematisch erwies sich Schattenwurf von den Schnüren bzw. vom Holzrahmen. In diesen beschatteten Bereichen war es nur schwer möglich, zwischen eingefärbten und nicht eingefärbten Bereichen zu unterscheiden. Daher wurde versucht, abgeschattete Bereiche nicht mit in die auszuzählende Fläche einzubeziehen, da das Programm diese als eingefärbt klassifizieren würde. Das mit dem „Median-Filter" bearbeitete Bild wurde während der Auswertung immer mit dem unbearbeiteten Originalbild verglichen, um die korrekte Abgrenzung der Flächengrenzen zu überprüfen und gegebenenfalls zu korrigieren. Erkennbar nicht eingefärbte Quadranten wurden nicht mit dem Programm ausgewertet, sondern sofort mit null Prozent bewertet.

Die vom Programm ermittelten Flächenanteile wurden manuell in eine Microsoft Excel-Tabelle überführt und auf ganze Prozentwerte gerundet. Von allen 89 Profilschnitten wurde in allen je 100 Quadranten der Prozentanteil der mit Tracer eingefärbten Fläche bestimmt, also insgesamt in 8.900 Quadranten. Von 67 Profilschnitten (also 6.700 Quadranten) liegen verwertbare Daten der biogenen Strukturen vor, aus denen in Kombination mit den Daten zur Einfärbung eine Excel-Tabelle erstellt wurde. Diese Tabelle enthält 6.700 Fälle mit je 23 Variablen (Aufzählung S. 38f.), also insgesamt 154.100 Felder. Anschließend wurden die Werte sortiert nach Anbaukultur und Profiltiefe. Aufgrund des enormen Umfangs der Tabelle wurde auf eine vollständige Aufnahme in den Anhang verzichtet. Stattdessen finden sich dort zwei Tabellen mit Mittelwerten (Anhang [A1] und [A2]). Bei Interesse kann der vollständige Datensatz beim Autor bzw. im Institut für Geographie und Geoökologie angefragt werden.

---

Abb. 17 (gegenüberliegende Seite oben) und 18 (gegenüberliegende Seite unten):
Bildschirmausschnitte der Vorgehensweise bei der Auswertung der Profilschnitte der Tracerversuche mit dem Programm „ImagePro Plus".

Abb. 17:
Der zu bearbeitende Profilschnitt (großes Bild) ist durch die Anwendung des Median-Filters leicht unscharf (die unbearbeitete Aufnahme links dient als Vergleich). Für jeden Profilschnitt wurden manuell Farbgrenzwerte ermittelt und dann vom Programm „ImagePro Plus" eine Abgrenzung der beiden Kategorien (eingefärbt - nicht eingefärbt) vorgenommen.

Abb. 18:
Anschließend wurde für jeden (der in allen Profilschnitten insgesamt 8.700) 10 x 10 cm-Quadranten der Anteil der eingefärbten Fläche ermittelt (in diesem Beispiel rund 55 %). In erkennbar nicht eingefärbten Quadranten, beispielsweise in größeren Bodentiefen, wurde auf eine Auswertung vezichtet und stattdessen der Anteil der Einfärbung mit null Prozent bewertet.

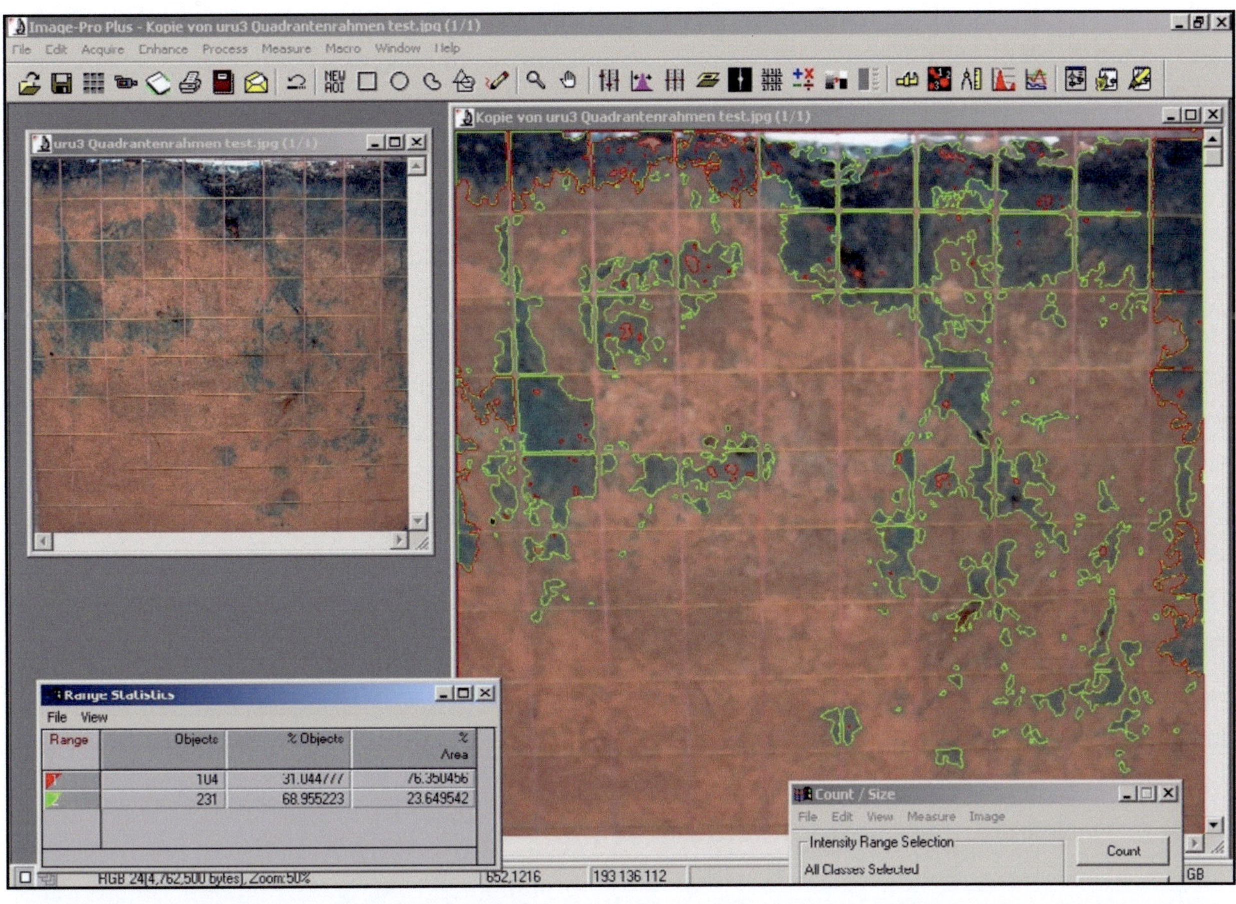

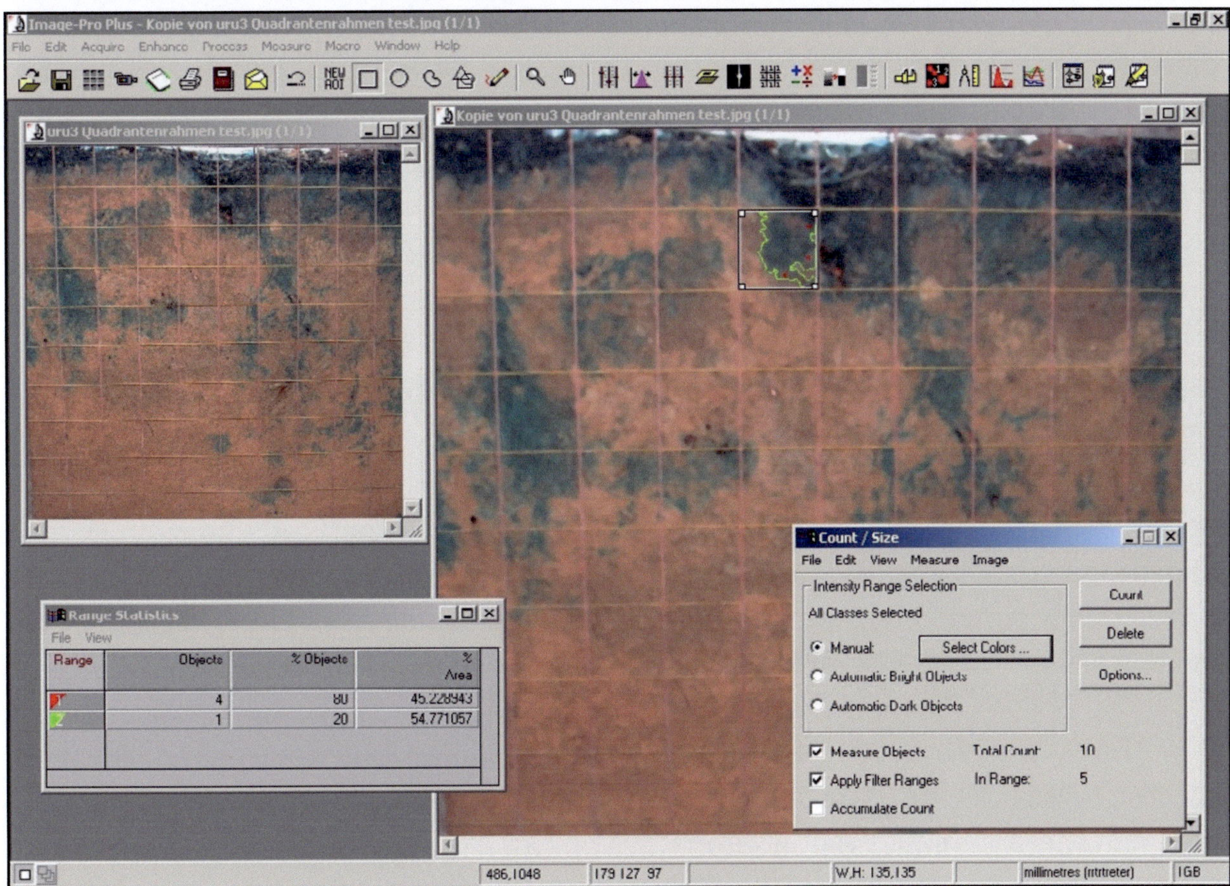

## 4.2 Bodenchemische Analysen und Probenpräparation

Die Laborarbeiten (außer der Bestimmung der C- und N-Gehalte) wurden im Labor des Instituts für Geographie und Geoökologie der Universität Karlsruhe durchgeführt. Die Bestimmung der Kationenaustauschkapazität wurde von Dipl.-Chemiker MARTIN KULL, Dipl.-Geoökologe INGO STEINSBERGER und Dipl.-Geoökologe JAN GRAMLICH durchgeführt. Sämtliche Dünnschliffe wurden von MARTIN KULL angefertigt. Vorbereitende Arbeiten wurden vom Autor durchgeführt. Die Bestimmung der C- und N-Gehalte sowie die Berechnung der C/N-Verhältnisse erfolgten im Labor der zoologischen Abteilung des Staatlichen Museums für Naturkunde Karlsruhe durch Dipl.-Biologin MARION MATEJKA-DEITMERS und cand. geoökol. HARALD NEIDHARDT. Die bodenchemischen Analysen des Holzexperiments wurden dem Autor von Dr. MANFRED VERHAAGH zur Verfügung gestellt. Die bodenchemischen, -physikalischen und -biologischen Daten der Mulchexperimente erhielt der Autor von Dr. PETRA SCHMIDT und Dr. HUBERT HÖFER. Die Proben einiger Ameisenbauten sowie deren C/N-Analysen wurden dem Autor von cand. biol. CHRISTIAN RABELING zur Verfügung gestellt. Die Mehrzahl der bodenchemischen Analysen des Agroforstsystems (bezeichnet mit „Dünnschliffe Schweizer") stammen aus der Diplomarbeit von STEFFEN SCHWEIZER (SCHWEIZER 2001).

Die in Filmdosen verpackten Mikromorphologieproben wurden auf dem Gelände der EMBRAPA luftgetrocknet, die Beutelproben mit dem Material für die bodenchemischen Analysen lagerten einige Tage in einem Trockenschrank. Für den Transport nach Deutschland wurden die Proben in den Film-

dosen mit Watte ausgepolstert. Die Proben kamen unbeschadet nach Deutschland und wurden im Labor mehrere Tage in einem Trockenschrank bei maximal 30 °C getrocknet (um Trockenrisse zu vermeiden).

Die Anfertigung der Dünnschliffe erfolgte im bodenkundlichen Labor des Instituts für Geographie und Geoökologie der Universität Karlsruhe nach dem Laborskript des Instituts für Geographie der Universität Tübingen (BECK et al. 1995). Das Verfahren wurde modifiziert mit einer Vakuumeinharzvorrichtung der Firma Logitech. Zum Einharzen wurde das transparente Epoxidharz Araldit 2020 der Firma Vantico AG verwendet. Dabei kam es regelmäßig zu Problemen mit der Durchharzung der Proben durch zu schnelles Aushärten, bevor das Harz ganz eingedrungen war. In den Sommermonaten wurde bei höheren Temperaturen im Labor auf ein Einharzen der Proben verzichtet, da das Harz bei höheren Temperaturen zu schnell aushärtet. Einige Dünnschliffe wurden alternativ mit dem (wesentlich teureren) Epoxidharz Epo-Tek 301-2FL (Firma Epoxy Technology) hergestellt, welches jedoch keine Verbesserung der Präparate erbrachte. Nach einer Aushärtezeit von etwa einem Tag wurden Dünnschliffe hergestellt.

Die Bestimmung der Gehalte an $Na^+$, $K^+$, $Mg^{2+}$ und $Ca^{2+}$ sowie der Kationenaustauschkapazität erfolgte nach der Bariumchlorid-Methode (Verfahren nach MEHLICH, DIN 19684-8; A) durch Atomabsorptionsspektrometrie (AAS). Dabei werden austauschbare Kationen mit einer Bariumchlorid-Lösung von den Austauscherplätzen des Bodens verdrängt und die Konzentration der Kationen im Perkolat mit einem Atomabsorptionsspektrometer (Gerät: Perkin Elmer 3100) gemessen. Die

Bestimmung von $H^+$ und $Al^{3+}$ erfolgte durch Titration. Aus den Konzentrationen der Kationen wurden Kationenaustauschkapazität und Basensättigung berechnet. Die Bestimmung des Gesamt-Kohlenstoff-Gehalts (C) und des Gesamt-Stickstoff-Gehalts (N) erfolgte in einem C/N-Analysator (Gerät: Elementar Vario EL). Sämtliche bodenchemischen Analysen wurden an getrocknetem, gemörsertem und auf 2 mm abgesiebtem Feinboden durchgeführt.

Es wurden keine pH-Analysen der Experimentalflächen durchgeführt, da im Rahmen des Projekts bereits ausreichend Daten zu den pH-Werten erhoben wurden (SCHWEIZER 2001:44-47, unveröffentl. Diplomarbeit). Bei der Beprobung biogener Strukturen mußte aufgrund geringer Probenmengen auf eine Bestimmung der pH-Werte verzichtet werden.

## 4.3 Dünnschliffauswertung

Die qualitative und quantitative Auswertung der Dünnschliffe erfolgte am Institut für Geographie und Geoökologie der Universität Karlsruhe. Die Vorgehensweise bei der computergestützten Bildauswertung war ähnlich der in der Diplomarbeit von STEFFEN SCHWEIZER angewandten (SCHWEIZER 2001:29, unveröffentl. Diplomarbeit). Da bei der zunächst durchgeführten qualitativen Dünnschliffauswertung keine den Tiergruppen, Agroforst-Flächen bzw. Meliorationsverfahren eindeutig zuordenbaren Muster der Art und Anordnung der Bodenbestandteile erkennbar waren, wurde zu einer quantitativen Erfassung der Bodenbestandteile übergegangen. Die Dünnschliffe wurden an intakten Stellen (mit vollständiger Einharzung und ohne herausgerissene Komponenten) mit dem Polarisationsmikroskop „Axioskop" (mit Kamera) der Firma Zeiss betrachtet und mit

Hilfe des Bildverarbeitungsprogramms „Image Pro Plus" (Version 4.1, Firma Media Cybernetics) auf dem Bildschirm sichtbar gemacht und quantitativ ausgewertet. Dabei konnten die Bodenbestandteile (Primärmineral Quarz, Bodenmatrix, organische Substanz) und die Boden(makro)poren unterschieden und ihre Flächenanteile prozentual bestimmt werden. Insgesamt wurden 386 Dünnschliffe quantitativ ausgewertet (326 Querschnitte, 60 Längsschnitte). Die Dünnschliffe werden in der folgenden Betrachtung in vier verschiedene Kategorien eingeordnet:

1) „Biogene Strukturen": Vergleich von Gängen und Kammern von Ameisen, Termiten und Regenwürmern.
2) „Agroforstsystem": Vergleich der Oberböden von Agroforst-Flächen und Primärwäldern.
3) „Holzexperiment": Oberböden der Holzmulch-Experimentalflächen von M. VERHAAGH, C. MARTIUS, L. MEDEIROS und G. MARTINS.
4) „Mulchexperimente": Oberböden der Mulchexperiment-Flächen von P. SCHMIDT und H. HÖFER.

Als Vergleich zu den biogenen Strukturen und den Oberböden wurden Proben aus Unterböden ausgewertet, die nicht erkennbar biogen beeinflußt waren.

**Auswahl der Meßpunkte für die Dünnschliffauswertung:**

Eine genaue Darstellung findet sich in Abb. 19. Für die Auswertung der Querschnitte (in den Kategorien „Agroforstsystem", „Mulchexperimente" und „Holzexperiment") wurden fünf Meßpunkte im Schliff ausgewählt (Mitte, links oben, rechts oben, links unten, rechts unten).

Für die Auswertung der Längsschnitte (in den Kategorien „Agroforstsystem" und „Mulchexperimente") wurden sechs Meßpunkte ausgewählt: zwei „oben" (etwa 1 cm Bodentiefe), zwei in der „Mitte" (etwa 3 cm Bodentiefe) und zwei „unten" (etwa 5 cm Bodentiefe).

Für die Auswertung der „biogenen Strukturen" wurden drei Meßpunkte direkt an oder in der biogenen Struktur ausgewählt (an Kammerwänden oder Gangwänden bzw. im Verfüllungsmaterial), weitere drei Meßpunkte wurden ca. 5 mm hinter der jeweiligen Struktur ausgewählt. In dieser Entfernung von Gängen und Kammern ist mikroskopisch keine faunistische Beeinflussung mehr zu erkennen. So ergibt sich eine Gegenüberstellung von organischem Material, Wänden von Gängen und Kammern sowie unbeeinflußtem Umgebungsmaterial. Aus den beiden Stellen (in/an der Struktur und hinter der Struktur) mit ihren je drei Meßpunkten wurden die Mittelwerte der Organik-, Quarz-, Matrix- und Porengehalte berechnet. Bei sieben von 77 Dünnschliffen mußte die Mittelwertbildung mangels geeigneter Meßpunkte aus weniger als drei Meßpunkten erfolgen.

Der auf dem Bildschirm angezeigte Bildausschnitt wurde gespeichert und die Datei nach der Dünnschliffnummer benannt sowie die Koordinaten des Bildausschnittes mit in den Dateinamen einbezogen, um spätere Verwechslungen auszuschließen und bei Bedarf den Bildausschnitt schnell wiederfinden zu können. Die Auswahl der Meßpunkte erfolgte zufällig. Der im Objekthalter eingespannte Dünnschliff wurde auf dem Objekttisch etwa in die Mitte bzw. in eine der vier Ecken verschoben, ohne danach eine weitere Korrektur der Lage vorzunehmen. Damit soll ausgeschlossen werden, daß unbewußt Stellen mit höherem Organikanteil ausgewählt werden („Beobachtereffekt"). Bei der Auswahl der Meßpunkte der Dünnschliffe der biogenen Strukturen war es erforderlich, die Bildausschnitte paßgenau in bzw. an den Rand der jeweiligen biogenen Struktur zu positionieren (Abb. 19).

Falls sich an der jeweiligen Stelle des Dünnschliffs ein Loch im Schliff (wegen schlechter Einharzung oder weil beim Schleifen Material herausgerissen wurde) oder eine Luftblase befand, wurde der Ausschnitt verworfen und eine benachbarte Stelle als Meßpunkt ausgewählt. Bei einigen Schliffen mit sehr schlechter Einharzung konnten weniger als fünf Meßpunkte ausgewählt werden. Der unmittelbare Rand des Dünnschliffs wurde nicht in die Auswertung miteinbezogen, um keine künstliche Erhöhung des Porenanteils zu erhalten.

Die Betrachtung und Speicherung der Meßpunkte erfolgte immer mit einem 2,5-fach Objektiv und einem 10-fach Okular, also mit 25-facher Vergrößerung. Für einen Bildausschnitt ergibt sich damit eine Länge von etwa 2 mm an der Längsseite des Bildes. Die Aufnahmen erfolgten stets in einfach polarisiertem Licht (Hellfeld). Eine Auswertung bei gekreuzten Polarisatoren erwies sich als nicht sinnvoll, da Quarze in Auslöschungsstellung dunkel erscheinen und vom Programm als Organik klassifiziert würden. Um eine ähnliche Helligkeit aller Aufnahmen zu gewährleisten, wurde gegebenenfalls die Beleuchtungsstärke am Mikroskop reguliert. Das Ergebnis der Auswertung wird durch unterschiedliche Beleuchtungsstärken beeinflußt. Bei zu starker Beleuchtung werden die Grenzen zwischen Quarzen und Poren falsch ermittelt, bei zu geringer diejenigen zwischen Organik und

Matrix. Als sinnvoll hat sich die Bearbeitung sämtlicher Aufnahmen mit dem im Bildbearbeitungsprogramm enthaltenen „Median-Filter" erwiesen. Dieser verringert das Bildrauschen und bringt eine leichte Unschärfe ins Bild, wodurch die Bestandteile im Dünnschliff besser voneinander abgegrenzt werden können. Der Median-Filter bestimmt für jeden Pixel und alle Nachbarpixel den Median der Farbwerte (rot, grün, blau) und ordnet diese dem ursprünglichen Pixel zu. Die Anwendung der stärksten Stufe des „Median-Filters" (7 x 7) mit zwei Durchgängen hat sich als am besten geeignet erwiesen, die Bodenbestandteile deutlich voneinander abzugrenzen. Die Verwendung anderer im Programm enthaltenen Filter bringt kaum oder keine Verbesserung der Abgrenzung, so daß auf deren Anwendung verzichtet wurde. Die Verwendung von Auflicht führte ebenfalls zu keiner Verbesserung.

Für jeden einzelnen Meßpunkt mußte die Festlegung der Farbklassen (Unter- und Obergrenzen der Rot-, Grün- und Blauanteile) manuell vorgenommen werden, da durch unterschiedliche Beleuchtungsstärken und Dünnschliffdicken keine einheitlichen Farbklassen-Grenzwerte verwendet werden konnten. Zur Beschleunigung der Auswertung wurde eine „Standard-Klassifizierung" mit festgelegten Rot-, Grün- und Blauwerten ermittelt, die in den meisten Fällen schon eine relativ genaue Abgrenzung der Bestandteile zustande brachte und deren Farbwerte dann für den jeweiligen Meßpunkt manuell modifiziert wurden. Diese manuelle Modifizierung der Farbwerte war bei jedem Dünnschliff unterschiedlich aufwendig, so daß es schwierig ist, den Zeitaufwand pro Dünnschliff anzugeben (etwa 15 bis 60 Minuten pro Dünnschliff). Nach erfolgreicher

manueller Festlegung der Farbwerte wurden vom Programm die Dünnschliffbilder in andere Farben umgefärbt (Funktion „Count/Size"; Abb. 20 und 21) und die Flächenanteile der drei Komponenten (Organik, Quarze und Matrix) und der (Makro-)Poren in Prozent ermittelt.

Bei der Auswertung wurde das mit dem „Median-Filter" bearbeitete Bild immer mit dem unbearbeiteten Original verglichen, um die Paßgenauigkeit der vom Programm ermittelten Flächengrenzen zu überprüfen und gegebenenfalls zu korrigieren. Die vom Programm ermittelten Flächenanteile von Organik, Quarzen, Matrix und Poren wurden in Microsoft Excel-Tabellen überführt. Hierzu war eine manuelle Eingabe der Kommastellen nötig, da diese vom Programm nicht korrekt in Microsoft Excel übertragen werden. Aus den (fünf bzw. sechs pro Dünnschliff) ausgewerteteten Meßpunkten wurden die arithmetischen Mittelwerte für Organik-, Quarz-, Matrix- und Porengehalte ermittelt, so daß abschließend für jeden Dünnschliff vier Werte vorlagen. Die Werte wurden für die weitere Auswertung auf eine Nachkommastelle gerundet.

Nach Abschluß einer der vier Dünnschliffserien (Agroforstsystem, Biogene Strukturen, Holzexperiment und Mulchexperiment) wurde eine zusammenfassende Tabelle unter Hinzunahme der bodenchemischen Analysen angefertigt (Anhang [A4] bis [A7]). Von inhaltlich zusammengehörigen Proben (z. B. „Oberboden Primärwald" oder „organisches Material aus Termitenbau *Syntermes*") wurden arithmetische Mittelwerte und Standardabweichungen berechnet. Die Ergebnisse der Dünnschliffanalysen sowie der bodenchemischen Analysen werden in Kapitel 6 und 7 vorgestellt.

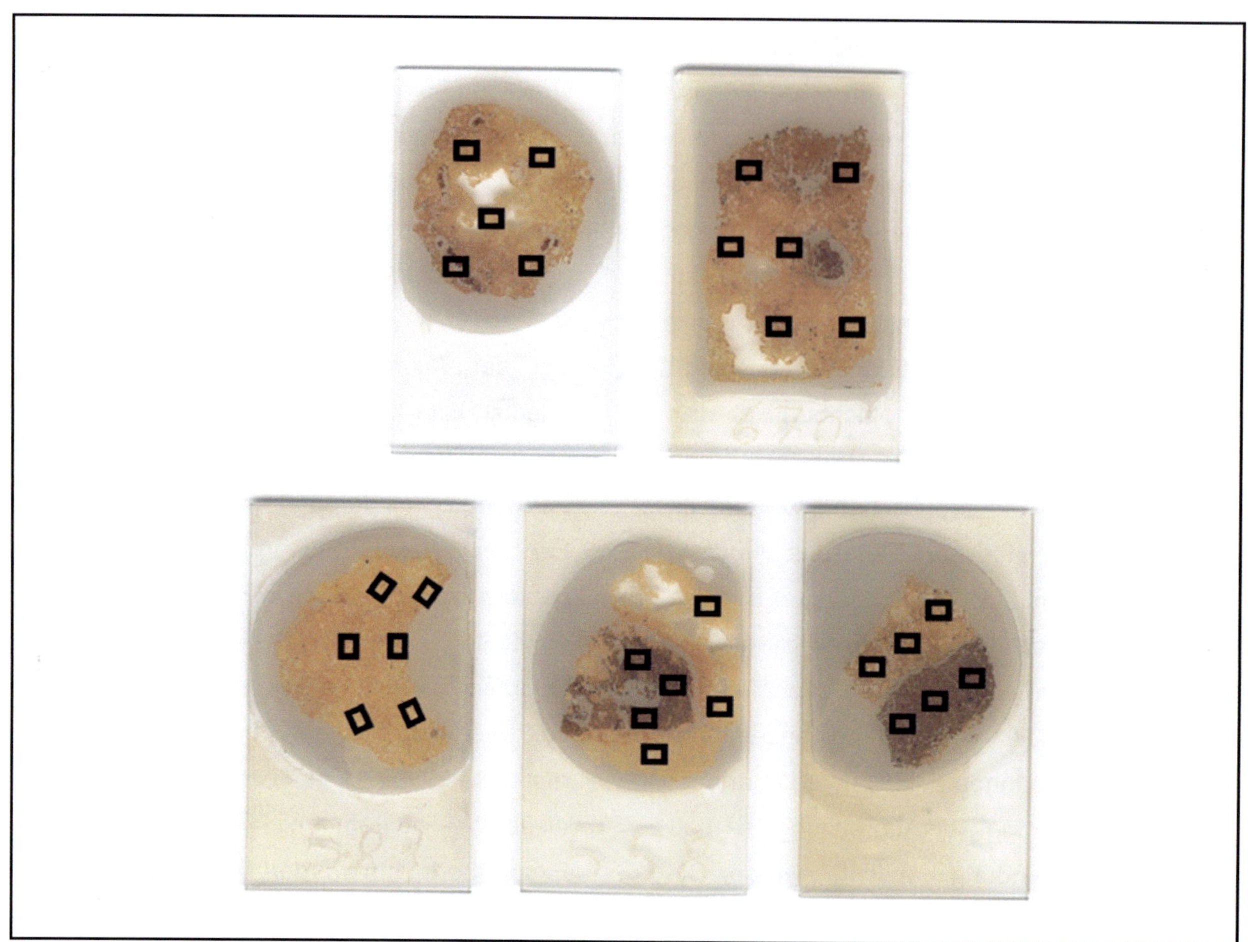

Abb. 19:  Vorgehensweise bei der Auswahl der Meßpunkte in den Dünnschliffen.

Erläuterung:
In jedem Dünnschliff wurden (je nach Art der Probe) fünf bzw. sechs Meßpunkte mit einer am Mikroskop befindlichen Videokamera aufgenommen und quantitativ ausgewertet. In schlecht eingeharzten Dünnschliffen oder solchen mit herausgerissenem Material wurden entsprechende Stellen verworfen, wodurch (in wenigen Fällen) weniger als fünf Meßpunkte ausgewertet werden konnten. Die Meßpunkte wurden durchgängig mit 25-facher Vergrößerung aufgenommen, so daß jeder Punkt exakt gleich groß ist (lange Bildseite: etwa 2 mm). Aus den Ergebnissen der einzelnen Meßpunkte erfolgte eine Berechnung der Durchschnittswerte für Organik-, Quarz-, Matrix- und Porengehalte.

Dünnschliff oben links: Querschnitt einer Bodenprobe (hier: Oberboden Primärwald) in ca. 3 cm Bodentiefe mit
    fünf Meßpunkten (vier nahe der Ecken, einer in der Mitte. Anordnung ähnlich den Zahlen auf einem Würfel).
    Querschnitte wurden angefertigt von den Proben des Agroforstsystems (inkl. Primärwälder), des
    Holzexperiments und der Mulchexperimente.

Dünnschliff oben rechts: Längsschnitt einer Bodenprobe (hier: Oberboden Primärwald) in ca. 1 bis 6 cm
    Bodentiefe mit sechs Meßpunkten (zwei oben in ca. 1 cm Tiefe, zwei in der Mitte in ca. 3 cm Tiefe, zwei
    unten in ca. 5 cm Tiefe). Die herausgerissene Stelle links unten wurde umgangen. Bereits makroskopisch
    läßt sich an der abnehmenden Dunkelfärbung der nach unten abnehmende Organikgehalt erkennen.
    Längsschnitte wurden angefertigt von den Proben des Agroforstsystems und der Mulchexperimente.

Dünnschliff unten links: Querschnitt einer biogenen Struktur (hier: Seitenwand einer Ameisenkammer) mit sechs
    Meßpunkten. Drei Meßpunkte (rechts) liegen direkt hinter der Wand der Kammer, drei Punkte (links) ca. fünf
    Millimeter dahinter im benachbarten Unterboden. Für beide Stellen (in/an der Struktur und hinter der Struktur)
    wurden Durchschnittwerte der Bodenbestandteile errechnet. Dieses Vorgehen wurde bei den Dünnschliffen
    aller biogenen Strukturen gewählt.

Dünnschliff unten Mitte: Querschnitt einer biogenen Struktur (hier: organisch verfüllter Termitengang) mit sechs
    Meßpunkten. Drei Meßpunkte liegen in der Verfüllung, drei außerhalb der Verfüllung im benachbarten
    Unterboden.

Dünnschliff unten rechts: Querschnitt einer biogenen Struktur (hier: mit Kot verfüllter Regenwurmgang) mit sechs
    Meßpunkten. Drei Meßpunkte liegen im Kot (unten), drei außerhalb im benachbarten Unterboden.

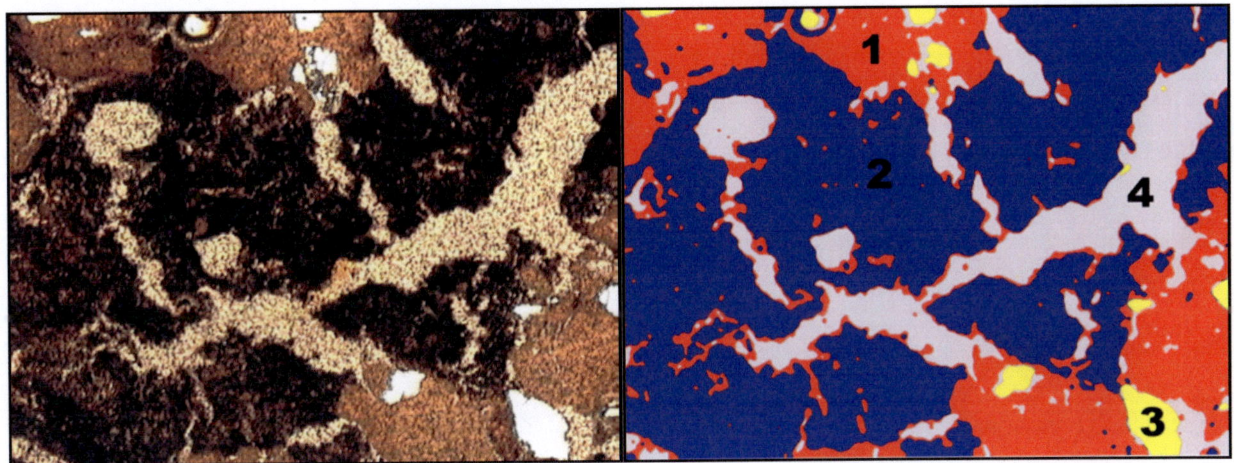

Abb. 20 (links) und 21 (rechts):
Vorgehensweise bei der quantitativen Auswertung eines Meßpunktes in einem Dünnschliff.

Erläuterung:
Das im Hellfeld mit 25-facher Vergrößerung mit einer am Mikroskop befestigten Videokamera aufgenommene Bild eines Meßpunkts (hier: mit Organik verfüllter Termitengang) wurde mit dem Median-Filter bearbeitet und nach manueller Festlegung von Farbgrenzwerten vom Programm „ImagePro Plus" umgefärbt. Dadurch war eine Ermittlung der Flächenanteile von Bodenmatrix (1), organischem Material (2), Quarzen (3) und (Makro-)Poren (4) möglich. Für jeden Dünnschliff wurden aus fünf bzw. sechs Meßpunkten die durchschnittlichen Anteile an Matrix, Organik, Quarzen und Poren berechnet.

## 4.4    Statistische Datenauswertung

### 4.4.1    Datenauswahl

Die Erstellung der Datentabellen der Farbtracer-Experimente, der Dünnschliffauswertung, der bodenchemischen Analysen, die Berechnung von Mittelwerten und Standardabweichungen und die Erstellung von Grafiken erfolgten mit dem Tabellenkalkulationsprogramm Microsoft Excel (Version 2000). Für die Erstellung dieser Arbeit wurden auch das Textverarbeitungsprogramm Microsoft Word, die Bildbearbeitungsprogramme CorelDraw und ArcSoft PhotoStudio sowie das Bildbetrachtungsprogramm IrfanView benutzt.

Die sich anschließenden statistischen Analysen (Korrelationsanalyse, Clusteranalyse und Faktorenanalyse) wurden mit dem Programm Statistica (Version 6.1; Firma StatSoft) durchgeführt. Für die statistischen Analysen wurden Tabellen inhaltlich zusammengehöriger Datensätze (analog zur Dünnschliffauswertung) erstellt:

1) Farbtracer-Experimente (n = 6.700 Quadranten).

2) Dünnschliffauswertung:

- Agroforstsystem (n = 105 Dünnschliffe; nur die Querschnitte wurden in die Auswertung einbezogen, da diese im Gegensatz zu den Längsschnitten von allen Proben vorhanden waren)
- Biogene Strukturen (Tierbauten) (n = 61 Dünnschliffe)
- Unterböden (n = 7 Dünnschliffe)
- Holzexperiment (n = 96 Dünnschliffe)
- Mulchexperimente (n = 18 Dünnschliffe beim Experiment Mulchqualität, n = 24 Dünnschliffe beim Experiment Mulchmenge; je ein Quer- und ein Längsschnitt).

Es wurden weitere Datensätze erstellt, deren Korrelationsanalysen Rückschlüsse auf die Praktikabilität der Methode der quantitativen Dünnschliffauswertung erlauben:

- Vergleich der Organikgehalte der Dünnschliff-Querschnitte mit den Längsschnitten (n = 58 Dünnschliffe).
- Vergleich der Organikgehalte der Dünnschliff-Querschnitte mit den analytisch ermittelten C-Gehalten (n = 217 Dünnschliffe).
- Vergleich der Organikgehalte der Dünnschliff-Längsschnitte mit den analytisch ermittelten C-Gehalten (n = 58 Dünnschliffe).

Um (die für die statistischen Analyse erforderlichen) Tabellen ohne Leerstellen zu erhalten, mußten in manchen Fällen Proben verworfen werden, bei denen nicht alle Untersuchungsdaten (Dünnschliffanalysen, KAK-Analysen und C/N-Analysen) vorhanden waren. Daher verringern sich die Probenzahlen im Vergleich zu den Mittelwertbildungen (Kapitel 5 bis 7).

### 4.4.2 Korrelationsanalysen

Durch die Berechnung von Pearson-Korrelationskoeffizienten wurde das Vorhandensein linearer Zusammenhänge zwischen zwei Variablen überprüft. Im Datensatz der Farbtracer-Experimente (6.700 Fälle) wurden 16 Variablen miteinander korreliert (Bodentiefe, prozentuale Einfärbung, Anzahl lebender Wurzeln, Anzahl toter Wurzeln, Anzahl Wurzeln insgesamt, Anzahl Gänge insgesamt, Anzahl Regenwurmgänge insgesamt, Anzahl frischer Regenwurmgänge, Anzahl alter Regenwurmgänge, Anzahl Ameisengänge, Anzahl Termitengänge, Anzahl biogener Poren, Anzahl Kammern insgesamt, Anzahl Termitenkam-

mern, Anzahl Ameisenkammern und Anzahl Holzkohle) und in einer Korrelationstabelle dargestellt (Anhang [A8]). Elf weitere Variablen wurden verworfen, da diese bei der Auszählung biogener Strukturen selten angetroffen wurden (z. B. Säugetiergänge). Die Bodentiefe wurde in Zehnerschritten von 10 (= 0-10 cm Tiefe) bis 100 (= 90-100 cm Tiefe) angegeben.

In den Datensätzen der Dünnschliffanalysen (Biogene Strukturen, Agroforstsystem, Unterböden, Holzexperiment und Mulchexperimente) wurden in der Regel folgende Variablen betrachtet und in Korrelationstabellen dargestellt: Organik-, Quarz-, Poren- sowie Matrixgehalt in den Dünnschliffen (Quer- und/oder Längsschnitte), Kationenaustauschkapazität (Summe), H-Wert, Summe Kationen, Na$^+$, K$^+$, Mg$^{2+}$, Ca$^{2+}$, Basensättigung, N-Gehalt, C-Gehalt und C/N-Verhältnis. Die Tabellen der Korrelationsanalysen sind in Anhang [A8] aufgeführt.

### 4.4.3 Clusteranalysen und Faktorenanalysen

**Clusteranalysen:**

Die Clusteranalyse ist ein Verfahren zur Gruppenbildung. Dabei wird eine heterogene Gesamtheit von Objekten mit dem Ziel analysiert, homogene Teilmengen von Objekten aus der Objektgesamtheit zu identifizieren (BACKHAUS et al. 1996:262).

Die Clusteranalysen wurden mit ähnlichen Datensätzen gerechnet wie die Korrelationsanalysen (nämlich Farbtracer-Experimente, Agroforstsystem, Biogene Strukturen, Holzexperiment und Mulchexperimente). Für die Clusteranalysen wurden voneinander abhängige, hochkorrelierte Variablen ausgeschlossen. Beispielsweise gingen bei der Clusteranalyse gegenüber den in Kapitel 4.4.2 erwähnten Variablen die Anzahl der Ameisen-, Termiten- und Regenwurmgänge in die Berechnung ein, nicht aber die Gesamtzahl der Gänge (die ja eine Summe darstellt). Bei den Werten der Dünnschliffanalysen wurden ebenfalls nur die unabhängigen Variablen betrachtet und beispielsweise nur die Kationenaustauschkapazität, nicht aber die dabei beteiligten Elemente betrachtet. Da die Variablen unterschiedliche Wertebereiche aufweisen, wurden die Daten für die Clusteranalysen standardisiert.

Nach BACKHAUS et al. (1996) wurde das *Ward*-Verfahren gewählt, da alle Variablen auf metrischem Skalenniveau gemessen wurden und die Variablen keine bzw. kaum Korrelationen untereinander aufweisen. Das *Ward*-Verfahren gehört zu den agglomerativen hierarchischen Verfahren, bei denen sich ein einmal konstruiertes Cluster in der Analyse nicht mehr auflösen läßt. Beim *Ward*-Verfahren werden diejenigen Objekte vereinigt, die ein vorgegebenes Heterogenitätsmaß am wenigsten vergrößern. Ziel des Verfahrens ist, jeweils diejenigen Objekte zu vereinigen, die die Streuung in einer Gruppe möglichst wenig erhöhen, wodurch möglichst homogene Cluster gebildet werden (BACKHAUS et al. 1996:292). Die Berechnung der Cluster erfolgte unter Verwendung euklidischer Distanzen. Die Ergebnisse der Clusteranalysen sind als Baumdiagramme dargestellt (Kapitel 8.2).

Zusätzlich wurde mit denselben Daten eine Clusterzentrenanalyse, das sogenannte *k-means-clustering* durchgeführt. Dabei muß die Zahl der Cluster im Vorfeld vorgegeben werden. Bei der *k-means*-Clusteranalyse werden die Objekte anfänglich auf die Gruppen aufgeteilt und anschließend in einem iterativen Prozeß so verschoben, daß die Variabilität innerhalb der Gruppen abnimmt und die Variabilität zwischen den Gruppen zunimmt. Dabei wird die Position der Objekte so lange verändert, bis deren Position in Hinblick auf die Varianz unterschiedlicher Cluster optimal ist (LEYER & WESCHE 2007:184). Für das *k-means-clustering* wurden zwei oder drei Cluster, je nach Ergebnis der *Ward*-Analyse, vorgegeben. Es wurde die Option „Objekte in konstanten Intervallen bei sortierten Distanzen" mit zehn Iterationen gewählt.

**Faktorenanalysen:**

Die Faktorenanalyse kristallisiert aus einer Vielzahl möglicher Variablen die voneinander unabhängigen Einflußfaktoren heraus, die dann weiteren Analysen zugrunde gelegt werden können. Mit ihr können untereinander unabhängige Beschreibungs- und Erklärungsvariablen entdeckt werden (BACKHAUS et al. 1996:190).

Die Faktorenanalysen wurden mit denselben standardisierten Ausgangsdaten gerechnet wie die Clusteranalysen. Je nach Anzahl der Ausgangsdaten ermittelte das Programm ein bis drei Faktoren. Die Extraktion der Faktoren erfolgte durch eine Hauptkomponentenanalyse. Auf eine Rotation der Faktorladungen wurde verzichtet, da sich die unrotierten Ergebnisse nur unwesentlich von den rotierten unterscheiden. Die Ergebnisse der Faktorenanalysen sind als Faktorladungsmatrizen dargestellt (Kapitel 8.2).

# 5    Farbtracer-Experimente und Auszählung biogener Strukturen

## 5.1   Drei Beispiele für die Auswertung der Farbtracer-Experimente

In Kapitel 5 wird durch Farbtracer-Experimente Art und Umfang der Beeinflussung von Fließvorgängen (z. B. Wasser, Düngemittel) durch die Bodenmakrofauna untersucht. Die Farbtracer-Experimente mit der Auszählung biogener Strukturen wurden initiiert von Dr. WERNER HANAGARTH und Dipl.-Forstwirt PRZEMYSLAW WALOTEK. Exemplarisch für alle Farbtracer-Experimente werden drei (der insgesamt 89) Profilschnitte vorgestellt, die sich sowohl von der Einfärbung wie auch von Art und Anzahl der biogenen Strukturen stark voneinander unterscheiden. Die drei Profilschnitte repräsentieren hinsichtlich der Stärke und Tiefe der Einsickerung wie auch in Bezug auf den Tierbesatz einen Gradienten vom natürlichen Primärwald über waldähnliche Agroforst-Versuchsflächen bis hin zur naturfernen Graslandfläche. Im Primärwald dominieren Termiten (*Isoptera*) die faunistischen Strukturen, in den Pupunha-Monokulturen herrschen Strukturen von Regenwürmern (*Oligochaeta*) vor, und diejenigen von Ameisen (*Formicidae*) sind die häufigsten biogenen Strukturen in den Graslandflächen.

## 5.1.1   Ergebnisse der Farbtracer-Experimente am Beispiel eines Profilschnitts im Primärwald

In drei Primärwäldern auf dem Gelände der EMBRAPA wurden drei Profile mit insgesamt 19 Profilschnitten beprobt. Im Primärwald wurden im Boden mehrheitlich Strukturen (vor allem Gänge) von Termiten angetroffen. Wie aus Tab. 1 ersichtlich, sind Termitengänge im Primärwald etwa drei mal so häufig wie Regenwurmgänge und fast 20 mal so häufig wie Ameisengänge. Die Anzahl der angetroffenen Strukturen variiert insgesamt stark, sowohl zwischen den verschiedenen Profilschnitten eines Profils als auch zwischen den drei beprobten Profilen. Vor allem in Profil 3 wurde eine sehr hohe Anzahl biogener Strukturen angetroffen. Eine Darstellung der Tiefengradienten der Einfärbung und der biogenen Strukturen findet sich in Kapitel 5.2.

Bei dem überall auf dem EMBRAPA-Gelände angetroffenen Xanthic Ferralsol folgt unter einem geringmächtigen humosen Oberboden (durchschnittlich etwa 5 cm mächtig; Extremwerte von 2 bis 10 cm) ein homogener gelblicher Unterboden mit Pseudosandstruktur. Die Bodenart ist sandiger Ton mit nach unten zunehmendem Tongehalt. Das ausgewählte Primärwald-Profil ist bis in eine Tiefe von etwa 60 cm eingefärbt (Abb. 22); darunter finden sich nur noch kleine Flecken mit Einfärbung. In den obersten 30 cm ist der Farbstoff homogener eingedrungen als in den darunter liegenden Bereich. Dies liegt am verstärkten Vorkommen von Termiten in den obersten 30 cm, die durch ihre grabende Tätigkeit mit der Anlage von nach unten führenden Gängen für eine Erhöhung der Porosität und eine Tieferleitung des Tracers sorgen. Auch in dem bis in 60 cm Tiefe reichenden eingefärbten Bereich wurden noch mehrere Termitenstrukturen gezählt. Wie in Abb. 22 zu erkennen ist, befinden sich in den obersten 30 cm auch zahlreiche Wurzeln (lebende und tote), entlang denen der Farbstoff besser nach unten einsickern konnte. Im Vergleich zu den Agroforst-Flächen und dem Grasland ist die Einsickerung des Farbtracers im Primärwald am intensivsten, was in der hohen Dichte an Termitengängen und Wurzeln begründet liegt.

Abb. 22: Eingefärbtes Profil im Primärwald. Der Auszählrahmen ist 100 x 100 cm groß. In diesem Profil wurden viele von Termiten geschaffene Strukturen gefunden. Beim Bodentyp handelt es sich, wie in allen Profilen, um einen Xanthic Ferralsol (FAO/UNESCO 1990). (Aufnahme: P. WALOTEK)

Im Primärwald-Profil (Tab. 2) liegen die Werte der Kationenaustauschkapazität im biogen nicht oder wenig beeinflußten Unterboden zwischen 5,1 und 7,2 mmol/100 g, also sehr niedrig. Die Austauscherplätze sind fast ausschließlich von $H^+$- und $Al^{3+}$-Ionen belegt, wodurch die Basensättigung mit 0,6 bis 2,4 % sehr gering ist. Die in diesem Profil angetroffenen Termitengänge weisen im Vergleich zum nicht biogen beeinflußten Unterboden etwa doppelt so hohe Werte bei der Kationenaustauschkapazität (11,0 bis 13,3 mmol/100 g) und der Basensättigung (1,3 bis 3,0 %) auf. Auch die Ameisen- und Regenwurmstrukturen zeigen erhöhte Werte. Die Werte der Kationenaustauschkapazität der von Termiten stammenden Strukturen sind jedoch nicht so hoch wie diejenigen im Oberboden.

Diese Werte (wie auch alle anderen bodenchemischen Werte biogener Strukturen in dieser Arbeit) zeigen nur eine Tendenz an, da es bei der Probenahme im Gelände unmöglich ist, optisch zwischen eventuell eingebauter organischer Substanz und benachbarter Bodenmatrix zu unterscheiden. Bei der Probenahme wurde etwa 2 bis 5 mm von der Wand einer Struktur abgeschabt, um die für die Analysen notwendige Probenmenge zu bekommen; daher ist bei jeder Probe immer auch Nachbarmaterial enthalten. Die rein auf die Organik bezogenen Werte müßten also höher liegen.

Erläuterung zu Tab. 1, Tab. 3 und Tab. 5:

Dargestellt sind räumlich und zeitlich hintereinander aufgegrabene Profilschnitte. So liegt beispielsweise der 60 cm-Profilschnitt 10 cm parallel hinter dem 50 cm-Profilschnitt. Nach der Auszählung des 50 cm-Profilschnitts wurde die Profilwand 10 cm nach hinten gegraben, und es erfolgte die Auszählung des 60 cm-Profilschnitts. In allen Profilschnitten ist die Anzahl biogener Strukturen (Gänge, Poren und Kammern) bis in 1 m Tiefe aufsummiert.

Tab. 1:   Auszählung biogener Strukturen in einem stark von Termiten beeinflußten Profil in einem Primärwald.

| Profilschnitt | Gänge Oligochaeta | Poren Oligochaeta | Gänge Formicidae | Poren Formicidae | Kammern Formicidae | Gänge Isoptera | Poren Isoptera | Kammern Isoptera |
|---|---|---|---|---|---|---|---|---|
| Primärwald: Profil 1 | | | | | | | | |
| 10 cm-Schnitt | 7 | 0 | 0 | 0 | 0 | 6 | 1 | 0 |
| 20 cm-Schnitt | 1 | 0 | 0 | 0 | 0 | 4 | 1 | 0 |
| 30 cm-Schnitt | 1 | 0 | 0 | 4 | 0 | 8 | 8 | 0 |
| 40 cm-Schnitt | 1 | 0 | 0 | 0 | 0 | 6 | 8 | 0 |
| 50 cm-Schnitt | 0 | 0 | 0 | 0 | 0 | 0 | 0 | 0 |
| 60 cm-Schnitt | 4 | 0 | 1 | 0 | 0 | 3 | 0 | 1 |
| 70 cm-Schnitt | 4 | 0 | 0 | 0 | 0 | 0 | 0 | 0 |
| 80 cm-Schnitt | 1 | 0 | 1 | 0 | 0 | 6 | 0 | 1 |
| 90 cm-Schnitt | 0 | 0 | 0 | 1 | 0 | 2 | 0 | 0 |
| 110 cm-Schnitt | 4 | 0 | 2 | 4 | 0 | 17 | 17 | 0 |
| 120 cm-Schnitt | 2 | 0 | 0 | 4 | 0 | 14 | 21 | 0 |
| Primärwald: Profil 2 | | | | | | | | |
| 0 cm-Schnitt | 1 | 0 | 0 | 0 | 0 | 20 | 0 | 0 |
| 20 cm-Schnitt | 4 | 0 | 1 | 0 | 0 | 13 | 1 | 0 |
| 40 cm-Schnitt | 0 | 0 | 1 | 0 | 0 | 8 | 1 | 0 |
| 0 cm-Schnitt /2 | 1 | 0 | 0 | 2 | 0 | 16 | 9 | 0 |
| 20 cm-Schnitt /2 | 0 | 0 | 0 | 0 | 0 | 4 | 1 | 0 |
| 30 cm-Schnitt /2 | 2 | 0 | 0 | 3 | 0 | 1 | 0 | 0 |
| 40 cm-Schnitt /2 | 4 | 0 | 0 | 6 | 0 | 4 | 2 | 0 |
| Primärwald: Profil 3 | 34 | 24 | 4 | 8 | 0 | 52 | 55 | 0 |
| **Mittelwert Primärwald (pro Schnitt)** | **3,7** | **1,3** | **0,5** | **1,7** | **0** | **9,7** | **6,6** | **0,1** |

Tab. 2:   Nährelementgehalte und Kationenaustauschkapazität biogener Strukturen in einem stark von Termiten beeinflußten Profil in einem Primärwald.

| Primärwald-Profil | KAK nach Summe [mmol/100g] | H-Wert [mmol/100g] | Summe Kationen [mmol/100g] | Na+ [mmol/100g] | K+ [mmol/100g] | Mg2+ [mmol/100g] | Ca2+ [mmol/100g] | Basen-sättigung [%] |
|---|---|---|---|---|---|---|---|---|
| n. n. = nicht nachweisbar | | | | | | | | |
| Oberboden | 20,69 | 20,34 | 0,35 | 0,06 | 0,10 | 0,12 | 0,08 | 1,70 |
| Unterboden in 40-50 cm Tiefe | 7,21 | 7,17 | 0,04 | 0,01 | 0,02 | 0,01 | 0,01 | 0,59 |
| Unterboden in 50-60 cm Tiefe | 5,43 | 5,37 | 0,06 | 0,03 | 0,01 | 0,01 | 0,02 | 1,09 |
| Unterboden in 90-100 cm Tiefe | 5,12 | 4,99 | 0,12 | 0,01 | n. n. | 0,01 | 0,10 | 2,42 |
| Ameisengang in 25 cm Tiefe | 12,41 | 12,24 | 0,16 | 0,03 | 0,03 | 0,03 | 0,08 | 1,32 |
| Termitengang aus einem Termitennest in 15 cm Tiefe (*Ibiratermes* sp.) | 13,32 | 13,12 | 0,20 | 0,03 | 0,04 | 0,04 | 0,08 | 1,51 |
| Termitengang aus einem Termitennest in 15 cm Tiefe (*Ibiratermes* sp.) | 11,00 | 10,67 | 0,34 | 0,08 | 0,04 | 0,07 | 0,15 | 3,05 |
| Termitengang in 25 cm Tiefe (*Ibiratermes* sp.) | 11,54 | 11,39 | 0,15 | 0,05 | 0,03 | 0,05 | 0,02 | 1,31 |
| Regenwurmgang in 45 cm Tiefe | 19,30 | 19,00 | 0,30 | 0,04 | 0,05 | 0,08 | 0,14 | 1,57 |
| Regenwurmgang in 55 cm Tiefe | 7,99 | 7,95 | 0,04 | 0,01 | 0,01 | 0,01 | 0,01 | 0,48 |
| tote Wurzel | 17,48 | 17,32 | 0,16 | 0,02 | 0,06 | 0,05 | 0,03 | 0,92 |

## 5.1.2 Ergebnisse der Farbtracer-Experimente am Beispiel eines Profilschnitts in einer Grasland-Fläche

Auf einem anthropogen stark beeinflußten Gelände etwa 2 km von der SHIFT-Fläche entfernt wurden in einer etwa ein Hektar großen Grasland-Fläche drei Profile mit insgesamt vier Profilschnitten beprobt. In den Profilschnitten herrschen Strukturen (Gänge, Poren und Nestkammern) von Ameisen vor (Tab. 3). Gänge von Ameisen sind zwar etwas seltener als diejenigen von Termiten und Regenwürmern (sie sind aufgrund ihres geringeren Durchmessers auch schwieriger zu erkennen), jedoch ist die Anzahl der von Ameisen stammenden Poren deutlich erhöht. In den Grasland-Profilen befinden sich besonders viele Nestkammern von Ameisen (v. a. von *Mycocepurus* sp.). Die Zahl der Termitengänge in den drei Profilen ist sehr heterogen; möglicherweise befindet sich das Grasland-Profil 2 in der Nähe eines Termitenbaus.

Das in Abb. 23 dargestellte Grasland-Profil ist nur bis in eine Tiefe von maximal 30 cm eingefärbt, eine stärkere Einfärbung ist aber nur in den obersten 5 cm vorhanden. Die schlechte Einsickerung ist durch das Fehlen von Holzgewächsen mit größeren, tiefreichenden Wurzeln begründet. Auch das Überwiegen von Ameisengängen, die im Vergleich zu den anderen biogenen Strukturen vergleichsweise geringe Durchmesser aufweisen und daher eine geringere Bedeutung für das präferentielle Fließen haben, ist eine Ursache für die schlechte Einsickerung des Tracers. Im Profilschnitt sind zwei tiefreichende (ca. 30 cm) Trockenrisse zu erkennen, in denen der Farbtracer nach unten sickert. Diese Trockenrisse wurden ausschließlich im unbeschatteten Grasland mit seinen starken Temperaturunterschieden an der Bodenoberfläche beobachtet, jedoch nicht in den besser beschatteten Agroforst-Flächen oder dem Primärwald. In Abb. 23 sind im Unterboden mehrere Ameisenkammern (von *Mycocepurus* sp.) mit etwa 5 cm Durchmesser zu erkennen. Diese sind nicht eingefärbt. Eventuell ist der bis in 20 cm Tiefe eingefärbte Ameisengang (im rechten oberen Viertel) ein Zugangskanal zu den Ameisenkammern, in die der Farbstoff nicht tiefer eingedrungen ist.

Im Grasland-Profil (Tab. 4) liegen die Werte der Kationenaustauschkapazität im biogen nicht oder wenig beeinflußten Unterboden bei 7,8 mmol/100 g, also sehr niedrig. Die Basensättigung ist mit 0,3 % sehr gering. Die in diesem Profil angetroffenen Ameisenkammern und -gänge (alle im Unterboden) weisen im Vergleich zum Unterboden ähnlich niedrige oder nur geringfügig erhöhte Werte bei der Kationenaustauschkapazität (5,8 bis 12,5 mmol/100 g) und der Basensättigung (0,5 bis 2,3 %) auf. Die Werte der Kationenaustauschkapazität der Ameisenstrukturen sind nicht so hoch wie diejenigen im Oberboden.

Abb. 23: Eingefärbtes Profil im Grasland. Im Unterboden sind mehrere Ameisenkammern mit etwa 5 cm Durchmesser zu erkennen. Zum Vergleich ist rechts unten ein stark eingefärbter Profilschnitt (unter Urucum) abgebildet. (Aufnahmen: P. WALOTEK)

Tab. 3: Auszählung biogener Strukturen in einem stark von Ameisen beeinflußten Profil in einer Grasland-Fläche.

| Profilschnitt | Gänge Oligochaeta | Poren Oligochaeta | Gänge Formicidae | Poren Formicidae | Kammern Formicidae | Gänge Isoptera | Poren Isoptera | Kammern Isoptera |
|---|---|---|---|---|---|---|---|---|
| Grasland: | | | | | | | | |
| Profil 1: 0 cm-Schnitt | 14 | 8 | 25 | 22 | 5 | 0 | 0 | 5 |
| Profil 1: 20 cm-Schnitt | 17 | 6 | 8 | 29 | 6 | 2 | 0 | 6 |
| Profil 2 | 13 | 6 | 8 | 30 | 3 | 55 | 2 | 1 |
| Profil 3 | 11 | 1 | 6 | 20 | 4 | 1 | 0 | 2 |
| **Mittelwert Grasland (pro Schnitt)** | **13,8** | **5,3** | **11,8** | **25,3** | **4,5** | **14,5** | **0,5** | **3,5** |

Tab. 4: Nährelementgehalte und Kationenaustauschkapazität biogener Strukturen in einem stark von Ameisen beeinflußten Profil in einer Grasland-Fläche.

| Grasland-Profil | KAK nach Summe [mmol/100g] | H-Wert [mmol/100g] | Summe Kationen [mmol/100g] | Na+ [mmol/100g] | K+ [mmol/100g] | Mg2+ [mmol/100g] | Ca2+ [mmol/100g] | Basensättigung [%] |
|---|---|---|---|---|---|---|---|---|
| n. n. = nicht nachweisbar | | | | | | | | |
| Oberboden | 12,82 | 12,51 | 0,32 | 0,04 | 0,13 | 0,09 | 0,05 | 2,48 |
| Unterboden in 40-50 cm Tiefe | 7,78 | 7,76 | 0,02 | 0,02 | 0,01 | n. n. | n. n. | 0,29 |
| Wand einer Ameisenkammer (*Mycocepurus* sp.) in 70-80 cm Tiefe | 5,80 | 5,68 | 0,12 | 0,03 | 0,01 | 0,05 | 0,03 | 2,07 |
| Wand einer Ameisenkammer in 50-60 cm Tiefe (*Mycocepurus* sp.) | 7,22 | 7,11 | 0,12 | 0,05 | 0,03 | 0,02 | 0,01 | 1,60 |
| Wand einer Ameisenkammer in 20-30 cm Tiefe (*Mycocepurus* sp.) | 9,33 | 9,26 | 0,07 | 0,02 | 0,02 | 0,02 | 0,01 | 0,76 |
| Wand einer Ameisenkammer in 10 cm Tiefe (ohne Tierpräsenz) | 12,55 | 12,26 | 0,29 | 0,03 | 0,14 | 0,07 | 0,04 | 2,33 |
| Ameisengänge in 15 cm Tiefe | 7,59 | 7,53 | 0,06 | 0,01 | 0,03 | 0,01 | n. n. | 0,75 |
| Ameisengang in 25 cm Tiefe | 7,97 | 7,93 | 0,04 | 0,01 | 0,02 | 0,01 | n. n. | 0,50 |
| Wand einer Ameisenkammer in 35 cm Tiefe (ohne Tierpräsenz) | 9,00 | 8,96 | 0,04 | 0,01 | 0,02 | 0,01 | n. n. | 0,50 |
| Termitengänge in 10 cm Tiefe (*Apicotermitinae*) | 12,24 | 11,92 | 0,32 | 0,03 | 0,09 | 0,05 | 0,16 | 2,64 |

### 5.1.3 Ergebnisse der Farbtracer-Experimente am Beispiel eines Profilschnitts in einer Pupunha-Monokultur

In drei Pupunha-Monokulturen (*Bactris gasipaes*) auf der SHIFT-Fläche wurden drei Profile mit insgesamt vier Profilschnitten beprobt. In diesen Profilen finden sich vor allem Gänge von Regenwürmern, die pro Profilschnitt drei mal so häufig sind wie Termitengänge und sechs mal so häufig wie Ameisengänge (Tab. 5). Der Einfluß der Regenwürmer zeigt sich vor allem in den obersten 10 cm und an der Bodenoberfläche: in den Pupunha-Monokulturen sind große Bereiche der Bodenoberfläche flächendeckend mit einer bis zu 5 cm mächtigen Schicht aus Regenwurmkot bedeckt.

Das ausgewählte Profil in einer Pupunha-Monokultur (Abb. 24) ist vor allem oberflächennah in den obersten 10 cm eingefärbt. Der hydrophobe Charakter des Regenwurmkots ist für die fleckige Struktur mit einem Wechsel von eingefärbten und nicht eingefärbten Bereichen im Oberboden verantwortlich. Unterhalb von 10 cm finden sich nur noch kleine Flecken mit Einfärbungen, obwohl die Durchwurzelung tiefer reicht. Unterhalb von 20 cm finden sich von allen drei Tiergruppen nur noch wenige biogene Strukturen. Die vergleichsweise geringe Einfärbung des Profils liegt in der konzentrierten Tieferleitung des Farbstoffs in den Regenwurmgängen mit ihren großen Durchmessern (oft über 1 cm) begründet. In mehreren Profilschnitten wurden im Unterboden farbstoffleitende Regenwurmgänge angetroffen.

Im Pupunha-Profil (Tab. 6) liegen die Werte der Kationenaustauschkapazität im biogen nicht oder wenig beeinflußten Unterboden bei 7,1 mmol/100 g, also sehr niedrig. Die Basensättigung ist mit 0,8 % ebenfalls sehr gering. Die Werte der drei im Unterboden gelegenen, nicht mit Kot verfüllten Regenwurmgänge liegen nur geringfügig über diesen Werten (KAK 8,2 bis 11,1 mmol/100 g; Basensättigung 0,9 bis 8,7 %). Der Regenwurmkot nahe oder an der Bodenoberfläche (von *Pontoscolex* sp. stammend) weist deutlich höhere Werte der Kationenaustauschkapazität (12,6 bis 19,3 mmol/100 g) und Basensättigung (16,7 bis 27,5 %) auf. Diese Werte gehören mit zu den höchsten aller beprobten Strukturen in allen Profilen.

Abb. 24: Eingefärbtes Profil in einer Pupunha-Monokultur (*Bactris gasipaes*). Der Oberboden ist fast vollständig von Regenwurmkot bedeckt. (Aufnahme: P. WALOTEK)

Tab. 5: Auszählung biogener Strukturen in einem stark von Regenwürmern beeinflußten Profil in einer Pupunha-Monokultur.

| Profilschnitt | Gänge Oligochaeta | Poren Oligochaeta | Gänge Formicidae | Poren Formicidae | Kammern Formicidae | Gänge Isoptera | Poren Isoptera | Kammern Isoptera |
|---|---|---|---|---|---|---|---|---|
| Pupunha: | | | | | | | | |
| Profil 1: 110 cm-Schnitt | 15 | 3 | 1 | 9 | 0 | 3 | 18 | 0 |
| Profil 1: 120 cm-Schnitt | 4 | 7 | 0 | 7 | 0 | 5 | 7 | 0 |
| Profil 2 | 35 | 20 | 7 | 7 | 1 | 16 | 9 | 0 |
| Profil 3 | 39 | 32 | 7 | 11 | 0 | 3 | 0 | 0 |
| **Mittelwert Pupunha (pro Schnitt)** | **23,3** | **15,5** | **3,8** | **8,5** | **0,3** | **6,8** | **8,5** | **0** |

Tab. 6: Nährelementgehalte und Kationenaustauschkapazität biogener Strukturen in einem stark von Regenwürmern beeinflußten Profil in einer Pupunha-Monokultur.

| Pupunha-Profil | KAK nach Summe [mmol/100g] | H-Wert [mmol/100g] | Summe Kationen [mmol/100g] | Na+ [mmol/100g] | K+ [mmol/100g] | Mg2+ [mmol/100g] | Ca2+ [mmol/100g] | Basen-sättigung [%] |
|---|---|---|---|---|---|---|---|---|
| n. n. = nicht nachweisbar | | | | | | | | |
| Regenwurmkot in 0-6 cm Tiefe | 13,10 | 9,49 | 3,60 | 0,01 | 0,19 | 0,77 | 2,63 | 27,52 |
| Regenwurmkot von der Oberfläche | 12,57 | 10,46 | 2,10 | 0,01 | 0,20 | 0,42 | 1,47 | 16,75 |
| Regenwurmkot von der Oberfläche | 19,28 | 14,52 | 4,76 | 0,02 | 0,25 | 1,16 | 3,33 | 24,70 |
| Unterboden in 40-50 cm Tiefe | 7,13 | 7,07 | 0,06 | n. n. | 0,01 | n. n. | 0,05 | 0,85 |
| Regenwurmgang in 10 cm Tiefe (ohne Wurmkot) | 11,12 | 10,15 | 0,97 | 0,03 | 0,13 | 0,24 | 0,57 | 8,73 |
| mehrere kleine Regenwurmgänge in 30 cm Tiefe (ohne Wurmkot) | 8,22 | 8,14 | 0,07 | 0,02 | 0,03 | n. n. | 0,03 | 0,90 |
| Regenwurmgang in 22 cm Tiefe (ohne Wurmkot) | 9,98 | 9,32 | 0,66 | 0,02 | 0,07 | 0,12 | 0,45 | 6,66 |
| Termitengang in 19 cm Tiefe | 9,92 | 9,22 | 0,71 | 0,03 | 0,06 | 0,13 | 0,49 | 7,12 |
| Wand einer Ameisenkammer in 25 cm Tiefe (ohne Tierpräsenz) | 7,65 | 7,37 | 0,28 | 0,04 | 0,03 | 0,04 | 0,18 | 3,68 |
| Wand einer Ameisenkammer in 51 cm Tiefe (ohne Tierpräsenz) | 7,61 | 7,49 | 0,12 | 0,03 | 0,01 | n. n. | 0,09 | 1,61 |

## 5.2 Tiefengradienten der Einfärbung und der Anzahl biogener Strukturen

Im Anschluß an die exemplarische Vorstellung von drei Profilschnitten werden nachfolgend die Tiefengradienten der einzelnen Variablen (prozentuale Einfärbung, Art und Dichte der biogenen Struktur) in Abhängigkeit von der Anbaukultur vorgestellt und diskutiert. Aus den Werten der einzelnen Profilschnitte wurden, aus Gründen der besseren Übersichtlichkeit, arithmetische Mittelwerte für die jeweilige Kultur berechnet. Die Tiefenlagen liegen in 10 cm-Tiefenstufen vor (von 0-10 cm bis 90-100 cm Tiefe). Da es in den Schaubildern bei ähnlichen Kurvenverläufen zu Überlagerungen von Kurven und Symbolen kommen kann, sei auf Anhang [A1] und [A2] verwiesen. Die dort aufgeführten Mittelwerte bilden die Grundlage für die Schaubilder dieses Kapitels.

### 5.2.1 Tiefengradienten der vom Farbtracer eingefärbten Flächenanteile

In die Mittelwertbildung gingen insgesamt 89 Profilschnitte mit je 100 Quadranten ein:

- 21 Profilschnitte unter Primärwald
- 4 Profilschnitte unter Grasland
- 8 Profilschnitte unter Cupuaçu
  (*Theobroma grandiflorum*)
- 8 Profilschnitte unter Kokos
  (*Cocos nucifera*)
- 14 Profilschnitte unter Kudzu
  (*Pueraria phaseoloides*)
- 14 Profilschnitte unter Pupunha
  (*Bactris gasipaes*)
- 13 Profilschnitte unter Seringueira
  (*Hevea brasiliensis*)
- 7 Profilschnitte unter Urucum
  (*Bixa orellana*).

In Abb. 25 sind exemplarisch für alle untersuchten Profilschnitte die Tiefengradienten der eingefärbten Flächenanteile im Primärwald zu sehen. Der Primärwald wurde bei den Tracerversuchen von allen Kulturen (mit 21 Profilschnitten) am ausführlichsten untersucht. Im Primärwald wurden (wie auch in den Agroforst-Flächen) an drei Standorten Farbtracer-Experimente durchgeführt (Primärwald 1, 2 und 3). Dabei wurden insgesamt 21 Profilschnitte aufgegraben und ausgewertet (elf im Primärwald 1, neun im Primärwald 2 und einer im Primärwald 3). Zu erkennen ist, daß sich trotz der unterschiedlichen Verläufe der Einfärbungskurven ein zusammenhängendes Linienbündel abzeichnet. Zur besseren Übersichtlichkeit und Vergleichbarkeit wurden für den Primärwald und die sieben anderen Flächen Durchschnittskurven aus den einzelnen Profilschnitten erstellt: Abb. 26 beruht auf der Auszählung der prozentualen Einfärbung von 8.900 Quadranten.

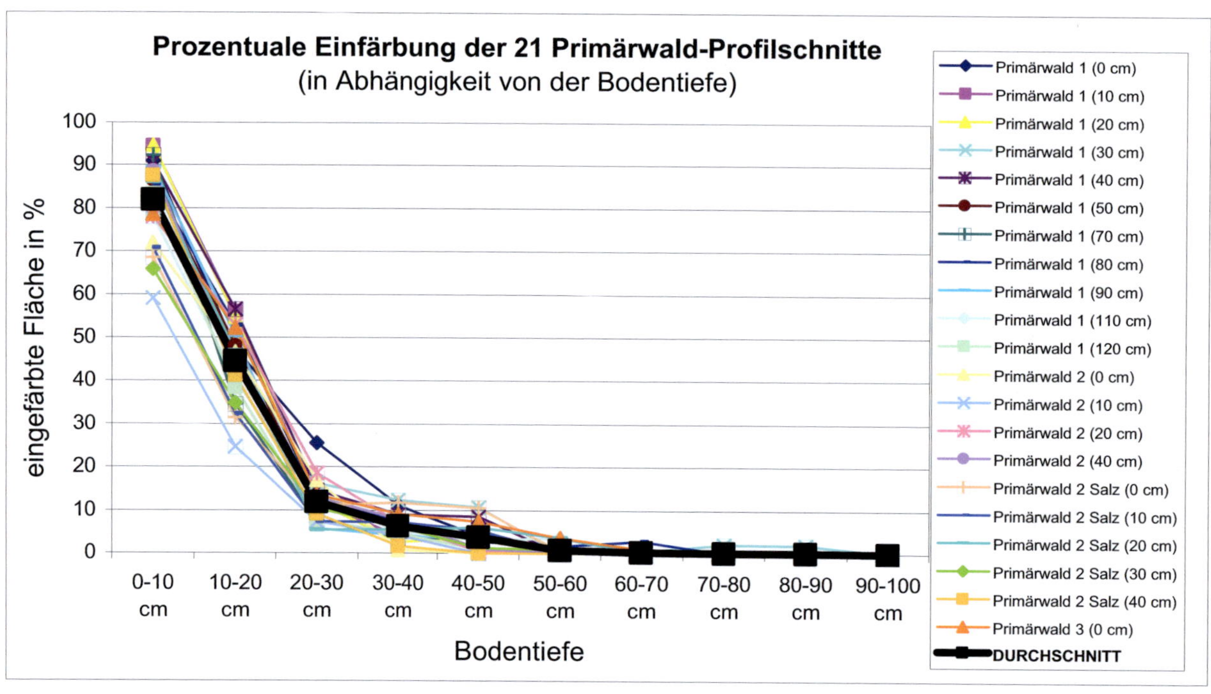


Abb. 25: Prozentuale Einfärbung der 21 Primärwald-Profilschnitte.

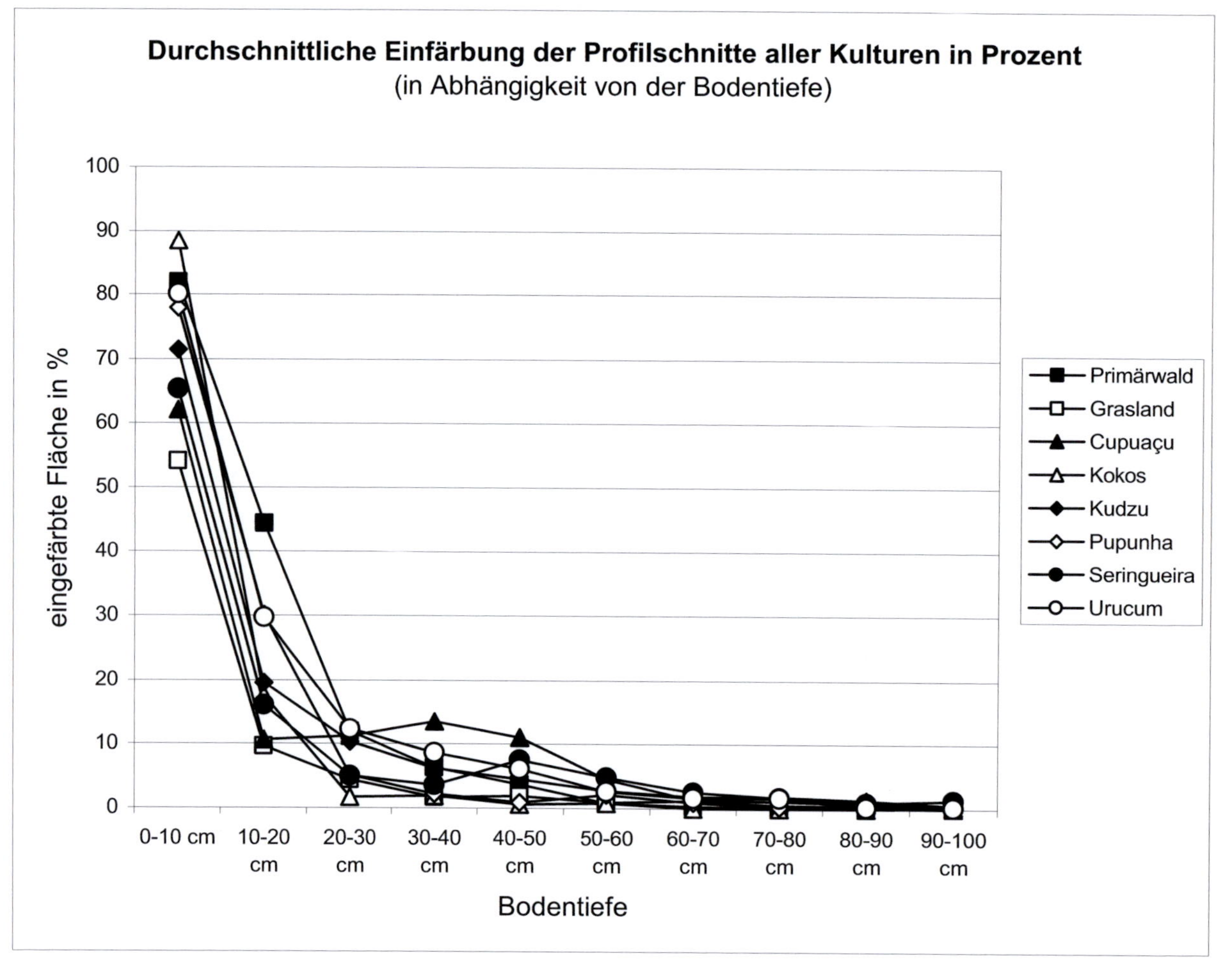


Abb. 26: Durchschnittliche prozentuale Einfärbung der Profilschnitte.

In allen Kulturen (Abb. 26) sind die obersten 10 cm am stärksten eingefärbt (im Mittel über 70 %; im Extremfall über 90 %). Nach unten nimmt die Einfärbung deutlich ab, kann aber bis über 100 cm Tiefe reichen (die Profile wurden bis in etwa 110 cm Tiefe aufgegraben). Im Laufe der Profilaufnahme im Gelände war ein eindeutiger Zusammenhang zwischen den Fließwegen des Tracers und dem Vorhandensein von biogenen Strukturen sichtbar. Dabei sind die präferentiellen Fließwege des Tracers fast immer biogene Strukturen und nur untergeordnet geogene Strukturen (z. B. Trockenrisse). Der Tracer sickert in den Oberboden ein und wird hauptsächlich entlang von Wurzelbahnen und Tiergängen fingerförmig in den Unterboden geleitet. Eine einheitliche Versickerungsfront in der Bodenmatrix war in keinem der 89 Profilschnitte zu beobachten, wodurch einfache hydraulische Modelle nicht die tatsächlichen Fließvorgänge im Boden wiedergeben. Bei der Mehrzahl der Profile ist im Oberboden der größte Teil der Fläche eingefärbt, jedoch gibt es auch nicht eingefärbte Bereiche, an denen das Wasser durch biogene Strukturen (im Oberboden vor allem durch Wurzelgänge) vorbeigeleitet wird. Eine schlechte Einfärbung im Oberboden weisen auch stark mit Regenwurmkot angereicherte Bereiche auf (vor allem unter Pupunha anzutreffen), in denen der Tracer schlecht in die feinkörnigen und hydrophoben Kotablagerungen einsickern kann. Die kompakte Struktur des Regenwurmkots erschwerte aufgrund von Problemen mit der Einharzung auch die Herstellung von Dünnschliffen.

Eine Ableitung des Wassers durch geogene Strukturen in größere Tiefen ist sehr selten. Dieses Phänomen wurde nur in den (unbeschatteten) Grasland-Parzellen beobachtet. Dort fanden sich bei starker Sonneneinstrahlung Trockenrisse bis in 40 cm Bodentiefe, entlang derer präferentielles Fließen stattfand. Im Primärwald und in den Baumkulturen, aber auch in den (krautigen) Kudzu-Parzellen (*Pueraria phaseoloides*) wurden keine Trockenrisse beobachtet.

Hinsichtlich der Stärke der Einsickerung zeigt sich ein deutlicher Unterschied zwischen Primärwald und Grasland. Im (natürlichen) Primärwald ist der Anteil der eingefärbten Fläche im Mittel am höchsten, beim (anthropogen degradierten) Grasland am geringsten. Am besten und homogensten sickert der Tracer in den Primärwald-Boden ein, was an der starken Durchwurzelung und dem Vorhandensein zahlreicher Termitengänge liegt. In der degradierten Grasland-Fläche behindert vermutlich der verdichtete Oberboden die Einsickerung. Die sechs Kulturen des Agroforstsystems liegen hinsichtlich der eingefärbten Flächenanteile zwischen Primärwald und Grasland. Bei gemittelter Betrachtung der gesamten Profilwand bis in 100 cm Tiefe sind im Primärwald durchschnittlich 15 % der Profilfläche eingefärbt, bei Urucum 14 %, in den anderen Agroforst-Flächen 11 bis 12 % und im Grasland nur 7 %. Es ist festzustellen, daß die Unterschiede zwischen den Kulturen des Agroforstsystems (mit Ausnahme von Urucum) relativ gering sind.

Bei Urucum (*Bixa orellana*) gibt es ausgeprägte Unterschiede zwischen den Profilen. In Profil Urucum 1 ist der Anteil der eingefärbten Fläche nur etwa halb so hoch wie in den Profilen Urucum 2 und 3, bei denen Termitengänge und tiefreichende Wurzeln für eine bessere Einsickerung verantwortlich waren. Unter

Pupunha (*Bactris gasipaes*) sind die oberen 20 cm fast so stark eingefärbt wie im Primärwald, unterhalb von 20 cm geht die Einfärbung auf nahe Null zurück. Dieses Phänomen ist durch die extreme Durchwurzelung und den hohen Regenwurmbestand in den oberen 20 cm des Bodens zu erklären, durch deren glatte, mit Schleim ausgekleideten Wurmgänge der Tracer schnell in die Tiefe versickern kann. Ameisen- und Termitengänge spielen für die Einsickerung unter Pupunha nur eine untergeordnete Rolle.

Erwartungsgemäß nehmen die Anteile der eingefärbten Bereiche in allen Kulturen mit zunehmender Bodentiefe deutlich ab. Unterhalb 50 cm Bodentiefe sind nur noch geringe Teile des Bodens eingefärbt. Unterhalb dieser Bodentiefe sind die Unterböden in allen Kulturflächen sowie im Primärwald in der Regel nur noch dann eingefärbt, wenn der Farbstoff entlang biogener Strukturen nach unten geleitet wird. In diesen Fällen handelt es sich um tiefreichende Wurzeln oder tief liegende Ameisen- bzw. Termitenbauten. Tiefe Regenwurmgänge finden sich fast nur in den Pupunha-Kulturen. Insgesamt ist festzustellen, daß biogene Strukturen mindestens bis an die Unterkante der Profile (100 cm) maßgeblich für das Einsickern des Tracers sind.

Die stärkste Einfärbung findet sich in den obersten 10 cm des Bodens (Anhang [A1] und Abb. 26). Die stärkste Einfärbung in den obersten 10 cm findet sich unter Kokos (*Cocos nucifera*) mit 88 %. Es folgt der Primärwald mit 82 %, dann Urucum (80 %), Pupunha (78 %), Kudzu (71 %), Seringueira (65 %, *Hevea brasiliensis*) sowie Cupuaçu (62 %). Die geringste Einfärbung ist im Grasland zu verzeichnen (54 %).

Schon in 10-20 cm Bodentiefe nimmt die Einfärbung sehr stark ab und sinkt etwa auf ein Drittel ab. Am geringsten ist der Abfall im Primärwald. Im Primärwald sickert der Tracer homogener ein als in den Agroforst-Flächen. Im Primärwald sind in 10-20 cm Bodentiefe noch 44 % eingefärbt. In den Agroforst-Flächen sinken die Werte deutlicher ab auf 10 bis 30 %. Die geringste Einfärbung in 10-20 cm Tiefe zeigt sich im Grasland mit 10 %. In 20-30 cm Bodentiefe sinken die Anteile der eingefärbten Flächen weiter ab, von 2 % bei Kokos und 4 % im Grasland bis 12 % im Primärwald.

In 30-50 cm Bodentiefe liegen die Einfärbungen in fast allen Kulturen und dem Primärwald unter 10 %. Bei Cupuaçu (*Theobroma grandiflorum*) ist der Wert geringfügig höher, da im Profil Cupuaçu 1 ein stark durchwurzelter und eingefärbter Bereich im Unterboden angetroffen wurde, der für die Erhöhung des Mittelwerts verantwortlich ist. Ab 60 cm Bodentiefe sinken die Flächenanteile der eingefärbten Bereiche in allen Kulturen durchweg unter 3 % ab.

Es stellt sich die Frage, ob es einen Zusammenhang zwischen den Prozentanteilen der eingefärbten Flächen und dem Vorhandensein von Tiergängen, den neben Wurzelgängen wichtigsten biogenen Strukturen, gibt. Diese Frage kann bejaht werden. Zur Klärung dieser Frage wurden alle 6.700 ausgezählten Quadranten nach Stärke der Einfärbung in 10 Klassen eingeteilt: von 0-9 % bis 90-99 % Einfärbung (Abb. 27). In jeder Klasse wurden die Mittelwerte der Anzahl biogener Strukturen pro dm² gebildet. Es ist zu erkennen, daß mit zunehmender Dichte an Tiergängen tendenziell auch die prozentuale Einfärbung zunimmt. Überraschenderweise zeigt sich, daß die höchste Dichte an Tiergängen in den Quadranten mit 70-79 % Einfärbung erreicht wird. Die Dichte an Tiergängen steigt mit zunehmender Einfärbung an und erreicht bei 70-79 % Einfärbung ein Maximum, um dann mit weiter zunehmender Einfärbung überraschenderweise wieder abzusinken. Dieser Sachverhalt findet sich bei allen drei Tiergruppen (Ameisen, Termiten und Regenwürmern). Eine Ursache für die Abnahme von biogenen Gängen in Quadranten mit über 80 % Einfärbung könnte sein, daß die Tiere in den stark eingefärbten Quadranten des Bodens, die sich fast ausnahmslos in den oberen 10 cm des Bodens befinden, verstärkt Gänge abgestorbener Wurzeln für die Fortbewegung nutzen beziehungsweise ihre Gänge an den Wurzelbahnen anlegen, so daß diese bei der Auszählung nicht gesondert in Erscheinung treten, sondern zusammen mit den Wurzeln erfaßt wurden. Außerdem erschwert die lockere Struktur des Oberbodens mit seiner erhöhten Porosität das

Erkennen biogener Strukturen. Bei den bis 80 % eingefärbten Quadranten ist jedoch ein eindeutiger Zusammenhang zwischen Einfärbung und der Anzahl an Tiergängen zu erkennen (Abb. 27).

**Zusammenfassung:**

- biogene Strukturen steuern in tropischen Wald- und Agrarökosystemen maßgeblich die Einsickerung von Wasser bis in über 100 cm Tiefe

- Fließvorgänge erfolgen vor allem als präferentielles Fließen entlang von Tiergängen und Wurzelkanälen

- die beste und homogenste Einsickerung des Tracers erfolgt im Primärwald, die schlechteste im Grasland, die Agroforst-Flächen liegen dazwischen

- es existiert ein erkennbarer Zusammenhang zwischen Einfärbung und Anzahl an Tiergängen

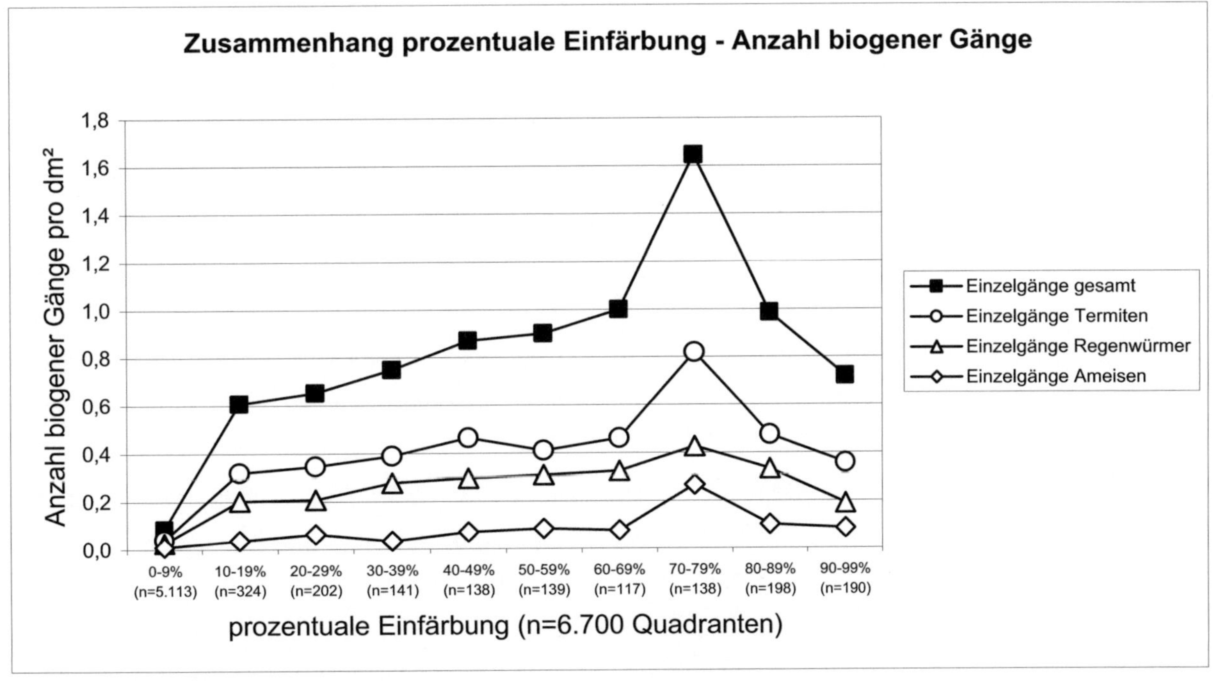


Abb. 27: Zusammenhang zwischen der prozentualen Einfärbung und der Anzahl biogener Gänge.

### 5.2.2 Tiefengradienten der Häufigkeit biogener Strukturen

In der nachfolgenden Betrachtung biogener Strukturen (Wurzeln, Ameisen, Termiten, Regenwürmer, Poren, sonstige Strukturen) gingen insgesamt 67 der 89 eingefärbten Profilschnitte in die Mittelwertbildung ein, von vier Profilschnitten im Grasland bis 18 Profilschnitten im Primärwald. Die nachfolgenden Abbildungen (Abb. 28 bis 40; Daten aus Anhang [A2]) beruhen folglich auf der Auszählung der biogenen Strukturen von 6.700 Quadranten des Auszählrahmens (der Unterschied zu den 8.900 im Rahmen der Tracerversuche ausgezählten Quadranten ergibt sich, weil zu Beginn der Tracerversuche die Methodik der Auszählung biogener Strukturen leicht verändert wurde und die Ergebnisse nicht übertragbar sind).

### 5.2.2.1 Tiefengradienten der Häufigkeit von Wurzeln

Bei der Auszählung der Wurzeln wurde zwischen lebenden und toten Wurzeln unterschieden; erstere machen jedoch über 90 % der ca. 14.000 ausgezählten Wurzeln aus. Abb. 28 zeigt die Tiefengradienten aller Wurzeln, Abb. 29 die der lebenden Wurzeln, Abb. 30 die der toten Wurzeln.

Erwartungsgemäß nimmt die Anzahl der Wurzeln mit zunehmender Bodentiefe ab. Das Wurzelwachstum konzentriert sich auf die obersten 30 cm des Bodens. Ab 50 cm Bodentiefe sind in allen Kulturen und dem Primärwald Wurzeln nur noch vereinzelt anzutreffen. Beim Vergleich der Kulturen zeigt sich, daß Pupunha die mit Abstand dichteste Durchwurzelung aufweist (Abb. 28 und 29). In 0-10 cm Bodentiefe ist die Durchwurzelung bei Pupunha mit über 20 lebenden Wurzeln pro dm² fast doppelt so hoch wie im Primärwald

(11 Wurzeln/dm²). Die Kulturflächen liegen in dieser Tiefe zwischen 9 und 16 Wurzeln/dm², nur Seringueira liegt mit 5 Wurzeln/dm² deutlich darunter.

In 10-20 cm Bodentiefe liegt die Wurzeldichte nur noch gut ein Drittel so hoch wie in den obersten 10 cm. Pupunha hat auch in dieser Bodentiefe die höchste Wurzeldichte (11 Wurzeln/dm²), gefolgt vom Primärwald (6 Wurzeln/dm²), in dem die geringste Abnahme der Wurzeldichte von 0-10 cm zu 10-20 cm zu verzeichnen ist. Unterhalb 20 cm Bodentiefe fallen die krautigen Kulturen (Kudzu, Grasland) hinsichtlich der Wurzeldichte hinter die tiefer wurzelnden Baumkulturen sowie dem Primärwald zurück. Die schlechte Einsickerung des Tracers im Grasland ergibt sich aus dem Fehlen von wasserwegsamen, tief reichenden Grobwurzeln (anderer Grund: geringer Durchmesser der im Grasland vorhandenen Ameisengänge). Tote Wurzeln werden deutlich seltener angetroffen als lebende (Abb. 30). Die höchste Dichte an toten Wurzeln findet sich unter Cupuaçu, gefolgt vom Primärwald. Eine Bestimmung der Wurzelmasse (HANAGARTH et al. 2003:9, unveröffentlicht) ergibt bei Pupunha die mit Abstand höchste Wurzelmasse in den oberen 10 cm (1738 g/m²).

Die Profilaufnahmen verdeutlichen, daß Wurzeln eine sehr hohe Bedeutung als präferentielle Fließwege haben. Die Bahnen tiefreichender Grobwurzeln haben einen großen Einfluß auf die Einsickerung des Tracers. Vor allem tote Grobwurzeln, bei denen das Holz zersetzt und nur noch die Rinde erhalten ist, waren bei den Geländeaufnahmen als deutliche präferentielle Fließwege erkennbar, entlang derer das Wasser schnell versickert. Bei stark zersetzten Grobwurzeln ist erkennbar, daß der Tracer verstärkt in das benachbarte Bodenmaterial einsickert. Eine Behinderung des präferentiellen Fließens erfolgt, wenn die Wurzelbahnen mit eingewaschenem Bodenmaterial verstopft sind. Im Primärwald ist die Einsickerung des Tracers am homogensten, was begründet ist durch eine (im Vergleich zu den Agroforst-Flächen) hohe Wurzeldichte in 10 bis 40 cm Bodentiefe und einen hohen Anteil toter und teilweise zersetzter Wurzeln, entlang denen das Wasser schnell in den Untergrund versickern kann.

**Zusammenfassung:**

- Konzentration der Wurzeln auf die obersten 30 cm des Bodens
- von 0-10 cm Tiefe stärkste Durchwurzelung unter Pupunha, geringste bei Seringueira
- von 10-30 cm stärkste Durchwurzelung bei Pupunha und im Primärwald
- in den Baumkulturen und vor allem im Primärwald tieferreichende Wurzeln als in den krautigen Kulturen
- besondere Rolle von (zersetzten) Grobwurzeln für das präferentielle Fließen

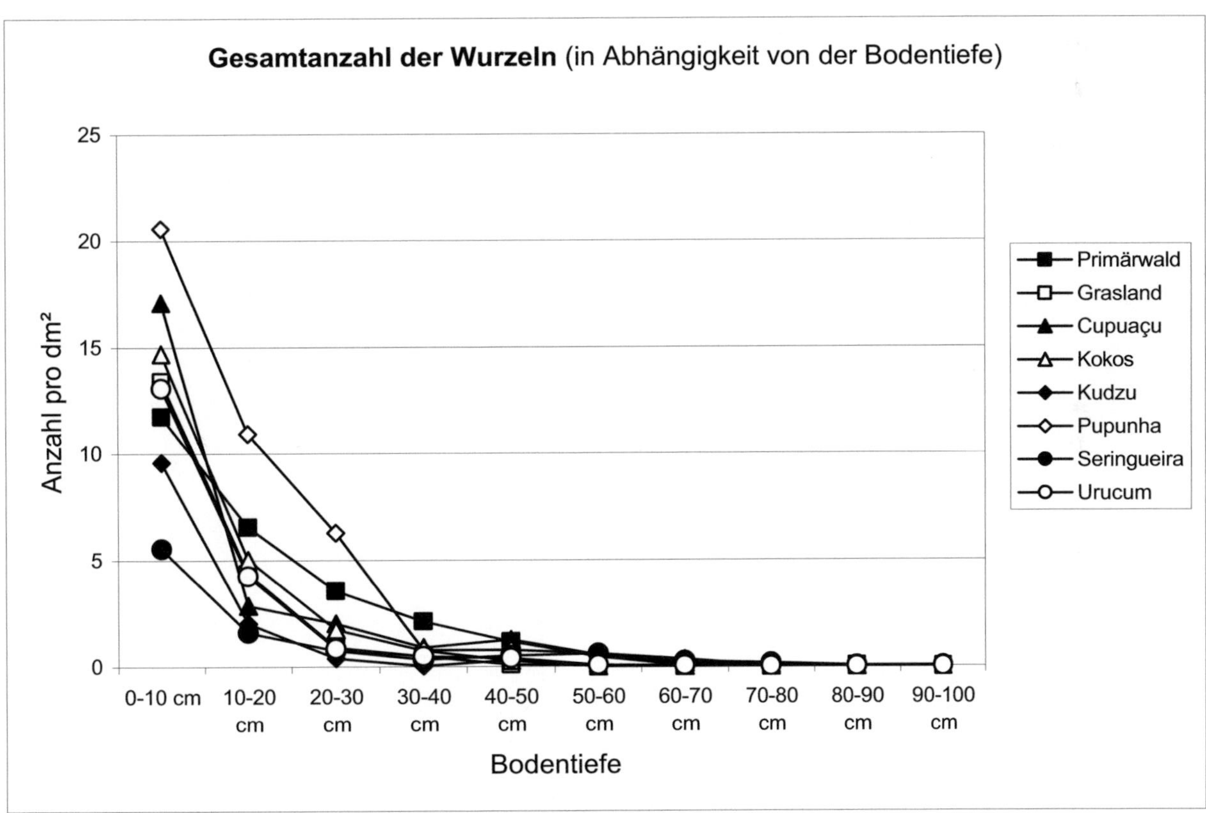


Abb. 28: Tiefengradienten der Gesamtanzahl der Wurzeln.

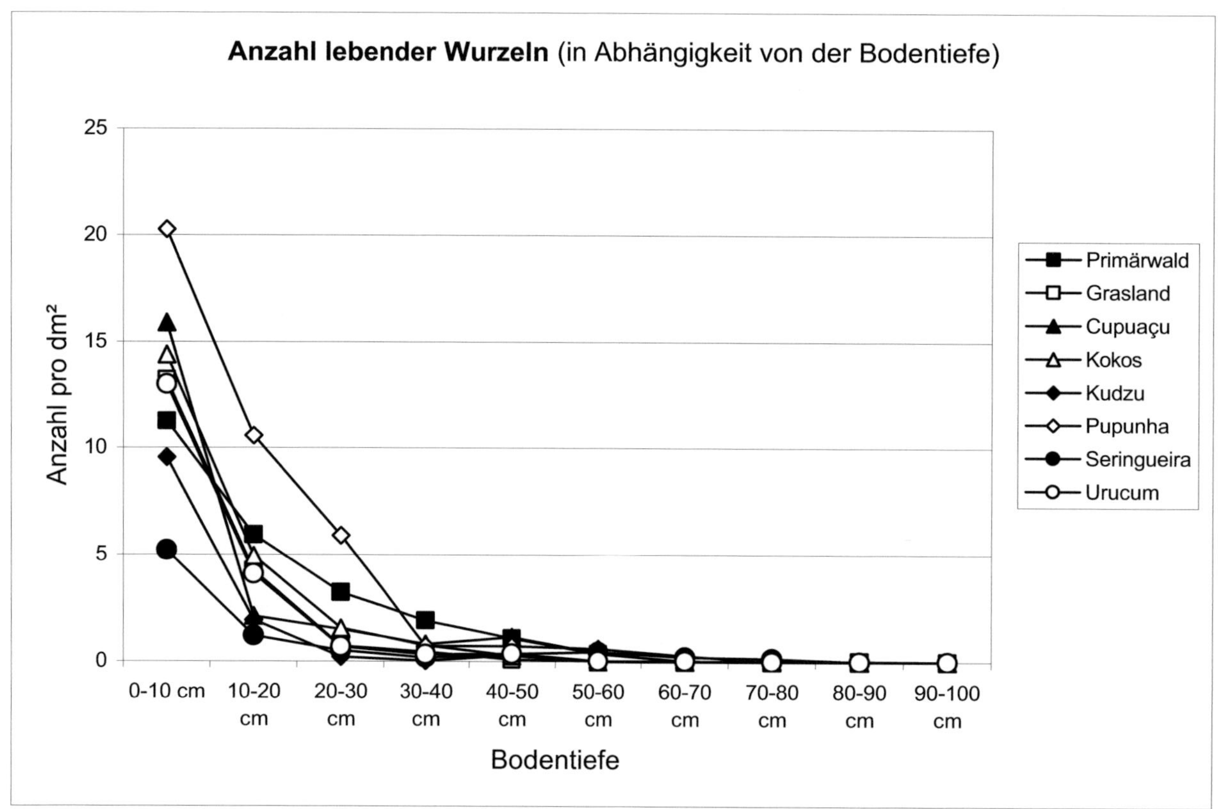


Abb. 29:  Tiefengradienten der Anzahl lebender Wurzeln.

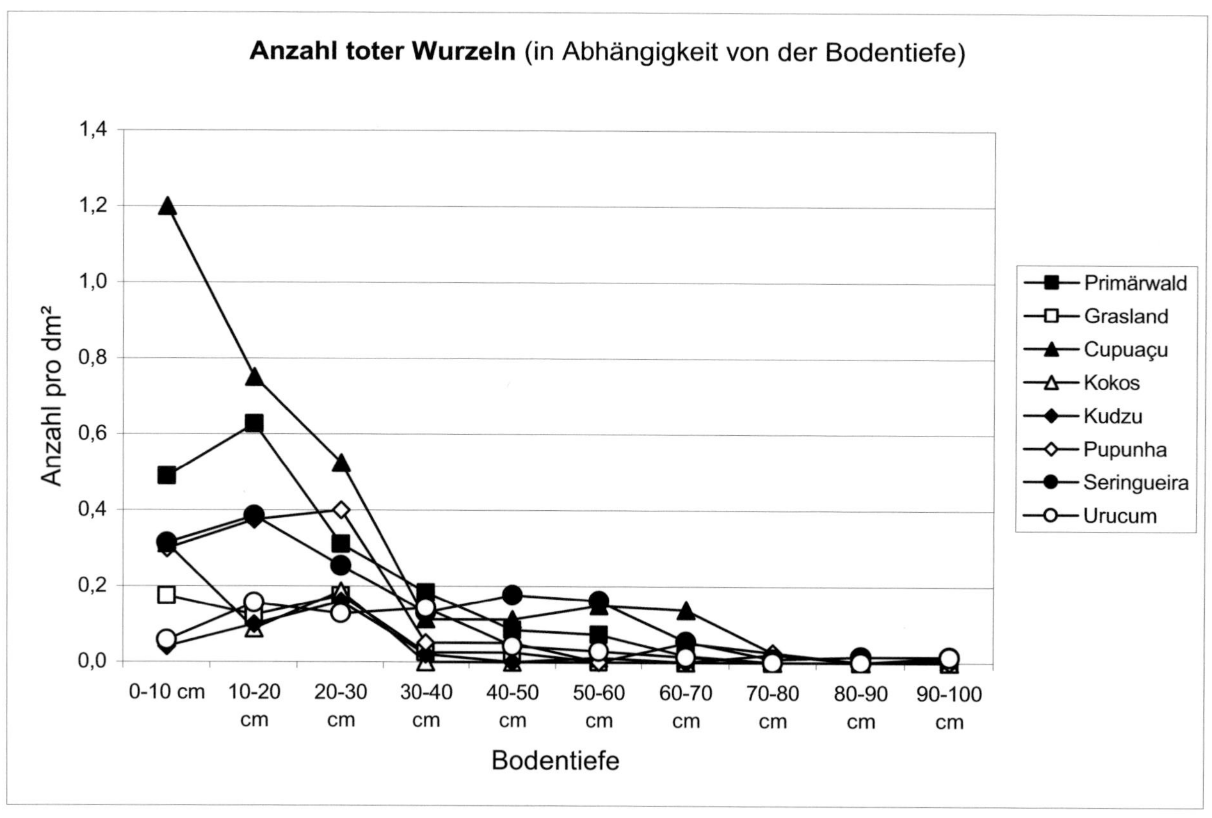


Abb. 30:  Tiefengradienten der Anzahl toter Wurzeln.

### 5.2.2.2 Durchmesser und Dichte von Tiergängen

**Durchmesser der Tiergänge:**

Gänge von Ameisen, Regenwürmern und Termiten sind neben den Wurzeln die wichtigsten Strukturen hinsichtlich des präferentiellen Wasserflusses. Tiergänge sind sehr viel häufiger anzutreffen als Nestkammern und haben im Gegensatz zu Poren eine Verbindung zur Erdoberfläche, von wo aus Wasser in die Tiefe geleitet wird (sofern sie nicht verfüllt sind). Der Einfluß von Tiergängen auf die Einsickerung des Niederschlagswassers ist aufgrund der Geländebefunde als sehr hoch einzustufen. Daher wurde zur genaueren Charakterisierung der Gänge deren Durchmesser genauer betrachtet. Es wurden ausschließlich diejenigen Gänge betrachtet, die eingefärbt, also wasserleitend, waren. Die Durchmesser der Gänge schwanken von 1 mm bis über 10 cm. Die Auszählung der Gangdurchmesser ergibt, daß für den Wassertransport überwiegend Gänge mit Durchmessern von 1 bis 20 mm verantwortlich sind. Bei Betrachtung der verschiedenen Größenklassen (Abb. 31, Anhang [A3]) zeigt sich, daß die drei Größenklassen bis 20 mm etwa gleich stark besetzt sind (Basis: 67 Profilschnitte). Deutlich zu erkennen ist die Konzentration der Gänge auf die oberen 30 cm des Bodens. Ab etwa 50 cm Bodentiefe kommt es zu einem Anstieg der relativen Häufigkeit von großen Gängen ab 20 mm Durchmesser. Hierbei handelt es sich zumeist um größere Termitengänge, Gänge von Säugetieren oder dem tiefgrabenden Regenwurm *Rhinodrilus contortus*. Beim Vergleich der Kulturen miteinander ergibt sich ein ähnliches Bild: die Gangdurchmesser von 1 bis 20 mm sind ähnlich häufig vertreten, lediglich im Grasland dominieren Gänge mit einem Durchmesser von 1 bis 4 mm. Dies ist begründet in der Dominanz von Ameisen im Grasland, deren Gänge deutlich kleiner sind als diejenigen von Regenwürmern und Termiten und somit das Niederschlagswasser nicht so gut in den Unterboden ableiten. Kleinere Gänge mit Durchmessern bis 4 mm können bis 100 cm Tiefe auftreten, sind ab 50 cm Bodentiefe jedoch sehr selten.

Der durchschnittliche Durchmesser aller eingefärbten Gänge beträgt 8,8 mm (n = 1.610) (Tab. 7) mit Abweichungen je nach Kultur und Tiergruppe. Auffallend ist der geringe Unterschied zwischen den Kulturen mit Ausnahme des Graslandes, in dem die durchschnittlichen Gangdurchmesser aufgrund der Ameisendominanz deutlich geringer sind. Die Gänge von Ameisen sind nur etwas mehr als halb so groß wie diejenigen von Termiten und Regenwürmern (Durchmesser im Mittel 5,5 mm gegenüber 9,1 mm) und vermögen Niederschlagswasser nicht so effektiv nach unten zu leiten.

Eine zweidimensionale Angabe der Summe von Querschnittsflächen in mm² wurde errechnet, ist aber problematisch und wenig aussagekräftig, da große Gänge das Ergebnis überproportional beeinflussen. Eine grobe Abschätzung des Flächenanteils der biogenen Gänge an der Profilwand ist aber möglich: die 1.610 ausgezählten Gänge haben eine Querschnittsfläche von etwa 230.000 mm². Bei einer Gesamtfläche aller (biogen ausgezählten) Profilwände von 67.000.000 mm² (67 Profile x 1.000 mm Breite x 1.000 mm Tiefe) bedecken Tiergänge (also ohne Poren und Nestkammern) eine Fläche von rund 0,35 % der Profilwände. Zum Vergleich: in Dünnschliffen von Unterbodenproben (ohne erkennbare biogene Beeinflussung) wurde ein Porengehalt von durchschnittlich rund 14 %

ermittelt (Kapitel 7). Damit tragen Tiergänge der Makrofauna zwar nur gering zur Erhöhung der Gesamtporosität bei, spielen aber dennoch durch die Anlage von wasserwegsamen Gängen die Hauptrolle für das präferentielle Fließen.

Von den drei Tiergruppen haben Termiten aufgrund des großen Durchmessers ihrer Gänge sowie ihrer Häufigkeit (über die Hälfte der zugeordneten Gänge stammt von Termiten) eine herausragende Bedeutung für die Verteilung von Niederschlagswasser im Boden. Kulturen mit hohem Termitenbesatz (vor allem Urucum und der Primärwald) weisen die höchsten Anteile eingefärbter Flächen auf. Regenwurmgänge haben ebenfalls große Durchmesser und leiten aufgrund ihrer glatten Wandstruktur Niederschlagswasser sehr schnell in die Tiefe. Bei Regenwurmgängen ist die Kanalisierung von einsickerndem Wasser am stärksten ausgeprägt. In manchen Flächen sind Regenwürmer jedoch nur selten anzutreffen (z. B. im Primärwald) und spielen dort nur eine unter-

geordnete Rolle. Ameisengänge sind für das präferentielle Fließen aufgrund ihres geringeren Durchmessers und deutlich selteneren Auftretens (gehäuft nur im Grasland) von untergeordneter Bedeutung.

**Zusammenfassung:**

- hohe Bedeutung von Tiergängen für das präferentielle Fließen
- Regenwurm- und Termitengänge sind im Durchschnitt deutlich größer als Ameisengänge
- Termitengänge sind am häufigsten und von großer Bedeutung für die Einsickerung von Niederschlagswasser
- Regenwurmgänge kanalisieren Niederschlagswasser am besten (im Gegensatz zu Termitengängen keine flächige Einsickerung)
- Ameisengänge sind aufgrund ihrer relativen Seltenheit und des geringeren Durchmessers für das präferentielle Fließen von untergeordneter Bedeutung

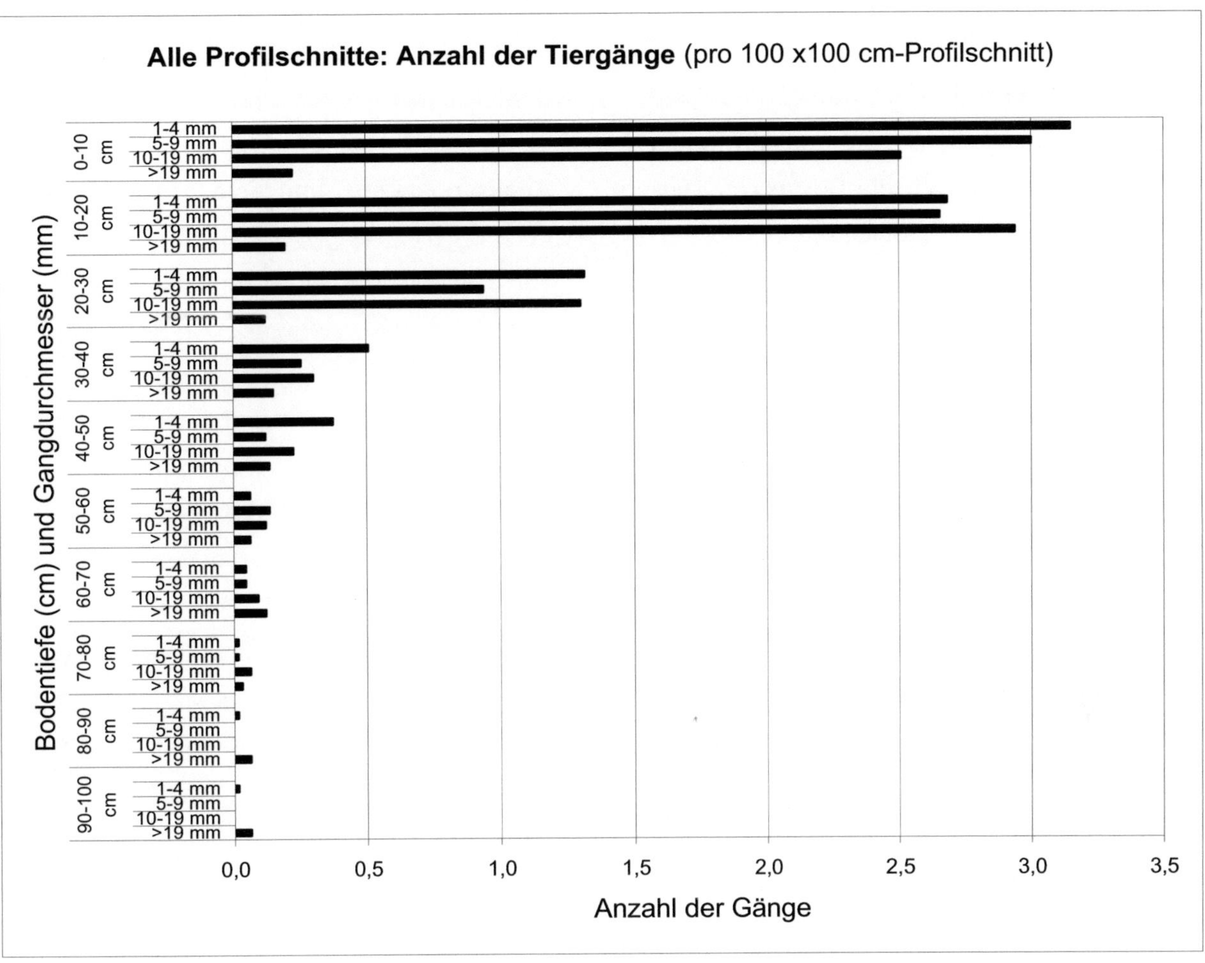


Abb. 31: Größenklassen der Tiergänge in Abhängigkeit von der Bodentiefe.

Tab. 7: Größe der durchschnittlichen Durchmesser von Tiergängen untergliedert nach Kultur und Tiergruppe.
Bei den Werten der Tiergruppen sind Bauten nicht geklärter Herkunft nicht aufgeführt. In die Durchschnittsbildung gingen nur eingefärbte Gänge ein.

| untergliedert nach Kultur | durchschnittlicher Gang-durchmesser (mm) | Standard-abweichung | n (Gänge) | Anzahl der Profilschnitte |
|---|---|---|---|---|
| alle Kulturen | 8,8 | 10,4 | 1.610 | 67 |
| Primärwald | 9,4 | 6,1 | 435 | 18 |
| Grasland | 5,1 | 5,5 | 120 | 4 |
| Cupuaçu | 10,4 | 8,2 | 146 | 8 |
| Kokos | 8,0 | 7,1 | 127 | 8 |
| Kudzu | 7,8 | 7,9 | 116 | 5 |
| Pupunha | 9,8 | 15,6 | 105 | 4 |
| Seringueira | 9,6 | 17,0 | 337 | 13 |
| Urucum | 7,9 | 4,3 | 224 | 7 |
| | | | | |
| **untergliedert nach Tiergruppe** | | | | |
| Ameisen | 5,5 | 6,2 | 163 | |
| Termiten | 9,1 | 8,7 | 776 | |
| Regenwürmer | 9,1 | 7,0 | 412 | |

**Dichte der Tiergänge:**

Eine Betrachtung der Dichte der Tiergänge (Anzahl der Gänge pro dm²) in Abhängigkeit von der Anbaukultur (Abb. 32 und 33) macht ersichtlich, wie stark sich die Dichte von Tiergängen der drei makrofaunistischen Gruppen in den einzelnen Kulturen von derjenigen des Primärwaldes, also dem Ausgangszustand, unterscheidet (Daten aus Anhang [A2]). Aussagen zu Unterschieden im Artenspektrum lassen sich auf diese Weise nicht machen, da die ausgezählten Gänge meistens keine Tierpräsenz aufwiesen. Beim Vergleich der beiden Abbildungen fällt auf, daß sich (abgesehen von den Dichtewerten) fast kein Unterschied ergibt, ob man nur die obersten 20 cm (Abb. 32) oder das gesamte Profil bis in 100 cm Tiefe (Abb. 33) betrachtet. Da mit zunehmender Bodentiefe die Anzahl biogener Strukturen abnimmt, weist die Betrachtung bis 100 cm Tiefe (Abb. 33) geringere Dichtewerte auf wie eine Betrachtung der oberen 20 cm des Bodens (Abb. 32).

Im Primärwald herrscht eine Dominanz von Termitengängen vor, Ameisengänge dagegen sind vergleichsweise selten. Hinsichtlich der faunistischen Herkunft der Gänge sind die Seringueira-Monokulturen (*Hevea brasiliensis*) dem Primärwald am ähnlichsten. Das Grasland mit seiner hohen Dichte an Ameisengängen und die Pupunha-Monokulturen (*Bactris gasipaes*) mit der Dominanz von Regenwurmgängen sind dem Primärwald hinsichtlich der Herkunft der Tiergänge am unähnlichsten. Die Umwandlung von Regenwaldflächen in Agroforstkulturen scheint keine generelle Einschränkung der makrofaunistischen Tätigkeit zur Folge zu haben. In allen Agroforst-Flächen ist die Dichte der Tiergänge höher als im Primärwald. Aussagen über die qualitativen Veränderungen einer Umwandlung in Agroforstflächen sind durch diese Auszählung jedoch nicht möglich.

**Zusammenfassung:**

- Primärwald und Serigueira-Monokulturen sind sich hinsichtlich des Herkunftsspektrums der makrofaunistischen Gänge am ähnlichsten (Dominanz von Termitengängen)
- in den Agroforst-Flächen gibt es eine höhere Dichte der Tiergänge als im Primärwald

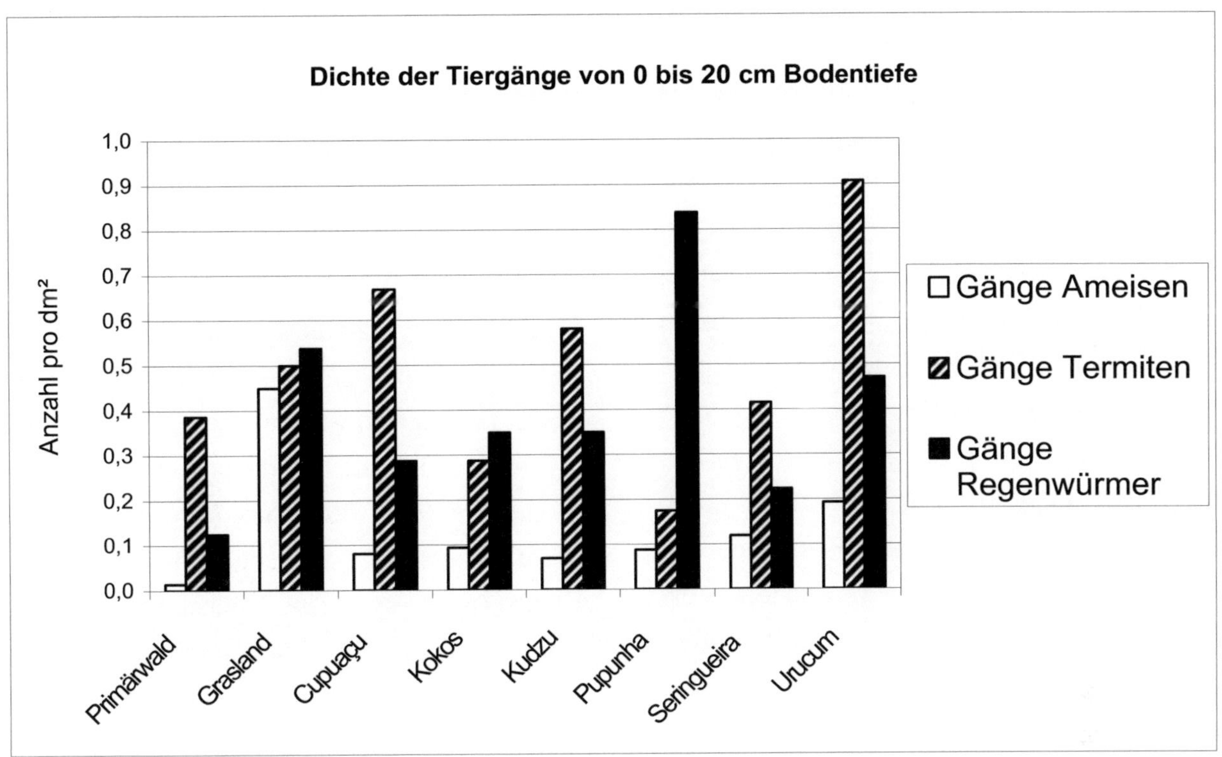


Abb. 32: Dichte der Tiergänge von 0 bis 20 cm Bodentiefe in Abhängigkeit von der Kultur.

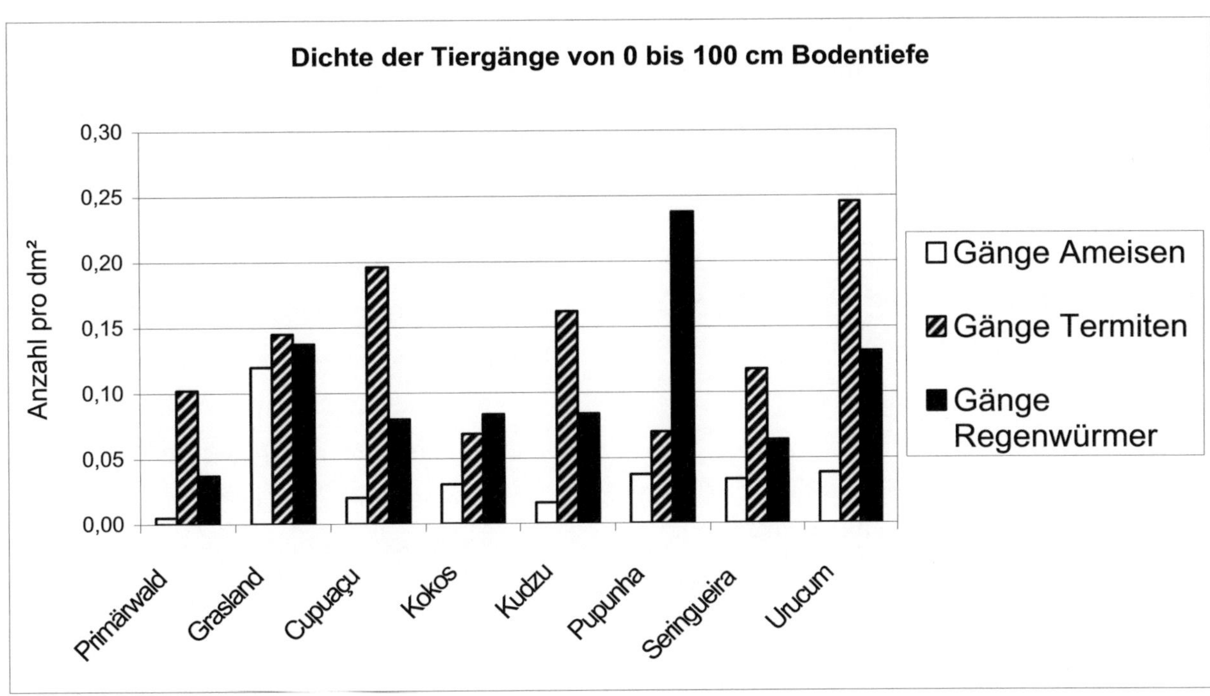


Abb. 33: Dichte der Tiergänge von 0 bis 100 cm Bodentiefe in Abhängigkeit von der Kultur.

### 5.2.2.3 Tiefengradienten der von Ameisen geschaffenen Strukturen

Bei der Auszählung an der Profilwand wurde unterschieden zwischen Gängen, Poren und Kammern von Ameisen. Ameisengänge wurden deutlich seltener angetroffen (191 Stück in allen Profilaufnahmen, davon 163 eingefärbt) als Gänge von Termiten (888 Stück, davon 776 eingefärbt) und Regenwürmern (565 Stück, davon 412 eingefärbt), jedoch benutzen Ameisen auch die größeren Gänge von Termiten und Regenwürmern zur Fortbewegung. Bei Ameisengängen ist eine Abnahme mit zunehmender Bodentiefe zu verzeichnen. Sie konzentrieren sich zu fast 90 % in den obersten 30 cm, und ab 60 cm Bodentiefe sind kaum noch Gänge anzutreffen.

Ameisen haben einen deutlichen Verbreitungsschwerpunkt in der degradierten Graslandfläche, die aufgrund fehlenden Baumwuchses tagsüber der direkten Sonneneinstrahlung ausgesetzt ist und die höchsten Oberflächentemperaturen aufweist. In der Graslandfläche finden sich in 0-10 cm Bodentiefe 0,6 Ameisengänge/dm², in 10-20 cm Tiefe noch 0,3 Gänge/dm². Erst ab 60 cm Tiefe wurden im Grasland keine Gänge mehr angetroffen (Abb. 34).

In den Agroforst-Flächen sind Ameisengänge deutlich seltener (um 0,1 Gänge/dm²) als im Grasland. Innerhalb der Agroforst-Flächen zeigt sich eine ähnliche Häufigkeit von Ameisengängen. Eine stärkere Verbreitung (0,4 Gänge/dm²) findet man in den obersten 10 cm unter Urucum. Im Primärwald wurden fast keine Ameisengänge gefunden.

Bei den ausgezählten Kammern (133 Stück in allen Profilschnitten) stammen mehr als die Hälfte (78 Stück) von Ameisen und nur 20 von Termiten. Bei der Verteilung der Ameisenkammern (Abb. 35) ergibt sich ein ähnliches Bild wie bei den Ameisengängen: Unter Grasland finden sich die Ameisenkammern am häufigsten (bis 0,1 Kammern/dm²), im Primärwald wurden gar keine Ameisenkammern angetroffen. Bei Ameisenkammern zeigt sich kein Zusammenhang zwischen Anzahl und Bodentiefe. Sie sind auch in größeren Tiefen anzutreffen (auch in über 90 cm). Bis 70 cm Tiefe sind sie in allen Tiefen ähnlich häufig, erst unter 70 cm Tiefe läßt ihre Anzahl stark nach.

### Zusammenfassung:

- Ameisengänge und Ameisenkammern kommen vor allem im Grasland vor
- Hauptvorkommen von Ameisengängen in den obersten 30 cm, von Ameisenkammern in den obersten 70 cm des Bodens
- im Primärwald sind fast keine Strukturen von Ameisen vorhanden

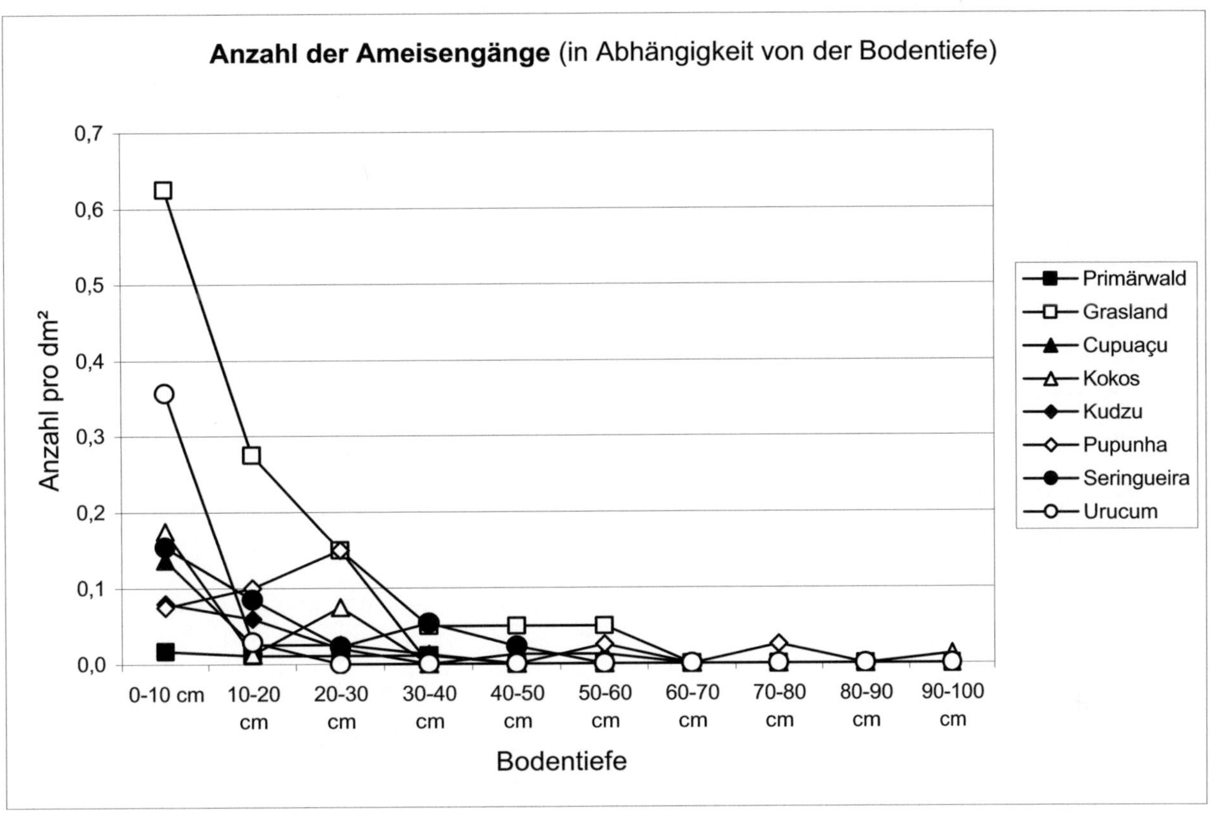


Abb. 34: Tiefengradienten der Anzahl der Ameisengänge.

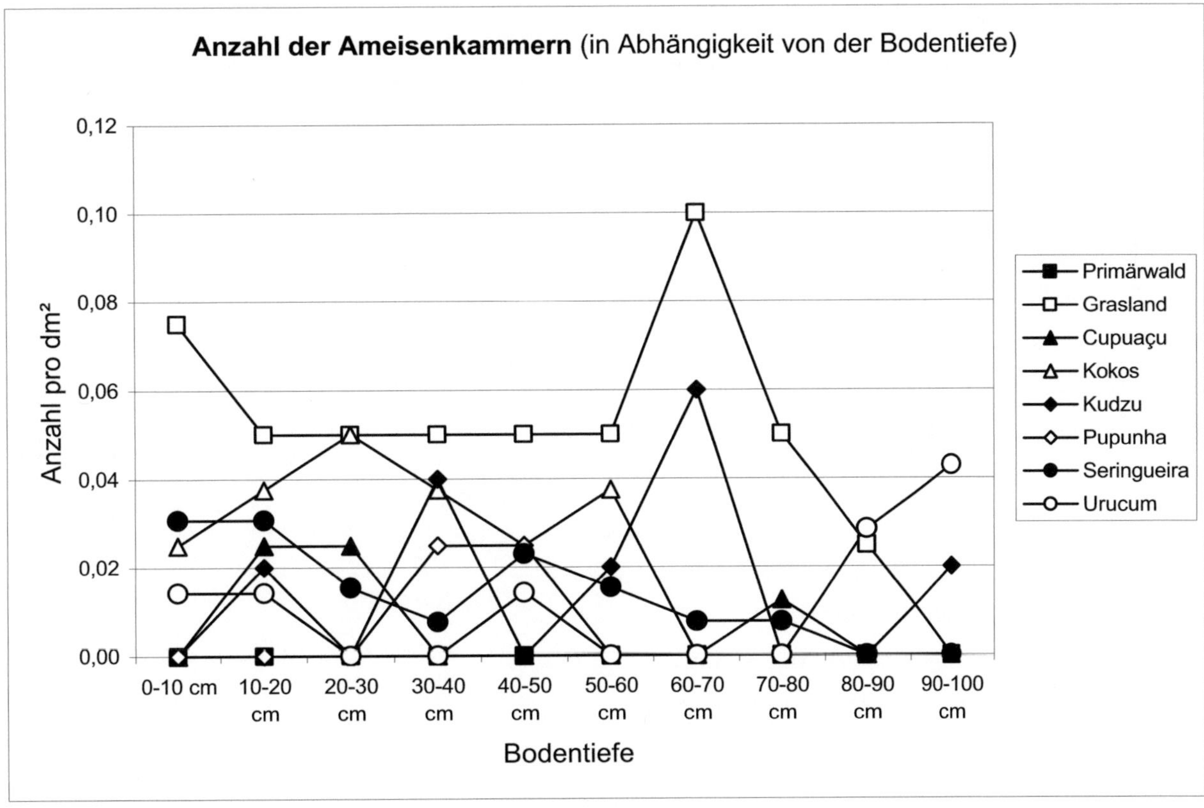


Abb. 35: Tiefengradienten der Anzahl der Ameisenkammern.

### 5.2.2.4 Tiefengradienten der von Termiten geschaffenen Strukturen

Es wurde zwischen Gängen, Poren und Kammern von Termiten unterschieden. Termitengänge sind deutlich häufiger als Ameisen- und Regenwurmgänge (Tab. 7). Termitengänge sind in allen Kulturen anzutreffen (im Gegensatz zu Ameisengängen). Am häufigsten finden sich Termitengänge unter Urucum (0,9 Gänge/dm² in den obersten 20 cm des Bodens), am zweithäufigsten unter Cupuaçu. Am seltensten sind sie unter Pupunha. Die Pupunha-Monokulturen sind für Termiten unattraktiv, da die Pupunha-Palmen den Boden sehr verdichten und ihn über ihre hohe Evapotranspiration austrocknen (pers. Mitteilung von SCHROTH, zit. bei: HANNE (2000:194-208), in: HÖFER et al. 2000).

Die Häufigkeit von Termitengängen (Abb. 36) im Primärwald liegt in vergleichbarer Größenordnung wie in den Agroforst-Flächen. Termitengänge weisen in den meisten Kulturen ein Häufigkeitsmaximum in 10-20 cm Bodentiefe auf, dann erfolgt eine Abnahme mit zunehmender Bodentiefe. Etwa 85 % der ausgezählten Termitengänge befinden sich in den obersten 30 cm des Bodens. Ab 60 cm Bodentiefe sind nur noch selten Termitengänge anzutreffen, allerdings häufiger als Ameisengänge in derselben Bodentiefe.

Termitenkammern (Abb. 37) wurden nur selten angetroffen (20 Stück im Vergleich zu 78 Ameisenkammern), daher sind keine repräsentativen Aussagen möglich. Da Termiten und deren Gänge in allen Kulturen (inklusive Primärwald) angetroffen wurden, sind auch Termitenkammern in allen Kulturen zu erwarten. Das Antreffen von Termitenkammern ist zufällig und sehr selten, wie auch die Versuche gezielter Beprobungen von Termitenkammern gezeigt haben (Kapitel 7).

Organische Verfüllungen von Termitengängen weisen einen hydrophoben Charakter auf. Bei den Färbeversuchen war ersichtlich, daß der Farbstoff Verfüllungen von Termitengängen und -kammern umgeht und stattdessen in die benachbarte Bodenmatrix infiltriert. Die organischen Verfüllungen sind in manchen Fällen, wie die entsprechenden Strukturen von Ameisen, aufgrund höherer Nährstoffgehalte von Wurzeln durchzogen.

Ein Grund für die je nach Profilschnitt stark unterschiedliche Anzahl der Termitenstrukturen ist die geklumpte Verteilung dieser sozialen Insekten. Dies, wie auch das reduzierte Vorkommen von Termiten unter Pupunha, konnte beim Screening der Makrofauna im Agroforstsystem belegt werden (HANAGARTH et al. 2004, in: HÖFER et al. 2004: 36).

**Zusammenfassung:**

- Termitengänge sind in allen Kulturen sowie im Primärwald zu finden (Maximum bei Urucum)
- Hauptvorkommen von Termitengängen in den obersten 30 cm des Bodens
- Termitenkammern sind sehr selten anzutreffen

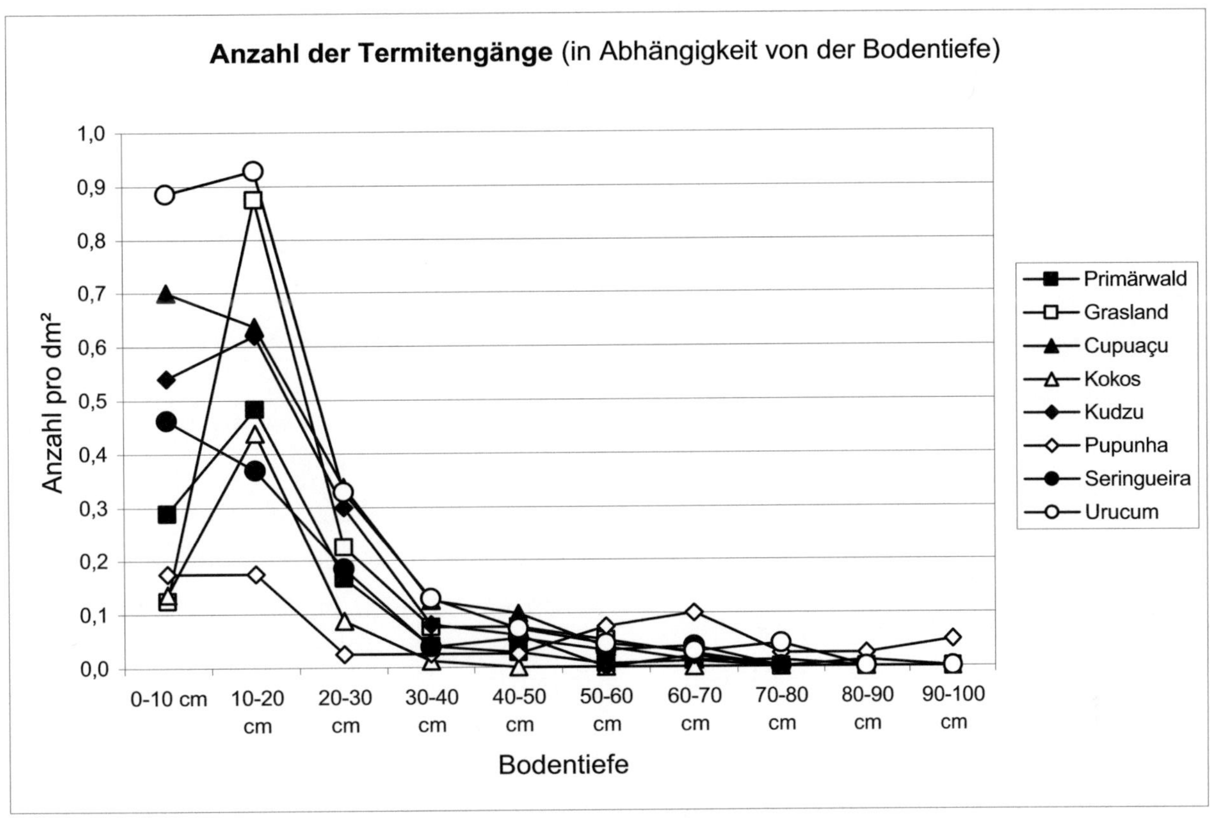


Abb. 36: Tiefengradienten der Anzahl der Termitengänge.

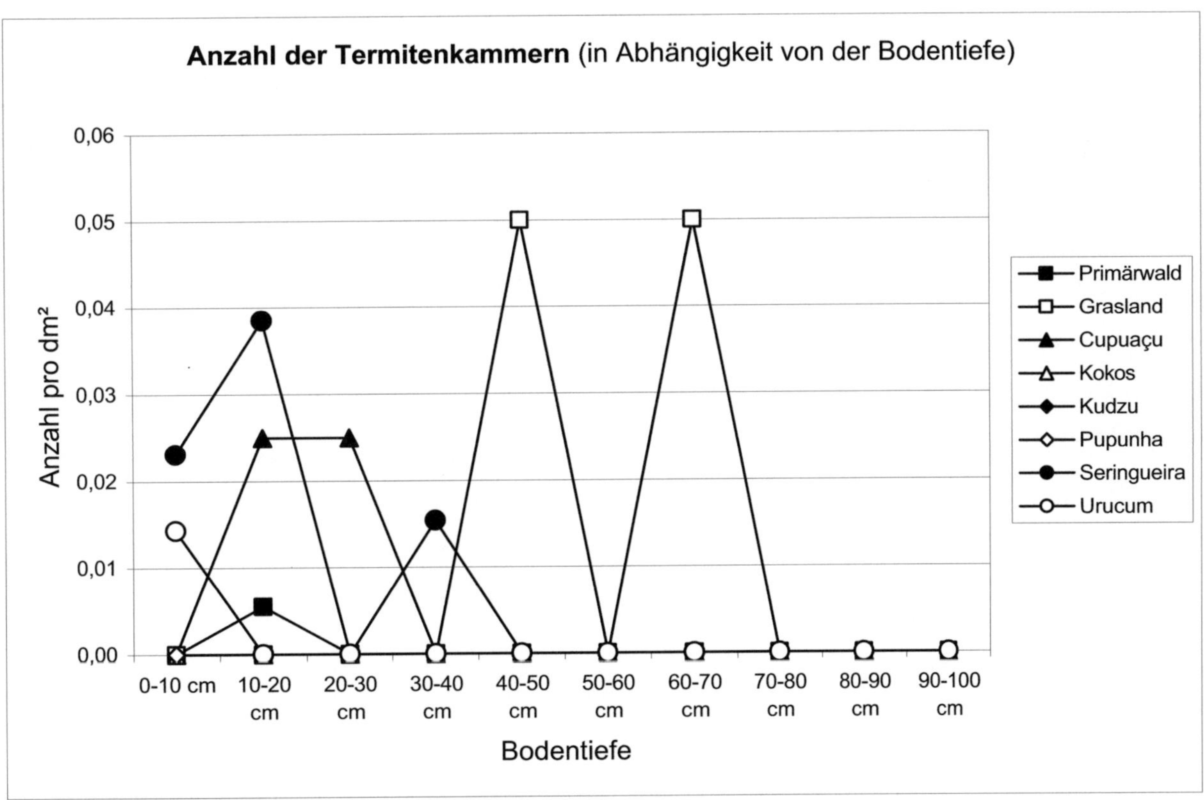


Abb. 37: Tiefengradienten der Anzahl der Termitenkammern.

### 5.2.2.5 Tiefengradienten der von Regenwürmern geschaffenen Strukturen

Beim Auszählen der Regenwurmgänge wurde zwischen frischen (mit unzersetztem Kot oder Tierpräsenz) und alten Gängen unterschieden. Regenwurmgänge wurden häufiger als Ameisengänge und seltener als Termitengänge angetroffen (Tab. 7). Etwa jeder dritte ausgezählte biogene Gang stammte von Regenwürmern. Auch bei dieser Tiergruppe sind die Gänge in den oberen 30 cm des Bodens konzentriert (über 90 %). Sie kommen nur unter Pupunha auch in größeren Bodentiefen vor und wurden dort bis an die Basis der Profile (90-100 cm Tiefe) in geringer Anzahl gefunden. Bei diesen tiefgrabenden Regenwürmern handelt es sich um große Exemplare von *Rhinodrilus contortus*. Beim Aufgraben und Auszählen der Profile wurden nur sehr selten Regenwürmer angetroffen.

Mit Abstand am häufigsten (Abb. 38) sind Regenwurmgänge in den Pupunha-Monokulturen zu finden, und zwar in fast allen Bodentiefen. Die Oberfläche der Pupunha-Flächen ist fast vollständig von frischen Kotablagerungen (starke Verbreitung von *Pontoscolex corethrurus*) mit bis zu 5 cm Mächtigkeit bedeckt. Von 0-10 cm weist Pupunha durchschnittlich 1,1 Gänge/dm² auf (Summe aus frischen und alten Gängen). Das Grasland liegt bei 0,7 Gängen/dm², die Agroforst-Flächen zwischen 0,2 und 0,4 Gängen/dm². Am seltensten sind Regenwurmgänge im Primärwald mit 0,1 Gängen/dm². In 10-20 cm Bodentiefe sinkt die Gangdichte unter Pupunha auf 0,6 Gänge/dm² ab und erreicht erst in 30-40 cm Tiefe das niedrigere Niveau der anderen Kulturen. Rund die Hälfte der Regenwurmgänge wurde als „frisch" klassifiziert (Abb. 39), die andere Hälfte als „alt".

Der Einfluß von (nicht verfüllten) Regenwurmgängen auf das präferentielle Fließen ist als sehr hoch einzustufen. Regenwurmgänge spielen eine wichtige Rolle bei der kanalisierten Ableitung von Niederschlagswasser und Düngemitteln in die Tiefe, welche aufgrund des großen Durchmessers der Gänge (im Mittel ca. 9 mm, oft auch größer) schlauchartig in die Tiefe geleitet werden. Der Abfluß des Wassers wird begünstigt durch die glatte und mit feinem Material (Schleimabsonderungen des Wurms) ausgekleidete Struktur der Gangwände, die ein Einsickern des Niederschlagswassers vom Regenwurmgang in das umgebende Bodenmaterial erschwert und die Gangwände stabilisiert. Die abdichtende Wirkung von Regenwurmgängen ist neben dem schlechten Eindringen des Tracers in die Umgebung der Regenwurmgänge auch an der gelegentlichen Einwaschung von Holzkohlestücken ersichtlich, die zwar eine dunkle Einfärbung der Gangwände verursachen, aber nicht die umgebende Bodenmatrix einfärben. In mit Kot verfüllten Gängen kann der Tracer nicht oder nur in geringem Umfang in die dichten Kotablagerungen eindringen (die tonige Konsistenz des Regenwurmkots erschwerte auch das Einharzen der Proben bei der Dünnschliffherstellung). In kotverfüllten Gängen infiltrierte der Farbstoff außerhalb der Kotverfüllung an der Wand des Gangs in das angrenzende Bodenmaterial.

### Zusammenfassung:

- Regenwurmgänge sind in allen Flächen zu finden (deutliches Maximum unter Pupunha, Minimum im Primärwald)

- Hauptvorkommen in den obersten 30 cm des Bodens

- Regenwurmgänge sind wichtige präferentielle Fließwege, in denen Nieder-

schlagswasser kanalisiert in die Tiefe geleitet wird

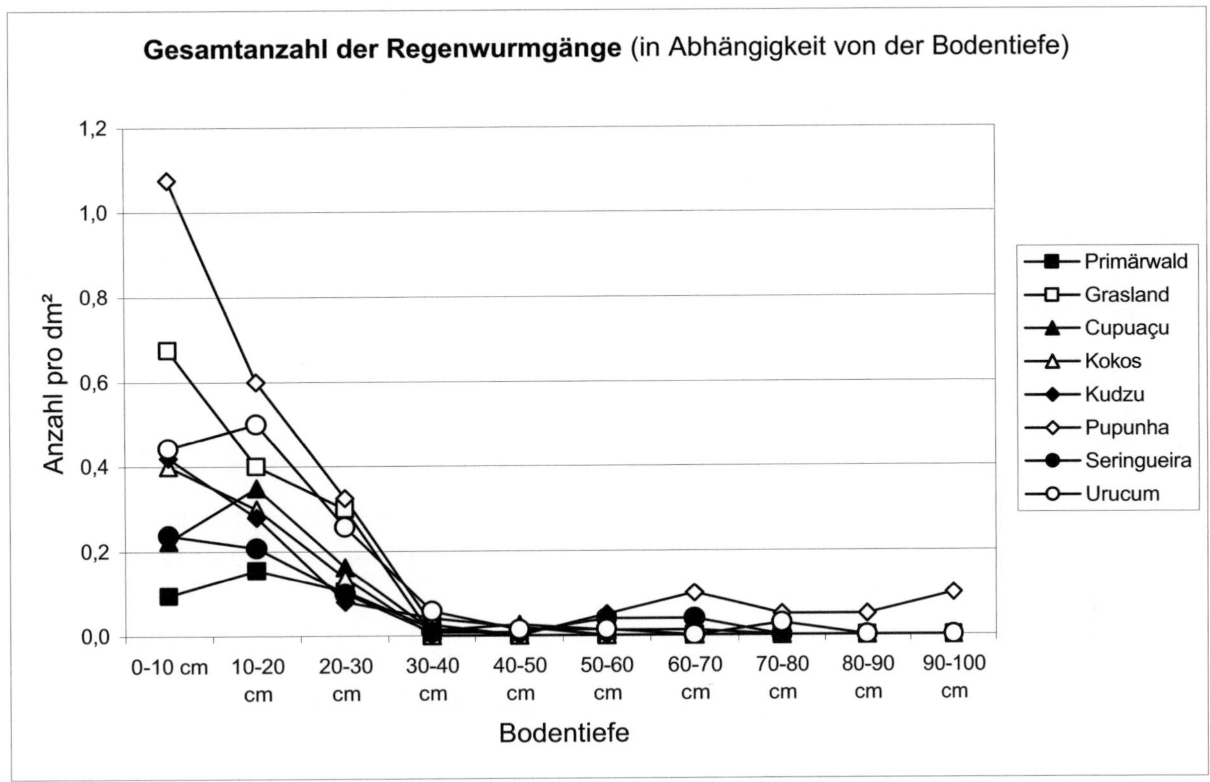


Abb. 38: Tiefengradienten der Gesamtanzahl der Regenwurmgänge (frische und alte Gänge).

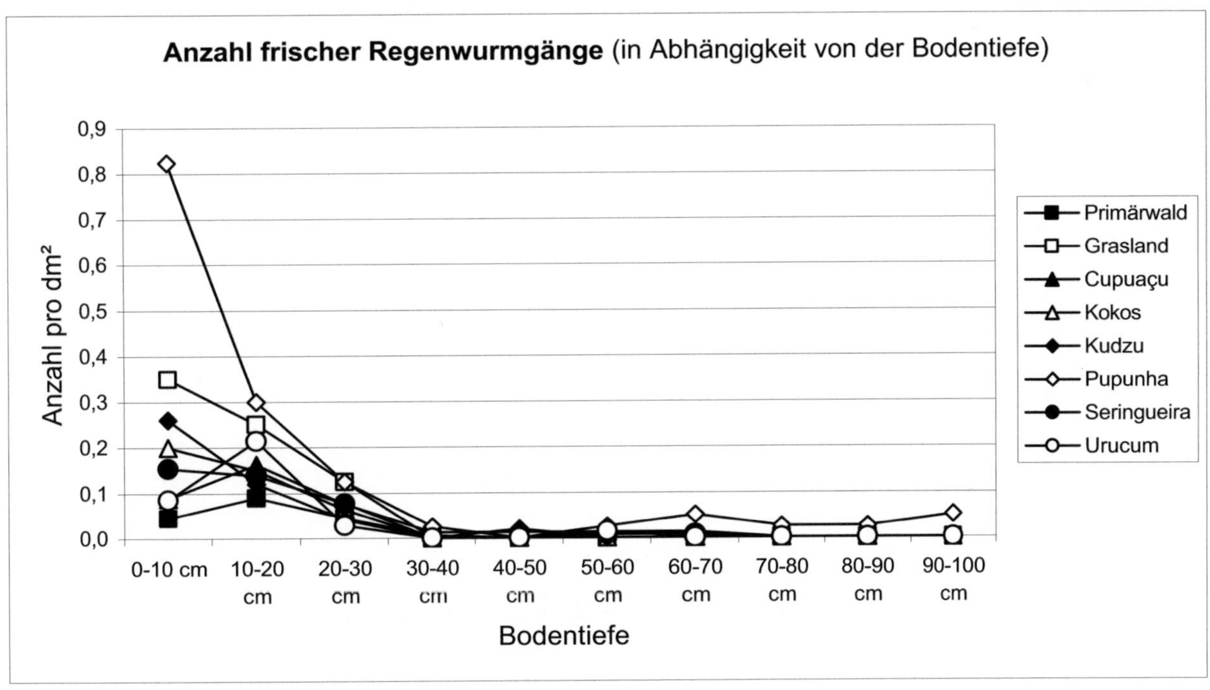


Abb. 39: Tiefengradienten der Anzahl frischer Regenwurmgänge.

## 5.2.2.6  Tiefengradienten von biogenen Poren

Biogene Makroporen sind mit Abstand die häufigsten biogenen Strukturen. In allen Profilschnitten wurden fast 20.000 biogene Poren ausgezählt, von denen nur in den wenigsten Fällen die Herkunft ermittelt werden konnte. Die Anzahl von Poren ist rund zehn mal so hoch wie die der Gänge. Erwartungsgemäß sinkt die Anzahl der Poren mit zunehmender Bodentiefe (Abb. 40). In den oberen 30 cm finden sich rund 80 % der Poren, unter 60 cm Tiefe sind kaum noch Poren zu finden. Die Kulturen liegen beim Vergleich der Porendichte relativ nahe beieinander. Urucum, Kudzu, Cupuaçu sowie der Primärwald weisen im Mittel die höchsten Porendichten auf (gemittelt über die gesamte Profilwand zwischen 3 und 4 Poren/dm²). Die im Vergleich zu den anderen Kulturen mit Abstand (in fast allen Bodentiefen) geringste Porendichte findet sich im Grasland (im Mittel ca. 1,5 Poren/dm²). Dies weist auf eine im Vergleich zu den anderen Flächen geringe Bioturbation im Grasland hin. Für das präferentielle Fließen sind Poren nur von untergeordneter Bedeutung, da es sich im allgemeinen um kleinräumige Strukturen ohne direkte Verbindung zur Bodenoberfläche handelt. Poren werden dann durchflossen, wenn sie in Kontakt zu einem wasserleitenden Gang stehen.

**Zusammenfassung:**

- biogene Makroporen sind die häufigsten biogenen Strukturen überhaupt
- Hauptvorkommen in den obersten 30 cm des Bodens
- sie sind in allen Flächen verbreitet, am seltensten im Grasland
- biogene Poren sind für präferentielle Fließvorgänge nur von nachrangiger Bedeutung

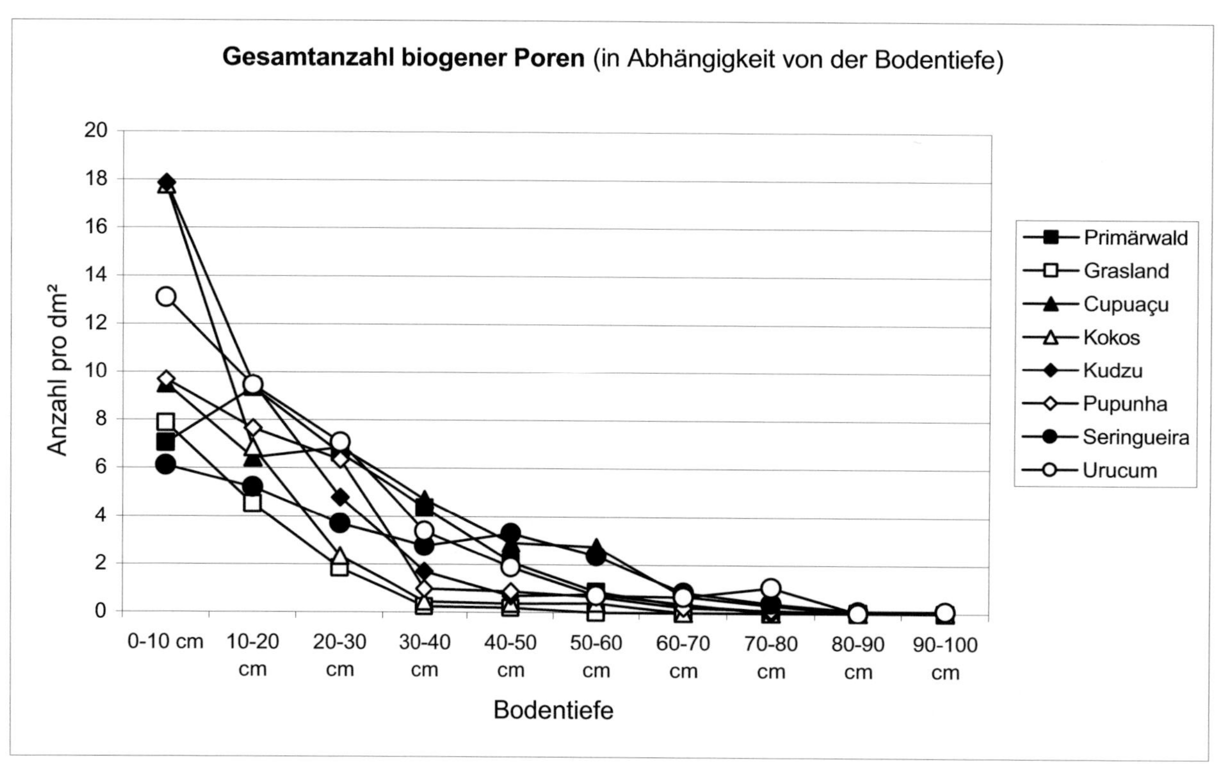


Abb. 40:  Tiefengradienten der Gesamtanzahl biogener Poren (alle Tiergruppen).

### 5.2.2.7 Tiefengradienten sonstiger biogener Strukturen

Insgesamt wurden 14 Gänge (sowie eine Kammer) angetroffen, die aufgrund ihrer großen Durchmesser von mehreren Zentimetern als Säugetiergänge klassifiziert wurden. Aufgrund der geringen Gesamtzahl sind keine gesicherten Aussagen möglich, und es ist auch keine Regelhaftigkeit bei deren Verbreitung und Tiefenlage erkennbar.

152 mal wurde Holzkohle als Indiz früherer Brände im Boden gefunden, in allen Flächen außer unter Grasland (dort wurden aber nur vier Profilschnitte ausgezählt). Mit Abstand am häufigsten wurde Holzkohle unter Urucum angetroffen, es folgt der Primärwald. Da sich die Vorkommen in diesen beiden Kulturen nur auf zwei Profile beschränken („Urucum 1" und „Primärwald 1" in 10-40 cm Tiefe), lassen sich keine allgemeingültigen Aussagen treffen.

# 6 Quantitative Dünnschliffauswertung der Agroforst- Versuchsflächen, des Holzexperiments und der Mulchexperimente

## 6.1 Auswertung der Dünnschliffe

In Kapitel 6 soll geklärt werden, inwieweit der Eintrag organischen Materials durch Mulchen oder durch Streueintrag in einem Agroforstsystem zu einem Einbau des Materials durch die Bodenmakrofauna führt, welcher in Bodendünnschliffen an einer Zunahme des Organikanteils erkennbar sein müßte.

In den Bodendünnschliffen des untersuchten Xanthic Ferralsol sind unter dem Mikroskop drei Komponenten zu unterscheiden: die überwiegend aus Tonmineralen (Kaolinit) bestehende Bodenmatrix, konzentrierte Anreicherungen organischer Substanz und das Primärmineral Quarz. An den Stellen von Poren scheint das Glas des Objektträgers durch (Erläuterung bei Abb. 47 bis 50 in Kapitel 7). In Dünnschliffen von Oberböden wurden manchmal Pflanzenwurzeln angetroffen, die an ihrer zellulären Struktur zu erkennen sind. Sehr selten (geschätzt weit unter 0,1 %) treten Schwerminerale (vor allem Hämatit) auf. Minerale mit geringerer Verwitterungsstabilität (z. B. Feldspäte und Glimmer) kommen im Boden nicht vor, sind aber auch im Ausgangsgestein nicht vorhanden. Beim Vergleich von Ober- und Unterböden ergibt sich ein nach unten abnehmender Quarzanteil bei etwa gleichbleibendem Porenanteil.

In drei Profilgruben wurden Proben des anstehenden Gesteins angetroffen, die trotz der intensiven chemischen Verwitterung noch erhalten waren. Aus diesen wurden Dünnschliffe angefertigt (Abb. 41 bis 43). Bei diesen Verwitterungsresten handelt sich um Quarzwacken mit einem Quarzanteil von etwa 50 bis 60 %

und über 15 % kaolinitischer Matrix. Die Sortierung der Minerale ist gut bis mäßig. Da die drei Handstücke an unterschiedlichen Stellen des EMBRAPA-Geländes angetroffen wurden (mehrere 100 m Abstand voneinander), kann davon ausgegangen werden, daß Quarzwacken auf dem EMBRAPA-Gelände das anstehende Gestein sind.

In der nachfolgenden Betrachtung soll das Hauptaugenmerk auf die für die Bodenfruchtbarkeit und das Bodengefüge wichtigen Komponenten gelegt werden, wobei überwiegend Oberböden betrachtet werden:
- im Dünnschliff ermittelte Organikgehalte in Flächen-Prozent
- im Dünnschliff ermittelte Porengehalte in Flächen-Prozent
- Kationenaustauschkapazität in mmol/100 g
- Basensättigung in Prozent
- C- und N-Gehalt in Prozent sowie C/N-Verhältnis.

Die Gehalte an Quarzen und Matrix wurden zwar in jedem Dünnschliff ermittelt, sollen aber im Rahmen dieser Betrachtung weitgehend unberücksichtigt bleiben. Einen Hinweis auf die geringen Organikgehalte und geringe Kationenaustauschkapazität liefert die Betrachtung der in dieser Arbeit untersuchten Unterboden-Proben (mit im Mittel über 80 % Matrixgehalt), die als Referenzmaterial für Vergleiche mit den Agroforst-Flächen, den biogenen Strukturen, den Mulchexperimenten sowie dem Holzexperiment herangezogen werden. Unterboden-Proben weisen im Mittel einen sehr geringen Organikgehalt von 0,3 %, eine Kationenaustauschkapazität von 7,8 mmol/100 g und eine Basensättigung von 1,2 % auf und sind somit als extrem nährstoffarme Standorte anzusehen. Mit zunehmender Bodentiefe wurden abnehmende Quarzgehalte registriert. In den Oberböden liegen die Quarzgehalte zumeist im Bereich zwischen 5 und 12 %, in den Unterböden sinken sie auf durchschnittlich unter 5 % ab, da hier die chemische Verwitterung durch höhere Feuchtigkeit intensiver ist als im Oberboden (Tab. 8). Die Poren-

gehalte zeigen keine ausgeprägte Tiefenabhängigkeit. Bei den in den Dünnschliffen ermittelten Poren handelt es sich überwiegend um Grobporen mit einem Durchmesser über 50 µm, die kein Wasser binden können, sich aber günstig auf die Durchlüftung des Bodens auswirken. Tonkutane auf den Aggregatoberflächen als Zeichen einer Lessivierung wurden nicht gefunden.

Abb. 41

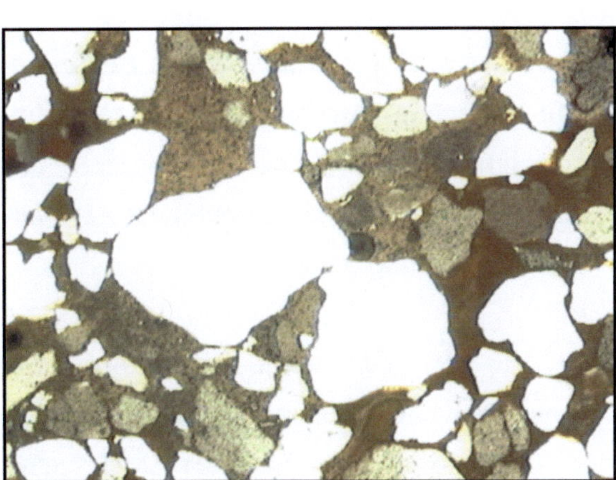

Abb. 42

Abb. 43

Abb. 41 bis 43: Dünnschliffbilder des auf dem EMBRAPA-Gelände anstehenden Gesteins.

Die drei angetroffenen Quarzwacken enthalten über 50 % Quarz und mindestens 15 % tonige Matrix. Die Quarze sind fast ausschließlich monokristallin. In Abb. 43 ist ein Polyquarz vermutlich metamorpher Herkunft mit leicht suturierten Kornkontakten zu sehen. Gekreuzte Polarisatoren, 25-fach (lange Bildseite: etwa 2 mm).

## 6.2 Dünnschliffauswertung und Bodenchemie der Agroforst-Versuchsflächen

### 6.2.1 Vorbemerkung

In dieser Kategorie wurden 121 Dünnschliffe angefertigt und untersucht. Sie stammen aus einem Agroforstsystem mit sechs unterschiedlichen Kulturen (Cupuaçu, Kokos, Kudzu, Pupunha, Seringueira und Urucum) sowie aus einer Grasland-Fläche und dem Primärwald. Davon wurden 34 Proben vom Autor („Proben KNOLL") und 87 Proben im Rahmen der Diplomarbeit von S. SCHWEIZER („Proben SCHWEIZER") gesammelt. Da es Unterschiede zwischen den „Proben KNOLL" und den „Proben SCHWEIZER" gibt, werden beide Serien getrennt betrachtet. Aufgrund der höheren Probenzahlen sind die „Proben SCHWEIZER" von größerer Bedeutung (die „Proben KNOLL" wurden als Ergänzung gesammelt).

Fast alle der hier vorgestellten Agroforst-Dünnschliffe und Bodenproben stammen aus dem Oberboden (ca. 1 bis 6 cm Bodentiefe). Es handelt sich um Mineralboden ohne Streuauflage. Ferner wurden auch Proben aus Unterböden untersucht, bei denen sich aber nur geringe Unterschiede hinsichtlich mikromorphologischer und bodenchemischer Parameter ergeben, weswegen auf eine genauere Betrachtung der Unterböden verzichtet wurde. Ober- und Unterböden aller Anbausysteme unterscheiden sich stärker voneinander als die Oberböden der verschiedenen Anbausysteme untereinander.

**„Proben KNOLL":**

Aus je zwei Standorten der sechs Agroforst-Versuchsflächen, dem Grasland und dem Primärwald wurden je zwei Proben nebeneinander (mit maximal einem Meter Abstand) aus dem Oberboden entnommen und daraus je ein Querschnitt-Dünnschliff (Querschnitt in ca. 3 cm Bodentiefe) und ein Längsschnitt-Dünnschliff (Längsschnitt von ca. 1 bis 5 cm Bodentiefe) angefertigt. Die Proben wurden in den Baumkulturen und im Primärwald in etwa einem Meter Stammentfernung gesammelt, in den krautigen Kulturen (Kudzu, Grasland) zufällig in der Fläche entnommen. In den Längsschnitten liegt eine Abfolge vom Ah-Horizont bis in den obersten Unterboden vor, in den Querschnitten befindet sich die Schnittlage in etwa 3 bis 4 cm Bodentiefe. Der Vergleich von Quer- und Dünnschliffen der unmittelbar nebeneinander genommenen Proben erlaubt Aussagen über die Anwendbarkeit der Methode der quantitativen Dünnschliffanalyse (Kapitel 9). Zum Vergleich wurden Proben aus den Unterböden der Agroforst-Flächen und des Primärwaldes entnommen. Da sich nach der Auswertung von neun Unterboden-Dünnschliffen herausstellte, daß die Organik-Anteile sowie die bodenchemischen Werte der Proben sehr ähnlich sind, wurde aus Zeitgründen darauf verzichtet, weitere Dünnschliffe aus dem Unterboden anzufertigen und auszuwerten. Die Probenahme des Materials der bodenchemischen Analysen erfolgte an denselben Stellen wie diejenige der Dünnschliffe.

**„Proben SCHWEIZER":**

Es wurden 87 Dünnschliffe untersucht, die S. SCHWEIZER im Rahmen seiner Diplomarbeit angefertigt hat und aus Zeitgründen nicht mehr auswerten konnte. Die Proben wurden im Oberboden aus etwa derselben Tiefenlage wie die „Proben KNOLL" entnommen. Sie stammen aus einem Agroforstsystem mit vier Kulturen (Cupuaçu, Pupunha, Seringueira und Urucum) mit zwei unterschiedlichen Stammentfernungen sowie aus dem Primärwald mit einem Meter Stammentfernung. Bei den aus diesen

Proben hergestellten Dünnschliffen handelt es sich ausschließlich um Querschnitte mit einer Schnittlage in einer Tiefe von etwa 3 bis 4 cm. Die Ergebnisse der dazugehörigen bodenchemischen Analysen wurden der Diplomarbeit von S. SCHWEIZER (SCHWEIZER 2001) unverändert entnommen.

## 6.2.2 Ergebnisse der Dünnschliffauswertung und Bodenchemie der Agroforst-Versuchsflächen

Hinsichtlich der mikromorphologischen und bodenchemischen Ergebnisse der Agroforst-Flächen und des Primärwaldes gibt es nur geringe Unterschiede zwischen den Kulturen. Bei den Ergebnissen der Dünnschliffanalysen und chemischen Analysen der Agroforst-Flächen zeigt sich die Problematik der Probenahme durch unterschiedliche Bearbeiter sowie die starke Tiefenabhängigkeit der Ergebnisse.

Im Rahmen des Forschungsprojekts wurde von W. HANAGARTH, H. HÖFER und M. VERHAAGH ein Screening der SHIFT-Untersuchungsflächen durchgeführt. Dabei wurde auch die Streumenge und -qualität und die Rate des Streuabbaus in den verschiedenen Kulturen ermittelt (HANAGARTH et al. 2004, in: HÖFER et al. 2004:36-42). Die verschiedenen Pflanzsysteme weisen unterschiedliche Streuauflagen auf, von 460 g/m² unter Pupunha-Bäumen bis 2660 g/m² unter Kokospalmen. Bei der Hochrechnung der Nährstoffkonzentrationen mit den Streumengen haben die Kokos-Pflanzungen die höchsten Nährstoffmengen. Die engsten C/N-Verhältnisse (18 bzw. 19) und damit die höchste Attraktivität des Pflanzenmaterials für Destruenten weisen Kudzu und Pupunha auf, die zudem noch hohe Nährstoffgehalte besitzen. Seringueira dagegen hat das weiteste C/N-Verhältnis (51) aller Kultursysteme.

Auch bei den Streuabbauraten gibt es markante Unterschiede zwischen den Kulturen, und zwar in folgender Reihenfolge von schnell zu langsam:

Pupunha>>Kudzu>Kokos>Urucum>Cupuaçu= Seringueira.

Am eigenen Standort wird also Pupunha-Laub am schnellsten abgebaut, am langsamsten das Laub des Kautschukbaums (HANAGARTH et al. 2004, in: HÖFER et al. 2004:42).

Die Ergebnisse der Dünnschliffanalysen der vom Autor entnommenen Proben („Proben KNOLL") und denjenigen von S. SCHWEIZER zeigen nur geringe Zusammenhänge, obwohl beide Dünnschliffserien durch den Autor ausgewertet wurden. Da vor Beginn der Geländearbeiten bereits eine umfangreiche Dünnschliffserie der von S. SCHWEIZER gesammelten Proben vorlag, hat sich der Autor auf eine ergänzende Probenahme beschränkt.

**Ergebnisse der „Proben KNOLL":**

Bei den ergänzend vom Autor gesammelten Proben (Tab. 8) wurden von zwei Flächen pro Kultur je ein Längs- und ein Querschnitt von unmittelbar nebeneinander gesammelten Proben angefertigt. Aufgrund der höheren Probenzahlen sind jedoch die „Proben SCHWEIZER" als die wichtigeren anzusehen.

Querschnitt-Dünnschliffe:

In den Querschnitt-Dünnschliffen liegen die Organikgehalte zwischen 0,7 % (Kokos) und 4,9 % (Seringueira), im Mittel bei 1,7 %. Kudzu, Grasland, Pupunha, Cupuaçu, Urucum und der Primärwald weisen Organikgehalte zwischen 1 und 2 % auf. Die hohen Werte bei Seringueira werden durch einen Dünnschliff mit besonders hohem Organikgehalt verursacht. Die Unterschiede in den Porengehalten sind vergleichsweise gering (von 9,2 bis 16,6 %). Am geringsten ist der Porengehalt in der degradierten und durch Bodenverdichtung beeinflußten Graslandfläche, am höchsten im sehr stark durchwurzelten Oberboden der Pupunha-Monokultur. Die Organik- und Porenanteile des Primärwaldes sind hinsichtlich der Größenordnung vergleichbar mit denen der Agroforst-Versuchsflächen.

Die Organikgehalte der Unterboden-Proben liegen erwartungsgemäß deutlich unter denen der Oberböden. In den Unterböden betragen diese etwa 0,3 %, also etwa ein Fünftel des Wertes der Agroforst-Oberböden. Die Porengehalte der Agroforst-Oberböden liegen in ähnlichen Größenordnungen wie diejenigen der Unterböden (13,1 % bzw. 14,5 %).

Längsschnitt-Dünnschliffe:

In den Längsschnitt-Dünnschliffen kann man gut die Abnahme des Organikgehaltes mit zunehmender Bodentiefe erkennen. In den Längsschnitten wurden sechs Meßpunkte ausgezählt: zwei in etwa 1 cm Bodentiefe, zwei Punkte in etwa 3 cm Bodentiefe sowie zwei Punkte in etwa 5 cm Bodentiefe. Aus jedem dieser Paare wurde ein Mittelwert gebildet, so daß man einen Wert für „oben" (1 cm Tiefe), „Mitte" (3 cm Tiefe) und „unten" (5 cm Tiefe) erhält. Zusätzlich wurde ein Mittelwert für den gesamten Dünnschliff aus allen sechs Werten gebildet. Wie auch in den Querschnitten sind die höchsten Organikgehalte bei Seringueira (3,3 %) und Pupunha (2,3 %) zu verzeichnen, das Grasland liegt hier mit 0,9 % am niedrigsten. Das Mittel aller Längsschnitte liegt bei 1,5 % Organikgehalt, also in derselben Größenordnung wie in den Querschnitten (1,7

%). Auffallend ist die starke Abnahme der Organikgehalte von „oben" (1 cm Bodentiefe) zur „Mitte" (3 cm Bodentiefe). Diese Abnahme ist mit Ausnahme von Urucum in allen Kulturen des Agroforstsystems, dem Primärwald und dem Grasland festzustellen. So findet sich in 1 cm Bodentiefe durchschnittlich der 2,2-fache Organikgehalt wie in 3 cm Bodentiefe. Am stärksten ist die Abnahme bei Seringueira (Faktor 5,5), am schwächsten bei Cupuaçu und Kudzu (Faktor 1,3). Bei Urucum kommt es zu einer geringfügigen Zunahme des Organikgehaltes von „oben" zur „Mitte".

Die Betrachtung der Ergebnisse der Analyse der Kationenaustauschkapazität zeigt keine ausgeprägten Unterschiede zwischen den einzelnen Kulturen. Am geringsten ist die Kationenaustauschkapazität unter Kudzu (13,4 mmol/100 g), am höchsten im Primärwald (17,7 mmol/100 g). Der Durchschnitt beträgt 14,9 mmol/100 g. Damit liegt die Kationenaustauschkapazität in den Agroforst-Flächen rund doppelt so hoch wie in den Unterboden-Proben (7,8 mmol/100 g). Die Unterschiede zwischen den Kulturen sind folglich wesentlich geringer wie diejenigen zwischen Ober- und Unterböden.

Deutliche Unterschiede innerhalb der Kulturen sind jedoch bei der Basensättigung zu verzeichnen. Sie reicht von 1,3 % bei Cupuaçu bis 20,4 % bei Kudzu, der Mittelwert aller Kulturen liegt bei 7,6 %. Die Basensättigung in den Oberböden der Kulturen ist damit im Vergleich zum Unterboden deutlich erhöht (Mittelwert Unterboden: 1,2 %), wobei beim Kationenbelag $Ca^{2+}$ dominiert. Die C-und N-Gehalte sowie die C/N-Verhältnisse sind in allen Kulturen sehr einheitlich (C/N-Werte um 12).

Tab. 8: Mittelwerte der quantitativen Dünnschliffanalyse und der bodenchemischen Analysen der „Proben KNOLL" aus den Agroforst-Versuchsflächen.

| Agroforst-Flächen und Primärwald (KNOLL) | n Dünnschliffe (Querschnitte) | Organikgehalt MW (Querschnitt) [Flächen-%] | Quarzgehalt MW (Querschnitt) [Flächen-%] | Porengehalt MW (Querschnitt) [Flächen-%] | Matrixgehalt MW (Querschnitt) [Flächen-%] | n Dünnschliffe (Längsschnitte) | Organikgehalt MW (Längsschnitt) [Flächen-%] | Quarzgehalt MW (Längsschnitt) [Flächen-%] | Porengehalt MW (Längsschnitt) [Flächen-%] | Matrixgehalt MW (Längsschnitt) [Flächen-%] | Organik oben MW (Längsschnitt) [Flächen-%] | Organik Mitte MW (Längsschnitt) [Flächen-%] | Organik unten MW (Längsschnitt) [Flächen-%] | Quotient oben/Mitte |
|---|---|---|---|---|---|---|---|---|---|---|---|---|---|---|
| Oberboden Primärwald | 2 | 1,3 | 7,5 | 15,7 | 75,5 | 4 | 1,1 | 8,9 | 10,1 | 79,9 | 1,5 | 0,8 | 0,9 | 1,9 |
| Oberboden Grasland | 2 | 1,1 | 6,5 | 9,2 | 83,1 | 2 | 0,9 | 6,4 | 16,6 | 76,2 | 1,1 | 0,6 | 0,9 | 1,9 |
| Oberboden Cupuaçu | 2 | 1,1 | 12,7 | 10,6 | 75,6 | 2 | 1,1 | 11,8 | 17,3 | 69,9 | 1,4 | 1,1 | 0,6 | 1,3 |
| Oberboden Kokos | 2 | 0,7 | 9,4 | 11,9 | 78,0 | 2 | 1,8 | 11,2 | 16,5 | 70,5 | 3,6 | 1,1 | 0,7 | 3,3 |
| Oberboden Kudzu | 2 | 1,8 | 12,2 | 14,4 | 71,6 | 2 | 1,5 | 11,2 | 15,0 | 72,4 | 1,4 | 1,1 | 1,9 | 1,3 |
| Oberboden Pupunha | 2 | 1,9 | 9,4 | 16,6 | 72,0 | 2 | 2,3 | 7,5 | 16,9 | 73,3 | 3,4 | 1,7 | 1,8 | 2,0 |
| Oberboden Seringueira | 2 | 4,9 | 9,8 | 10,9 | 74,4 | 2 | 3,3 | 9,2 | 18,1 | 69,4 | 7,1 | 1,3 | 1,5 | 5,5 |
| Oberboden Urucum | 2 | 1,1 | 9,8 | 15,5 | 73,6 | 2 | 1,0 | 10,7 | 13,0 | 75,3 | 1,0 | 1,2 | 0,9 | 0,8 |
| **Mittelwert Proben KNOLL** | 16 | 1,7 | 9,7 | 13,1 | 75,5 | 18 | 1,5 | 9,5 | 14,8 | 74,1 | 2,4 | 1,1 | 1,1 | 2,2 |
| Oberboden Sekundärwald | 18 | 0,7 | 7,2 | 11,1 | 81,0 | - | - | - | - | - | - | - | - | - |
| Mittelwert Unterboden | 9 | 0,3 | 3,9 | 14,5 | 81,3 | - | - | - | - | - | - | - | - | - |
| Holzkohle | 1 | 63,7 | 0,0 | 26,2 | 10,0 | - | - | - | - | - | - | - | - | - |
| Ausgangsgestein | 3 | - | 53,5 | - | - | - | - | - | - | - | - | - | - | - |

| Agroforst-Flächen und Primärwald (KNOLL) | n KAK und C/N | KAK nach Summe [mmol/100g] | H-Wert [mmol/100g] | Summe Kationen [mmol/100g] | Na⁺ [mmol/100g] | K⁺ [mmol/100g] | Mg²⁺ [mmol/100g] | Ca²⁺ [mmol/100g] | Basensättigung [%] | N in % (MW) | C in % (MW) | C/N-Verhältnis |
|---|---|---|---|---|---|---|---|---|---|---|---|---|
| Oberboden Primärwald | 2 | 17,7 | 17,5 | 0,3 | 0,0 | 0,1 | 0,1 | 0,1 | 1,4 | 0,3 | 3,8 | 13,2 |
| Oberboden Grasland | 2 | 14,6 | 13,8 | 0,8 | 0,0 | 0,2 | 0,2 | 0,4 | 5,2 | 0,2 | 2,9 | 12,0 |
| Oberboden Cupuaçu | 2 | 13,6 | 13,4 | 0,2 | 0,0 | 0,1 | 0,1 | 0,0 | 1,3 | 0,2 | 2,5 | 12,3 |
| Oberboden Kokos | 2 | 15,3 | 13,2 | 2,1 | 0,0 | 0,1 | 0,7 | 1,2 | 12,8 | 0,3 | 3,2 | 12,1 |
| Oberboden Kudzu | 2 | 13,4 | 10,7 | 2,7 | 0,0 | 0,1 | 0,6 | 2,0 | 20,4 | 0,2 | 2,5 | 11,6 |
| Oberboden Pupunha | 2 | 14,5 | 12,5 | 2,0 | 0,0 | 0,2 | 0,5 | 1,3 | 14,1 | 0,3 | 3,3 | 12,7 |
| Oberboden Seringueira | 2 | 15,9 | 15,7 | 0,2 | 0,0 | 0,1 | 0,1 | 0,1 | 1,4 | 0,3 | 3,2 | 12,5 |
| Oberboden Urucum | 2 | 14,4 | 13,8 | 0,6 | 0,0 | 0,1 | 0,2 | 0,3 | 4,3 | 0,2 | 2,6 | 12,2 |
| **Mittelwert Proben KNOLL** | 16 | 14,9 | 13,8 | 1,1 | 0,0 | 0,1 | 0,3 | 0,7 | 7,6 | 0,2 | 3,0 | 12,3 |
| Oberboden Sekundärwald | 9 | 20,0 | 19,2 | 0,7 | 0,0 | 0,1 | 0,2 | 0,5 | 2,9 | - | - | - |
| Mittelwert Unterboden | 42* | 7,8 | 7,7 | 0,1 | 0,0 | 0,0 | 0,0 | 0,1 | 1,2 | 0,1 | 1,0 | 10,9 |
| Holzkohle | 1 | 15,6 | 15,6 | 0,0 | 0,0 | 0,0 | 0,0 | 0,0 | 0,2 | 0,1 | 4,7 | 47,3 |
| Ausgangsgestein | - | - | - | - | - | - | - | - | - | - | - | - |

* 36 bei C/N

Des weiteren wurden 18 Dünnschliffe aus Sekundärwaldflächen ausgewertet (diese Flächen wurden im Rahmen des Holzexperiments beprobt). Bei diesen Dünnschliffen handelt es sich ausschließlich um Querschnitte. Die Sekundärwaldflächen liegen benachbart zu den Flächen des Holzexperiments und dienen als Vergleichsbasis für die Auswirkungen der Experimente, da die Holzexperiment-Flächen durch Umwandlung der benachbarten Sekundärwaldflächen entstanden sind. Die Ergebnisse der Analysen der Sekundärwaldflächen sind in Kapitel 6.3 aufgeführt.

Aus einer Holzkohle enthaltenden Probe wurde ein Dünnschliff angefertigt. Der Organikgehalt beträgt über 60 % und liegt damit weit höher als in den Oberböden (dort im Mittel 1 bis 2 %). Erwartungsgemäß ist der C-Gehalt erhöht (4,7 %), und das C/N-Verhältnis ist das weiteste aller Proben (47,3).

**Ergebnisse der „Proben SCHWEIZER":**
Bei diesen (von S. SCHWEIZER im Rahmen seiner Diplomarbeit gesammelten) Proben ist die Probenzahl über fünf mal so hoch wie bei den „Proben KNOLL" (87 gegenüber 16 Dünnschliff-Querschnitte). Daher ist diese Probenserie als die repräsentativere anzusehen. Bei den Proben handelt es sich ausschließlich um Oberböden aus einer Bodentiefe von ca. 2 bis 8 cm (Angabe aus SCHWEIZER 2001, unveröffentl. Diplomarbeit). Die „Proben SCHWEIZER" stammen aus vier Baumkulturen (Pupunha, Urucum, Seringueira und Cupuaçu) sowie dem Primärwald. S. SCHWEIZER entnahm unter Urucum, Seringueira und Cupuaçu neun Proben in 1 m und neun Proben in 2 m Stammentfernung. Unter Pupunha wurden je 12 Proben entnommen (0,5 und 1 m Stammentfernung), im Primärwald wurden neun Proben in 1 m

Stammentfernung gesammelt. Aus den Proben wurden ausschließlich Dünnschliff-Querschnitte mit einer Schnittlage in ca. 4 cm Bodentiefe hergestellt. Die ermittelten mikromorphologischen und bodenchemischen Daten sind in Tab. 9 aufgeführt.

Die in den Dünnschliffen bestimmten Organikgehalte liegen durchschnittlich bei 1,1 %. Sie reichen von 0,9 % (bei Urucum) bis 1,4 % (bei Pupunha). Bei den Porenanteilen, die durchschnittlich 12 % betragen, gibt es geringe Unterschiede von 10,8 % bei Seringueira bis 14,5 % im Primärwald.

Auch bei der Kationenaustauschkapazität sind die Unterschiede zwischen den Oberböden der Kulturen nur gering mit Werten um 10 mmol/100 g. Wie auch bei den „Proben KNOLL" ist die Kationenaustauschkapazität im Primärwald am höchsten. Hinsichtlich der Basensättigung schwanken die Werte stark, wie auch bei den „Proben KNOLL". Der Durchschnitt beträgt 11,6 % und liegt damit höher als bei den „Proben KNOLL" (7,6 %). Die niedrigste Basensättigung findet sich im Primärwald (2,0 %), die höchste unter Pupunha (17,7 %). Auch bei den „Proben KNOLL" lag der Primärwald bezüglich der Basensättigung am unteren Ende und Pupunha am oberen Ende. Der Kationenbelag der untersuchten Oberböden wird von $Al^{3+}$ und $H^+$ dominiert.

Bei den C- und N-Gehalten sowie dem C/N-Verhältnis gibt es keine nennenswerten Unterschiede zwischen den Kulturen (C/N-Verhältnisse um 12). Bei Betrachtung der bodenchemischen Ergebnisse in Abhängigkeit von der Stammentfernung zeigen sich nur minimale Unterschiede.

Tab. 9: Mittelwerte der quantitativen Dünnschliffanalyse und der bodenchemischen Analysen der „Proben SCHWEIZER" aus den Agroforst-Versuchsflächen.

| Agroforst-Flächen und Primärwald (SCHWEIZER) | Stammentfernung (m) | n Dünnschliffe (Querschnitte) | Organikgehalt MW (Querschnitt) [Flächen-%] | Quarzgehalt MW (Querschnitt) [Flächen-%] | Porengehalt MW (Querschnitt) [Flächen-%] | Matrixgehalt MW (Querschnitt) [Flächen-%] | n KAK und C/N * | KAK nach Summe [mmol/100g] * | H-Wert [mmol/100g] * | $K^+$ [mmol/100g] * | $Mg^{2+}$ [mmol/100g] * | $Ca^{2+}$ [mmol/100g] * | Basensättigung [%] * | N in % (MW) * | C in % (MW) * | C/N-Verhältnis * |
|---|---|---|---|---|---|---|---|---|---|---|---|---|---|---|---|---|
| Oberboden Primärwald | 1 | 9 | 0,9 | 17,6 | 14,5 | 66,9 | 9 | 11,8 | 11,7 | 0,1 | 0,1 | 0,0 | 2,0 | 0,2 | 2,9 | 11,9 |
| Oberboden Cupuaçu | 1 | 9 | 1,4 | 11,5 | 11,9 | 75,2 | 9 | 10,2 | 9,1 | 0,1 | 0,2 | 0,8 | 10,6 | 0,2 | 2,3 | 12,2 |
| Oberboden Cupuaçu | 2 | 9 | 0,8 | 11,3 | 12,9 | 75,0 | 9 | 9,4 | 8,8 | 0,1 | 0,2 | 0,5 | 7,7 | 0,2 | 2,6 | 12,1 |
| Mittelwert Cupuaçu | | | 1,1 | 11,4 | 12,4 | 75,1 | | 9,8 | 8,9 | 0,1 | 0,2 | 0,7 | 9,1 | 0,2 | 2,5 | 12,2 |
| Oberboden Pupunha | 0,5 | 12 | 1,8 | 9,4 | 9,8 | 79,0 | 12 | 10,5 | 8,9 | 0,2 | 0,5 | 1,1 | 16,9 | 0,2 | 2,5 | 13,0 |
| Oberboden Pupunha | 1 | 12 | 1,0 | 11,6 | 12,9 | 74,6 | 12 | 9,5 | 7,9 | 0,1 | 0,6 | 1,0 | 18,4 | 0,2 | 2,3 | 13,1 |
| Mittelwert Pupunha | | | 1,4 | 10,5 | 11,3 | 76,8 | | 10,0 | 8,4 | 0,1 | 0,6 | 1,1 | 17,7 | 0,2 | 2,4 | 13,1 |
| Oberboden Seringueira | 1 | 9 | 0,8 | 10,1 | 10,5 | 78,6 | 9 | 10,4 | 9,6 | 0,1 | 0,3 | 0,5 | 8,8 | 0,2 | 2,5 | 12,1 |
| Oberboden Seringueira | 2 | 9 | 1,3 | 10,5 | 11,1 | 77,1 | 9 | 10,0 | 8,3 | 0,1 | 0,6 | 1,1 | 18,0 | 0,2 | 2,4 | 12,1 |
| Mittelwert Seringueira | | | 1,1 | 10,3 | 10,8 | 77,8 | | 10,2 | 8,9 | 0,1 | 0,4 | 0,8 | 13,4 | 0,2 | 2,5 | 12,1 |
| Oberboden Urucum | 1 | 9 | 0,9 | 9,5 | 12,6 | 77,1 | 9 | 10,3 | 9,2 | 0,1 | 0,4 | 0,8 | 12,8 | 0,2 | 2,3 | 12,5 |
| Oberboden Urucum | 2 | 9 | 0,8 | 12,7 | 12,7 | 73,7 | 9 | 11,3 | 10,8 | 0,1 | 0,2 | 0,3 | 5,3 | 0,2 | 2,4 | 12,5 |
| Mittelwert Urucum | | | 0,9 | 11,1 | 12,7 | 75,4 | | 10,8 | 10,0 | 0,1 | 0,3 | 0,5 | 9,0 | 0,2 | 2,4 | 12,5 |
| Mittelwert Proben SCHWEIZER | | 87 | 1,1 | 11,5 | 12,0 | 75,3 | 87 | 10,4 | 9,3 | 0,1 | 0,4 | 0,7 | 11,6 | 0,2 | 2,5 | 12,5 |

* Bodenchemie-Daten aus SCHWEIZER (2001, unveröffentl. Diplomarbeit)

**Vergleich der „Proben Knoll" und „Proben Schweizer":**

Die Organikgehalte und Werte der Kationenaustauschkapazität der „Proben Schweizer" liegen im Durchschnitt etwa ein Drittel unter den Werten der „Proben Knoll". Dies legt den Schluß nahe, daß die Probenahme in leicht unterschiedlichen Tiefen erfolgt ist beziehungsweise die Schnittlage bei der Herstellung der Dünnschliffe leicht unterschiedlich war. Die hohen Unterschiede in den Organikgehalten der Längsschnitte auf nur 2 cm Vertikalentfernung (Vergleich „oben" und „Mitte") lassen den Schluß zu, daß vergleichbare Ergebnisse mithilfe der quantitativen Dünnschliffanalyse nur bei möglichst identischer Behandlung der Proben von der Probenahme bis zur Präparation zu erzielen sind. Für vergleichbare Ergebnisse müßten die Proben bis auf wenige Millimeter aus derselben Bodentiefe genommen werden, und die Schnittlage bei der Präparation muß identisch sein. Dies dürfte sich in der Realität aber nur schwer verwirklichen lassen, vor allem bei Beteiligung von unterschiedlichen Bearbeitern.

Bei der Auswertung der Ergebnisse beider Probenserien („Proben Schweizer" und „Proben Knoll") wurde deutlich, daß eine Vergleichbarkeit der Ergebnisse der quantitativen Dünnschliffanalyse nur bei einer weitgehend standardisierten Behandlung der Proben gewährleistet ist. Da die Organikgehalte in den obersten 3 cm des Bodens deutlich abnehmen, kommt einer identischen Entnahmetiefe der Proben höchste Bedeutung zu.

In beiden Dünnschliffserien ist festzustellen, daß bei Pupunha und Seringueira im Mittel überdurchschnittlich hohe Organikgehalte in den Dünnschliffen festzustellen sind. Die Kationenaustauschkapazität ist am höchsten im Primärwald bei einer gleichzeitig geringen Basensättigung. Insgesamt sind die Unterschiede hinsichtlich Organikgehalt und Kationenaustauschkapazität zwischen den Oberböden der Agroforst-Flächen und des Primärwaldes nur gering, die Werte liegen aber deutlich höher als in den Unterböden.

Abb. 44 zeigt eine zusammenfassende Darstellung der in den Dünnschliffen ermittelten Organikgehalte der Oberböden aller Kulturen der unterschiedlichen Dünnschliffserien (Knoll Längsschnitte, Knoll Querschnitte und Schweizer Querschnitte). In den meisten Kulturen zeigt sich ein relativ einheitliches Bild mit Organikgehalten zwischen 1 und 2 %, die deutlich höher liegen als im Unterboden (dort um 0,3 %).

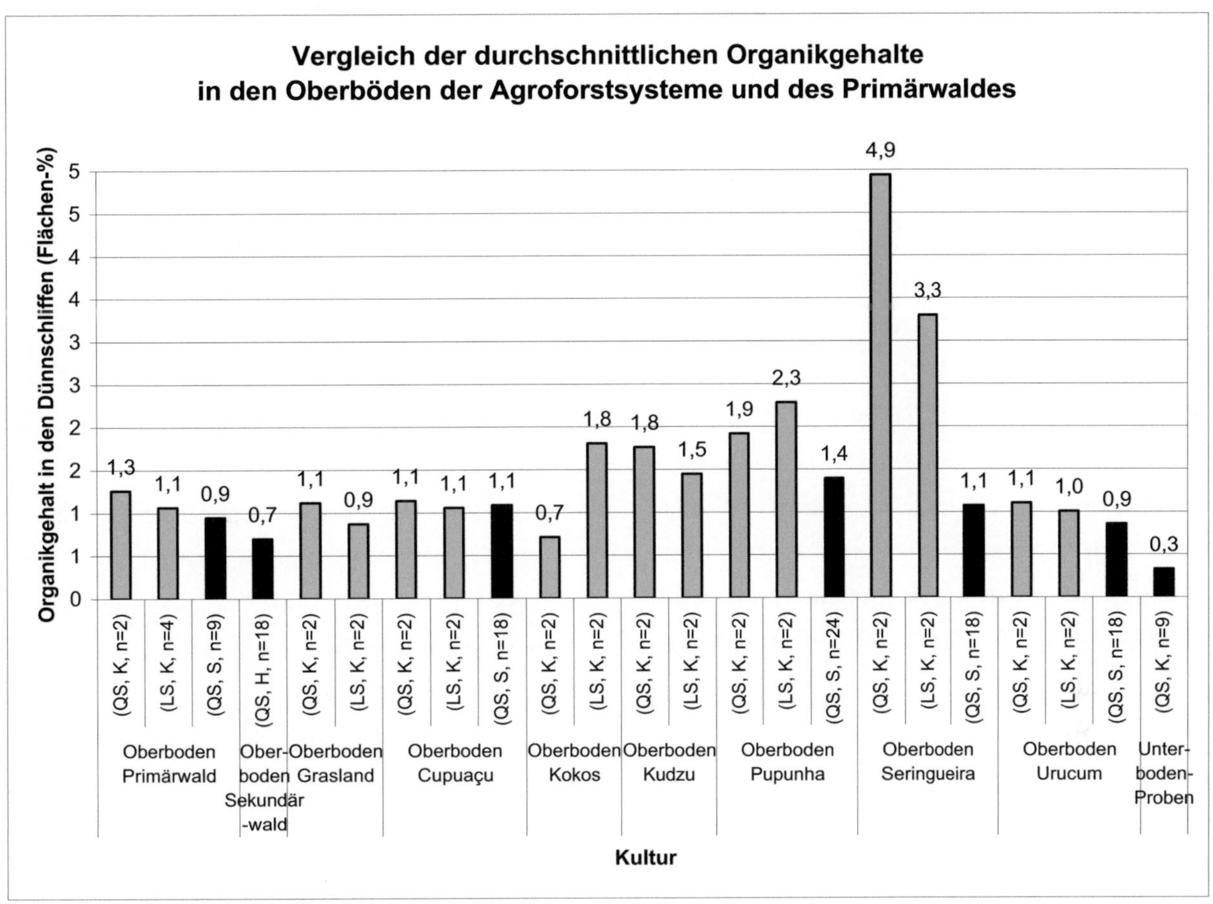



Abb. 44: Vergleich der durchschnittlichen Organikgehalte in den Oberböden der Agroforst-Flächen und des Primärwaldes.
Die mit schwarzen Säulen dargestellten Proben sind aufgrund der höheren Probenzahlen als die repräsentativsten anzusehen.

Datengrundlage: Tab. 8 und 9.

Abkürzungen:
QS:　Dünnschliff-Querschnitte
LS:　Dünnschliff-Längsschnitte
K:　　Proben von R. KNOLL
S:　　Proben von S. SCHWEIZER
H:　　Proben des Holzexperiments
n:　　Probenanzahl

## 6.3 Dünnschliffauswertung des Holzexperiments

### 6.3.1 Vorbemerkung

In diese Kategorie fallen Dünnschliffe aus dem von M. VERHAAGH, C. MARTIUS, L. MEDEIROS und G. MARTINS durchgeführten Holzexperiment, bei dem drei Landnutzungsmethoden miteinander verglichen werden: traditionelle Brandrodung, Anhäufen des gerodeten und zerkleinerten Holzes in Reihen („Holzreihen") sowie Ausbringung der gerodeten und zerkleinerten Biomasse als Mulch („Holzschredder"). Von jeder Experimentalfläche lagen zwei Replikate vor, also insgesamt neun Flächen. Die Beschreibung der Parzellen des Holzexperiments erfolgt in Kapitel 3.3.

In der Kategorie Holzexperiment finden sich 96 Proben aus Oberboden-Material (1 bis 6 cm Tiefe). Bei den daraus hergestellten Dünnschliffen handelt es sich ausschließlich um Querschnitte mit einer Schnittlage in 3 bis 4 cm Bodentiefe. Die Probenahme erfolgte durch die oben genannten Projektbeteiligten. Bei den Proben handelt sich um Mineralboden ohne Streu- bzw. Mulchauflage.

Vor der Anlage der Experimentalflächen wurden 18 Proben aus angrenzenden Sekundärwald-Flächen entnommen. Aus den Jahren 2002 und 2003 stammen 29 Proben aus den Holzschredder-Flächen, 23 Proben aus den Holzreihen-Flächen und 26 Proben aus den Brandrodungs-Flächen. Die unterschiedliche Probenanzahl erklärt sich durch unbrauchbare Dünnschliffe, in die das Harz während der Präparation nicht ausreichend eingezogen ist.

Die Ergebnisse der bodenchemischen Analysen wurden dem Autor von M. VERHAAGH zur Verfügung gestellt. Daten zu C- und N-Gehalten sowie zu den C/N-Verhältnissen liegen dem Autor nicht vor. Die Daten der Kationenaustauschkapazität des Sekundärwaldes stammen aus dem Jahr 2001 aus einer Beprobung des Ausgangszustandes vor Anlage der Experimentalflächen. Im Mai 2002 wurden Proben in den neu angelegten Versuchsflächen (je 40 mal 30 m) gesammelt. Dabei erfolgte die Probenahme für Mikromorphologie und Bodenchemie in unterschiedlichen Unterparzellen (je 3 mal 3 m) dieser Versuchsfläche, so daß die Ergebnisse nicht direkt miteinander vergleichbar sind. Daher hat der Autor bei der Kationenaustauschkapazität (des Jahres 2002) Mittelwerte (ein Mittelwert aus drei Analysen) berechnet und diese den Ergebnissen der Dünnschliffanalyse zugeordnet. Bei der letzten Probenahme im März 2003 erfolgte die Beprobung für Mikromorphologie und Bodenchemie in denselben Parzellen, so daß eine direkte Vergleichbarkeit der Werte gegeben ist. Eine Düngung fand in den Parzellen der Probeentnahme nicht statt.

### 6.3.2 Ergebnisse der Dünnschliffauswertung des Holzexperiments

Eine Übersicht der Ergebnisse ist in Tab. 10 und Abb. 45 aufgeführt. Im Oberboden des Sekundärwaldes wurden mit durchschnittlich 0,7 % die geringsten Organikgehalte festgestellt. Am höchsten sind die Organikgehalte in den Holzreihen-Flächen („Leiras") mit 1,4 %. Bei diesem Behandlungstyp wurden die Mikromorphologie-Proben zwischen den Reihen aus aufgestapeltem Holz entnommen. Die Organikgehalte der Holzschredder-Flächen („Triturada") und der Brandrodungs-Flächen liegen mit 1,0 bzw. 1,2 % dazwischen. Die Porenvolumina betragen durchschnittlich 9,5 % (Holzreihen) bis 12,1 % (Holzschredder).

Bei der quantitativen Dünnschliffanalyse ergeben sich große Unterschiede zwischen den Meßwerten von A- und B-Proben in derselben Parzelle (Korrelationskoeffizient nahe Null).

Die Kationenaustauschkapazität ist im Sekundärwald am höchsten (20,0 mmol /100 g) bei gleichzeitig sehr geringer Basensättigung (2,9 %). Die KAK-Werte der Experimentalflächen liegen nahe beieinander (Holzreihen 14,4 mmol/100 g, Holzschredder 15,6 mmol/100 g, Brandrodung 17,8 mmol/100 g). Die Basensättigung ist erwartungsgemäß in den Brandrodungsflächen am höchsten (13,4 %), über doppelt so hoch wie in den beiden anderen Experimentalflächen (um 6 %). In die Durchschnittsberechnung gingen ausschließlich die bodenchemischen Werte derjenigen Parzellen ein, von denen auch Dünnschliffe vorhanden sind, wodurch sich leichte, aber unbedeutende Abweichungen zu den im Schlußbericht des zweiten Projektteils (VERHAAGH et al. 2004, in: HÖFER et al. 2004:120-150) aufgeführten Werten ergeben.

Zwischen der zweiten Probenahme im Mai 2002 und der dritten Probenahme im März 2003 liegen 10 Monate. Wenn man die mikromorphologischen und bodenchemischen Ergebnisse innerhalb dieser beiden Jahre differenziert, ist kein deutlicher Trend zu erkennen. In den Brandrodungs-Flächen nimmt der Organikgehalt von 1,0 % (2002) auf 1,4 % (2003) zu, in den Holzreihen-Flächen beträgt der Organikgehalt in beiden Jahren 1,4 %, in den Holzschredder-Flächen erfolgt eine leichte Abnahme von 1,1 auf 0,9 %. Hinsichtlich der Porosität ist in den Brandrodungsflächen zwischen 2002 und 2003 eine geringe Abnahme zu verzeichnen, in den Holzreihen-Flächen eine leichte Zunahme, in den Holzschredder-Flächen gibt es keine Veränderungen. Hinsichtlich der Kationenaustauschkapazität ist in allen drei Experimentalflächen im Mittel eine leichte Abnahme zwischen 2002 und 2003 zu verzeichnen, bei der Basensättigung sind die Veränderungen nur minimal.

Da zwischen der Anlage der Flächen und der letzten Probenahme ein Zeitraum von nur etwas mehr als einem Jahr liegt (November 2001 bis März 2003) und folglich zur Zeit der letzten Probenahme noch viel unzersetzes Material auf den Holzreihen- und Holzschredder-Flächen lag, ist eine abschließende Beurteilung der Organikakkumulation und des Organikeinbaus nicht möglich. Bei einer erneuten Probenahme nach 5 bis 10 Jahren wären Veränderungen der Bodenfestphase besser erkennbar. Die vorliegenden Ergebnisse stellen daher nur Tendenzen dar. Festzustellen ist, daß die beiden Behandlungstypen (Holzreihen und Holzschredder) im Vergleich zu den benachbarten Sekundärwaldflächen schon nach zwei Jahren zu einer nennenswerten und sichtbaren Erhöhung der Organikgehalte (von rund 50 bis 100 %) und der Basensättigungen (ca. Faktor drei) in den Oberböden geführt haben.

Tab. 10: Mittelwerte der quantitativen Dünnschliffanalyse und der bodenchemischen Analysen des Holzexperiments.

| Holzexperiment<br><br>Mittelwerte | Mittelwert | *n Dünnschliffe* | Organikgehalt MW [Flächen-%] | Quarzgehalt MW [Flächen-%] | Porengehalt MW [Flächen-%] | Matrixgehalt MW [Flächen-%] | *n KAK und BS* * | KAK nach Summe [mmol/100g] * | H-Wert [mmol/100g] * | Summe Kationen [mmol/100g] * | Basensättigung [%] * |
|---|---|---|---|---|---|---|---|---|---|---|---|
| **Sekundärwald 2002 (Ausgangszustand)** | **Mittelwert gesamt** | *18* | **0,7** | **7,2** | **11,1** | **81,0** | *9* | **20,0** | **19,2** | **0,7** | **2,9** |
| **Brandrodung gesamt** | **Mittelwert gesamt** | *26* | **1,2** | **7,4** | **11,3** | **80,2** | *11* | **17,8** | **15,8** | **2,0** | **13,4** |
| Brandrodung 2002 | Mittelwert 2002 | *18* | 1,0 | 7,8 | 11,9 | 79,2 | *3* | 18,8 | 16,7 | 2,1 | 12,7 |
| Brandrodung 2003 | Mittelwert 2003 | *8* | 1,4 | 6,3 | 9,8 | 82,4 | *8* | 15,6 | 13,7 | 1,9 | 14,9 |
| **Holzreihen gesamt** | **Mittelwert gesamt** | *23* | **1,4** | **7,2** | **9,5** | **81,9** | *10* | **14,4** | **13,6** | **0,8** | **6,0** |
| Holzreihen 2002 | Mittelwert 2002 | *16* | 1,4 | 7,0 | 8,8 | 82,8 | *3* | 15,0 | 14,2 | 0,8 | 5,7 |
| Holzreihen 2003 | Mittelwert 2003 | *7* | 1,4 | 7,6 | 11,1 | 79,9 | *7* | 12,9 | 12,1 | 0,9 | 6,6 |
| **Holzschredder gesamt** | **Mittelwert gesamt** | *29* | **1,0** | **6,6** | **12,1** | **80,2** | *12* | **15,6** | **14,6** | **0,9** | **6,3** |
| Holzschredder 2002 | Mittelwert 2002 | *18* | 1,1 | 6,7 | 12,1 | 80,1 | *3* | 17,7 | 16,6 | 1,1 | 6,6 |
| Holzschredder 2003 | Mittelwert 2003 | *11* | 0,9 | 6,5 | 12,1 | 80,5 | *9* | 12,2 | 11,4 | 0,7 | 6,0 |

* Bodenchemie-Mittelwerte wurden aus den von M. VERHAAGH zur Verfügung gestellten Daten berechnet

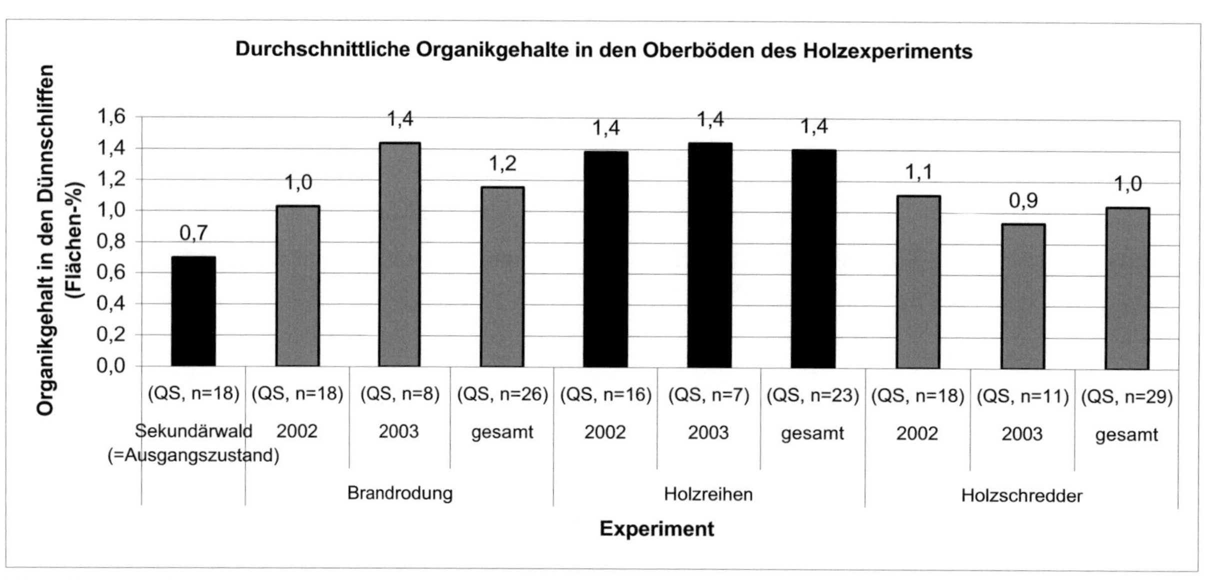


Abb. 45: Durchschnittliche Organikgehalte in den Oberböden des Holzexperiments.

Datengrundlage: Tab. 10.
Abkürzungen: QS: Dünnschliff-Querschnitte, n: Probenanzahl

## 6.4 Dünnschliffauswertung der Mulch-experimente

### 6.4.1 Vorbemerkung

In dieser Kategorie finden sich Proben aus den Mulchexperimenten von H. HÖFER und P. SCHMIDT, in denen die Effekte unterschiedlicher Mulchqualitäten sowie Mulchquantitäten mittlerer Qualität auf verschiedene Bodenvariablen getestet wurden. Die Beschreibung der Parzellen der Mulchexperimente erfolgt in Kapitel 3.4.

Die Mikromorphologie-Proben aus dem Oberboden (1 bis 6 cm Tiefe) wurden von P. WALOTEK und dem Autor gesammelt. Von den 42 Experimentalflächen wurde je ein Querschnitt-Dünnschliff und ein Längsschnitt-Dünnschliff hergestellt, insgesamt 84 Dünnschliffe. 18 + 18 Dünnschliffe stammen aus dem Experiment II (je 6 Flächen mit geringer, mittlerer und hoher Mulchqualität). 24 + 24 Dünnschliffe sind aus dem Experiment III (je 6 Flächen ohne Mulch, mit geringer, mittlerer und hoher Mulchmenge). Es handelt sich um Mineralboden ohne Streu- bzw. Mulchauflage. Aus den Längsschnitten lassen sich Angaben zur Tiefenverteilung der Organikgehalte im Oberboden machen („oben", „Mitte" und „unten"; es handelt sich um dieselbe Vorgehensweise wie die in Kapitel 6.2 beschriebene). Die Werte der bodenchemischen Analysen wurden dem Autor von H. HÖFER und P. SCHMIDT zur Verfügung gestellt. Eine vollständige Übersicht aller bodenchemischen und sonstigen Variablen und der Ergebnisse sind im Schlußbericht des Projekts ENV 52 aufgeführt und erläutert (SCHMIDT & HÖFER 2004, in: HÖFER et al. 2004:103-119).

## 6.4.2 Ergebnisse der Dünnschliffauswertung der Mulchexperimente

**Experiment II (Mulchqualität):**

Eine Übersicht der Ergebnisse ist in Tab. 11 und Abb. 46 aufgeführt. Bei Experiment II (Effekte unterschiedlicher Mulchqualitäten) zeigt sich mit zunehmender Mulchqualität, sowohl in den Querschnitten wie auch in den Längsschnitten, tendenziell eine Zunahme des Organikgehalts im Oberboden, was auf eine beschleunigte Einarbeitung qualitativ höherwertigen Mulchmaterials durch die Bodenfauna hinweist. In den Dünnschliff-Querschnitten weisen die Experimentalflächen ohne Mulch einen Organikgehalt von 0,8 % auf. Bei geringer Mulchqualität beträgt er 0,7 %, steigt bei mittlerer Mulchqualität auf 1,1 % an, um dann bei hoher Mulchqualität leicht auf 1,0 % abzufallen. In den Längsschnitten ist diese Tendenz ebenfalls zu beobachten: 0,9 % Organikgehalt ohne Mulch, 0,8 % bei geringer Mulchqualität, 1,0 % bei mittlerer Qualität und schließlich 1,2 % bei hoher Mulchqualität. Hinsichtlich der Porenvolumina ist kein eindeutiger Trend zu beobachten: in den Querschnitten nehmen diese mit zunehmender Mulchqualität ab, in den Längsschnitten gibt es nur minimale Veränderungen.

Die bodenchemischen Analysen vom „Experiment Mulchqualität" erbringen folgende Ergebnisse (Daten übernommen aus SCHMIDT & HÖFER 2004, in: HÖFER et al. 2004:112): Hinsichtlich der Kationenaustauschkapazität ist kein signifikanter Anstieg mit steigender Mulchqualität zu verzeichnen: von 15,5 mmol/100 g bei geringer Mulchqualität, 15,6 mmol/100 g bei mittlerer Mulchqualität auf 16,2 mmol/100 g bei hoher Mulchqualität. Erstaunlicherweise nimmt die Basensättigung mit steigender Mulchqualität ab: von 7,4 % bei geringer Mulchqualität und 6,3 % bei mittlerer Qualität auf 4,6 % bei hoher Mulchqualität, was am beschleunigten Abbau des qualitativ geringwertigen Grasmulchmaterials liegen könnte. Bei den C- und N-Gehalten sowie dem C/N-Verhältnis gibt es kaum Unterschiede zwischen den Mulchqualitäten (C/N zwischen 11,5 und 11,8) (SCHMIDT & HÖFER 2004, in: HÖFER et al. 2004:112).

**Experiment III (Mulchquantität):**

Die Ergebnisse der Dünnschliffanalyse beim Experiment III (Effekte unterschiedlicher Mulchmengen bei mittlerer Qualität) sind weniger eindeutig als bei Experiment II. In den Dünnschliff-Querschnitten beträgt der Organikgehalt ohne Mulch 0,8 %, erreicht dann bei niedriger Mulchmenge ein Maximum mit 1,3 %, um dann bei mittlerer Mulchmenge auf 1,1 % und bei hoher Mulchmenge auf 0,7 % abzusinken. In den Dünnschliff-Längsschnitten sind die Unterschiede sehr gering. Die Organikgehalte liegen bei niedriger, mittlerer und hoher Mulchmenge bei 1,7 bis 1,8 %. Bei den Porengehalten ist sowohl in den Quer- wie den Längsschnitten keine eindeutige Tendenz erkennbar; sie liegen zwischen 9,5 und 13,0 %.

Die bodenchemischen Analysen des Experiments III (Mulchquantität) erbringen folgende Ergebnisse (Daten übernommen aus SCHMIDT & HÖFER 2004, in: HÖFER et al. 2004:115): Die Kationenaustauschkapazität liegt etwas höher als bei Experiment II und steigt mit steigender Mulchmenge signifikant an: von 15,0 mmol /100 g ohne Mulch auf 16,8 mmol/100 g bei niedriger Mulchmenge, 17,7 mmol/100 g bei mittlerer Mulchmenge und 18,8 mmol/100 g bei hoher Mulchmenge. Die Basensättigung steigt mit höherer Mulchmenge signifikant an: von 4,9 % ohne Mulch über 5,5 % bei niedriger

Mulchmenge, 7,6 % bei mittlerer Mulchmenge auf 8,2 % bei hoher Mulchmenge. Der C-Gehalt (3,9 %) sowie das C/N-Verhältnis (11,8) sind bei hoher Mulchmenge leicht erhöht (SCHMIDT & HÖFER 2004, in: HÖFER et al. 2004:115).

In den Dünnschliffen beider Mulchexperimente sind die Organikgehalte in den Längsschnitten im allgemeinen etwas höher wie in den Querschnitten, was in den deutlich erhöhten Organikgehalten im oberen Bereich (1 cm Bodentiefe) des Oberbodens begründet liegt (diese Bodentiefe wird nur in den Längsschnitten analysiert). In 1 cm Bodentiefe liegen die Organikgehalte durchschnittlich 1,6 mal so hoch wie in der Mitte der Dünnschliffe (3 cm Bodentiefe) und 2,5 mal so hoch wie im unteren Teil der Dünnschliffe (5 cm Bodentiefe).
Wie auch beim Holzexperiment liegt bei den Mulchexperimenten zwischen der Anlage der Parzellen und der Probenahme nur ein kurzer Zeitraum von lediglich etwa zwei Jahren (2001 bis 2003). Daher ist eine abschließende Beurteilung der Organikakkumulation und des Organikeinbaus noch nicht möglich. Eine erneute Probenahme nach 5 bis 10 Jahren würde behandlungsbedingte Veränderungen der Bodenfestphase deutlicher zeigen. Die vorliegenden Ergebnisse zeigen daher nur Tendenzen auf. Eine weitere Problematik der hier vorgestellten Ergebnisse, wie auch in den Agroforst-Flächen und dem Holzexperiment, liegt in der großen Schwankungsbreite der Organikgehalte aufgrund zu geringer Probenanzahlen (Kapitel 9.4). Ein Vergleich der in den Dünnschliffen ermittelten Organikgehalte der Oberböden der Agroforst-Flächen, des Holzexperiments und der Mulchexperimente weisen durchweg ähnliche Werte im Bereich zwischen 1 und 2 % auf.

Tab. 11: Mittelwerte der quantitativen Dünnschliffanalyse und der bodenchemischen Analysen der Mulchexperimente.

| Mulch-experimente Mittelwerte | *n Dünnschliffe* | Organikgehalt MW (Querschnitt) [Flächen-%] | Quarzgehalt MW (Querschnitt) [Flächen-%] | Porengehalt MW (Querschnitt) [Flächen-%] | Matrixgehalt MW (Querschnitt) [Flächen-%] | Organikgehalt MW (Längsschnitt) [Flächen-%] | Quarzgehalt MW (Längsschnitt) [Flächen-%] | Porengehalt MW (Längsschnitt) [Flächen-%] | Matrixgehalt MW (Längsschnitt) [Flächen-%] | Organikgeh. MW oben (1 cm) (Längsschnitt) [Flächen-%] | Organikgeh. MW Mitte (3 cm) (Längsschnitt) [Flächen-%] | Organikgeh. MW unten (5 cm) (Längsschnitt) [Flächen-%] |
|---|---|---|---|---|---|---|---|---|---|---|---|---|
| **Exp. Mulchqualität** | | | | | | | | | | | | |
| geringe Mulchqualität | 6+6 | 0,7 | 5,4 | 14,2 | 79,7 | 0,8 | 5,9 | 11,9 | 81,4 | 1,2 | 0,6 | 0,6 |
| mittlere Mulchqualität | 6+6 | 1,1 | 6,6 | 11,1 | 81,1 | 1,0 | 5,8 | 11,7 | 81,5 | 1,0 | 0,9 | 0,9 |
| hohe Mulchqualität | 6+6 | 1,0 | 6,5 | 10,9 | 81,6 | 1,2 | 7,0 | 12,8 | 79,0 | 1,8 | 1,2 | 0,5 |
| | | | | | | | | | | | | |
| **Exp. Mulchmenge** | | | | | | | | | | | | |
| ohne Mulch | 6+6 | 0,8 | 5,1 | 13,0 | 81,1 | 0,9 | 6,1 | 12,9 | 80,1 | 1,2 | 1,0 | 0,5 |
| geringe Mulchmenge | 6+6 | 1,3 | 8,2 | 9,6 | 80,8 | 1,8 | 6,6 | 10,9 | 80,7 | 2,4 | 1,6 | 1,3 |
| mittlere Mulchmenge | 6+6 | 1,1 | 6,3 | 11,9 | 80,7 | 1,7 | 6,8 | 11,0 | 80,5 | 3,3 | 0,8 | 1,1 |
| hohe Mulchmenge | 6+6 | 0,7 | 7,6 | 9,5 | 82,1 | 1,8 | 5,0 | 12,3 | 80,9 | 2,5 | 2,2 | 0,6 |

| Mulch-experimente Mittelwerte | *n KAK, BS und C/N* [*] | KAK nach Summe [mmol/100g] [*] | Basensättigung [%] [*] | N in % (MW) [*] | C in % (MW) [*] | C/N-Verhältnis [*] |
|---|---|---|---|---|---|---|
| **Exp. Mulchqualität** | | | | | | |
| geringe Mulchqualität | 12 | 15,5 | 7,4 | 0,3 | 3,3 | 11,8 |
| mittlere Mulchqualität | 12 | 15,6 | 6,3 | 0,3 | 3,2 | 11,5 |
| hohe Mulchqualität | 12 | 16,2 | 4,6 | 0,3 | 3,2 | 11,5 |
| | | | | | | |
| **Exp. Mulchmenge** | | | | | | |
| ohne Mulch | 12 | 15,0 | 4,9 | 0,3 | 3,1 | 11,4 |
| geringe Mulchmenge | 12 | 16,8 | 5,5 | 0,3 | 3,6 | 11,3 |
| mittlere Mulchmenge | 12 | 17,7 | 7,6 | 0,3 | 3,8 | 11,6 |
| hohe Mulchmenge | 12 | 18,8 | 8,2 | 0,3 | 3,9 | 11,8 |

* Bodenchemie-Daten aus SCHMIDT & HÖFER 2004, in: HÖFER et al. 2004

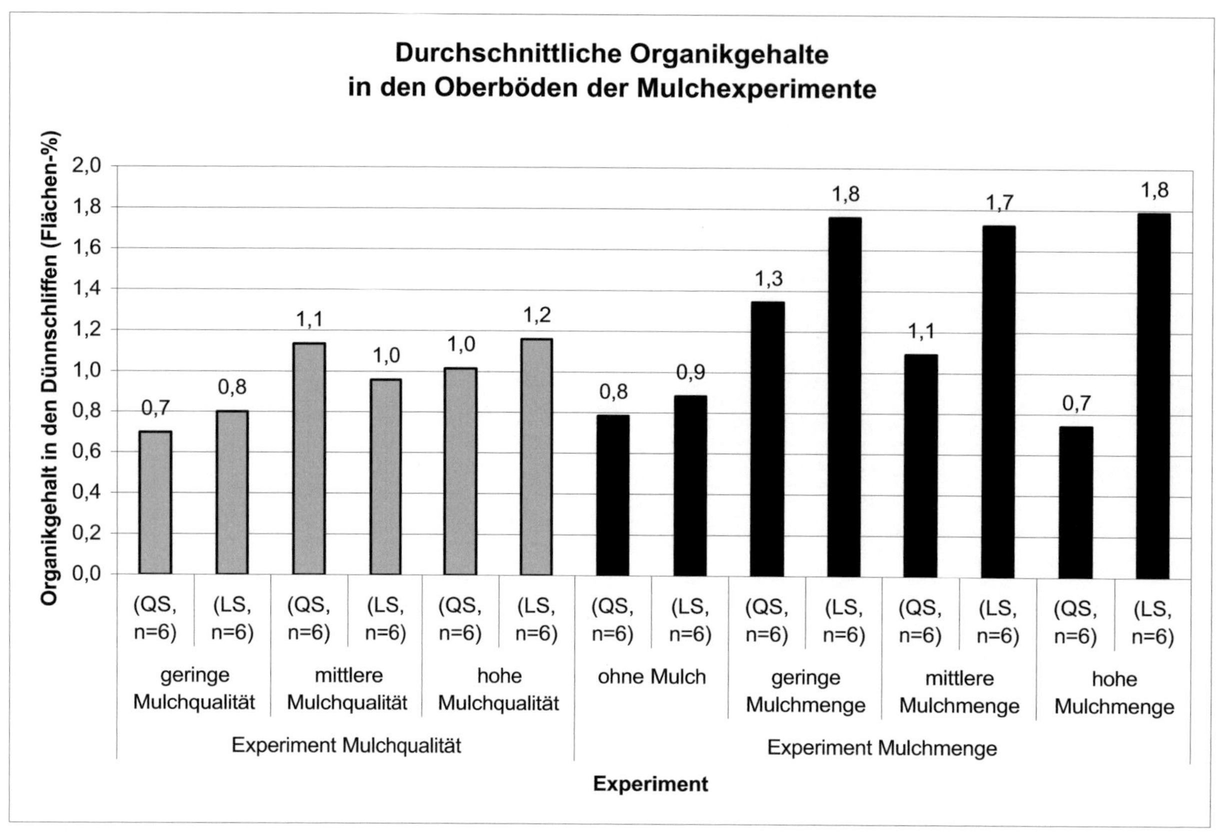


Abb. 46: Durchschnittliche Organikgehalte in den Oberböden der Mulchexperimente.

Datengrundlage: Tab. 11.

Abkürzungen:
QS: Dünnschliff-Querschnitte
LS: Dünnschliff-Längsschnitte
n:   Probenanzahl

# 7 Bodenmikromorphologie und -chemie biogener Strukturen von Ameisen, Termiten und Regenwürmern

## 7.1 Bodenmikromorphologie und -chemie von Ameisen- und Termitenbauten

In Kapitel 7 wird anhand von Bodendünnschliffen und bodenchemischen Analysen von Tierbauten die Rolle der Bodenmakrofauna beim Einbau organischen Materials in den Boden und einer dadurch möglichen Veränderung bodenchemischer und -physikalischer Parameter untersucht.

Um genauere Daten über den Einfluß von Ameisen, Termiten und Regenwürmern auf Bodengefüge, Kationenaustauschkapazität und C-Gehalte zu erhalten, wurden auf oder nahe dem SHIFT-Gelände zwei Ameisenbauten und zwei Termitenbauten gezielt aufgegraben und fotografisch dokumentiert. Im Rahmen des Schlußberichts des Projekts ENV 52 (HÖFER et al. 2004) wurde eine CD mit Abbildungen der wichtigsten makroskopischen biogenen Strukturen erstellt.

Zusätzlich zu den in Kapitel 7.1 vorgestellten vier Bauten wurden biogene Strukturen von Ameisen, Termiten und Regenwürmern im Rahmen der Tracerversuche beim Aufgraben der Profilgruben aus den nicht eingefärbten (und damit bodenchemisch unveränderten) Seitenwänden der Profilgruben entnommen. Die Ergebnisse dieser Beprobungen sind in Kapitel 7.2 erläutert.

In jeweils zwei Ameisen- und Termitenbauten erfolgte eine Probenahme für mikromorphologische und bodenchemische Untersuchungen. Das Probenmaterial stammt aus organischen Verfüllungen, Nestauswurfmaterial, Wänden von Gängen oder Kammern sowie unbeeinflußtem Umgebungsmaterial. Die vier Bauten stammen von im Untersuchungsgebiet häufig vorkommenden Arten bzw. Gattungen. Die Bauten wurden nicht mit dem Tracer eingefärbt, um die bodenchemischen Analysen durch das im Farbstoff enthaltene Natrium nicht zu verfälschen. Zur Anlage der Gruben der Blattschneiderameisen *Atta* sp. und *Acromyrmex* sp. sowie der Termitengattung *Cornitermes* sp. wurden Stellen gewählt, an denen Auswurfkegel der jeweiligen Art an der Bodenoberfläche erkennbar waren. Die Beprobung von *Acromyrmex* sp. war vergleichsweise einfach, da sich hier der Ameisenbau direkt unter dem Nestaushub befand. Bei *Atta* sp. gestaltete sich das Aufgraben des Baus schwieriger, da der Ameisengang seitlich vom Nestauswurfkegel wegführte. Nach zwei Metern Grabung wurde keine Kammer angetroffen. Bauten von *Cornitermes* sp. sind anhand des hoch aufragenden Nestauswurfkegels leicht zu erkennen und wurden in Primärwaldflächen mehrmals angetroffen. Die sich direkt unter dem Nestauswurf befindliche Nestkammer ist einfach zu finden. Schwieriger gestaltete sich die Suche eines Baus von *Syntermes molestus*. Diese Blattschneidertermite kommt nachts an die Oberfläche, um in der Streuauflage Blätter zu schneiden und in den Bau einzutragen. Eine nächtliche Begehung eines Regenwaldgebietes zeigte das häufige Vorkommen dieser Art und den intensiven Eintrag von Blattstreu in den Boden auf. Bei der Begehung wurden *Syntermes molestus* und die größere Art *Syntermes spinosus* angetroffen. Bei Gefahr geben die Soldaten von *Syntermes molestus* Klopfgeräusche von sich, und alle Arbeiter und Soldaten ziehen sich in den Bau zurück. Stellen mit Aktivität von *Syntermes molestus* sind an am Boden befindlicher Blattstreu mit charakteristischen runden Schnittspuren zu erkennen. Tagsüber sind die Nesteingänge verschlossen, wodurch die Nester oberflächlich nicht sichtbar sind. Daher wurden nachts am Boden eines Primärwaldes aktive Termiten gesucht und die Nestausgänge markiert, um das Nest tagsüber aufgraben zu können. Beim Aufgraben wurde dieses nicht angetroffen, da die Kammern bei dieser Art nicht unter dem Ausgang liegen, sondern seitlich in unbestimmter Richtung, Entfernung und Tiefe versetzt sind. Der beprobte Bau von *Syntermes molestus* war ein Zufallsfund auf der SHIFT-Fläche. Die Beprobung des Baus wurde durch das Verteidigungsverhalten der Termiten erschwert.

**Anmerkung zur Gliederung der Ergebnisse in den nachfolgenden Tabellen:**

Die Ergebnisse der Dünnschliffanalysen sowie der chemischen Analysen wurden in drei Gruppen (analog zu den drei Zeilen in den Tabellen) gegliedert. Die Gruppenbildung erfolgte durch Sortieren der Werte aus dem Anhang [A5].

Die Ergebnisse der Tierbauten sind in folgende drei Gruppen untergliedert:

(1) biogen ein- oder umgelagertes Material (Nestauswurf, Verfüllungen)

(2) biogene Strukturen (Kammern, Gänge)

(3) Umgebungsmaterial.

(1) In der ersten Gruppe befinden sich die Werte der Proben, die von den Tieren ein- bzw. umgelagertes organisches Material enthalten: Bei den Ameisen-Proben handelt es sich um Nestauswurfmaterial von *Acromyrmex* sp. *und Atta* sp. sowie um eingelagertes organisches Material. Bei den Termiten-Proben handelt es sich um Kammermaterial von *Cornitermes* sp. sowie eingelagertes organisches Material von *Syntermes molestus* und Organik in den anderen Termitenbauten. Bei den Regenwurm-Proben handelt es sich um Wurmkot.

(2) In der zweiten Gruppe sind die Werte der Proben aufgeführt, die an einer biogenen Struktur entnommen wurden. Hierbei handelt es sich um Wände von Termitengängen, Wände von Ameisengängen und -kammern sowie um Wände von Regenwurmgängen. Bei der Betrachtung der KAK- und C/N-Werte ist zu bedenken, daß es während der Probenahme im Gelände nicht möglich ist, eine scharfe Grenze zwischen der biogenen Struktur und deren Umgebung zu ziehen. Bei der Probenahme für die bodenchemischen Analysen wurde Material von der Wand der biogenen Struktur abgeschabt, wobei zwangsläufig immer auch Umgebungsmaterial mit enthalten ist.

(3) In der dritten Gruppe befinden sich die Werte der Proben, die in der Umgebung der biogenen Strukturen entnommen wurden. In den Dünnschliffen wurden hierbei dieselben Proben untersucht wie in der zweiten Gruppe, jedoch wurden Meßpunkte im Dünnschliff angemessen, die etwa 5 Millimeter hinter der biogenen Struktur liegen und somit von der Anlage des Ganges bzw. der Kammer nicht mehr beeinflußt waren (siehe Erläuterungen und Abb. 19 in Kapitel 4). Von diesem Umgebungsmaterial wurden nur in den vier aufgegrabenen Ameisen- und Termitenbauten bodenchemische Analysen durchgeführt, da

der Arbeits- und Transportaufwand zu groß gewesen wäre, von der Umgebung jeder der beprobten biogenen Strukturen zusätzlich eine chemische Analyse durchzuführen (zusätzliche ca. 100 Analysen wären notwendig geworden). Als Vergleichsdaten dienen die bodenchemischen Werte der Unterboden-Proben, da sich die Analysendaten der Umgebung von biogenen Strukturen praktisch nicht vom Unterboden unterscheiden.

### 7.1.1 Ameisenbau von *Acromyrmex* sp.

Es wurden zwei Bauten von pilzzüchtenden Blattschneiderameisen aufgegraben: von *Acromyrmex* sp. und *Atta* sp.

Beim Bau von *Acromyrmex* sp. befand sich direkt unter einem 4 cm hohen Kegel aus Nestauswurf (Abb. 51) eine 20 cm breite und 14 cm hohe bewohnte Kammer mit einer am Boden der Kammer liegenden Pilzfüllung. Die Kammer reichte von direkt unter der Geländeoberkante bis in 14 cm Tiefe (Abb. 52). Zur Kammer führten sechs Zugangskanäle mit etwa 1 cm Durchmesser, die auf dem Auswurfkegel zu erkennen sind. Von dieser Kammer führte ein 22 cm langer Kanal nach unten zu einer darunter liegenden Kammer (in etwa 40 cm Tiefe) mit 7 cm Breite und 4 cm Höhe. Unterhalb von 40 cm wurden keine Strukturen von *Acromyrmex* sp. angetroffen.

Bei *Acromyrmex* sp. ist in den Dünnschliffen keine Auskleidung von Gängen und Kammern mit organischem Material festzustellen (Abb. 54 bis 56). In der Kammer (Abb. 52) befindet sich eine Pilzfüllung. Am Kammerboden sind Reste von pflanzlichem Material (Abb. 55) zu finden. Ansonsten wurde kein eingebautes organisches Material angetroffen. Im Nest-

auswurf sind organische Bestandteile aus dem Oberboden enthalten (Abb. 53).

Die quantitative Dünnschliffanalyse von Proben aus dem Bau von *Acromyrmex* sp. (Daten in Tab. 12) bestätigt den leicht höheren Organikgehalt des Nestauswurfmaterials. Die Organikgehalte im Nestauswurf sind rund doppelt so hoch wie im Umgebungsmaterial, da humoses Oberbodenmaterial enthalten ist. Die Durchmischung des Nestauswurfmaterials mit Oberbodenmaterial ist an darin befindlichen Pflanzenresten zu erkennen. Der Organikgehalt ist jedoch sehr niedrig (0,9 %). In die Kammerwände von *Acromyrmex* sp. erfolgt keine Einarbeitung von bzw. Auskleidung mit organischem Material. Die Werte der Organikgehalte liegen im Bereich des benachbarten Unterbodenmaterials (um 0,5 %).

Das von *Acromyrmex* sp. aus dem Ober- und Unterboden an die Erdoberfläche transportierte und aufgelockerte Nestauswurfmaterial weist eine drei- bis vierfach erhöhte Porosität (ca. 50 %) im Vergleich zum Umgebungsmaterial des Baus auf. Im Wandbereich der Ameisenkammer ist die Porosität gegenüber dem benachbarten Material minimal erhöht (14,5 zu 11,6 %). Eine (im Rahmen der qualitativen Auswertung zunächst angenommene) deutliche Auflockerung des Gefüges mit einer damit verbundenen Erhöhung der Porosität durch die grabende Tätigkeit der Ameisen konnte durch die quantitative Analyse nicht eindeutig bestätigt werden.

Hinsichtlich der bodenchemischen Parameter gibt es nur minimale Unterschiede zwischen Nestauswurf, Kammerwänden und dem Umgebungsmaterial. Am höchsten ist die Kationenaustauschkapazität im Nestauswurfmaterial (12,8 mmol/100 g), vermutlich bedingt durch Anteile von Oberbodenmaterial. Die Kammerwände und das Umgebungsmaterial weisen eine Kationenaustauschkapazität im Bereich um 10 mmol/100 g auf. Insgesamt ist die Kationenaustauschkapazität in allen Bereichen des Baus als sehr gering einzustufen.

Die Basensättigung im Nestauswurfmaterial ist deutlich erhöht (5,4 % gegenüber 1,2 % in den Kammerwänden bzw. 1,0 % im Umgebungsmaterial), wobei $Ca^{2+}$ die Belegung der Austauscherplätze dominiert. Die Basensättigung im Nestauswurf ist als gering einzustufen, im restlichen Material des Baus als sehr gering. Hinsichtlich der C-Gehalte und der C/N-Verhältnisse gibt es kaum Unterschiede zwischen den Proben (C/N-Verhältnisse um 13). Bodenchemisch gibt es, abgesehen von der erhöhten Basensättigung, nur minimale Unterschiede zwischen dem Ameisenbau von *Acromyrmex* sp. und dem benachbarten biogen unbeeinflußten Bodenmaterial.

Tab. 12: Mikromorphologische und bodenchemische Daten biogener Strukturen in einem Ameisenbau von *Acromyrmex* sp.

| Ameisenbau *Acromyrmex* sp. | Organikgehalt [Flächen-%] | Quarzgehalt [Flächen-%] | Porengehalt [Flächen-%] | Matrixgehalt [Flächen-%] | KAK nach Summe [mmol/100g] | Summe Kationen [mmol/100g] | Basensättigung [%] | N in % | C in % | C/N-Verhältnis |
|---|---|---|---|---|---|---|---|---|---|---|
| **Ameisenbau *Acromyrmex* sp.: Nestauswurf** | | | | | | | | | | |
| oberirdischer Nestauswurf (0-4 cm über Erdoberfläche) | 0,9 | 5,1 | 48,8 | 45,2 | 12,8 | 0,7 | 5,4 | 0,2 | 2,4 | 12,9 |
| **Ameisenbau *Acromyrmex* sp.: biogene Strukturen** | | | | | | | | | | |
| Kammerwand in 0-14 cm Tiefe (1) | 0,6 | 6,6 | 14,2 | 78,7 | 13,7 | 0,1 | 0,8 | 0,2 | 2,8 | 13,2 |
| Kammerboden in 40 cm Tiefe (2) | 0,2 | 2,8 | 14,9 | 82,2 | 7,4 | 0,1 | 1,6 | 0,1 | 1,1 | 13,0 |
| MITTELWERT | 0,4 | 4,7 | 14,5 | 80,4 | 10,6 | 0,1 | 1,2 | 0,1 | 1,9 | 13,1 |
| **Ameisenbau *Acromyrmex* sp.: Umgebung der biogenen Strukturen** | | | | | | | | | | |
| 5 mm hinter (1) | 0,7 | 7,4 | 6,5 | 85,4 | - | - | - | - | - | - |
| 5 mm hinter (2) | 0,7 | 3,8 | 13,2 | 82,3 | - | - | - | - | - | - |
| Boden unter dem Nestauswurf in 10-15 cm Tiefe | 0,2 | 10,9 | 10,7 | 78,3 | 10,9 | 0,1 | 1,1 | 0,2 | 2,0 | 12,1 |
| Oberboden in 0-10 cm Tiefe ohne Ameiseneinfluß | - | - | - | - | 12,8 | 0,1 | 0,8 | 0,2 | 2,5 | 12,9 |
| Unterboden in 40 cm Tiefe ohne Ameiseneinfluß | 0,3 | 6,4 | 16,1 | 77,2 | 7,7 | 0,0 | 0,5 | 0,1 | 1,1 | 13,8 |
| Unterboden unter dem Nestauswurf in 20-25 cm Tiefe | - | - | - | - | 8,8 | 0,1 | 0,7 | 0,1 | 1,5 | 12,2 |
| Unterboden bei (1) | - | - | - | - | 13,2 | 0,3 | 2,0 | 0,2 | 2,4 | 12,8 |
| MITTELWERT | 0,5 | 7,1 | 11,6 | 80,8 | 10,7 | 0,1 | 1,0 | 0,1 | 1,9 | 12,8 |

### 7.1.2 Ameisenbau von *Atta* sp.

Ein Ameisenbau von *Atta* sp. wurde am Rande eines Primärwaldes (etwa 2 km von der SHIFT-Fläche entfernt) aufgegraben. An der Oberfläche befanden sich zwei Nestauswurfkegel mit etwa 4 cm Höhe (Abb. 57), die mit zerkleinerten Blattresten bedeckt waren. Unter einem der Kegel begann ein mehr als 2 m langer, in maximal 20 cm Tiefe parallel zur Erdoberfläche verlaufender waagerechter Gang mit 3 cm Durchmesser (Abb. 58). Das Aufgraben des Gangs wurde beendet, als nach mehr als 2 m noch keine größere Kammer angetroffen wurde. Unter dem Gang befanden sich zwei kleine verfüllte Kammern.

Bei *Atta* sp. sind in den Dünnschliffen ausschließlich im Nestauswurf Anreicherungen von organischem Material zu erkennen, nicht aber in der Kammerverfüllung oder in den Kammerwänden der beiden oben erwähnten kleinen Kammern (Abb. 61 bis 64).

Der Ameisenbau von *Atta* sp. weist im Nestauswurfmaterial höhere Organikgehalte im Vergleich zu Gängen und Kammern bzw. dem Umgebungsmaterial auf, bedingt durch den Fund eines größeren Organikpartikels (Daten in Tab. 13), wodurch die Aussagekraft dieser Zahl nicht überbewertet werden darf. Ursache ist auch hier die Durchmischung des herauftransportierten Unterbodens mit Oberbodenmaterial. Die Anreicherung von Organik im Nestauswurfmaterial von *Atta* sp. ist ähnlich gering wie bei *Acromyrmex* sp. mit einem Organikgehalt von 2,5 %. Die Organikgehalte der Kammerwände sind sehr gering und liegen in der Größenordnung des Unterbodenmaterials (um 0,4 %). Auch bei dieser Ameisengattung ist die Porosität im Nestauswurfmaterial deutlich erhöht (über 50 %). Die Wände des Ameisengangs weisen im Vergleich zum Unterboden eine leicht erhöhte Porosität auf. Das aus der Kammerverfüllung stammende Material ist sehr porös (46 %). Eine erhöhte Porosität durch eine Gefügelockerung im Bereich um den Ameisenbau kann nicht generell bestätigt werden, da die Porositätswerte im Bereich des Baus ähnlich sind wie im benachbarten Boden.

Die Werte der bodenchemischen Analysen weisen bei *Atta* sp. kaum Unterschiede zwischen den Proben auf. Die Kationenaustauschkapazität ist durchweg sehr gering mit Werten um 10 mmol/100 g. Die Basensättigung des Nestauswurfmaterials von *Atta* sp. ist gering (10,9 %, $Ca^{2+}$ dominierend) und damit etwas höher als die des Ameisengangs bzw. des Umgebungsmaterials (unter 10 %), jedoch deutlich höher als die bei *Acromyrmex* sp. ermittelten Basensättigungen. Die C-Gehalte sowie die C/N-Verhältnisse zeigen nur geringe Unterschiede zwischen den Proben (C/N um 12). Auch dieser Ameisenbau weist nur geringe Unterschiede zum benachbarten Bodenmaterial auf. Ein Vergleich der beiden Ameisengattungen ergibt, daß der Bau von *Atta* sp. günstigere bodenchemische Werte besitzt. Die Basensättigung im Nestauswurfmaterial ist bei *Atta* sp. rund doppelt so hoch, diejenige der Kammern und Gänge rund sieben mal so hoch wie bei *Acromyrmex* sp.

Tab. 13: Mikromorphologische und bodenchemische Daten biogener Strukturen in einem Ameisenbau von *Atta* sp.

| Ameisenbau *Atta* sp. | Organikgehalt [Flächen-%] | Quarzgehalt [Flächen-%] | Porengehalt [Flächen-%] | Matrixgehalt [Flächen-%] | KAK nach Summe [mmol/100g] | Summe Kationen [mmol/100g] | Basensättigung [%] | N in % | C in % | C/N-Verhältnis |
|---|---|---|---|---|---|---|---|---|---|---|
| **Ameisenbau *Atta* sp.: Nestauswurf** | | | | | | | | | | |
| oberirdischer Nestauswurf (wenige cm hoch) | 2,5 | 1,8 | 55,0 | 40,7 | 8,9 | 1,0 | 10,9 | 0,1 | 1,3 | 12,0 |
| | | | | | | | | | | |
| **Ameisenbau *Atta* sp.: biogene Strukturen** | | | | | | | | | | |
| Kammerwand in 30 cm Tiefe (1) | 0,9 | 2,4 | 23,3 | 73,4 | - | - | - | - | - | - |
| Seitenwand des Gangs (2) | 0,3 | 2,8 | 7,2 | 89,7 | 10,1 | 1,0 | 10,1 | 0,1 | 1,6 | 12,0 |
| Boden des Gangs (3) | 0,2 | 1,5 | 13,5 | 84,9 | - | - | - | - | - | - |
| Seitenwand des Gangs (4) | 0,3 | 5,1 | 8,5 | 86,0 | - | - | - | - | - | - |
| Verfüllung einer Kammer in 20 cm Tiefe | 0,2 | 0,9 | 46,3 | 52,7 | 6,8 | 0,4 | 6,0 | 0,1 | 0,7 | 11,2 |
| MITTELWERT | 0,4 | 2,5 | 19,7 | 77,3 | 8,5 | 0,7 | 8,1 | 0,1 | 1,2 | 11,6 |
| | | | | | | | | | | |
| **Ameisenbau *Atta* sp.: Umgebung der biogenen Strukturen** | | | | | | | | | | |
| 5 mm hinter (1) | 0,1 | 4,0 | 8,9 | 87,0 | - | - | - | - | - | - |
| 5 mm hinter (2) | 0,4 | 2,4 | 8,3 | 88,8 | - | - | - | - | - | - |
| 5 mm hinter (3) | 0,1 | 2,3 | 14,4 | 83,1 | - | - | - | - | - | - |
| 5 mm hinter (4) | 0,4 | 1,7 | 9,1 | 88,9 | - | - | - | - | - | - |
| Bodenmaterial unterhalb des Gangs (25 cm Tiefe) | 0,1 | 1,6 | 12,1 | 86,2 | 8,3 | 0,2 | 2,0 | 0,1 | 1,0 | 11,0 |
| Oberboden unter dem Nestauswurf in 5 cm Tiefe | 0,7 | 5,2 | 18,4 | 75,8 | 11,2 | 0,8 | 7,5 | 0,2 | 2,0 | 11,7 |
| Oberboden in 0-10 cm Tiefe ohne Ameiseneinfluß | - | - | - | - | 15,1 | 1,6 | 10,6 | 0,2 | 3,1 | 13,1 |
| Unterboden in 40-50 cm Tiefe ohne Ameiseneinfluß | - | - | - | - | 7,7 | 0,1 | 1,1 | 0,1 | 0,9 | 11,1 |
| MITTELWERT | 0,3 | 2,9 | 11,9 | 85,0 | 10,6 | 0,7 | 5,3 | 0,1 | 1,7 | 11,7 |

**Erläuterung zu den nachfolgenden Dünnschliffbildern (Abb. 48ff.):**
Unter dem Polarisationsmikroskop erscheint bei gekreuzten Polarisatoren die tonige Bodenmatrix des
Xanthic Ferralsol gelblich-bräunlich (1), organische Substanz ist braun bis schwarz (2), Quarze erscheinen weiß (3a) bis undulös ausgelöscht (3b), bei Poren oder Löchern im Schliff sieht man die
graue Farbe des Objektträgers (4).

**Dünnschliffbilder eines Xanthic Ferralsol:**

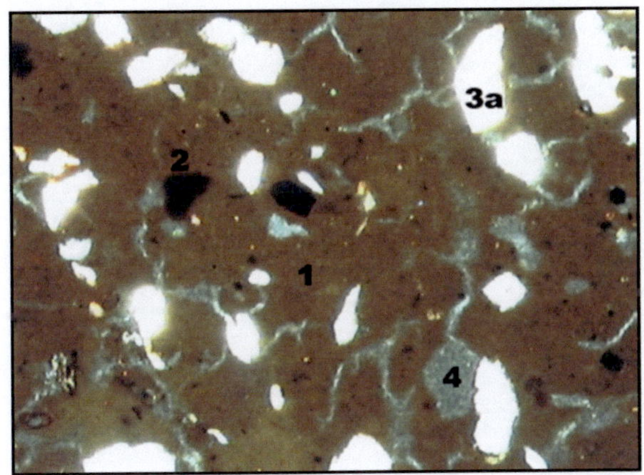

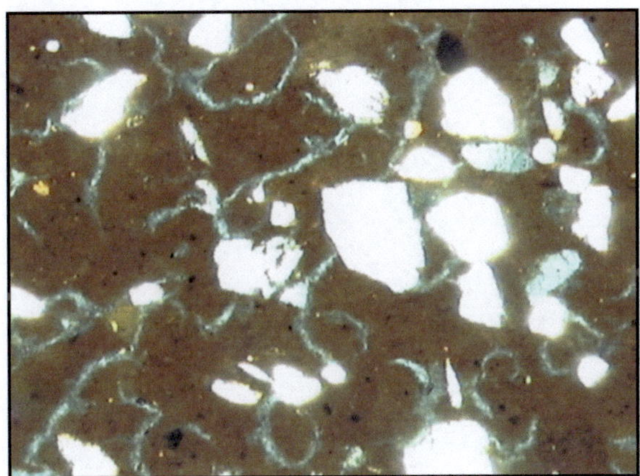

Abb. 47 und 48:  Dünnschliffbilder: Typisches Aussehen des Oberbodens eines Xanthic Ferralsol. Probe aus 0 bis 6 cm Tiefe unter Primärwald. Gekreuzte Polarisatoren, 25-fach (lange Bildseite: etwa 2 mm).

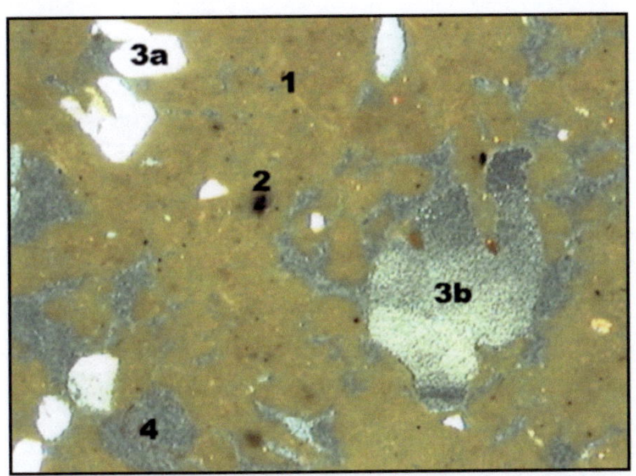

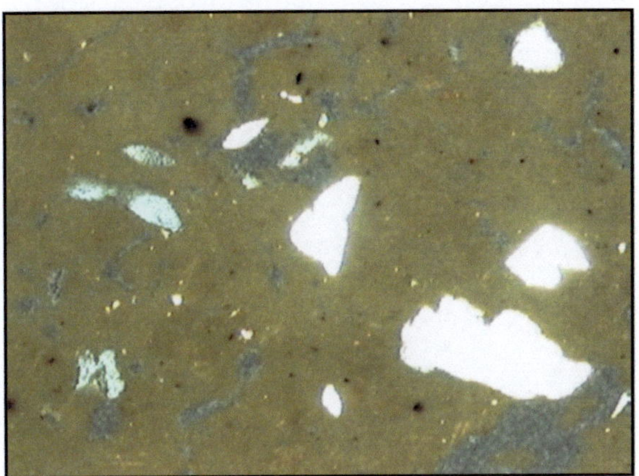

Abb. 49 und 50:  Dünnschliffbilder: Typisches Aussehen des Unterbodens eines Xanthic Ferralsol. Probe aus 40 bis 50 cm Tiefe unter Primärwald. Auffallend sind die im Vergleich zum Oberboden geringere Porosität und der geringere Organikgehalt. Gekreuzte Polarisatoren, 25-fach.

**Fotos und Dünnschliffbilder der Ameisenbauten (*Acromyrmex* sp. und *Atta* sp.):**

Abb. 51: Nestauswurf von *Acromyrmex* sp. neben Eingängen. Sechs Zugangskanäle mit etwa 1 cm Durchmesser führen zur Kammer (Aufnahme: P. WALOTEK).

Abb. 52: Nestkammer von *Acromyrmex* sp. Kammer bis in 14 cm Tiefe. Am Boden der Kammer befindet sich eine Pilzfüllung (Aufnahme: P. WALOTEK).

**Fotos und Dünnschliffbilder der Ameisenbauten (*Acromyrmex* sp. und *Atta* sp.):**

Abb. 53: Dünnschliffbild: Nestauswurf von *Acromyrmex* sp. Das ausgeworfene Bodenmaterial hat eine hohe Porosität und enthält Pflanzenreste aus dem Oberboden. Gekreuzte Polarisatoren, 25-fach (lange Bildseite: etwa 2 mm).

Abb. 54: Dünnschliffbild: Boden einer Kammer von *Acromyrmex* sp. Lage in 40 cm Tiefe. Gekreuzte Polarisatoren, 25-fach (lange Bildseite: etwa 2 mm).

Abb. 55: Dünnschliffbild: Boden derselben Kammer von *Acromyrmex* sp. Eingeschlepptes organisches Material nahe des Kammerbodens. Gekreuzte Polarisatoren, 25-fach (lange Bildseite: etwa 2 mm).

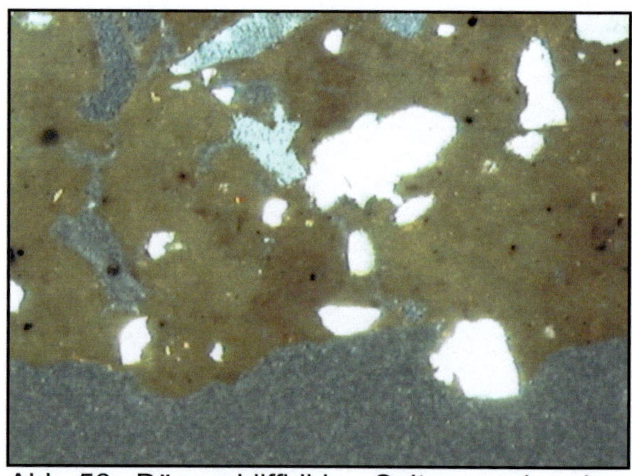

Abb. 56: Dünnschliffbild: Seitenwand einer Ameisenkammer von *Acromyrmex* sp. Diese Art kleidet ihre Kammern nicht aus. Gekreuzte Polarisatoren, 25-fach (lange Bildseite: etwa 2 mm).

Abb. 57: Nestauswurf von *Atta* sp. mit Eingang. Auf dem Kegel befinden sich zerkleinerte Blätter, die von den Ameisen ins Nest eingetragen wurden (Aufnahme: P. WALOTEK).

Abb. 58: Mehr als 2 m langer Ameisengang (*Atta* sp.). Verlauf in etwa 20 cm Tiefe. Ausgehend vom Nestauswurf (1) wurde der waagerecht verlaufende Gang (2) 2 m weit aufgegraben (Aufnahme: P. WALOTEK).

**Fotos und Dünnschliffbilder der Ameisenbauten (*Acromyrmex* sp. und *Atta* sp.):**

Abb. 59: Nestauswurf und Gang von *Atta* sp. Unter dem Nestauswurf zweigt der Gang nach rechts ab (Aufnahme: P. WALOTEK).

Abb. 60: Detailansicht des Gangs von *Atta* sp. Der Gang mit 3 cm Durchmesser ist nicht ausgekleidet (Aufnahme: P. WALOTEK).

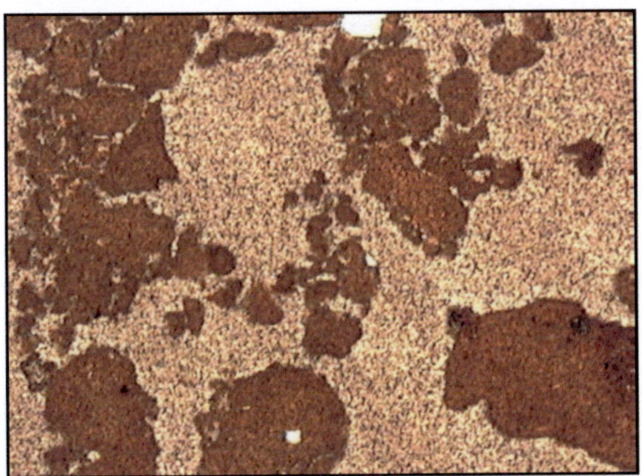

Abb. 61: Dünnschliffbild: Nestauswurf von *Atta* sp. Das aufgeworfene Material zeichnet sich durch eine hohe Porosität aus. Hellfeld, 25-fach (lange Bildseite: etwa 2 mm).

Abb. 62: Dünnschliffbild: Seitenwand des Ameisengangs von *Atta* sp. Lage in etwa 20 cm Tiefe. Es ist keine Wandauskleidung erkennbar. Gekreuzte Polarisatoren, 25-fach (lange Bildseite: etwa 2 mm).

Abb. 63: Dünnschliffbild: Boden eines Ameisengangs von *Atta* sp. Das Material am Boden des Gangs unterscheidet sich nicht vom benachbarten Unterboden. Hellfeld, 25-fach (lange Bildseite: etwa 2 mm).

Abb. 64: Dünnschliffbild: Kammerverfüllung von *Atta* sp. Kleine Kammer unterhalb des Hauptgangs in 20 cm Tiefe. Gekreuzte Polarisatoren, 25-fach (lange Bildseite: etwa 2 mm).

### 7.1.3 Termitenbau von *Cornitermes* sp.

Es wurden zwei Termitenbauten von im Untersuchungsgebiet häufig vorkommenden Arten bzw. Gattungen aufgegraben: von *Cornitermes* sp. und *Syntermes molestus*.

In einem Primärwald, ca. 2 km von der SHIFT-Fläche entfernt, wurde ein Bau von *Cornitermes* sp. beprobt. Um den Stamm eines Seringueira-Baums (*Hevea brasiliensis*) hatten die Termiten einen 80 cm hohen und 70 cm breiten Auswurfkegel aufgeschüttet (Abb. 65). In diesem Kegel befanden sich fünf große Belüftungskanäle (mit größten Durchmessern von 4 bis 12 cm), die zu einer Nestkammer führten und in diese hineinreichten (Abb. 66 und 67). Diese Belüftungskanäle leiten Niederschlagswasser schnell in die Tiefe, waren aber im Bereich der Nestkammer mit feinkörnigem Bodenmaterial ausgekleidet, vermutlich um ein Überfluten der Kammer bei Starkregen zu verhindern. Die Kammer erstreckte sich um das Pfahlwurzelsystem von *Hevea* von 10 cm über bis 40 cm unter der Geländeoberkante und bestand aus braunem, zellulosehaltigem organischen Material mit einer schwammartigen Struktur aus kleineren Kammern. Diese Kammern hatten eine Breite von maximal 2 cm, eine Höhe von maximal 1 cm, und waren von lebenden Wurzeln durchzogen. In den Kammern befanden sich kleine Mengen an eingelagertem Material unbestimmter Zusammensetzung (Durchmesser unter 3 mm), welches den Tieren vermutlich als Nahrungsreserve diente.

Die qualitative und quantitative Auswertung der Dünnschliffe aus den Termitenbauten (Daten in Tab. 14 und 15) erbrachte, daß der Einbau organischen Materials in den Boden bei *Cornitermes* sp. und *Syntermes molestus* aus-

geprägter ist als in den beiden untersuchten Ameisenbauten. Die Nestkammer von *Cornitermes* sp. (Abb. 67 und 68) besteht vollständig aus organischem Material, wohingegen eine Wand eines Gangsystems (Abb. 69) keinen Einbau von Organik erkennen läßt.

Die Nestkammer von *Cornitermes* sp. weist sehr hohe Organikgehalte (durchschnittlich über 80 %) in der Kammer auf bei gleichzeitig deutlich verringerter Porosität (um 6 %). Die Organikgehalte des Nestauswurfs, der Belüftungsschächte und der Termitengänge sind sehr gering (um 1 %), wie auch diejenigen des Umgebungsmaterials (weit unter 1 %). Die Organikgehalte des Nestauswurfmaterials sind durch darin enthaltenem Oberbodenmaterial leicht erhöht.

Hinsichtlich der Porosität gibt es kaum Unterschiede zwischen Nestauswurf, Wänden von Belüftungsschächten und Gängen sowie dem Umgebungsmaterial (um 15 %), auch wenn bei qualitativer Betrachtung einige Bereiche von Kammerwänden durch faunistische Tätigkeit aufgelockert erscheinen (Abb. 69). Bemerkenswert ist der, im Vergleich zu den Ameisenbauten, geringe Porenanteil des Nestauswurfmaterials (unter 20 %). Der Nestauswurf bildet einen 80 cm hohen spitzen Kegel, der aus verfestigtem Unterbodenmaterial besteht. Mikroskopisch unterscheidet sich das Nestauswurfmaterial nicht vom Unterboden, auch die Porosität ist nicht erhöht. Möglicherweise handelte es sich um ein schon vor längerer Zeit angelegtes Nest, in dem sich das Nestauswurfmaterial im Laufe der Zeit kompaktiert hat. Die Verfestigung des Materials wurde im vorliegenden Fall vermutlich durch Stammabfluß des Niederschlagswassers am (im

Tab. 14: Mikromorphologische und bodenchemische Daten biogener Strukturen in einem Termitenbau von *Corniternes* sp.

| Termitenbau *Corniternes* sp. | Organikgehalt [Flächen-%] | Quarzgehalt [Flächen-%] | Porengehalt [Flächen-%] | Matrixgehalt [Flächen-%] | KAK nach Summe [mmol/100g] | Summe Kationen [mmol/100g] | Basensättigung [%] | N in % | C in % | C/N-Verhältnis |
|---|---|---|---|---|---|---|---|---|---|---|
| **Termitenbau *Corniternes* sp.: Nestkammer** | | | | | | | | | | |
| Nestkammer (5 cm über Erdoberfl.) | 82,8 | 0,1 | 6,1 | 10,9 | 94,4 | 39,0 | 41,3 | - | - | - |
| Nestkammer (20 cm unter Erdoberfl.) | 93,9 | 0,0 | 5,8 | 0,2 | 94,4 | 39,0 | 41,3 | - | - | - |
| Nestkammer (30 cm unter Erdoberfl.) | 73,8 | 0,2 | 6,9 | 19,2 | 94,4 | 39,0 | 41,3 | - | - | - |
| MITTELWERT | 83,5 | 0,1 | 6,3 | 10,1 | 94,4 | 39,0 | 41,3 | - | - | - |
| | | | | | * | * | * | | | |
| **Termitenbau *Corniternes* sp.: biogene Strukturen** | | | | | | | | | | |
| oberirdischer Nestauswurf-Kegel in 0-10 cm Höhe (Basis) | 1,6 | 3,2 | 16,1 | 79,0 | 15,3 | 1,8 | 12,0 | 0,2 | 3,3 | 14,6 |
| ebenso, in 20-30 cm Höhe | 1,8 | 4,3 | 15,7 | 78,2 | 15,1 | 0,9 | 5,9 | 0,2 | 3,0 | 13,8 |
| ebenso, in 70-80 cm Höhe (Spitze) | 0,9 | 4,7 | 18,6 | 75,8 | 15,2 | 0,9 | 5,6 | 0,2 | 3,4 | 14,4 |
| Wand eines Belüftungskanals im Nestauswurf (40-50 cm Höhe) | - | - | - | - | 14,1 | 0,8 | 6,0 | 0,2 | 2,7 | 13,5 |
| Wand eines Kammer-Belüftungsschachtes in 10-20 cm Tiefe (1) | 0,8 | 6,7 | 15,4 | 77,2 | 17,7 | 1,1 | 6,1 | 0,3 | 4,2 | 14,4 |
| ebenso, in 30-40 cm Tiefe (2) | 0,5 | 6,0 | 11,8 | 81,7 | 10,1 | 0,1 | 1,2 | 0,2 | 1,8 | 11,4 |
| ebenso, in 30-40 cm Tiefe (3) | 0,9 | 2,3 | 30,6 | 66,3 | 9,9 | 0,2 | 2,5 | 0,1 | 1,6 | 11,4 |
| ebenso, in 30-40 cm Tiefe | - | - | - | - | 19,4 | 0,3 | 1,4 | 0,3 | 4,0 | 12,9 |
| Wand von Termitengängen in 40-50 cm Tiefe | - | - | - | - | 9,3 | 0,0 | 0,5 | 0,1 | 1,4 | 10,6 |
| ebenso, in 50-60 cm Tiefe (4) | 0,8 | 1,7 | 8,8 | 88,7 | 8,6 | 0,2 | 2,2 | 0,1 | 1,2 | 11,0 |
| MITTELWERT | 1,0 | 4,1 | 16,7 | 78,1 | 13,5 | 0,6 | 4,3 | 0,2 | 2,6 | 12,8 |
| **Termitenbau *Corniternes* sp.: Umgebung d. biogenen Strukturen** | | | | | | | | | | |
| 5 mm hinter (1) | 1,2 | 2,8 | 22,2 | 73,8 | - | - | - | - | - | - |
| 5 mm hinter (2) | 0,2 | 5,3 | 12,9 | 81,7 | - | - | - | - | - | - |
| 5 mm hinter (3) | 0,4 | 2,9 | 13,0 | 83,7 | - | - | - | - | - | - |
| 5 mm hinter (4) | 0,0 | 6,3 | 11,5 | 82,2 | - | - | - | - | - | - |
| Unterboden ohne Termiteneinfluß neben Nestkammer in 35 cm Tiefe | 0,2 | 3,5 | 15,5 | 80,8 | 8,6 | 0,1 | 0,7 | 0,1 | 0,7 | 9,8 |
| ebenso, in 10-20 cm Tiefe | - | - | - | - | 23,4 | 3,3 | 13,9 | 0,4 | 6,0 | 16,5 |
| ebenso, in 30 cm Tiefe | - | - | - | - | 9,0 | 0,1 | 1,1 | 0,1 | 1,4 | 10,8 |
| ebenso, in 30-40 cm Tiefe | - | - | - | - | 9,8 | 0,1 | 0,8 | 0,1 | 1,6 | 11,1 |
| ebenso, in 30-40 cm Tiefe | - | - | - | - | 11,6 | 0,1 | 0,9 | 0,2 | 1,9 | 11,3 |
| ebenso, in 40-50 cm Tiefe | 0,1 | 1,3 | 13,7 | 85,0 | 6,6 | 0,0 | 0,5 | 0,1 | 0,7 | 9,9 |
| ebenso, in 90-100 cm Tiefe | - | - | - | - | 6,9 | 0,0 | 0,6 | 0,1 | 0,7 | 9,8 |
| ebenso, in 40 cm Tiefe (direkt unter der Nestkammer) | - | - | - | - | 7,5 | 0,1 | 1,1 | 0,1 | 0,7 | 9,9 |
| MITTELWERT | 0,3 | 3,7 | 14,8 | 81,2 | 10,4 | 0,5 | 2,4 | 0,1 | 1,7 | 11,1 |

* Mischprobe aus 10 cm über bis 40 cm unter der Erdoberfläche

Nestkegel befindlichen) Seringueira-Baum begünstigt.

Die Kationenaustauschkapazität des Nestkammermaterials ist hoch (94 mmol/100 g), der höchste aller (in dieser Arbeit) gemessenen Werte und damit rund zehn mal so hoch wie in den weiteren Proben aus diesem Bau. $Ca^{2+}$ und $Mg^{2+}$ dominieren den Kationenbelag des Kammermaterials. Die Kationenaustauschkapazität der Wände der Belüftungsschächte, des Nestauswurfs, der Wände der Gänge sowie des Umgebungsmaterials ist sehr gering mit Werten zumeist zwischen 10 und 15 mmol/100 g (am höchsten im Nestauswurf).

Die Basensättigung des Kammermaterials ist mit 41,3 % die höchste aller in dieser Arbeit gemessenen Werte und liegt damit deutlich über den anderen Proben aus diesem Bau, die zumeist Werte unter 5 % zeigen. Im Nestauswurfmaterial ist die Basensättigung erhöht (über 5 %). C/N-Werte für die Nestkammer liegen nicht vor. Die C-Gehalte liegen um 2 %, die C/N-Verhältnisse um 12.

### 7.1.4 Termitenbau von *Syntermes molestus*

Die blattschneidende Termite *Syntermes molestus* ist eine sowohl im Primärwald wie auch in den Agroforst-Flächen häufig anzutreffende Art, die unterirdisch komplex aufgebaute Nester aus Gängen und Kammern errichtet. Der hier untersuchte Bau von *Syntermes molestus* befand sich unter einem Cupuaçu-Baum (*Theobroma grandiflorum*) auf dem SHIFT-Gelände und bestand aus einer Vielzahl von Gängen und Kammern. Er ließ sich daher nicht klar gliedern. In verschiedenen Tiefen wurden Gänge und Kammern (zumeist mit Tier-

präsenz) gefunden, die mit von den Termiten eingetragenen und zerkleinerten Blättern gefüllt waren (Abb. 73, 75 und 76). Strukturen von *Syntermes molestus* wurden bis in 70 cm Tiefe aufgegraben, waren aber möglicherweise auch noch in größeren Tiefen vorhanden. Charakteristisch für *Syntermes molestus* sind große, annähernd waagerechte Gänge mit Durchmessern von mehreren Zentimetern und Längen von mehreren Metern (Sondierung mit einer Holzstange). Diese im Unterboden befindlichen Gänge scheinen keine direkte Verbindung zur Erdoberfläche zu haben, sondern sind vermutlich durch kleinere Gänge mit der Oberfläche verbunden.

Der Einbau organischen Materials in unterirdische Kammern ist typisch für *Syntermes molestus*. Diese Termitenart kommt nachts an die Oberfläche, zerkleinert Blätter am Waldboden und verbringt diese als Nahrungsreserve in unterirdische Gänge und Kammern (Abb. 73). Tagsüber sind die an die Erdoberfläche führenden Gänge mit organo-mineralischen Pfropfen verschlossen und nicht zu erkennen. In den mit organischer Substanz verfüllten Strukturen sind der Anteil organischer Substanz und die Kationenaustauschkapazität ähnlich hoch wie im Regenwurmkot (Kapitel 7.2).

Die qualitative Dünnschliffanalyse läßt zwei unterschiedliche Typen organischer Einlagerungen erkennen. Beim ersten Typ handelt es sich um Kammern mit zerkleinerten Blattschnippseln. Die Blätter sind stark zerkleinert (wenige mm groß) und teilweise zersetzt, aber noch als solche zu erkennen. Die angetroffenen Kammern sind vollständig und sehr dicht mit Blattmaterial verfüllt (Abb. 73). Im Dünnschliff ist die Einlagerung des Blattmaterials in die Bodenmatrix zu erkennen (Abb. 75). Die quantitative Auswertung ergibt sehr hohe Organikgehalte (14 bzw. 65 %), allerdings wurden beim Schleifen der Dünnschliffe Teile der Organik herausgerissen, so daß die tatsächlichen Organikgehalte höher liegen dürften. Dies erklärt die hohen Unterschiede der Organikgehalte beider Proben. Eine Angabe der Porengehalte der mit Blattschnipseln gefüllten Kammern ist aufgrund der geschilderten Problematik fragwürdig. Ein bei der Präparation gut gelungener Dünnschliff weist einen geringen Porengehalt von unter 10 % auf, so daß von einer sehr dichten Befüllung der Kammern mit Blattmaterial ausgegangen werden kann, wie es auch bei der Probenahme im Gelände den Eindruck erweckte. Die Kationenaustauschkapazität der drei Proben aus der Kammerverfüllung beträgt 13,3 bis 20,6 mmol/100 g und ist damit rund doppelt so hoch wie diejenige des Umgebungsmaterials, absolut gesehen aber immer noch niedrig. $Ca^{2+}$ dominiert den Kationenbelag bei weitem. Die Basensättigung (22,7 bis 47 %) liegt weit (bis Faktor 25) über den Werten des Umgebungsmaterials und ist als mäßig bis mittel zu bezeichnen. Erwartungsgemäß liegen die C-Gehalte über jenen des Umgebungsmaterials (etwa doppelt so hoch), die C/N-Verhältnisse sind leicht erhöht.

Beim zweiten Typ organischer Einlagerungen handelt es sich um Kammern mit feinverteiltem schwarzem Material, welches sehr dicht gelagert ist und eine sehr geringe Porosität aufweist (Abb. 74). Es sind möglicherweise Kammern, in die die Termiten Abfallstoffe und Kot einlagern. Im Dünnschliff sind von Matrix umgebene Organikpartikel zu erkennen, die deutlich kleiner sind als die Blattschnipsel und bei

denen es sich um eingelagerte Abfallstoffe handeln könnte (Abb. 77 und 78). Die Einbringung der Stoffe erfolgt sehr dicht; die quantitativ ermittelten Porengehalte liegen unter 3 %. Die Auswertung zweier Proben aus demselben Gang ergibt stark variable Organikgehalte von 12,8 bzw. 50 % (möglicherweise wurde ein Teil der Organik bei der Präparation herausgerissen). Die Kationenaustauschkapazität (Dominanz von $Ca^{2+}$) ist mit 27,9 mmol/100 g gegenüber dem Umgebungsmaterial deutlich erhöht, absolut gesehen aber immer noch mäßig. Die Basensättigung ist mäßig hoch und mit 17,5 % fast zehn mal so hoch wie im Umgebungsmaterial. Der C-Gehalt ist rund fünf mal so hoch wie im Umgebungsmaterial, das C/N-Verhältnis ist ebenfalls höher und mit einem Wert von 20 als mittel zu bezeichnen.

Im Gegensatz zu den stark nährstoffangereicherten Kammerverfüllungen von *Syntermes molestus* weisen die Wände der Gänge und Kammern dieser Art ähnliche mikromorphologische und bodenchemische Werte auf wie das biogen nicht beeinflußte Umgebungsmaterial. Die Organikgehalte der Gang- und Kammerwände sind mit durchschnittlich 2 % ähnlich niedrig wie die des Umgebungsmaterials, die Porosität der Kammerwände ist gegenüber dem Umgebungsmaterial leicht verringert. Die Kationenaustauschkapazität ist sowohl in den Gang- und Kammerwänden wie auch im Umgebungsmaterial sehr gering (um 9 mmol/100 g). Die Basensättigung ist in den Gang- und Kammerwänden leicht erhöht (um etwa Faktor zwei), aber absolut gesehen sehr gering (unter 5 %). Auch bei den C-Gehalten sowie den C/N-Verhältnissen gibt es kaum Unterschiede zwischen den biogenen Strukturen sowie deren Umgebung.

Zusammenfassend kann man feststellen, daß sich die organischen Kammerverfüllungen von *Syntermes molestus* gegenüber dem umgebenden Unterboden durch deutlich erhöhte Werte der Kationenaustauschkapazität und Basensättigung auszeichnen. Auch im Vergleich zum Oberboden ist eine Nährstoffanreicherung zu erkennen: die KAK-Werte liegen ca. 50 % über denen des Oberbodens, die Basensättigung ist über zehn mal so hoch (28 zu 2 %).

Ein Vergleich von *Cornitermes* sp. mit *Syntermes molestus* erscheint wenig sinnvoll, da bei beiden die Art der Anreicherung organischen Materials völlig unterschiedlich ist: bei *Cornitermes* sp. ist das organische Material vollständig auf die nahe der Geländeoberfläche befindliche Nestkammer konzentriert, bei *Syntermes molestus* erfolgt eine Anreicherung in unterschiedlichen Bodentiefen in zahlreichen Kammern zweierlei Typs (Kammern mit Blattschnipseln sowie „Abfallkammern"). Abschließend läßt sich feststellen, daß sowohl *Cornitermes* sp. wie auch *Syntermes molestus* ausschließlich durch die Einlagerung organischen Materials eine Verbesserung der bodenchemischen Verhältnisse bewirken, nicht aber durch die bloße Anlage von Kammern und Gängen. Zwar ist im Wandbereich der Termitengänge im Mittel eine leichte Erhöhung von Organikgehalten, Kationenaustauschkapazität und Basensättigung zu verzeichnen, die vermutlich auf beim Transport in die Kammern in den Gängen liegengebliebenes Material zurückzuführen ist, jedoch sind diese erhöhten Werte (die absolut gesehen immer noch als niedrig zu bewerten sind) nur wenige Millimeter hinter der jeweiligen Struktur nicht mehr festzustellen.

Tab. 15: Mikromorphologische und bodenchemische Daten biogener Strukturen in einem Termitenbau von *Syntermes molestus*.

| Termitenbau *Syntermes molestus* | Organikgehalt [Flächen-%] | Quarzgehalt [Flächen-%] | Porengehalt [Flächen-%] | Matrixgehalt [Flächen-%] | KAK nach Summe [mmol/100g] | Summe Kationen [mmol/100g] | Basensättigung [%] | N in % | C in % | C/N-Verhältnis |
|---|---|---|---|---|---|---|---|---|---|---|
| **Termitenbau *Syntermes molestus*: organisches Material** | | | | | | | | | | |
| **a) Verfüllung mit Blattschnipseln** | | | | | | | | | | |
| Gang (7 mm Durchmesser) verfüllt mit zersetzten Blättern in 45 cm Tiefe (1) | 64,9 | 0,2 | 9,1 | 25,8 | 15,6 | 4,2 | 26,8 | - | - | - |
| Gang mit zersetzten Blättern in 40-50 cm Tiefe (2) | 13,7 | 3,7 | 44,1 | 38,5 | 20,6 | 9,7 | 47,0 | 0,2 | 3,5 | 17,4 |
| Kammer (6 cm Durchmesser) mit zersetzten Blättern in 70 cm Tiefe | - | - | - | - | 13,3 | 3,0 | 22,7 | 0,2 | 2,6 | 12,9 |
| **b) Verfüllung mit sonstigem organischen Material** | | | | | | | | | | |
| 2 Gänge (3 u.4 cm lang, 1 cm Dm.) mit organ. Einlagerungen in 50 cm Tiefe (3) | 50,0 | 1,9 | 0,7 | 47,4 | 27,9 | 4,9 | 17,5 | 0,3 | 6,7 | 20,2 |
| derselbe Gang (3) | 12,8 | 3,7 | 2,7 | 80,7 | - | - | - | - | - | - |
| MITTELWERT [a) und b)] | 35,4 | 2,4 | 14,2 | 48,1 | 19,4 | 5,4 | 28,5 | 0,2 | 4,2 | 16,9 |
| | | | | | | | | | | |
| **Termitenbau *Syntermes molestus*: biogene Strukturen** | | | | | | | | | | |
| Wand eines Gangs in 15 cm Tiefe (4) | 1,9 | 6,8 | 6,7 | 84,6 | 9,8 | 0,3 | 3,4 | 0,1 | 1,7 | 11,7 |
| Wand eines Gangssystems in 0-10 cm Tiefe (5) | 2,0 | 6,7 | 5,8 | 85,4 | 10,8 | 0,4 | 3,8 | 0,2 | 1,9 | 11,3 |
| Wand eines Gangs in 20 cm Tiefe | - | - | - | - | 8,4 | 0,2 | 2,4 | 0,1 | 1,2 | 10,4 |
| Wand einer Kammer in 30 cm Tiefe | - | - | - | - | 8,5 | 0,4 | 4,3 | 0,1 | 1,2 | 10,4 |
| Boden einer Kammer in 60 cm Tiefe | - | - | - | - | 7,9 | 0,4 | 5,7 | 0,1 | 1,1 | 10,8 |
| MITTELWERT | 2,0 | 6,7 | 6,3 | 85,0 | 9,1 | 0,4 | 3,9 | 0,1 | 1,4 | 10,9 |
| | | | | | | | | | | |
| **Termitenbau *Syntermes molestus*: Umgebung der biogenen Strukturen** | | | | | | | | | | |
| 5 mm hinter (1) | 0,1 | 2,5 | 19,3 | 78,2 | - | - | - | - | - | - |
| 5 mm hinter (2) | 0,4 | 3,7 | 11,0 | 84,9 | - | - | - | - | - | - |
| 5 mm hinter (3) | 0,1 | 3,6 | 9,5 | 86,8 | - | - | - | - | - | - |
| 5 mm hinter (4) | 3,3 | 8,6 | 9,5 | 78,6 | - | - | - | - | - | - |
| 5 mm hinter (5) | 5,3 | 9,1 | 6,6 | 79,0 | - | - | - | - | - | - |
| Unterboden in 70 cm Tiefe ohne Termiteneinfluß | 0,4 | 4,0 | 10,9 | 84,7 | 5,8 | 0,1 | 2,0 | 0,1 | 0,6 | 10,2 |
| Unterboden bei (3) in 50 cm Tiefe | 0,3 | 3,8 | 9,7 | 86,1 | - | - | - | - | - | - |
| Oberboden in 0-10 cm Tiefe ohne Termiteneinfluß | - | - | - | - | 12,9 | 0,3 | 2,2 | 0,2 | 2,4 | 11,4 |
| Unterboden in 40-50 cm Tiefe ohne Termiteneinfluß | - | - | - | - | 7,2 | 0,1 | 1,5 | 0,1 | 0,9 | 11,3 |
| MITTELWERT | 1,4 | 5,0 | 10,9 | 82,6 | 8,7 | 0,2 | 1,9 | 0,1 | 1,3 | 10,9 |

**Fotos und Dünnschliffbilder der Termitenbauten (*Cornitermes* sp. und *Syntermes molestus*):**

Abb. 65: Auswurfkegel und Nestkammer von *Cornitermes* sp. Das Nest ist um die Pfahlwurzel eines Kautschukbaums angelegt und reicht bis in ca. 40 cm Tiefe. Belüftungsschächte reichen vom Nestauswurfkegel bis in die Nestkammer (Aufnahme: P. WALOTEK).

Abb. 66: Nestkammer von *Cornitermes* sp. Sie besteht aus zellulosehaltigem Material und weist eine schwammartige Struktur auf (Aufnahme: P. WALOTEK).

Abb. 67: Nahaufnahme der Nestkammer von *Cornitermes* sp. Die Kammer ist von lebenden Wurzeln durchzogen. In ihr sind Nahrungsklumpen eingelagert (Aufnahme: P. WALOTEK).

Abb. 68: Dünnschliffbild: Nestkammer von *Cornitermes* sp. Lage in 20 cm Tiefe. Die Nestkammer besteht aus zellulosehaltigem kompaktem Material. Gekreuzte Polarisatoren, 25-fach (lange Bildseite: etwa 2 mm).

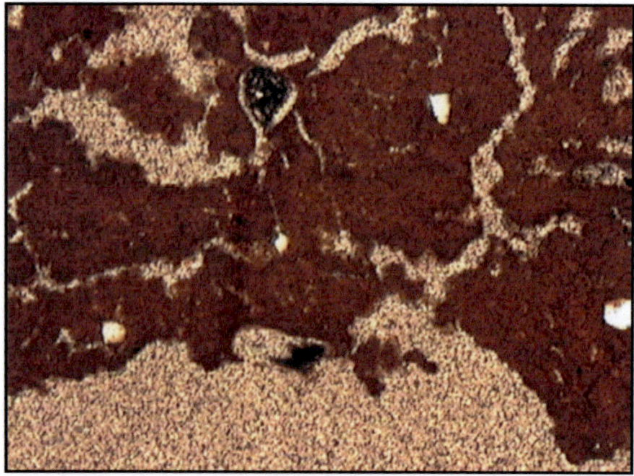

Abb. 69: Dünnschliffbild: Wand eines Gangsystems von *Cornitermes* sp. Lage in 50 bis 60 cm Tiefe. Ohne organische Anreicherungen. Der im Unterboden angelegte Gang weist eine erhöhte Porosität hinter der Wand auf. Hellfeld, 25-fach (lange Bildseite: etwa 2 mm).

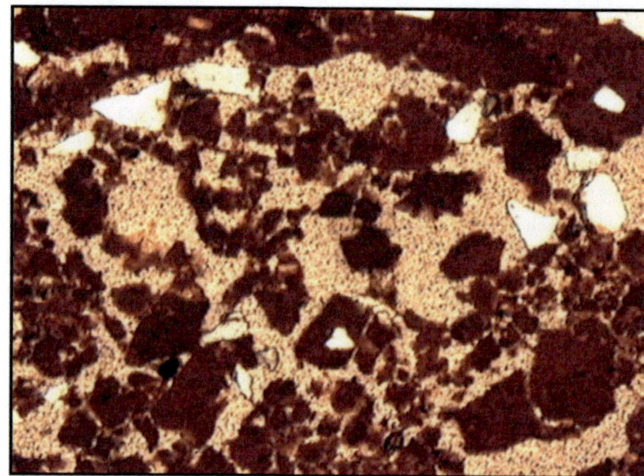

Abb. 70: Dünnschliffbild: Nestauswurf-Kegel von *Cornitermes* sp. Lage in 20 bis 30 cm Höhe. Das aufgeworfene Unterbodenmaterial zeichnet sich durch eine stark erhöhte Porosität aus. Hellfeld, 25-fach (lange Bildseite: etwa 2 mm).

**Fotos und Dünnschliffbilder der Termitenbauten (*Cornitermes* sp. und *Syntermes molestus*):**

Abb. 71: Angeschnittener Gang von *Syntermes molestus* (Aufnahme: P. WALOTEK).

Abb. 72: Termitenkammer von *Syntermes molestus*. In der Kammer befinden sich zwei Soldaten und mehrere helle Larven (Aufnahme: P. WALOTEK).

Abb. 73: Gang mit organischen Einlagerungen von *Syntermes molestus*. Zwischen den dicht gelagerten zerkleinerten Blattresten befinden sich geringe Mengen heruntergefallener oder eingetragener Bodenmatrix (Aufnahme: P. WALOTEK).

Abb. 74: Termitenkammer von *Syntermes molestus*. Die Kammer in 50 cm Bodentiefe ist mit feinem organischem Material verfüllt. Dieser Kammertyp weist eine geringere Porosität als die Kammern mit Blattresten (Abb. 73) auf (Aufnahme: P. WALOTEK).

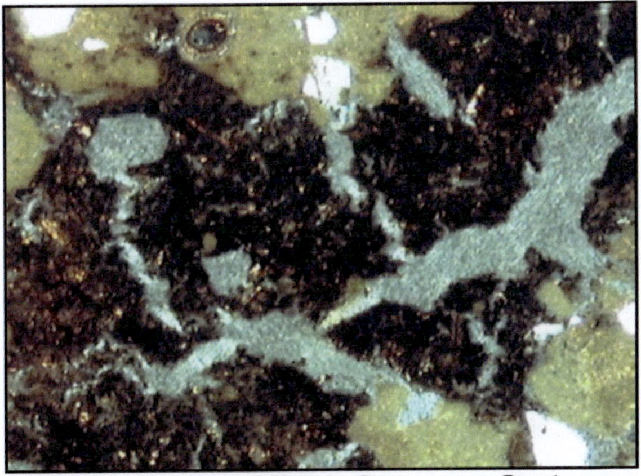

Abb. 75: Dünnschliffbild: Gang von *Syntermes molestus*. Der Gang (aus Abb. 73) in etwa 70 cm Tiefe ist verfüllt mit zersetzten Blättern. Gekreuzte Polarisatoren, 25-fach (lange Bildseite: etwa 2 mm).

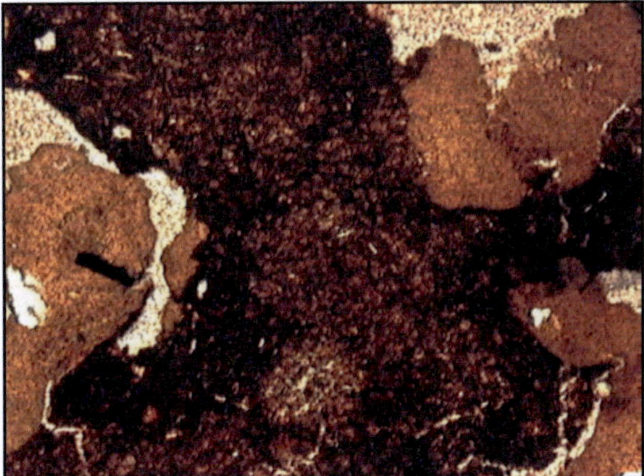

Abb. 76: Dünnschliffbild: Gang von *Syntermes molestus*. Ein dicht mit zersetzten Blättern verfüllter Gang. Hellfeld, 25-fach (lange Bildseite: etwa 2 mm).

**Fotos und Dünnschliffbilder der Termitenbauten (*Cornitermes* sp. und *Syntermes molestus*):**

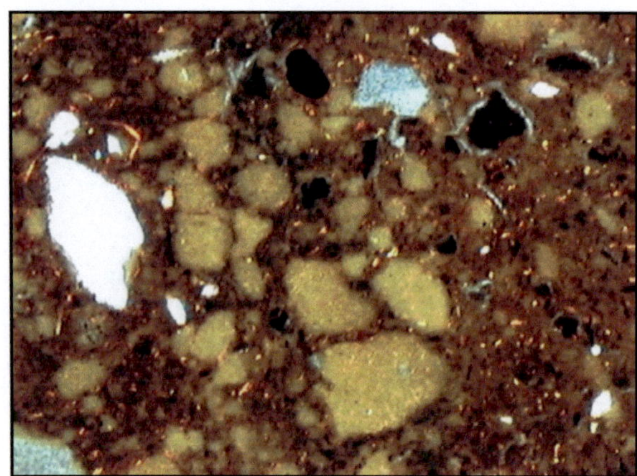

Abb. 77: Dünnschliffbild: Termitenkammer (*Syntermes molestus*). Die Kammer (aus Abb. 74) ist dicht verfüllt mit organischen Einlagerungen (möglicherweise Abfallstoffe). Gekreuzte Polarisatoren, 25-fach (lange Bildseite: etwa 2 mm).

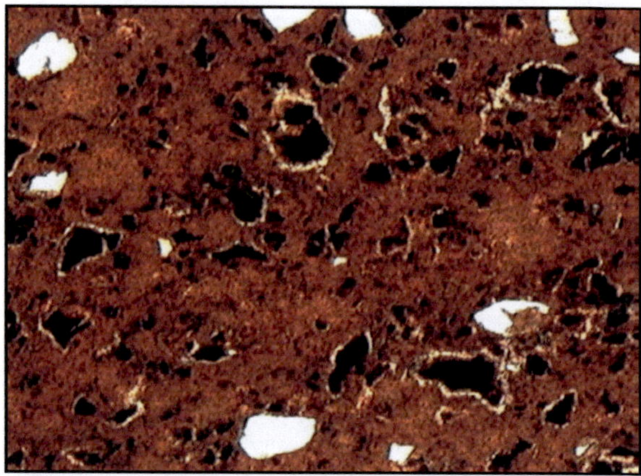

Abb. 78: Dünnschliffbild: Dicht verfüllte Termitenkammer (*Syntermes molestus*). Lage in 50 cm Tiefe. Vermutlich handelt es sich um Kot und Abfallstoffe der Termiten. Hellfeld, 25-fach (lange Bildseite: etwa 2 mm).

## 7.2 Bodenmikromorphologie und -chemie biogener Strukturen von Ameisen, Termiten und Regenwürmern

Insgesamt wurden 77 Dünnschliffe biogener Strukturen untersucht (inklusive der bereits vorgestellten Bauten von *Atta* sp., *Acromyrmex* sp., *Cornitermes* sp. und *Syntermes molestus*). In diesem Kapitel werden die bei der Anlage der Profilgruben der Tracerversuche beprobten biogenen Strukturen vorgestellt. Die Probenahme erfolgte an den nicht eingefärbten und damit bodenchemisch nicht veränderten Seitenwänden der Profilgruben der Tracerversuche.

Die in diesem Kapitel getroffenen Aussagen über den Einfluß von Ameisen, Termiten und Regenwürmern sind aufgrund der geringen Anzahl der beprobten biogenen Strukturen sowie der geringen Zahl beprobter Arten als exemplarisch zu sehen. Aufgrund der unterschiedlichen Lebensweisen und Ernährungsgewohnheiten innerhalb der Gruppen der Ameisen, Termiten und Regenwürmer sind verallgemeinernde Aussagen über den Einfluß der Tiergruppen problematisch.

39 der 77 Dünnschliffe biogener Strukturen stammen von Ameisen-Strukturen (Gänge und Kammern), 28 Dünnschliffe sind aus Termitengängen und -kammern, und 10 Dünnschliffe wurden von Regenwurmgängen und -kot angefertigt. Die relativ geringe Zahl an Dünnschliffen biogener Strukturen ist durch das seltene Antreffen gut erhaltener Strukturen beim Aufgraben zu erklären. Zudem ist es schwierig, eine Struktur unbeschädigt aus der Profilwand herauszupräparieren. Biogene Strukturen sind oft so klein, daß man sich entweder für eine Probenahme für bodenchemische Analysen oder für eine Präparation für mikromorphologische Untersuchungen entscheiden muß. Es wurden nur wenige ausreichend große Strukturen angetroffen, die die Materialgewinnung für beide Untersuchungsmethoden zuließen, so daß KAK-, C/N- und Mikromorphologie-Daten einer Struktur miteinander verglichen werden können. Ein weiterer Grund für die geringe Probenanzahl liegt an

Schwierigkeiten bei der Dünnschliffherstellung. Eingelagertes organisches Material kann beim Herunterschleifen der Dünnschliffe herausgerissen werden, wodurch die Schliffe ganz oder teilweise unbrauchbar werden. In solchen Fällen wurden die Dünnschliffe verworfen oder nur die brauchbaren Teile des Schliffs ausgewertet. In Regenwurmkot mit seiner dichten tonigen Konsistenz drang das Harz sehr schlecht oder gar nicht in die Probe ein, wodurch nur wenige Proben für die Auswertung zu gebrauchen waren. Bei der Bildauswertung von Regenwurmkot ergibt sich das Problem, daß dieser diffus mit Organik angereichert ist und daher nur etwas dunkler als die Matrix erscheint und deswegen vom Programm nur teilweise als Organik klassifiziert wird.

Im Gegensatz zu den mikromorphologischen und bodenchemischen Proben des Agroforstsystems, des Holzexperiments und der Mulchexperimente stammen die Proben der biogenen Strukturen fast ausschließlich aus dem Unterboden (Ausnahme: Nestauswurfmaterial), da im Oberboden biogene Strukturen aufgrund der starken Durchwurzelung schlecht erkennbar sind beziehungsweise das Oberbodenmaterial zu locker und zu stark durchwurzelt ist, um daraus biogene Strukturen unbeschädigt herauspräparieren zu können.

Eine Zusammenfassung (arithmetische Mittelwerte) der Ergebnisse der Dünnschliffanalyse sowie der Bestimmung der Kationenaustauschkapazität, der Basensättigung sowie des C/N-Verhältnisses findet sich in Tab. 16.

### 7.2.1 Bodenmikromorphologische und -chemische Daten der Ameisenstrukturen

Beim Aufgraben der Gruben für die Auswertung der Tracerexperimente wurden Proben von Ameisenkammern und -gängen an den nicht eingefärbten (und damit durch den Farbstoff chemisch nicht veränderten) Seitenwänden genommen. In Bauten mit Tierpräsenz konnte die taxonomische Zugehörigkeit bestimmt werden (die Bestimmung erfolgte durch M. VERHAAGH und C. RABELING). Viele der beprobten Strukturen konnten mangels Tierpräsenz nicht eindeutig einer Art zugeordnet werden. Folgende Unterfamilien (bzw. Gattungen/Arten) konnten bestimmt werden: *Myrmicinae* (*Mycocepurus goeldii*, *Mycocepurus smithi*, *Pheidole*, *Cyphomyrmex*, *Myrmicocrypta*, *Tracymyrmex relictus*, *Crematogaster*, *Solenopsis*), *Ponerinae* (*Ectatomma*, *Typhlomyrmex*, *Leptogenys*), *Formicinae* (*Paratrechina*), *Dolichoderinae* (*Dorymyrmex*).

Am häufigsten wurden bewohnte und verlassene Kammern von *Mycocepurus* angetroffen, vor allem in den Grasland-Flächen. Diese pilzzüchtende Gattung ist an Pilzkulturen zu erkennen, die an den Decken der Kammern befestigt sind (Abb. 79). Die Durchmesser der Kammern liegen meist um 5 cm. Einige Ameisenkammern weisen in ihrem Inneren ein verstärktes Wachstum von Wurzeln auf, was Hinweise auf ehemals oder aktuell erhöhte Nährstoffgehalte gibt. Die Wurzeln können von den Ameisen zur Befestigung von Pilzkulturen genutzt werden.

Die Dünnschliffe der Ameisengänge und -kammern wurden zunächst qualitativ unter dem Polarisationsmikroskop untersucht, um möglicherweise vorhandene charakteristische Gefügemuster erkennen zu können. Bei der qualitativen Auswertung der Dünnschliffe zeigte sich, daß Ameisen (zumindest die oben aufgeführten Gattungen) keine Auskleidung von Kammern und Gängen mit organischem Material durchführen (Abb. 81 bis 83). Nur an Kammerböden finden sich manchmal minimale Organikanreicherungen, die vermutlich aus eingeschlepptem Oberbodenmaterial bestehen. In Abb. 83 (*Myrmicocrypta* sp.) ist die maximal angetroffene Anreicherung organischen Materials in den Wänden von Ameisenkammern zu erkennen. Da diese Anreicherungen jedoch nur in Einzelfällen anzutreffen sind, ist nicht von einem planmäßigen Einbau organischen Materials auszugehen, sondern von einer zufälligen Anreicherung. In einem Dünnschliff eines Kammerbodens von *Mycocepurus goeldii* wurden nennenswerte Organikanreicherungen gefunden, wobei es sich auch hier um eingetragenes Oberbodenmaterial handeln dürfte, da derartige Anreicherungen an Seitenwänden und Kammerdecken nicht beobachtet wurden. Einlagerungen von organischem Material in Abfallkammern wurden nicht angetroffen. Makroskopisch auffällig ist die glatte Struktur vieler Wände von Ameisenkammern, die auf eine Bearbeitung der Wände durch die Mundwerkzeuge der Ameisen hindeutet. Das in Zusammenhang mit der Pilzzucht auftretende organische Material macht sich in den Dünnschliffen aufgrund der geringen Mengen nicht bemerkbar.

Bei der Beprobung von Ameisenstrukturen ergab sich das Problem, daß die meisten der angetroffenen Kammern leer waren. Der Inhalt der angetroffenen gefüllten Kammern (Blattschnipsel oder Pilzkulturen) war aufgrund der lockeren Struktur oder der geringen Menge des Materials ungeeignet zur Herstellung von

Dünnschliffen beziehungsweise zur Bestimmung der Kationenaustauschkapazität. Andere Ergebnisse zeigen (unveröffentliche Daten von C. RABELING), daß pilzzüchtende Ameisen lokal die Bodenchemie durch eine Erhöhung der C- und N-Gehalte verändern. Beispielsweise weisen die beiden Proben mit von Ameisen eingetragenem organischem Material deutlich erhöhte Organikgehalte von bis über 90 % auf (Organikkrater *Mycocepurus goeldii* und Kammerauskleidung *Cyphomyrmex*; Beprobung von C. RABELING im Rahmen einer Diplomarbeit; diese Proben wurden mir freundlicherweise von C. RABELING zur Verfügung gestellt). Diese beiden Proben weisen auch hohe C-Gehalte auf (6,2 bzw. 5,2 %); KAK-Daten liegen leider nicht vor.

Die Proben der im Rahmen dieser Arbeit untersuchten Ameisenkammern (zumeist *Mycocepurus* sp.) und Ameisengänge unterscheiden sich hinsichtlich Organikgehalt, Porengehalt, Kationenaustauschkapazität und Basensättigung nur geringfügig vom Unterboden (Tab. 16). Die C-Gehalte der Wände von Ameisenkammern sind (ähnlich der Ergebnisse bei RABELING 2004, unveröffentl. Diplomarbeit) im Vergleich zu Unterboden-Proben etwas erhöht (Faktor 1,8). Ein Vergleich mit dem Unterboden erscheint sinnvoll, da sich die beprobten Ameisenbauten überwiegend im Unterboden befinden (39 von 57 Proben befanden sich tiefer als 10 cm, nur 12 von 57 Proben zwischen 0 und 10 cm, bei den sechs von C. RABELING gesammelten Proben ist dem Autor die Tiefenlage nicht bekannt).

Hinsichtlich der mikromorphologischen und bodenchemischen Parameter der Ameisengänge und -kammern können keine artspezifischen Unterschiede festgestellt werden. Insgesamt konnten 30 Proben von Ameisenbauten eindeutig einer Art bzw. Gattung zugeordnet werden, von 20 Proben existieren Dünnschliffe. Man kann feststellen, daß die Kammerwände von *Mycocepurus smithi* und *goeldii* (8 Proben) nicht mit organischem Material ausgekleidet sind: die Organikgehalte der Kammerwände beider Arten liegen durchschnittlich bei 0,4 % (0,2 bis 0,9 %; keine Unterschiede zwischen beiden Arten) und liegen damit in der Größenordnung von Unterböden. Beide Arten beschränken sich bei der Anlage von Kammern darauf, die Kammerwände mit ihren Mundwerkzeugen glattzuraspeln. Auch die Organikgehalte der Kammerwände der anderen oben genannten Arten bzw. Gattungen liegen fast ausnahmslos unter 1 %. Bei *Crematogaster* ist ein Einzelwert, bei *Ectatomma* zwei Einzelwerte leicht erhöht, im Dünnschliffbild ist jedoch kein planmäßiger Einbau von Organik zu erkennen. Dies trifft auch auf die Kammern und Gänge der beiden beprobten Bauten (Kapitel 7.1.1 und 7.1.2) von *Acromyrmex* und *Atta* zu. Lediglich die Basensättigung ist im Bereich der Kammerwände von *Atta* erhöht, was auf den Einfluß eingeschleppten organischen Materials zurückzuführen sein dürfte. Insgesamt sind weder makroskopisch bei der Profilaufnahme im Gelände noch mikroskopisch im Dünnschliff in Ameisenkammern organische Auskleidungen erkennbar (Ausnahme: *Cyphomyrmex*).

Eine zunächst, nach Auswertung weniger Dünnschliffe, vermutete Gefügelockerung durch die grabende Tätigkeit der Ameisen konnte durch die quantitative Analyse nicht generell bestätigt werden. Die Porengehalte liegen sowohl direkt an den Wänden der biogenen Strukturen wie auch im Umgebungsmaterial durchschnittlich bei etwa 12 %.

Tab. 16: Mikromorphologische und bodenchemische Daten biogener Strukturen von Ameisen, Termiten und Regenwürmern.

| Mittelwerte biogene Strukturen | *n Dünnschliffe* | Organikgehalt MW [Flächen-%] | Quarzgehalt MW [Flächen-%] | Porengehalt MW [Flächen-%] | Matrixgehalt MW [Flächen-%] | *n KAK* | KAK nach Summe [mmol/100g] | Summe Kationen [mmol/100g] | Basensättigung [%] | *n C/N* | N in % (MW) | C in % (MW) | C/N-Verhältnis |
|---|---|---|---|---|---|---|---|---|---|---|---|---|---|
| **Ameisenbauten:** organisches Material | 2 | 50,6 | 0,6 | 19,1 | 29,7 | - | - | - | - | 2 | 0,3 | 5,7 | 21,2 |
| biogene Strukturen | 24 | 0,6 | 6,2 | 11,6 | 81,6 | 50 | 9,8 | 0,2 | 1,9 | 54 | 0,1 | 1,8 | 12,1 |
| Umgebung der biogenen Strukturen | 25 | 0,4 | 5,8 | 12,3 | 81,5 | | * | * | * | | * | * | * |
| **Termitenbauten:** organische Substanz | 3 | 8,6 | 8,6 | 26,6 | 56,2 | 10 | 14,2 | 0,3 | 2,0 | 10 | 0,2 | 2,4 | 12,9 |
| biogene Strukturen | 6 | 1,4 | 7,0 | 10,0 | 81,6 | 33 | 12,0 | 0,5 | 3,1 | 31 | 0,2 | 1,9 | 11,7 |
| Umgebung der biogenen Strukturen | 8 | 0,5 | 9,4 | 11,5 | 78,6 | | * | * | * | | * | * | * |
| **Regenwurmstrukt.:** Wurmkot | 8 | 4,3 | 8,7 | 5,1 | 81,9 | 19 | 16,5 | 0,9 | 5,8 | 17 | 0,3 | 3,3 | 12,7 |
| biogene Strukturen | 2 | 0,7 | 5,0 | 3,5 | 90,8 | 18 | 11,7 | 0,5 | 4,1 | 16 | 0,2 | 1,8 | 11,6 |
| Umgebung der biogenen Strukturen | 7 | 0,5 | 8,8 | 7,6 | 83,2 | | * | * | * | | * | * | * |
| Mittelwerte aller **Unterboden**-Proben | 9 | 0,3 | 3,9 | 14,5 | 81,3 | 42 | 7,8 | 0,1 | 1,2 | 36 | 0,1 | 1,0 | 10,9 |

* Unterboden-Proben als Vergleichsbasis

**Fotos und Dünnschliffbilder biogener Strukturen von Ameisen:**

Abb. 79: Nestkammer von *Mycocepurus* sp. An der Kammerdecke ist eine Pilzkolonie befestigt (Aufnahme: P. WALOTEK).

Abb. 80: Ameisengang von *Crematogaster* sp. mit Larven (Aufnahme: P. WALOTEK).

Abb. 81: Dünnschliffbild: Decke einer Ameisenkammer (*Mycocepurus* sp.). Lage in 70 bis 80 cm Tiefe. Eine Auskleidung der Kammer mit organischem Material ist nicht zu erkennen. Gekreuzte Polarisatoren, 25-fach (lange Bildseite: etwa 2 mm).

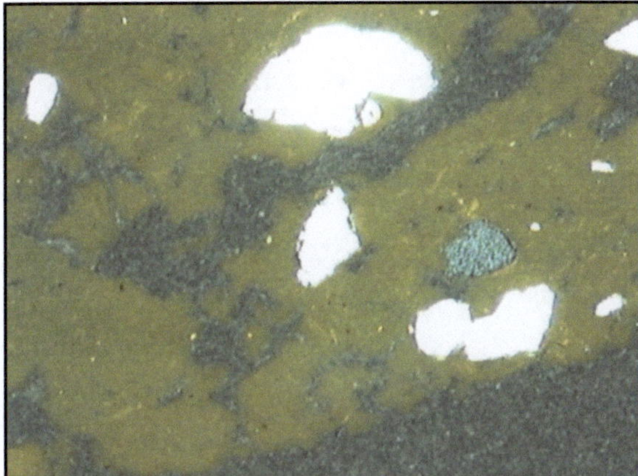

Abb. 82: Dünnschliffbild: Seitenwand einer Ameisenkammer (*Mycocepurus goeldii*). Lage in 50 bis 60 cm Tiefe. Auch hier ist keine Auskleidung mit organischem Material erkennbar. Gekreuzte Polarisatoren, 25-fach (lange Bildseite: etwa 2 mm).

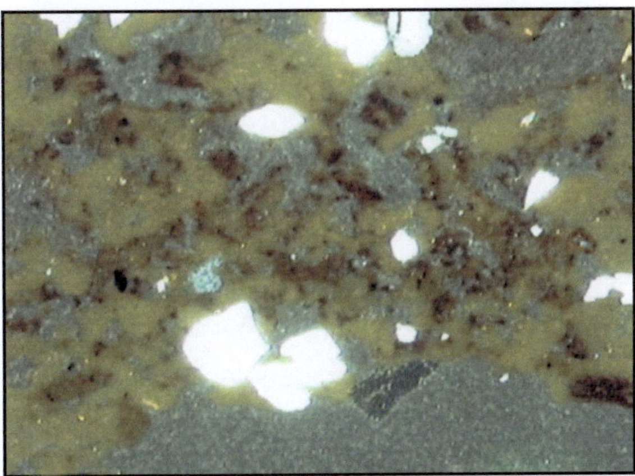

Abb. 83: Dünnschliffbild: Boden einer Ameisenkammer (*Myrmicocrypta* sp.). Lage in 12 cm Tiefe. Zu erkennen sind Anreicherungen organischen Materials am Kammerboden, das vermutlich eingeschleppt wurde. Gekreuzte Polarisatoren, 25-fach (lange Bildseite: etwa 2 mm).

Abb. 84: Dünnschliffbild: Krater aus organikhaltigem Material in einer Kammer von *Mycocepurus goeldii*. Die Probe wurde dem Autor von C. RABELING zur Verfügung gestellt. Hellfeld, 25-fach (lange Bildseite: etwa 2 mm).

## 7.2.2 Bodenmikromorphologische und -chemische Daten der Termitenstrukturen

Wie auch bei den Ameisenstrukturen wurden beim Aufgraben der Gruben für die Auswertung der Tracerexperimente Proben von Termitengängen und Termitenkammern an den nicht eingefärbten Seitenwänden entnommen. In Bauten mit Tierpräsenz konnte die taxonomische Zugehörigkeit bestimmt werden. Die meisten der beprobten Strukturen konnten wegen fehlender Tierpräsenz nicht eindeutig einer Art oder Gattung zugeordnet werden, jedoch dürften viele der Gänge von der im Untersuchungsgebiet häufigen Gattung *Syntermes* stammen. Folgende Unterfamilien (bzw. Gattungen) konnten bestimmt werden (Bestimmung durch L. MEDEIROS): *Nasutitermitinae* (*Ibiratermes*, *Syntermes*), *Termitinae*, *Apicotermitinae*.

Im Laufe der qualitativen Auswertung der Dünnschliffe aus Termitenbauten war in wenigen Dünnschliffen zu erkennen, daß bei Termitenstrukturen in manchen Fällen an den Wänden von Gängen organische Anreicherungen zu erkennen sind (zum Beispiel bei *Syntermes*). Auch innerhalb einer Art können Gänge ausgekleidet sein oder nicht. In Abb. 88 und 89 sind in zwei Termitengängen von *Ibiratermes* in einem Fall die Wände ausgekleidet, im anderen nicht. Die Auskleidung ist zu erkennen an einem geschlossenen dünnen Band organischen Materials an der Wand eines Gangs und dadurch gut von aus dem Oberboden eingetragenem Material zu unterscheiden. Größere Mengen an organischem Material (bis einige Zentimeter Durchmesser) finden sich in Kammern und Gängen, die mit Blattschnipseln oder anderem zerkleinerten pflanzlichen Material verfüllt sind.

Eine zunächst vermutete Gefügelockerung in von Termiten beeinflußten Bereichen konnte durch die qualitative Analyse der Porosität nicht bestätigt werden. Durch die Anlage von Gängen und Kammern wird zwar die Gesamtporosität des Bodens erhöht, aber nur durch die Strukturen selbst und nicht im benachbarten Bodenmaterial. Die Porengehalte an den Wänden biogener Strukturen von Termiten sind sogar etwas geringer wie in der Umgebung der Struktur (10 zu 11,5 %). Zu beachten ist allerdings die geringe Probenzahl der Termitenstrukturen.

Die entnommenen Proben von Termitenstrukturen stammen überwiegend aus einer Bodentiefe von unterhalb von 10 cm (25 von 33 Proben), daher ist ein Vergleich mit Unterbodenmaterial sinnvoll. Bei den Termitenstrukturen zeigt sich (Daten in Tab. 16), daß das von Termiten eingetragene organische Material im Vergleich zum Umgebungsmaterial erhöhte Organikgehalte (8,6 %) und eine erhöhte Porosität (26,6 %) aufweist. In den Wänden von Termitengängen und Termitenkammern ist der Organikgehalt im Vergleich zum Umgebungsmaterial etwa um den Faktor drei erhöht (1,4 zu 0,5 %) und liegt damit vier bis fünf mal so hoch wie im Unterboden, ist aber absolut gesehen immer noch niedrig. Bei der Basensättigung ($Ca^{2+}$-Dominanz) liegen Werte der Termitengänge sogar höher als die der eingelagerten organischen Substanz (3,1 zu 2 %). Im Vergleich zu Ameisenstrukturen weisen die Kammer- und Gangwände von Termitenbauten im Mittel über doppelt so hohe Organikgehalte sowie etwas höhere Werte bei Kationenaustauschkapazität und Basensättigung auf. Bei den Geländearbeiten war in einigen Fällen ersichtlich, daß Pflanzen mit ihren Wurzeln in das Innere von Kammern vorgedrungen sind, um das erhöhte Nährstoffangebot zu nutzen.

Für eine Untersuchung artspezifischer Unterschiede ist die Anzahl der Proben, die eindeutig einer Art bzw. Gattung zugeordnet werden können, zu gering. Abgesehen von den Proben der beiden Termitenbauten von *Cornitermes* und *Syntermes molestus* (Kapitel 7.1.3 und 7.1.4) konnten nur zwölf Proben taxonomisch zugeordnet werden, von denen sechs Dünnschliffe vorliegen. In einem Dünnschliff wurde ersichtlich, daß neben *Cornitermes* und *Syntermes molestus* auch *Ibiratermes* nennenswerte Mengen organischen Materials in Gänge einlagert. Ansonsten sind Termitengänge nur manchmal mit organischem Material ausgekleidet. Wenn in den Wänden von Termitengängen erhöhte Organikgehalte festgestellt wurden, handelt es sich in manchen Fällen um (bandförmige) Auskleidungen, oft aber nur um eingeschlepptes Oberbodenmaterial.

**Fotos und Dünnschliffbilder biogener Strukturen von Termiten:**

Abb. 85: Mit Termitenkot verfüllter Termitengang. 20 mm Durchmesser, Lage in 15 cm Tiefe (Aufnahme: P. WALOTEK).

Abb. 86: Termitenkammer (*Syntermes* sp.) mit eingetragenen Blattresten. Lage in 35 cm Tiefe (Aufnahme: P. WALOTEK).

Abb. 87: Dünnschliffbild: Wand eines Termitengangs (*Syntermes* sp.). Lage in 7 cm Tiefe. 11 mm Breite, verfüllt mit organischem Material. Gekreuzte Polarisatoren, 25-fach (lange Bildseite: etwa 2 mm).

Abb. 88: Dünnschliffbild: Auskleidung eines Termitengangs (*Ibiratermes* sp.) mit organischem Material. Lage in 20 bis 30 cm Tiefe. Gekreuzte Polarisatoren, 25-fach (lange Bildseite: etwa 2 mm).

**Fotos und Dünnschliffbilder biogener Strukturen von Termiten:**

Abb. 89: Dünnschliffbild: Termitengang (*Ibiratermes* sp.) ohne Auskleidung. Lage in 10 bis 20 cm Tiefe. Gekreuzte Polarisatoren, 25-fach (lange Bildseite: etwa 2 mm).

Abb. 90: Dünnschliffbild: Termitenkammer (*Ibiratermes* sp.) verfüllt mit organischem Material. Lage in 10 bis 20 cm Tiefe. Hellfeld, 25-fach (lange Bildseite: etwa 2 mm).

### 7.2.3 Bodenmikromorphologische und -chemische Daten der Regenwurmstrukturen

Die Tätigkeit von Regenwürmern konzentriert sich, im Gegensatz zu Ameisen und Termiten, überwiegend auf die obersten 30 cm des Bodens und die Bodenoberfläche, was durch die Auszählung der Regenwurmgänge und durch Geländebefunde belegt werden konnte (Kapitel 5). Regenwurmgänge sind leicht an den glänzenden, da mit abgesondertem Schleim ausgekleideten Gangwänden zu erkennen. Die Auskleidung ist nur filmartig und selbst im Dünnschliff kaum erkennbar. Die Gangwände weisen charakteristische, makroskopisch gut sichtbare ringförmige Abdrücke der Wurmsegmente auf, die durch die Fortbewegung des Regenwurms entstehen (Abb. 91). In waagerecht verlaufenden Regenwurmgängen finden sich manchmal Tonkügelchen unbekannter Entstehung, deren Material vermutlich aus höheren Bereichen des Gangs ausgewaschen wurde und die möglicherweise durch die Bewegung des Wurms geformt wurden.

Bei der qualitativen Auswertung von Regenwurmstrukturen zeigen sich hinsichtlich Porosität und Materialdurchmischung unverwechselbare mikromorphologische Unterschiede im Vergleich zu Strukturen von Ameisen und Termiten. Die Dünnschliffe stammen, sofern bekannt, von Gängen und Kotablagerungen der Gattungen *Rhinodrilus* und *Pontoscolex*. Bei den Dünnschliffen von Strukturen von Regenwürmern handelt es sich um vollständig mit Kot verfüllte Gänge (Abb. 92 bis 95) oder um solche ohne Kotablagerungen, an deren Wänden man bereits makroskopisch den Abdruck der Segmente des Regenwurms erkennen kann. In den Dünnschliffen von Regenwurmkot erkennt man eine starke Durchmischung von mineralischer Bodenmatrix, Quarzen und organischem Material mit Pflanzenresten (Abb. 93 bis 95). Dabei ist der organische Anteil besonders hoch (ähnlich hoch wie in Verfüllungen von Termiten). Man sieht eine scharfe Abgrenzung zum benachbarten Bodenmaterial, das von den Regenwürmern nicht beeinflußt wird (Abb. 92 und 95). Auffällig ist die sehr dichte, tonige Konsistenz des Regenwurmkots mit im Vergleich zum Umgebungsmaterial deutlich reduziertem Porenanteil. Die Lücke zwischen Regenwurmkot und Umgebungsmaterial in Abb. 94 kam wahrscheinlich durch Schrumpfung beim Trocknen zustande. Manchmal ist in Dünnschliffen von Wurmgängen eine geringmächtige Auskleidung mit vom Regenwurm abgesondertem Schleim erkennbar (Abb. 96).

Bei der qualitativen Auswertung der Regenwurmstrukturen wurde zwischen Wurmkot, Wänden von Regenwurmgängen (in Tab. 16 mit „biogene Strukturen" bezeichnet) und Umgebungsmaterial unterschieden. Erwartungsgemäß ist der Organikgehalt im Regenwurmkot am höchsten (4,3 %) und nimmt an der Wand von Wurmgängen deutlich ab auf unter 1 %. Im Vergleich zu den anderen Tiergruppen fällt auf, daß die Porosität im Bereich der organischen Einlagerung (d. h. im Wurmkot) und an den Wänden der Wurmgänge deutlich reduziert ist (5,1 bzw. 3,5 % zu 7,6 % im Umgebungsmaterial). Die im Wandbereich der Wurmgänge reduzierte Porosität weist auf eine Bodenverdichtung durch Kompression des umgebenden Materials durch den Regenwurm bei der Anlage der Gänge hin. Die Verdichtung der Wände der (vergleichsweise großen) Wurmgänge in Verbindung mit einer Auskleidung durch eine Schleimschicht und der daraus resultierenden Abdichtung gegenüber dem benachbarten Boden ist die Ursache für die herausgehobene Rolle von Regenwurmgängen für präferentielle Fließvorgänge im Boden.

Die Kationenaustauschkapazität im Wurmkot beträgt im Mittel 16,5 mmol/100 g und liegt in vergleichbarer Höhe wie organische Einlagerungen von Termiten (Tab. 16). Die Basensättigung ($Ca^{2+}$-Dominanz) von Wurmkot beträgt im Mittel 5,8 % und ist damit rund fünf mal so hoch wie im Unterbodenmaterial. Die beprobten Regenwurm-Strukturen befinden sich weniger tief im Boden wie diejenigen von Ameisen und Termiten. 16 von 19 Wurmkot-Proben stammen aus den oberen 20 cm des Bodens, 17 von 18 der beprobten Regenwurmgänge aus den oberen 30 cm. Dies weist darauf hin, daß sich der nährstoffangereicherte Wurmkot hauptsächlich in einem Bereich befindet, in dem die Pflanzenwurzeln leichten Zugang zu diesen Nährstoffen haben.

In den Oberböden der Pupunha-Monokultur kommt *Pontoscolex corethrurus* eine besondere Rolle zu. Hier ist die Oberfläche des Bodens fast flächendeckend mit frischem Regenwurmkot bedeckt, was zu einer Versiegelung des Bodens führen kann (Kapitel 2.2.4). Eine Auszählung von Regenwurm-Kotmassen an einer Profilwand in einer Pupunha-Monokultur (HANAGARTH et al. 2003:16, unveröffentl. Bericht) weist auf die Bedeutung von Regenwürmern in diesem Kultursystem hin. In den Pupunha-Monokulturen wurden sehr hohe Besiedlungsdichten und Regenwurm-Biomassen festgestellt. Die Bodenoberfläche ist dicht mit Regenwurmkot bedeckt. Eine von W. HANAGARTH durchgeführte Messung der Kotmenge an zwei, je einem Meter breiten Profilschnitten erbrachte in einem Zeitraum von zweieinhalb Monaten eine Kotmenge von 1072 g/m³. 99 % der Kotmenge wurde in den oberen 30 cm des Bodens angetroffen, 63 % in den oberen 10 cm. Unterhalb 40 cm wurden dagegen keine Kotablagerungen verzeichnet (HANAGARTH et al. 2003:11-16, unveröffentl. Bericht). Auch in den Baumkulturen und im Primärwald wurden Kotablagerungen bis in 30 cm Tiefe festgestellt, also in einem für Pflanzenwurzeln gut zugänglichen Bereich.

**Fotos und Dünnschliffbilder biogener Strukturen von Regenwürmern:**

Abb. 91: Regenwurmgang mit Abdrücken. Lage in 20 bis 30 cm Tiefe, 15 mm Durchmesser. Der Abdruck der Wurmsegmente ist an der mit Farbtracer eingefärbten Gangwand zu erkennen (Aufnahme: P. WALOTEK).

Abb. 92: Vollständig kotverfüllter Regenwurmgang. 12 mm Durchmesser. Der Farbtracer infiltriert entlang des dichten Kots am Rand des Gangs (Aufnahme: P. WALOTEK).

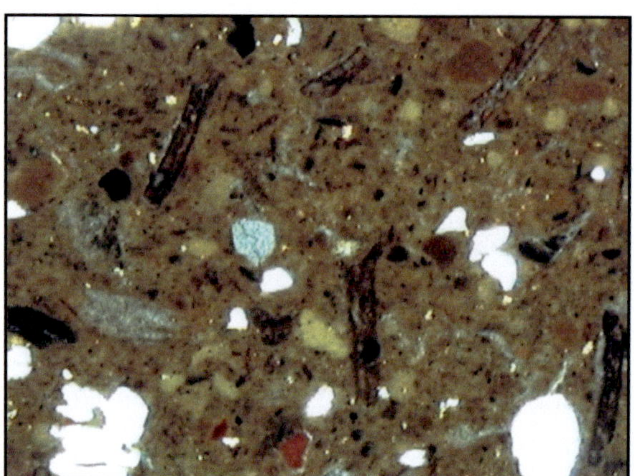

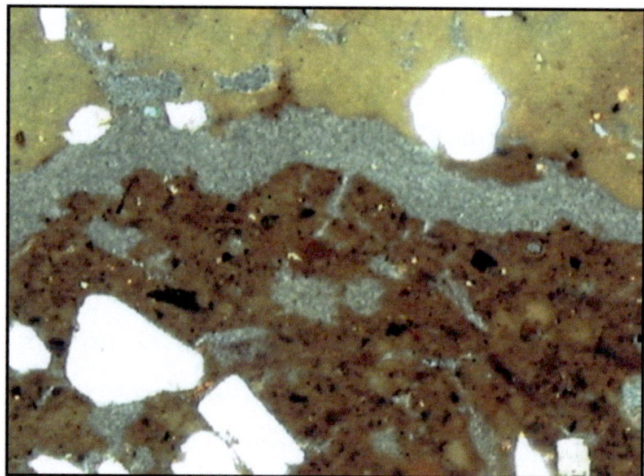

Abb. 93 und 94: Dünnschliffbilder: Mit Wurmkot verfüllter Gang. Lage in 12 cm Tiefe, 15 mm Durchmesser. Im dichten Kot ist eine intensive Durchmischung von organischem (Pflanzenreste) und mineralischem Material zu erkennen. Gekreuzte Polarisatoren, 25-fach (lange Bildseite: etwa 2 mm).

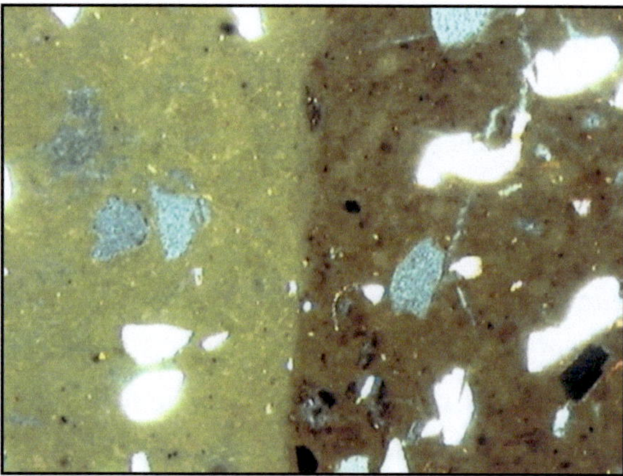

Abb. 95: Dünnschliffbild: Kotverfüllter Regenwurmgang. 10 mm Durchmesser, angrenzend Unterboden (linke Bildhälfte). Die Organikanreicherung der Kotverfüllung ist an der dunkleren Farbe zu erkennen. Fund in 40 bis 50 cm Tiefe. Gekreuzte Polarisatoren, 25-fach (lange Bildseite: etwa 2 mm).

Abb. 96: Dünnschliffbild: Unverfüllter Regenwurmgang ausgekleidet mit Schleimschicht. Fund in 10 cm Tiefe, 15 mm Durchmesser. Gekreuzte Polarisatoren, 100-fach (lange Bildseite: etwa 0,5 mm).

# 8 Ergebnisse der statistischen Datenauswertung

## 8.1 Korrelationsanalysen der Farbtracer-Experimente, der bodenchemischen und mikromorphologischen Daten

Ziel der statistischen Auswertung in Kapitel 8 ist das Aufdecken von Zusammenhängen und Abhängigkeiten der unterschiedlichen Variablen, die in den Kapiteln 5 bis 7 vorgestellt wurden. Sämtliche statistischen Analysen wurden mit dem Programm Statistica (Version 6.1; Firma StatSoft) durchgeführt. Anhand der Datensätze der Farbtracer-Experimente, des Agroforstsystems, der biogenen Strukturen, des Holzexperiments und der Mulchexperimente wurden Korrelationskoeffizienten nach Pearson berechnet. Die in Anhang [A8] aufgeführten Korrelationskoeffizienten liefern gegenüber der beschreibenden Auswertung der Farbtracer-Experimente sowie der bodenchemischen und mikromorphologischen Analysen nur geringe zusätzliche Erkenntnisse. Insgesamt sind nur wenige Zusammenhänge mit Aussagekraft zu erkennen.

In der Korrelationstabelle der Tracerexperimente sind die Korrelationen zwischen der Bodentiefe und der prozentualen Einfärbung sowie den anderen Variablen von besonderem Interesse. In den Korrelationstabellen der mikromorphologischen und bodenchemischen Daten interessieren vor allem die Zusammenhänge zwischen Dünnschliff-Organikgehalten und den anderen Variablen.

Korrelationskoeffizienten mit Werten ab 0,8 (hohe Korrelation) sind in den Tabellen in Anhang [A8] grau hinterlegt. Dabei ist zu beachten, daß manche Variablen voneinander abhängig sind (z. B. Matrixgehalt und Poren-

gehalt, $Mg^{2+}$ und KAK) und bei diesen eine hohe Korrelation keine Aussagekraft hat.

**Korrelationsanalyse der Farbtracer-Experimente:**

In einer Tabelle (Anhang [A8], S. 46 oben) sind die Ergebnisse der Korrelationsanalyse der Farbtracer-Experimente aufgeführt. Mit einer Stichprobenzahl von n = 6.700 Fällen (6.700 10 x 10 cm-Quadranten) werden 16 Variablen miteinander korreliert (Bodentiefe, prozentuale Einfärbung und Anzahl 14 unterschiedlicher biogener Strukturen analog zur Beschreibung in Kapitel 4). Entgegen den Ergebnissen bei der beschreibenden Bewertung der Tiefengradienten (Kapitel 5) ergeben sich bei der Korrelationsanalyse nur wenige eindeutige Zusammenhänge.

Erwartungsgemäß existieren (mittlere negative) Korrelationen zwischen der Bodentiefe und der prozentualen Einfärbung (Korrelationskoeffizient = -0,62), zwischen der Bodentiefe und der Anzahl der Wurzeln (-0,54) sowie zwischen der Bodentiefe und der Anzahl der biogenen Poren (-0,53).

Die prozentuale Einfärbung korreliert stark positiv mit der Anzahl lebender Wurzeln (0,70) und mittel mit der Anzahl biogener Poren (0,57). Die Korrelation zwischen der prozentualen Einfärbung und der Anzahl an Gängen ist gering (0,31); auf dieses unerwartete Ergebnis wurde bereits in Kapitel 5 hingewiesen (Abb. 27: in den oberen, stark eingefärbten 10 cm des Bodens benutzt die Bodenfauna Wurzelröhren als Gänge).

**Korrelationsanalyse des Agroforstsystems:**

Die Ergebnisse dieser Korrelationsanalyse sind in Anhang [A8] (S. 46 Mitte) aufgeführt. Aussagekräftige Korrelationen sind nicht zu erkennen. Zwischen den in den Dünnschliffen ermittelten Organikgehalten und dem C-Gehalt existiert nur eine schwache Korrelation (0,24), ebenso zwischen dem Organikgehalt und der Kationenaustauschkapazität (0,32).

**Korrelationsanalyse der biogenen Strukturen:**

Die Korrelationskoeffizienten der biogenen Strukturen stehen in Anhang [A8] (S. 46 unten). In diesem Datensatz (n = 61) sind zwei mittelhohe Korrelationen erkennbar. Der Organikgehalt korreliert mittel mit der Kationenaustauschkapazität (0,50) und dem C-Gehalt (0,51). Dies ist der höchste Korrelationskoeffizient zwischen Organikgehalt und C-Gehalt aller hier vorgestellten mikromorphologisch-bodenchemischen Datensätze und ist auf die gezielte Analyse biogener Strukturen zurückzuführen. Auffallend ist die sehr hohe Korrelation zwischen der Kationenaustauschkapazität und dem C-Gehalt (0,96), was darauf hinweist, daß, wie erwartet und als Konzept für das Forschungsvorhaben zugrunde gelegt, die organische Substanz stark am Kationenaustausch beteiligt ist.

Eine Untergliederung nach Ameisen-, Termiten- und Regenwurmstrukturen (2. bis 4. Spalte in der Tabelle) zeigt Unterschiede zwischen den drei Tiergruppen auf. Bei den Ameisenstrukturen mit ihren überwiegend geringen Organikgehalten (n = 28) zeigt sich kein eindeutiger Zusammenhang zwischen den in den Dünnschliffen bestimmten Organikgehalten und den anderen Variablen: zwischen Organikgehalt und KAK beträgt der Korrelations-

koeffizient 0,27, zwischen Organikgehalt und analytisch bestimmtem C-Gehalt nur 0,25.

Die Termitenstrukturen (n = 24) weisen deutlich höhere Korrelationen zwischen den in den Dünnschliffen bestimmten Organikgehalten und der Kationenaustauschkapazität (Korrelationskoeffizient = 0,62) beziehungsweise dem C-Gehalt (0,63) auf.

Bei den Regenwurmstrukturen (n = 9) zeigen sich sehr hohe Korrelationen zwischen den in den Dünnschliffen ermittelten Organikgehalten und der Kationenaustauschkapazität (Korrelationskoeffizient = 0,94) sowie dem C-Gehalt (0,96), was in der vergleichsweise homogenen Durchmischung des Regenwurmkots mit organischer Substanz begründet liegt.

**Korrelationsanalyse der Unterboden-Proben:**

In diesem Datensatz sind sieben Proben biogen unbeeinflußter Unterboden-Proben enthalten (Anhang [A8], S. 47 oben). Aussagekräftige Korrelationen sind nicht zu erkennen. Organikgehalte und Kationenaustauschkapazität beziehungsweise C-Gehalte korrelieren nur sehr schwach miteinander.

**Korrelationsanalyse des Holzexperiments:**

Auch in diesem, 96 Proben umfassenden Datensatz sind keine aussagekräftigen Korrelationen zu erkennen (Anhang [A8], S. 47 unten). C- und N-Gehalte sowie Daten zum Abbau des Holzmulchs standen dem Autor nicht zur Verfügung.

**Korrelationsanalyse der Mulchexperimente:**

Es wurde zwischen beiden Experimenten (unterschiedliche Mulchqualität bzw. unterschiedliche Mulchmenge) unterschieden und daher zwei Korrelationstabellen angefertigt. Diese finden sich in Anhang [A8], S. 48 - 51. Der Datensatz des Experiments II (unterschiedliche Mulchqualität) besteht aus 18 Proben, der des Experiments III (unterschiedliche Mulchmenge) aus 24 Proben (je ein Dünnschliff-Querschnitt und ein Längsschnitt). Über die mikromorphologischen Daten hinaus sind in der Tabelle weitere Daten enthalten (in der Tabelle in Anhang [A8] die Variablen von KAK bis Wassergehalt), die dem Autor von P. SCHMIDT und H. HÖFER zur Verfügung gestellt wurden. Bei der Berechnung der Korrelationskoeffizienten (wie auch bei den nachfolgenden Cluster- und Faktorenanalysen) wurde sowohl die Mulchqualität quantifiziert (1 = geringe, 2 = mittlere, 3 = hohe Mulchqualität) wie auch die Mulchmenge (0 = kein Mulch, 1 = geringe, 2 = mittlere, 3 = hohe Mulchmenge).

Von besonderem Interesse sind eventuell auftretende Zusammenhänge zwischen Mulchqualität bzw. -quantität und den in den Dünnschliffen ermittelten Organikgehalten, um die Stärke und Tiefe der Einarbeitung organischen Materials abschätzen zu können.

Bei Experiment II (Einfluß unterschiedlicher Mulchqualität) zeigen sich nur wenige ausgeprägte Korrelationen. Zwischen Mulchqualität und den in den Dünnschliffen ermittelten Organikgehalten besteht nur eine geringe positive Korrelation. Zwischen der Mulchqualität und der Kationenaustauschkapazität oder dem C-Gehalt sind ebenfalls nur geringe (teilweise sogar negative) Korrelationen erkennbar.

Ausgeprägter sind die Korrelationen bei Experiment III (Einfluß unterschiedlicher Mulch-

mengen). Eine steigende Mulchmenge wirkt sich positiv auf die Kationenaustauschkapazität (Korrelationskoeffizient = 0,75), auf die Summe der Kationen (0,66), auf die Basensättigung (0,57), den C-Gehalt (0,67), den Anteil abgebauten Mulchs (0,71) und den Wassergehalt (0,80) aus. Zwischen Mulchmenge und den in den Dünnschliffen ermittelten Organikgehalten besteht nur eine geringe Korrelation. Es zeichnet sich ab, daß eine höhere Mulchmenge (bei mittlerer Qualität) einen höheren positiven Einfluß auf bodenchemische und -mikromorphologische Parameter hat als eine höhere Mulchqualität.

Die geringen Korrelationen zwischen Mulchqualität bzw. Mulchquantität und den in den Dünnschliffen ermittelten Organikgehalten weisen darauf hin, daß der Zeitraum zwischen der Anlage der Experimentalflächen und der Probenahme (maximal ca. 1,5 Jahre) zu kurz ist, und daß die Bodenorganismen noch nicht ausreichend Zeit hatten, das Mulchmaterial in den Boden einzuarbeiten. Ein Hinweis darauf liefern die Korrelationskoeffizienten zwischen Mulchqualität bzw. -menge und den Organikgehalten bei den Dünnschliff-Längsschnitten (von 1 bis 5 cm Bodentiefe). Hier zeigt sich, daß in den oberen (1 cm Bodentiefe) und mittleren (3 cm Bodentiefe) Bereichen der Dünnschliffe eine höhere positive (geringe) Korrelation zwischen Mulchqualität bzw. -menge und den in den Dünnschliffen ermittelten Organikgehalten besteht als in den unteren Bereichen (5 cm Bodentiefe) der Dünnschliffe, in die die Organik von der Bodenfauna noch nicht in ausreichendem Umfang eingearbeitet wurde.

## 8.2 Clusteranalysen und Faktorenanalysen der Farbtracer-Experimente, der bodenchemischen und mikromorphologischen Daten

Aus Gründen der besseren Vergleichbarkeit der Ergebnisse werden nachfolgend die Ergebnisse der Clusteranalysen (agglomerative Clusteranalyse mit *Ward*-Methode sowie *k-means-clustering*) und der Faktorenanalysen (Hauptkomponentenanalyse, unrotiert) gemeinsam vorgestellt. Genauere Angaben zu Vorgehen und Datenauswahl finden sich in Kapitel 4.4.

### Cluster- und Faktorenanalysen der Farbtracer-Experimente:

Bei der agglomerativen Clusteranalyse der Farbtracer-Experimente (Abb. 97) ist ein enger Zusammenhang zwischen Einfärbung, Anzahl der Wurzeln und Anzahl biogener Poren zu erkennen. Wurzeln befinden sich vorwiegend in den oberen 10 cm des Bodens, wo sie starken Einfluß auf die Einsickerung des Tracers haben. Von den makrofaunistischen Strukturen sind vor allem die Regenwurmgänge bedeutend für die Einsickerung des Niederschlagswassers, wogegen Ameisen- und Termitengänge schon beim ersten Teilungsschritt von der Einfärbung getrennt werden und einem anderen Cluster zugeordnet werden. Bei der *k-means*-Clusteranalyse (Abb. 98) sind in einem Cluster bei starker Einfärbung hohe Werte bei der Anzahl der Wurzeln, der Regenwurmgänge und der biogenen Poren zu erkennen. Damit bestätigt die *k-means*-Clusteranalyse die herausgehobene Bedeutung von Wurzelkanälen und Regenwurmgängen für präferentielle Fließvorgänge. Ameisengänge sowie Ameisen- und Termitenkammern sind dagegen von untergeordneter Bedeutung für die Versickerung des Niederschlagswassers.

Auch bei der Faktorenanalyse wird der Zusammenhang zwischen Bodentiefe, Einfärbung und Wurzeln deutlich (Tab. 17). Da die Faktoren nacheinander gezogen werden, korreliert der erste Faktor zumeist am stärksten mit den Variablen. Die Faktorladungen sind auf zwei Nachkommastellen gerundet; Werte ab 0,70 erscheinen in Fettdruck.

Mit zunehmender Bodentiefe nehmen Einfärbung, Anzahl der Wurzeln sowie der biogenen Poren ab. Diese Variablen laden auf Faktor 1 hoch, der den stark eingefärbten Oberbodenbereich abbildet. Faktor 2 stellt Ameisen- und Termitengänge dar, Faktor 3 Ameisen- und Termitenkammern. Zwischen Kammern und Einfärbung besteht kein Zusammenhang (siehe Kapitel 5), da diese zumeist im schwach eingefärbten Unterboden vorkommen und nur dann eingefärbt sind, wenn ein Zugangskanal bis an die Oberfläche reicht.

### Cluster- und Faktorenanalysen des Agroforstsystems:

In den seit vielen Jahren bestehenden Agroforst-Flächen mit ihren voll entwickelten biogenen Strukturen ist sowohl bei der agglomerativen Clusteranalyse (Abb. 99) wie auch der *k-means*-Clusteranalyse (Abb. 100) ein enger Zusammenhang zwischen der Kationenaustauschkapazität und dem C- sowie dem N-Gehalt ersichtlich, was auf die hervorgehobene Bedeutung der organischen Substanz für den Kationenaustausch hinweist. Die hohen Faktorladungen in Faktor 1 machen ebenfalls den Zusammenhang zwischen Kationenaustauschkapazität und C-Gehalt deutlich (Tab. 18).

**Farbtracer-Experimente:**

**Agroforstsystem:**

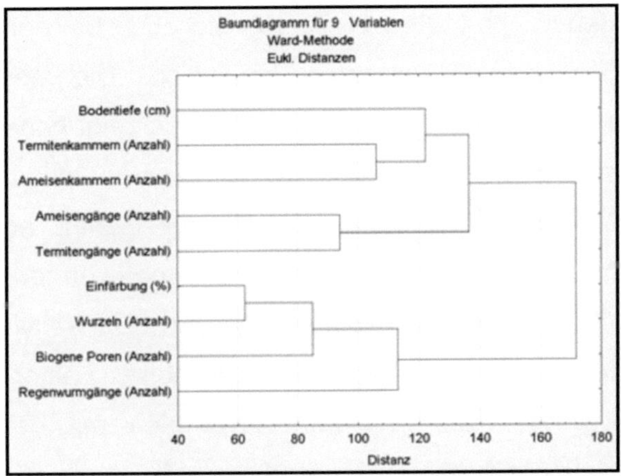

Abb. 97: Dendrogramm der agglomerativen Clusteranalyse der Farbtracer-Experimente (n = 6.700).

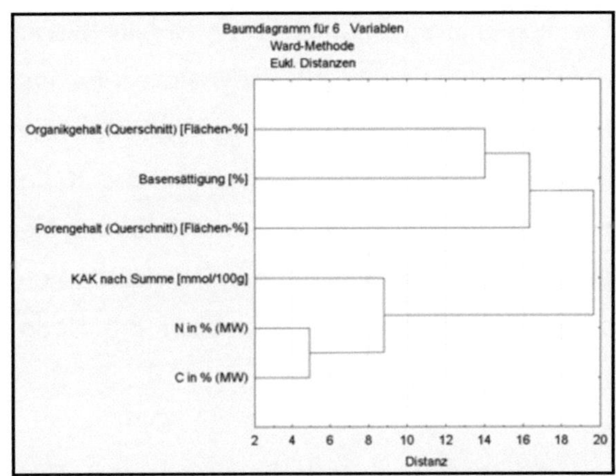

Abb. 99: Dendrogramm der agglomerativen Clusteranalyse des Agroforstsystems (n = 105).

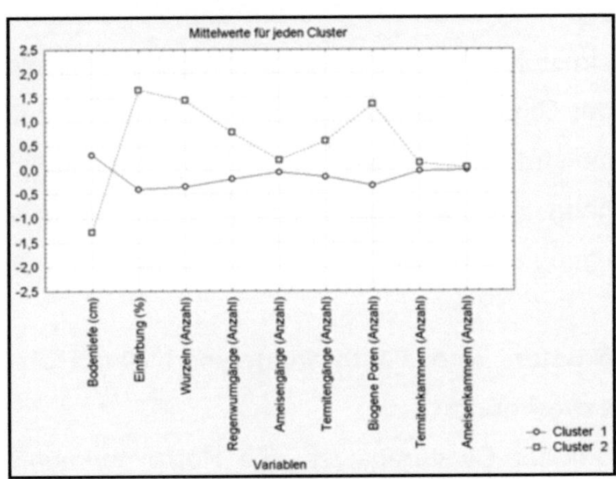

Abb. 98: *k-means*-Clusteranalyse der Farbtracer-Experimente (n = 6.700).

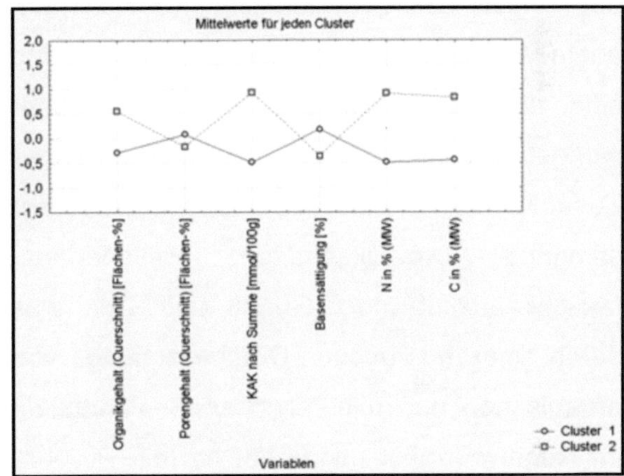

Abb. 100: *k-means*-Clusteranalyse des Agroforstsystems (n = 105).

Tab. 17: Faktorladungsmatrix der Farbtracer-Experimente (n = 6.700).

Tab. 18: Faktorladungsmatrix des Agroforstsystems (n = 105).

| Tracerversuche | Faktor 1 | Faktor 2 | Faktor 3 |
|---|---|---|---|
| Bodentiefe | **0,79** | 0,13 | -0,02 |
| Einfärbung | **-0,86** | -0,16 | -0,03 |
| Wurzeln | **-0,80** | -0,21 | -0,07 |
| Regenwurmgänge | -0,45 | 0,02 | 0,04 |
| Ameisengänge | -0,23 | **0,81** | -0,01 |
| Termitengänge | -0,41 | **0,70** | -0,04 |
| Biogene Poren | **-0,76** | -0,10 | -0,01 |
| Termitenkammern | -0,05 | 0,02 | **0,76** |
| Ameisenkammern | -0,04 | -0,01 | **0,76** |
| *Anteil gesamt* | *33%* | *14%* | *13%* |

| Agroforstsystem | Faktor 1 | Faktor 2 |
|---|---|---|
| Organikgehalt (Querschnitt) | -0,45 | 0,54 |
| Porengehalt (Querschnitt) | 0,06 | **-0,78** |
| KAK nach Summe | **-0,87** | -0,14 |
| Basensättigung | 0,10 | 0,60 |
| N in % | **-0,94** | -0,08 |
| C in % | **-0,91** | -0,04 |
| *Anteil gesamt* | *45%* | *21%* |

**Cluster- und Faktorenanalysen der biogenen Strukturen:**

Die agglomerative Clusteranalyse aller biogenen Strukturen (Abb. 101) sowie die *k-means*-Clusteranalyse (Abb. 102) verdeutlichen den engen Zusammenhang zwischen der Kationenaustauschkapazität und dem C-Gehalt biogener Strukturen, was darauf hinweist, daß die organische Substanz maßgeblich am Kationenaustausch beteiligt ist.

Bei differenzierter Betrachtung der drei Tiergruppen (agglomerative und *k-means*-Clusteranalysen in Abb. 103 bis 108) ist ebenfalls der Einfluß des C-Gehalts auf die Kationenaustauschkapazität zu erkennen. Sehr gering sind die Clusterdistanzen bei den Regenwurmstrukturen (Abb. 107). Hier ist ein enger Zusammenhang zwischen mikroskopisch bestimmten Organikgehalten, Kationenaustauschkapazität und C-Gehalt ersichtlich, was durch die homogene Durchmischung von organischen und mineralischen Bestandteilen im Regenwurmkot begründet ist (die Probenzahl ist allerdings gering, aufgrund von Schwierigkeiten bei der Dünnschliffherstellung). Es ist ersichtlich, daß die Bodenmakrofauna durch den Einbau organischer Substanz zur Erhöhung der Basensättigung beiträgt.

Auch die Faktorenanalysen (Tab. 19 bis 22) zeigen den Zusammenhang zwischen Kationenaustauschkapazität und C-Gehalt auf. Dies ist sowohl in der Faktorenanalyse aller biogenen Strukturen (Tab. 19) wie auch bei den einzelnen Tiergruppen ersichtlich. Die Betrachtung aller biogenen Strukturen zeigt hohe Faktorladungen bei KAK, C- und N-Gehalt. Faktor 1 bezeichnet damit den Gehalt an Nährstoffen. Bei Termiten und Regenwürmern (Tab. 21 und 22) weist der in den Dünnschliffen ermittelte Organikgehalt hohe Faktorladungen auf und lädt zusammen mit der Kationenaustauschkapazität und dem C-Gehalt auf Faktor 1 hoch. Die Faktorladungen von Organikgehalt, Kationenaustauschkapazität und C-Gehalt sind bei den Regenwurmstrukturen besonders hoch, was die Befunde der Clusteranalyse unterstützt. Bei den Ameisenstrukturen ist in Faktor 2 ein Zusammenhang zwischen Organikgehalt und Basensättigung erkennbar.

**Cluster- und Faktorenanalysen des Holzexperiments:**

Bei der Clusteranalyse des Holzexperiments sind in der Datenbasis nur vier unabhängige Variablen lückenlos für alle Proben vorhanden. Die Trennung der Cluster erfolgt bereits sehr früh. Eine sinnvolle Clusterbildung ist nicht zu erkennen. Auch die Faktorenanalyse liefert keine brauchbaren Ergebnisse, da die Faktorladungen sehr geringe Werte aufweisen.

**Biogene Strukturen:**

**Ameisenstrukturen:**

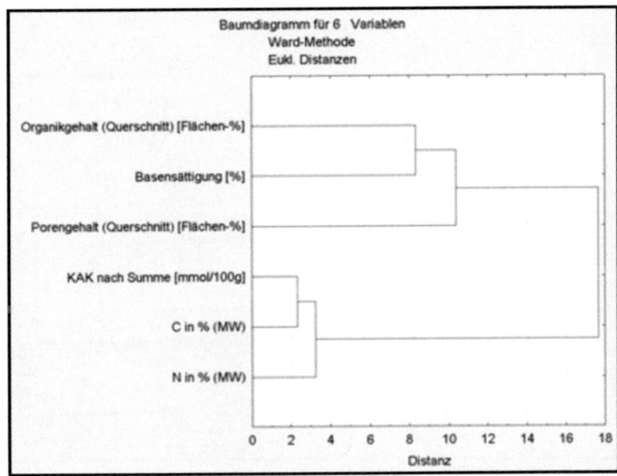

Abb. 101: Dendrogramm der agglomerativen Clusteranalyse der biogenen Strukturen (n = 61).

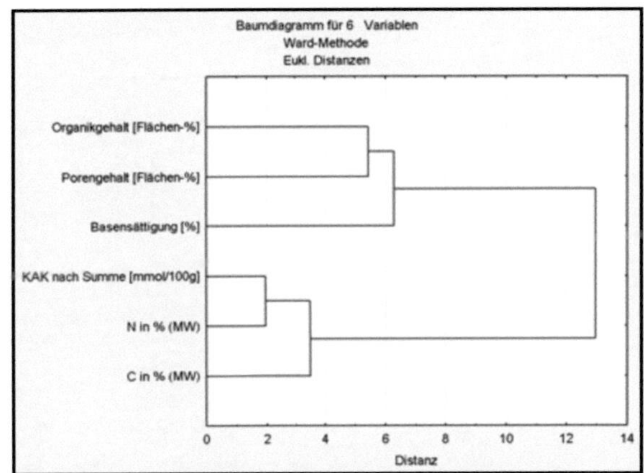

Abb. 103: Dendrogramm der agglomerativen Clusteranalyse der biogenen Strukturen von Ameisen (n = 28).

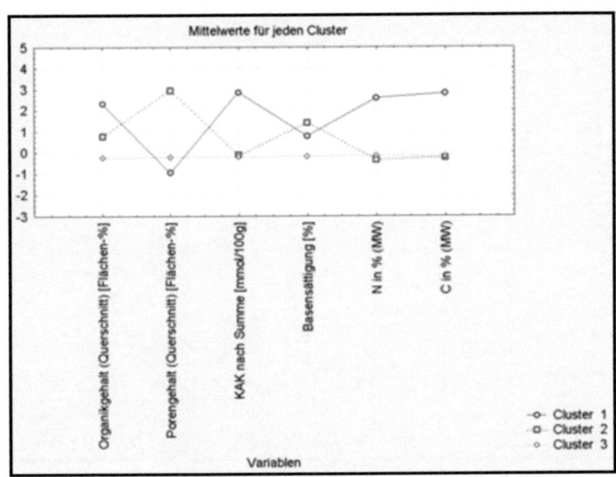

Abb. 102: *k-means*-Clusteranalyse der biogenen Strukturen (n = 61).

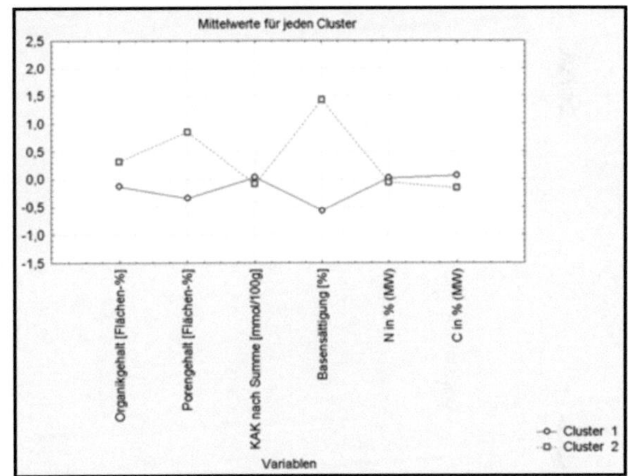

Abb. 104: *k-means*-Clusteranalyse der biogenen Strukturen von Ameisen (n = 28).

Tab. 19: Faktorladungsmatrix der biogenen Strukturen (n = 61).

| Biogene Strukturen insgesamt | Faktor 1 | Faktor 2 |
|---|---|---|
| Organikgehalt (Querschnitt) | -0,63 | 0,44 |
| Porengehalt (Querschnitt) | 0,22 | **0,79** |
| KAK nach Summe | **-0,97** | -0,08 |
| Basensättigung | -0,38 | **0,75** |
| N in % | **-0,92** | -0,23 |
| C in % | **-0,97** | -0,10 |
| *Anteil gesamt* | 55% | 24% |

Tab. 20: Faktorladungsmatrix der biogenen Strukturen von Ameisen (n = 28).

| Ameisenstrukturen | Faktor 1 | Faktor 2 |
|---|---|---|
| Organikgehalt | -0,39 | **0,71** |
| Porengehalt | 0,09 | **0,84** |
| KAK nach Summe | **-0,98** | -0,05 |
| Basensättigung | 0,02 | **0,70** |
| N in % | **-0,94** | -0,04 |
| C in % | **-0,91** | -0,10 |
| *Anteil gesamt* | 47% | 29% |

**Termitenstrukturen:**

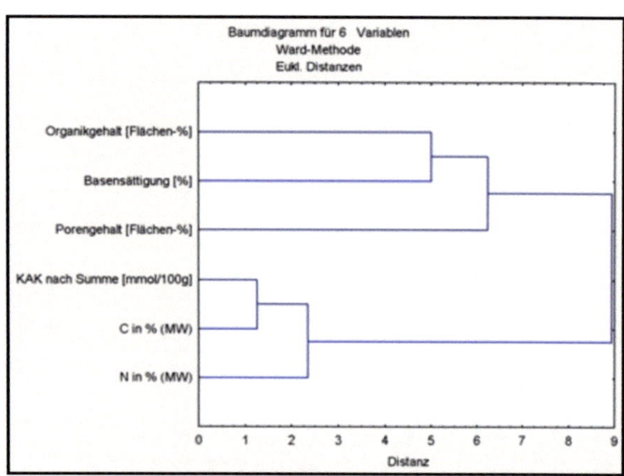

Abb. 105: Dendrogramm der agglomerativen Clusteranalyse der biogenen Strukturen von Termiten (n = 24).

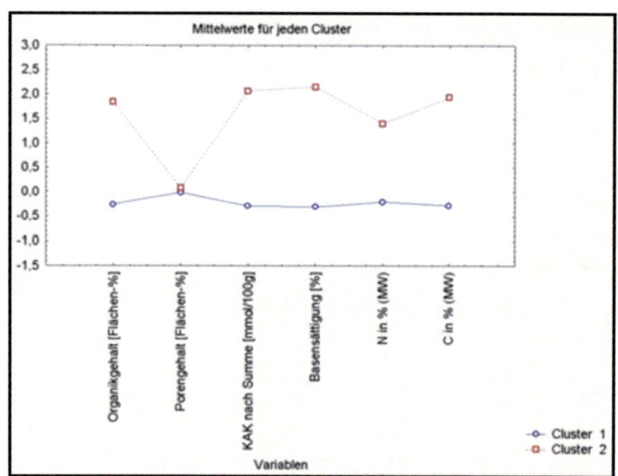

Abb. 106: *k-means*-Clusteranalyse der biogenen Strukturen von Termiten (n = 24).

Tab. 21: Faktorladungsmatrix der biogenen Strukturen von Termiten (n = 24).

| Termitenstrukturen | Faktor 1 | Faktor 2 |
|---|---|---|
| Organikgehalt | **-0,73** | -0,21 |
| Porengehalt | 0,03 | **-0,93** |
| KAK nach Summe | **-0,97** | 0,07 |
| Basensättigung | -0,68 | -0,54 |
| N in % | **-0,89** | 0,28 |
| C in % | **-0,97** | 0,18 |
| *Anteil gesamt* | 61% | 22% |

**Regenwurmstrukturen:**

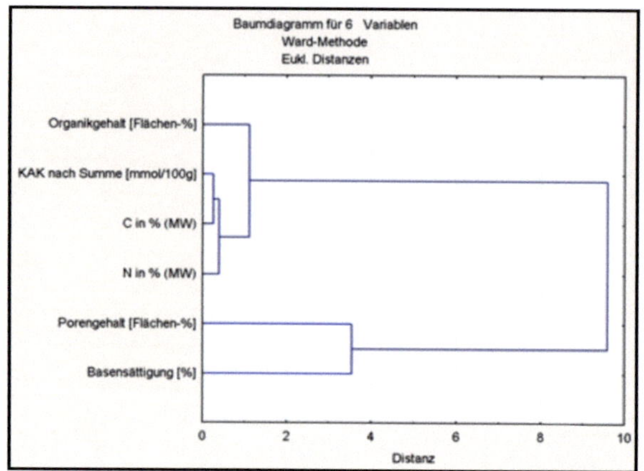

Abb. 107: Dendrogramm der agglomerativen Clusteranalyse der biogenen Strukturen von Regenwürmern (n = 9).

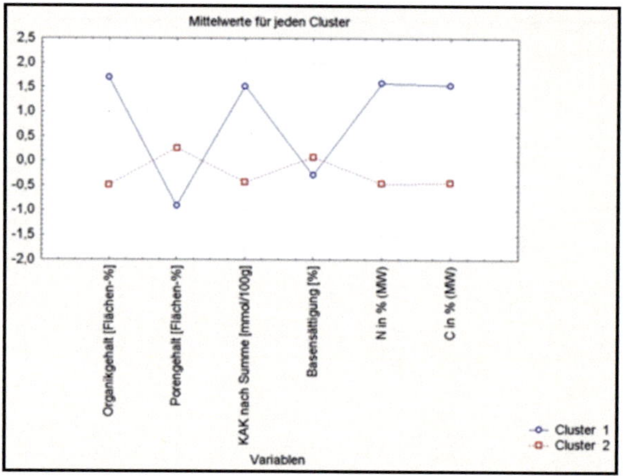

Abb. 108: *k-means*-Clusteranalyse der biogenen Strukturen von Regenwürmern (n = 9).

Tab. 22: Faktorladungsmatrix der biogenen Strukturen von Regenwürmern (n = 9).

| Regenwurmstrukturen | Faktor 1 |
|---|---|
| Organikgehalt | **-0,97** |
| Porengehalt | 0,54 |
| KAK nach Summe | **-0,99** |
| Basensättigung | 0,43 |
| N in % | **-0,97** |
| C in % | **-0,98** |
| *Anteil gesamt* | 72% |

**Cluster- und Faktorenanalysen der Mulch-experimente:**

Bei **Mulchexperiment II** (Effekte unterschiedlicher Mulchqualität) wurden eine agglomerative und eine *k-means*-Clusteranalyse reduziert auf die neun wichtigsten Variablen gerechnet (Variablen in Abb. 109 und 110 aufgeführt). Es ist ein Zusammenhang zwischen steigender Mulchqualität und den Organikgehalten (vor allem in den Dünnschliff-Längsschnitten) erkennbar. Auch bei der Betrachtung der Mittelwerte (Kapitel 6) ist mit steigender Mulchqualität eine Zunahme der Organikgehalte in den Längsschnitten zu erkennen.

Die Organikgehalte (Querschnitte) und die Fraßraten werden bei der agglomerativen Clusteranalyse erst spät geteilt und liegen nahe beieinander. Die Makrofauna bevorzugt Parzellen mit hohen Organikgehalten und frißt dort mehr substratgefüllte Löcher der Köderstreifen leer. Die Variablen C-Gehalt und Gesamtabundanz (Individuen/m²) liegen ebenfalls nahe beieinander und scheinen diese Annahme zu unterstützen. Eine hohe Basensättigung scheint den Abbau des Mulchs durch die Bodenfauna zu begünstigen.

Die Faktorenanalyse (Tab. 23) liefert keine eindeutigen Zusammenhänge hinsichtlich der Rolle der Mulchqualität. Mulchqualität und Basensättigung weisen in Faktor 2 sogar unterschiedliche Vorzeichen auf.

Von den Durchführenden des Experiments wurde festgestellt, daß mit Mulch höherer Qualität kein durchgängig positiver Effekt auf die Bodenfauna erreicht wurde (SCHMIDT & HÖFER 2004, in: HÖFER et al. 2004:110).

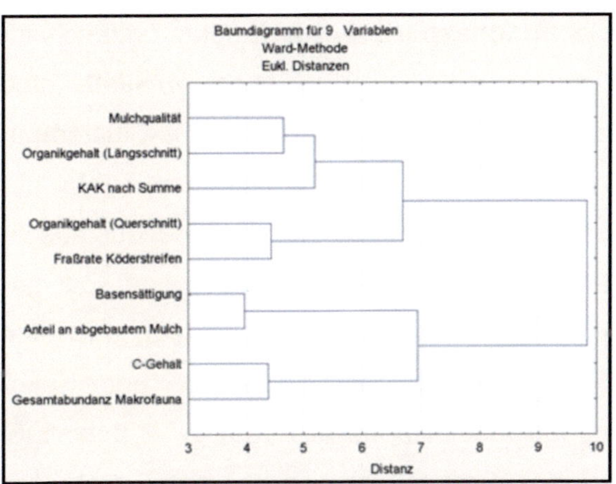

Abb. 109: Dendrogramm der agglomerativen Clusteranalyse des Mulchexperiments II (Mulchqualität) reduziert auf neun Variablen (n = 18).

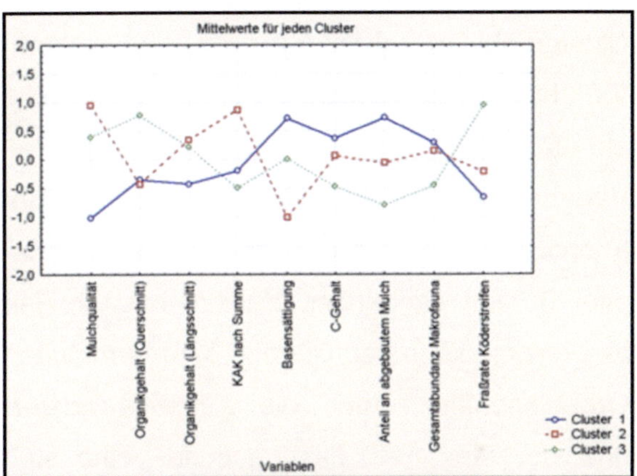

Abb. 110: *k-means*-Clusteranalyse des Mulchexperiments II (Mulchqualität) reduziert auf neun Variablen (n = 18).

Tab. 23: Faktorladungsmatrix des Mulchexperiments II (Mulchqualität) (n = 18).

| Mulchexperiment II | Faktor 1 | Faktor 2 | Faktor 3 |
|---|---|---|---|
| Mulchqualität | 0,43 | **-0,73** | 0,20 |
| Organikgehalt (Querschnitt) | 0,11 | -0,27 | -0,66 |
| Porengehalt (Querschnitt) | -0,46 | 0,03 | **-0,73** |
| Organikgehalt (Längsschnitt) | 0,21 | -0,34 | 0,57 |
| Porengehalt (Längsschnitt) | -0,45 | -0,64 | -0,03 |
| KAK nach Summe | -0,47 | -0,53 | 0,44 |
| Basensättigung | -0,03 | **0,78** | -0,02 |
| N-Gehalt | **-0,89** | -0,13 | -0,10 |
| C-Gehalt | **-0,89** | 0,00 | -0,06 |
| Anteil an abgebautem Mulch | -0,40 | 0,59 | 0,41 |
| Gesamtabundanz Makro-fauna | -0,46 | 0,09 | -0,02 |
| Fraßrate Köderstreifen | 0,23 | -0,51 | -0,31 |
| Mikrobielle Biomasse | 0,01 | 0,61 | 0,30 |
| Lagerungsdichte | -0,19 | -0,43 | 0,39 |
| Wassergehalt | **0,75** | 0,14 | -0,15 |
| *Anteil gesamt* | *23%* | *22%* | *14%* |

Bei **Mulchexperiment III** (Effekte unterschiedlicher Mulchmengen) wurden ebenfalls eine agglomerative und eine *k-means*-Clusteranalyse mit neun Variablen gerechnet (Abb. 111 und 112). Mulchmenge, Kationenaustauschkapazität und C-Gehalt werden erst spät getrennt, was den Schluß nahe legt, daß eine höhere Mulchmenge C-Gehalte und Kationenaustauschkapazität positiv beeinflußt (diese Feststellung findet sich auch bei SCHMIDT & HÖFER 2004, in: HÖFER et al. 2004:115). Die in den Dünnschliffen ermittelten Organikgehalte werden bei der agglomerativen Clusteranalyse schon früh von den anderen Variablen separiert. Bei den Längsschnitten ist ein stärkerer Zusammenhang zu den anderen Variablen vorhanden, wie auch bei der Betrachtung der Mittelwerte deutlich wurde (Kapitel 6): Mit steigender Mulchmenge steigen tendenziell die in den Dünnschliffen ermittelten Organikgehalte. Auch die *k-means*-Clusteranalyse (Abb. 112) zeigt auf, daß eine steigende Mulchmenge eine Verbesserung der bodenchemischen Variablen (KAK, Basensättigung und C-Gehalt) zur Folge hat.

Von den Durchführenden des Experiments konnte festgestellt werden, daß die Abundanz der Bodenmakrofauna in den gemulchten Parzellen höher war und einen Anstieg mit der Mulchmenge zeigt (SCHMIDT & HÖFER 2004, in: HÖFER et al. 2004:116).

Die Faktorenanalyse (Tab. 24) zeigt den positiven Einfluß einer steigenden Mulchmenge auf. Diese führt zu einer Erhöhung von Kationenaustauschkapazität, Basensättigung, C-Gehalt, Mulchabbau und anderer Variablen. Mit steigender Mulchmenge verringert sich die Lagerungsdichte.

Eine höhere Mulchmenge wirkt sich, nach den vorliegenden multivariaten Analysen, vorteilhafter auf bodenchemische Variablen aus als eine höhere Mulchqualität. Daher erweist sich der Ansatz des Projekts ENV 52, trotz kurzer Projektlaufzeit, als richtig. Ein Aufbringen von Mulchmaterial führt zu einer Erhöhung der Makrofaunenaktivität. Die Einarbeitung organischen Materials aus der Streu und aus Mulchmaterial durch die Bodenmakrofauna bewirkt eine Erhöhung der Kationenaustauschkapazität des Bodens.

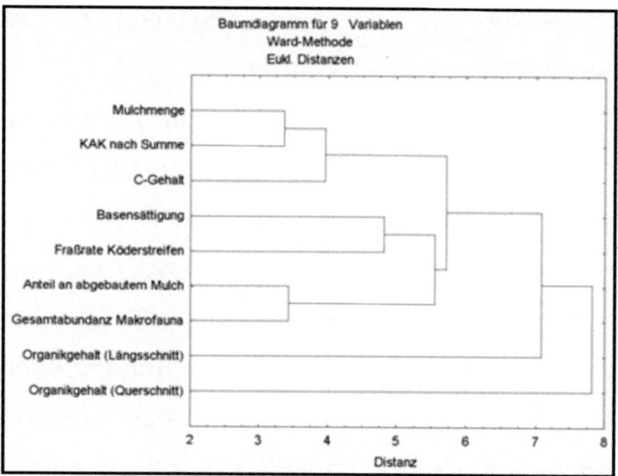

Abb. 111:  Dendrogramm der agglomerativen Clusteranalyse des Mulchexperiments III (Mulchmenge) reduziert auf neun Variablen (n = 24).

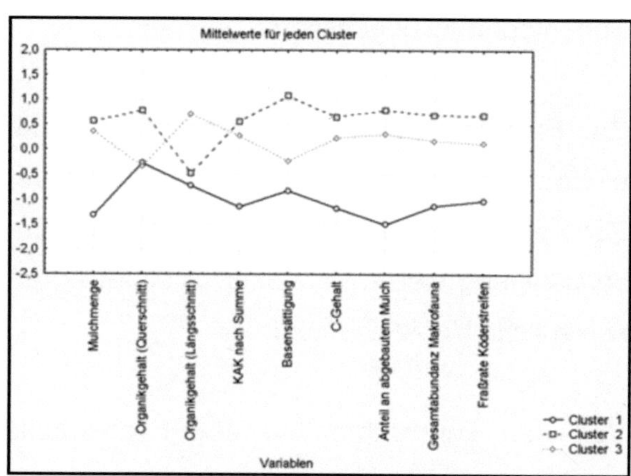

Abb. 112:  *k-means*-Clusteranalyse des Mulchexperiments III (Mulchmenge) reduziert auf neun Variablen (n = 24).

Tab. 24: Faktorladungsmatrix des Mulchexperiments III (Mulchmenge) (n = 24).

| Mulchexperiment III | Faktor 1 | Faktor 2 | Faktor 3 |
|---|---|---|---|
| Mulchmenge | **0,86** | 0,17 | -0,24 |
| Organikgehalt (Querschnitt) | 0,17 | 0,02 | 0,69 |
| Porengehalt (Querschnitt) | -0,34 | -0,69 | -0,38 |
| Organikgehalt (Längsschnitt) | 0,33 | 0,62 | -0,39 |
| Porengehalt (Längsschnitt) | -0,28 | 0,23 | -0,55 |
| KAK nach Summe | **0,78** | 0,19 | -0,17 |
| Basensättigung | 0,65 | -0,58 | -0,12 |
| N-Gehalt | **0,83** | 0,05 | 0,34 |
| C-Gehalt | **0,87** | 0,13 | 0,30 |
| Anteil an abgebautem Mulch | **0,82** | -0,04 | 0,08 |
| Gesamtabundanz Makro-fauna | **0,71** | -0,12 | -0,06 |
| Fraßrate Köderstreifen | **0,72** | -0,10 | -0,19 |
| Mikrobielle Biomasse | 0,64 | -0,57 | -0,04 |
| Lagerungsdichte | **-0,80** | 0,14 | 0,19 |
| Wassergehalt | **0,82** | 0,27 | -0,13 |
| *Anteil gesamt* | *46%* | *12%* | *10%* |

# 9 Diskussion

## 9.1 Einfluß der Bodenmakrofauna auf präferentielle Fließwege

Durch die von W. HANAGARTH initiierten Farbtracer-Experimente sowie die Auszählung biogener Strukturen konnte der starke Einfluß von Makrofauna und Wurzeln auf präferentielle Fließwege im Boden nachgewiesen werden (siehe auch HÖFER et al. 2004:186-189), womit die anfänglich aufgestellte erste Hypothese bejaht werden muß. Der verwendete Lebensmittelfarbstoff Brilliant Blue hat sich als geeignete Wahl erwiesen, um die Fließwege des einsickernden Wassers im Boden sichtbar zu machen. Die Eigenschaften des Farbstoffs sind hinreichend bekannt (FLURY & FLÜHER 1995:22-27). Die blaue Farbe des Farbstoffs markiert durchflossene Makroporen und hebt sich gut gegen die gelbe Farbe des Xanthic Ferralsol ab. Allerdings kommt es in Mikroporen zu einer Trennung von Wasser und Farbstoff, wie ein von W. HANAGARTH durchgeführter Feldversuch belegt. Hierbei wurde dem eingefärbten Wasser Kochsalz hinzugefügt. Über Messungen der elektrischen Leitfähigkeit in verschiedenen Bodentiefen und einem Vergleich mit nicht mit Kochsalz versehenen Bereichen konnte nachgewiesen werden, daß das mit Kochsalz behandelte Wasser auch in nicht eingefärbte Bereiche einsickert.

Bei den an der Profilwand beobachteten präferentiellen Fließwegen handelt es sich überwiegend um biogene Makroporen und Gänge von Ameisen, Termiten und Regenwürmern. Geogene Strukturen (Trockenrisse) sind für Fließvorgänge von untergeordneter Bedeutung und spielen nur auf der Grasland-Fläche eine Rolle. Bedeutend für das präferentielle Fließen

sind auch Pflanzenwurzeln, vor allem die tieferreichenden Wurzeln holziger Gewächse. Entlang abgestorbener Wurzeln wird das Wasser schlauchartig in die Tiefe geleitet. Zwischen Tiergängen und Wurzeln besteht eine wechselseitige Beziehung. Pflanzen nutzen Tiergänge zur Anlage von Wurzelbahnen, die Makrofauna nutzt Bahnen abgestorbener Wurzeln zur Fortbewegung. Hinsichtlich der Stärke des präferentiellen Fließens ist ein deutlicher Gradient zu beobachten. Am stärksten ausgeprägt sind Fließvorgänge entlang biogener Strukturen im Primärwald mit seiner naturnahen und termitenreichen Bodenfauna, am schlechtesten sickert das Wasser in die naturferne Grasland-Fläche ein, die Kulturen des Agroforstsystems liegen dazwischen.

Die ausgezählten biogenen Gänge tragen prozentual zwar nur in geringem Maße zur Gesamtporosität bei (Kapitel 5.2.2.2), sind aber wegen ihrer leitenden Struktur und den Verbindungen zur Bodenoberfläche bedeutsam für den präferentiellen Wasserfluß. Bei der Makrofauna ist die Bedeutung von Termiten und Regenwürmern für präferentielle Fließvorgänge höher einzuschätzen als diejenige von Ameisen. Die Gänge von Termiten und Regenwürmern weisen im Mittel einen fast doppelt so großen Durchmesser wie diejenigen von Ameisen auf und sind deutlich häufiger anzutreffen (Kapitel 5.2.2, Tab. 7). Für die flächige Einsickerung und Verteilung von Niederschlagswasser sind Termitengänge von besonderer Bedeutung, wie beispielsweise an der vergleichsweise homogen Einfärbung der Primärwaldprofile mit ihrem hohen Termitenbesatz zu erkennen ist. Regenwürmer sorgen durch ihre ausgekleideten Gänge mit großen

Durchmessern für eine kanalisierte Einleitung des Wassers in den Boden (solange die Gänge nicht vollständig mit Kot verfüllt sind). Dies kann sich bei einer Mineraldüngung oder der Verwendung von Pflanzenschutzmitteln nachteilig auswirken. Vor allem Regenwurmgänge leiten Düngemittel schnell in Bodentiefen ab, in denen die Nährstoffe nicht mehr pflanzenverfügbar sind. Die schnelle Verlagerung von Pestiziden kann zu einer Gefährdung des Grundwassers führen.

## 9.2 Einfluß der Bodenmakrofauna auf Bodenparameter

In Tab. 25 ist eine zusammenfassende Bewertung des Einflusses der drei Tiergruppen dargestellt. Es wird ein Vergleich der biogenen Strukturen und ihrer Umgebung mit biogen nicht beeinflußten Unterboden-Proben gezogen. Die Grundlagen der Dreigliederung der Ergebnisse (organische Ein-/Umlagerungen - biogene Strukturen - Umgebung) sind dieselben wie die in Kapitel 7.1 beschriebenen. Da die beprobten biogenen Strukturen fast ausnahmslos aus dem Unterboden stammen, ist ein Vergleich mit diesem sinnvoll. Organikgehalt, Porengehalt, Kationenaustauschkapazität, Basensättigung, C-Gehalt sowie das C/N-Verhältnis sind als Ab- bzw. Anreicherungsfaktoren im Vergleich zu Unterboden-Proben (Unterboden = 1) dargestellt und bewertet. Tab. 25 ist eine Synthese der in Kapitel 7 aufgeführten Tabellen (Tab. 12 bis 16), aus denen auch die Probenanzahlen ersichtlich sind. Selbstverständlich kann man von den in dieser Arbeit untersuchten Bauten von Ameisen, Termiten und Regenwürmern nicht auf alle Vertreter der jeweiligen Tiergruppe schließen. Pauschalisierte Aussagen („die Ameisen/Termiten/Regenwürmer bewirken dieses oder jenes") sind aufgrund der unterschiedlichen Lebensweisen innerhalb einer Tiergruppe problematisch. Bei den beprobten Arten handelt es sich jedoch um für Agrarflächen und Primärwälder Zentralamazoniens typische und häufig vorkommende Arten.

Aus der Literatur gibt es Hinweise, daß von Ameisen eingelagertes organisches Material eine Erhöhung der Kationenaustauschkapazität bewirkt (Kapitel 2.2.2). Im Rahmen dieser Arbeit wurden gefüllte Kammern mit Pilzkulturen oder eingetragenen Blattschnipseln allerdings nur selten angetroffen, und die angetroffenen Mengen waren zu gering, um ausreichend Material für KAK-Analysen zu erhalten. Die Analyse der 24 beprobten Profilgruben ergibt, daß von Ameisen stammende organische Anreicherungen im Vergleich zu Termiten und Regenwürmern sehr viel seltener anzutreffen sind. Ameisen sind aufgrund unterschiedlicher artspezifischer Lebensweisen (Blattschneiderameisen der Gattungen *Atta* und *Acromyrmex*, Pilzzüchterameisen wie *Mycocepurus*) eine zu heterogene Gruppe, um eine generelle Bewertung und pauschalisierte Aussagen zuzulassen. Entgegen ersten Vermutungen sind an den Wänden von Ameisenkammern (beispielsweise bei *Mycocepurus*) keine oder keine nennenswerten Anreicherungen von organischem Material anzutreffen. Die angetroffenen Gattungen und Arten (Aufzählung in Kapitel 7.2.1) kleiden Kammer- und Gangwände nicht aus.

In den Termitenstrukturen führt eingelagerte organische Substanz zu einer nennenswerten Erhöhung von Organikgehalten und Kationenaustauschkapazität. An den Gang- und Kammerwänden der angetroffenen Termitengattungen und -arten sind im Durchschnitt erhöhte Organikgehalte festzustellen, die Katio-

Tab. 25: Zusammenfassender Überblick des Einflusses der Bodenmakrofauna.

| Mittelwerte biogene Strukturen | Organikgehalt MW [Flächen-%] | Faktor (gegenüber Unterboden) | Bewertung Organikgehalt | Porengehalt MW [Flächen-%] | Faktor (gegenüber Unterboden) | Bewertung Porengehalt | KAK nach Summe [mmol/100g] | Faktor (gegenüber Unterboden) | Bewertung KAK |
|---|---|---|---|---|---|---|---|---|---|
| **Ameisenbau *Acromyrmex* sp:** | | | | | | | | | |
| Nestauswurf | 0,9 | 2,8 | + | 48,8 | 3,4 | + | 12,8 | 1,6 | 0 |
| biogene Strukturen (Kammern, Gänge) | 0,4 | 1,1 | 0 | 14,5 | 1,0 | 0 | 10,6 | 1,3 | 0 |
| Umgebung der biogenen Strukturen | 0,5 | 1,4 | 0 | 11,6 | 0,8 | 0 | 10,7 | 1,4 | 0 |
| **Ameisenbau *Atta* sp.:** | | | | | | | | | |
| Nestauswurf | 2,5 | 7,7 | ++ | 55,0 | 3,8 | + | 8,9 | 1,1 | 0 |
| biogene Strukturen (Kammern, Gänge) | 0,4 | 1,2 | 0 | 19,7 | 1,4 | 0 | 8,5 | 1,1 | 0 |
| Umgebung der biogenen Strukturen | 0,3 | 0,9 | 0 | 11,9 | 0,8 | 0 | 10,6 | 1,3 | 0 |
| **sonstige Ameisenbauten:** | | | | | | | | | |
| organisches Material | 50,6 | 155 | +++ | 19,1 | 1,3 | 0 | * | | |
| biogene Strukturen (Kammern, Gänge) | 0,6 | 1,9 | 0 | 11,6 | 0,8 | 0 | 9,8 | 1,3 | 0 |
| Umgebung der biogenen Strukturen | 0,4 | 1,1 | 0 | 12,3 | 0,8 | 0 | ** | | |
| **Termitenbau *Cornitermes* sp.:** | | | | | | | | | |
| Nestkammer | 83,5 | 256 | +++ | 6,3 | 0,4 | - | 94,4 | 12,0 | +++ |
| biogene Strukturen (Kammern, Gänge) | 1,0 | 3,2 | + | 16,7 | 1,2 | 0 | 13,5 | 1,7 | 0 |
| Umgebung der biogenen Strukturen | 0,3 | 1,1 | 0 | 14,8 | 1,0 | 0 | 10,4 | 1,3 | 0 |
| **Termitenbau *Syntermes molestus*:** | | | | | | | | | |
| organisches Material | 35,4 | 109 | +++ | 14,2 | 1,0 | 0 | 19,4 | 2,5 | + |
| biogene Strukturen (Kammern, Gänge) | 2,0 | 6,1 | ++ | 6,3 | 0,4 | - | 9,1 | 1,2 | 0 |
| Umgebung der biogenen Strukturen | 1,4 | 4,3 | + | 10,9 | 0,8 | 0 | 8,7 | 1,1 | 0 |
| **sonstige Termitenbauten:** | | | | | | | | | |
| organisches Material | 8,6 | 26,5 | +++ | 26,6 | 1,8 | 0 | 14,2 | 1,8 | 0 |
| biogene Strukturen (Kammern, Gänge) | 1,4 | 4,4 | + | 10,0 | 0,7 | 0 | 12,0 | 1,5 | 0 |
| Umgebung der biogenen Strukturen | 0,5 | 1,4 | 0 | 11,5 | 0,8 | 0 | ** | | |
| **Regenwurmbauten:** | | | | | | | | | |
| Regenwurmkot | 4,3 | 13,2 | +++ | 5,1 | 0,3 | - | 16,5 | 2,1 | + |
| biogene Strukturen (Kammern, Gänge) | 0,7 | 2,3 | + | 3,5 | 0,2 | - | 11,7 | 1,5 | 0 |
| Umgebung der biogenen Strukturen | 0,5 | 1,5 | 0 | 7,6 | 0,5 | 0 | ** | | |
| **Vergleichsbasis:** | | | | | | | | | |
| Mittelwerte der Unterboden-Proben | 0,3 | 1,0 | | 14,5 | 1,0 | | 7,8 | 1,0 | |

* keine Werte     ** siehe Unterboden-Proben

| **Faktor (Unterboden = 1)** | **Bewertung** |
|---|---|
| 0,0 - 0,5 | Verringerung (-) |
| 0,5 - 2,0 | keine bzw. geringe Veränderung (0) |
| 2,0 - 5,0 | leichte Erhöhung (+) |
| 5,0 - 10,0 | deutliche Erhöhung (++) |
| 10,0 - 256 | starke bis extreme Erhöhung (+++) |

| Mittelwerte biogene Strukturen | Basensättigung [%] | Faktor (gegenüber Unterboden) | Bewertung Basensättigung | C-Gehalt in % (MW) | Faktor (gegenüber Unterboden) | Bewertung C-Gehalt | C/N-Verhältnis | Faktor (gegenüber Unterboden) | Bewertung C/N-Verhältnis |
|---|---|---|---|---|---|---|---|---|---|
| **Ameisenbau *Acromyrmex* sp:** | | | | | | | | | |
| Nestauswurf | 5,4 | 4,7 | + | 2,4 | 2,3 | + | 12,9 | 1,2 | 0 |
| biogene Strukturen (Kammern, Gänge) | 1,2 | 1,0 | 0 | 1,9 | 1,9 | 0 | 13,1 | 1,2 | 0 |
| Umgebung der biogenen Strukturen | 1,0 | 0,9 | 0 | 1,9 | 1,8 | 0 | 12,8 | 1,2 | 0 |
| **Ameisenbau *Atta* sp.:** | | | | | | | | | |
| Nestauswurf | 10,9 | 9,4 | ++ | 1,3 | 1,3 | 0 | 12,0 | 1,1 | 0 |
| biogene Strukturen (Kammern, Gänge) | 8,1 | 7,0 | ++ | 1,2 | 1,1 | 0 | 11,6 | 1,1 | 0 |
| Umgebung der biogenen Strukturen | 5,3 | 4,6 | + | 1,7 | 1,7 | 0 | 11,7 | 1,1 | 0 |
| **sonstige Ameisenbauten:** | | | | | | | | | |
| organisches Material | * | | | 5,7 | 5,5 | ++ | 21,2 | 1,9 | 0 |
| biogene Strukturen (Kammern, Gänge) | 1,9 | 1,7 | 0 | 1,8 | 1,8 | 0 | 12,1 | 1,1 | 0 |
| Umgebung der biogenen Strukturen | ** | | | ** | | | ** | | |
| **Termitenbau *Cornitermes* sp.:** | | | | | | | | | |
| Nestkammer | 41,3 | 35,7 | +++ | * | | | * | | |
| biogene Strukturen (Kammern, Gänge) | 4,3 | 3,7 | + | 2,6 | 2,6 | + | 12,8 | 1,2 | 0 |
| Umgebung der biogenen Strukturen | 2,4 | 2,1 | + | 1,7 | 1,7 | 0 | 11,1 | 1,0 | 0 |
| **Termitenbau *Syntermes molestus*:** | | | | | | | | | |
| organisches Material | 28,5 | 24,6 | +++ | 4,2 | 4,1 | + | 16,9 | 1,5 | 0 |
| biogene Strukturen (Kammern, Gänge) | 3,9 | 3,4 | + | 1,4 | 1,4 | 0 | 10,9 | 1,0 | 0 |
| Umgebung der biogenen Strukturen | 1,9 | 1,6 | 0 | 1,3 | 1,3 | 0 | 10,9 | 1,0 | 0 |
| **sonstige Termitenbauten:** | | | | | | | | | |
| organisches Material | 2,0 | 1,7 | 0 | 2,4 | 2,3 | + | 12,9 | 1,2 | 0 |
| biogene Strukturen (Kammern, Gänge) | 3,1 | 2,6 | + | 1,9 | 1,8 | 0 | 11,7 | 1,1 | 0 |
| Umgebung der biogenen Strukturen | ** | | | ** | | | ** | | |
| **Regenwurmbauten:** | | | | | | | | | |
| Regenwurmkot | 5,8 | 5,0 | ++ | 3,3 | 3,2 | + | 12,7 | 1,2 | 0 |
| biogene Strukturen (Kammern, Gänge) | 4,1 | 3,5 | + | 1,8 | 1,8 | 0 | 11,6 | 1,1 | 0 |
| Umgebung der biogenen Strukturen | ** | | | ** | | | ** | | |
| **Vergleichsbasis:** | | | | | | | | | |
| Mittelwerte der Unterboden-Proben | 1,2 | 1,0 | | 1,0 | 1,0 | | 10,9 | 1,0 | |

* keine Werte     ** siehe Unterboden-Proben

| Faktor (Unterboden = 1) | Bewertung |
|---|---|
| 0,0 - 0,5 | Verringerung (-) |
| 0,5 - 2,0 | keine bzw. geringe Veränderung (0) |
| 2,0 - 5,0 | leichte Erhöhung (+) |
| 5,0 - 10,0 | deutliche Erhöhung (++) |
| 10,0 - 256 | starke bis extreme Erhöhung (+++) |

nenaustauschkapazität ist allerdings kaum erhöht (Ausnahme: Nestkammer *Cornitermes*). In manchen Dünnschliffen von Termitenstrukturen ist eine Auskleidung von Kammer- und Gangwänden mit organischem Material zu erkennen. Insgesamt liegt die Kationenaustauschkapazität der 33 untersuchten Termitenstrukturen (ohne die untersuchten Bauten) bei 12,0 mmol/100 g und damit 22 % höher als die der 50 untersuchten Ameisenstrukturen (9,8 mmol/100 g), wobei die Werte absolut gesehen aber immer noch sehr niedrig sind. Die Basensättigung der Termitenstrukturen beträgt durchschnittlich 3,1 % und liegt damit über 50 % höher als diejenige der Ameisenstrukturen (1,9 %). Die C-Gehalte von Ameisen- und Termitenstrukturen sind vergleichbar (Ameisen: 1,8 % bei 54 Proben, Termiten: 1,9 % bei 31 Proben).

Besonders bedeutsam ist die Erhöhung der Kationenaustauschkapazität durch Regenwurmkot, da dieser überwiegend in den obersten 20 cm des Bodens angetroffen wurde, wo die Nährstoffe für die Wurzeln der Pflanzen leicht zugänglich sind. Die Tiefenlage der gefundenen Ameisen- und Termitenbauten ist größer, im Mittel in 30 bis 40 cm Tiefe, also in einer Tiefenlage, in der die Nährstoffe für flachwurzelnde Pflanzen nicht mehr zugänglich sind. Nachteilig auf den Pflanzenwuchs und die Aktivität der sonstigen Makrofauna könnte sich die Verdichtung des Bodens (Verringerung der Porosität) durch Regenwurmkot auswirken, der eine geringere Porosität als der benachbarte Unterboden aufweist. Auch die Wandbereiche von Wurmgängen sind durch Kompression des Bodens bei der Anlage von Gängen kompaktiert und weisen eine im Vergleich zur Umgebung verringerte Porosität auf.

Generell läßt sich feststellen, daß bei allen drei Tiergruppen ausschließlich organische Verfüllungen von Kammern und Gängen eine Verbesserung der chemischen Bodeneigenschaften bewirken. Die alleinige Anlage von Gängen und Kammern ohne eine Verfüllung mit organischem Material bewirkt keine nennenswerte Verbesserung der bodenchemischen Verhältnisse, hat aber gravierenden Einfluß auf den präferentiellen Fluß des Niederschlagswassers. Hierbei sind vor allem nicht verfüllte Gänge und Kammern von Bedeutung, in denen das Niederschlagswasser ungehindert versickern kann, sofern eine hydraulische Verbindung zur Bodenoberfläche gegeben ist.

Im Vergleich der Tiergruppen zeigt sich, daß vor allem Termiten und Regenwürmer einen positiven Einfluß auf Basensättigung und Kationenaustauschkapazität haben. Nicht nur durch die vergleichsweise häufige Einlagerung organischer Substanz in deren Gängen, sondern auch durch ihre große Häufigkeit (fast 90 % aller ausgezählten Gänge stammen von Termiten oder Regenwürmern, nur etwas über 10 % von Ameisen) üben Termiten und Regenwürmer einen starken Einfluß auf Bodenchemie und präferentielles Fließen aus. Ausgeprägt sind die Anreicherungen organischer Substanz in den Kammern von Termiten, die jedoch manchmal in Bodentiefen erfolgen, in denen die Nährstoffe den Pflanzen nicht mehr zur Verfügung stehen. Es stellt sich die Frage, ob das Verbringen ursprünglich an der Bodenoberfläche vorhandener Blattstreu in Tiefen unterhalb von 50 cm in diesen Fällen möglicherweise sogar negative Auswirkungen auf die Bodenfruchtbarkeit und das Pflanzenwachstum haben könnte. Insgesamt überwiegt aber der positive Einfluß der Termiten, da sich über 80 % der Gänge in den oberen 30 cm des Bodens befinden. Die Tätigkeit von Regenwürmern ist überwiegend auf die oberen 20 cm des Bodens konzentriert, also in einem Bereich, in dem Pflanzen von dem erhöhten Nährstoffangebot profitieren können. Allerdings führt die Aktivität von Regenwürmern zu einer Verdichtung des Bodens, die in den Dünnschliffen an einer verringerten Porosität zu erkennen ist.

Zusammenfassend läßt sich sagen, daß sowohl Ameisen, wie auch Termiten und Regenwürmer durch ihre Tätigkeit, in unterschiedlichem Umfang, eine Verbesserung der bodenchemischen Verhältnisse bewirken. Die anfänglich aufgestellte zweite Hypothese muß folglich bejaht werden. Die statistischen Analysen legen nahe, daß organische Substanz maßgeblich zum Kationenaustausch beiträgt. Ameisen, Termiten und Regenwürmer tragen durch ihre Tätigkeit zu einer Verbesserung der Nährstoffgehalte im Boden bei. Wichtig ist daher eine Förderung optimaler ökologischer Bedingungen durch einen möglichst naturnahen Ackerbau.

## 9.3 Bewertung der in den Experimentalflächen ermittelten Organikgehalte

Die Ergebnisse und Erläuterung der mikromorphologischen Analysen des Agroforstsystems, des Holzexperiments und der Mulchexperimente sind in Kapitel 6 und 8 aufgeführt.

**Agroforstsystem:**

Aufgrund umfangreicherer Probenzahlen sollen hier nur die Ergebnisse der „Proben SCHWEIZER" betrachtet werden. Eine genaue Darstellung der Ergebnisse findet sich in Kapitel 6.2. Die wesentlichen Aspekte der Analysen von S. SCHWEIZER (2001, unveröffentl. Diplomarbeit) können bestätigt werden. Zwischen den Oberböden der Kulturen sowie dem Primärwald gibt es nur minimale Unterschiede hinsichtlich mikromorphologischer und bodenchemischer Parameter. In den Kulturen des Agroforstsystems und im Primärwald betragen die mikroskopisch bestimmten Organikgehalte etwa 1 %, die Porosität etwa 12 %. Die Kationenaustauschkapazität beträgt durchschnittlich etwa 10 mmol/100 g bei einer Basensättigung von durchschnittlich 12 %. Die analytisch bestimmten C-Gehalte liegen einheitlich bei etwa 2,5 %.

Deutlicher ausgeprägt als die Unterschiede zwischen den Kulturen des Agroforstsystems sind die Unterschiede zwischen Ober- und Unterböden. Die mikroskopisch bestimmten Organikgehalte sind in den Oberböden rund vier mal so hoch wie in den Unterböden, die Porengehalte sind in allen Profiltiefen ähnlich hoch mit Werten, die zumeist zwischen 10 und 15 % liegen. Da die Schnittlage der „Proben SCHWEIZER" vermutlich in ca. 5 cm Bodentiefe liegt, also bereits im beginnenden Unterboden, kommen die Unterschiede zwischen den Kulturen sowie zwischen Ober- und Unterboden nicht mehr so deutlich heraus wie bei einer Beprobung in geringeren Bodentiefen, da die Organikgehalte bereits in den obersten drei Zentimetern stark abnehmen.

**Holzexperiment und Mulchexperimente:**

Ergebnisse und Diskussion des von M. VERHAAGH, C. MARTIUS, L. MEDEIROS und G. MARTINS durchgeführten Holzexperiments sowie der Mulchexperimente von H. HÖFER und P. SCHMIDT sind im Schlußbericht des Projekts ENV 52 (HÖFER et al. 2004) aufgeführt.

Tendenziell ist sowohl beim Holzexperiment wie auch den Mulchexperimenten eine Erhöhung der Organikgehalte im Vergleich zu den Ausgangsflächen festzustellen. Aufgrund der in Kapitel 9.4 geschilderten Problematik und des zu geringen Zeitraums zwischen Anlage der Fläche und Probenahme stellen die im Holzexperiment und den Mulchexperimenten ermittelten Organikgehalte nur erste Tendenzen dar. Die langfristige Entwicklung der Organikgehalte und der Einbau der Organik durch die Makrofauna kann noch nicht abschließend eingeschätzt werden. Die vorliegenden Zahlen sowie die statistischen Analysen zeigen vor allem bei Mulchexperiment III einen positiven Einfluß höherer Mulchmengen auf und belegen den positiven Einfluß der Mulchung auf die Bodenmakrofauna, wodurch auch die dritte anfänglich aufgestellte Hypothese zu bejahen ist.

## 9.4 Kritische Bewertung der Methode der quantitativen Dünnschliffanalyse

**Arbeitsaufwand:**

Der Aufwand der Herstellung und Auswertung von Bodendünnschliffen ist wesentlich höher als für die in dieser Arbeit angewandten bodenchemischen Analysemethoden (Bestimmung der Kationenaustauschkapazität und C/N-Analysen). Zunächst ist der hohe Arbeits- und Zeitaufwand vom Sammeln der Probe bis zur Herstellung des Dünnschliffs zu nennen. Die Präparation der Proben aus dem Boden ist schwierig, da diese unbeschädigt herauspräpariert werden müssen. Nach einer Trocknungszeit von einigen Tagen müssen die Proben sorgfältig verpackt und transportiert werden, um dann im Labor unter Vakuum eingeharzt zu werden. Beim Einharzen kam es bei vielen Proben zu Problemen durch zu schnelles Aushärten des Harzes, wobei die tonige Matrix nicht vollständig eingeharzt wurde. Die Folge waren Löcher im Schliff, die bei der Auswertung ausgespart werden mußten. Da das Harz bei höheren Temperaturen schneller aushärtet, konnte das Einharzen nicht in den Sommermonaten erfolgen. Beim Herstellen der Dünnschliffe der biogenen Proben mußte genauestens auf eine lagerichtige Präparation der Dünnschliffe geachtet werden. Biogene Kammer- und Gangwände mußten immer auf derselben Seite des Dünnschliffs zu liegen kommen, um eine Verwechslung mit angrenzenden Bereichen auszuschließen. Der Zeitaufwand für das Sägen und Schleifen der Proben ist sehr hoch, so daß pro Tag nur wenige Dünnschliffe hergestellt werden können. Proben mit hohen Organikgehalten (z. B. verfüllte Gänge) sind bei der Präparation der Proben häufig mißlungen, da die Organik beim Schleifen der Präparate herausgerissen wurde. Dies erklärt die vergleichsweise geringe Zahl an Dünnschliffen mit zoogenen Organikverfüllungen.

Die quantitative Auswertung der Dünnschliffe ist zeitaufwendig, da eine vollständig automatisierte Auswertungsprozedur nicht möglich ist. Für die Auswertung der (zufällig ausgewählten) Meßpunkte müssen nicht eingeharzte Stellen oder Stellen mit beim Schleifen herausgerissener Organik verworfen werden. Die Auswertung biogener Strukturen muß paßgenau an bzw. in der jeweiligen Struktur erfolgen (Beschreibung in Kapitel 4). Jeder fotografierte Bildausschnitt muß mit einer eigenen Klassifizierung der Farbgrenzwerte ausgewertet werden. Bei der Übertragung der Werte in Excel-Tabellen muß mit besonderer Sorgfalt vorgegangen werden, um ein Vertauschen von Werten in der Tabelle auszuschließen.

**Höhe der Standardabweichungen:**

Im Laufe der Auswertung wurde deutlich, daß die mikroskopisch sichtbaren Organikpartikel sehr inhomogen im Boden verteilt sind. Wenn bei der zufälligen Auswahl der Bildausschnitte im Dünnschliff ein größerer Organikpartikel angetroffen und ausgezählt wird, hat dies einen enormen Einfluß auf den gemittelten Organikgehalt des jeweiligen Dünnschliffs. Dies wird deutlich bei der Betrachtung der Mittelwerte und durchschnittlichen Standardabweichungen der (fünf bei Querschnitten bzw. sechs bei Längsschnitten) Einzelmessungen innerhalb eines Dünnschliffs (Tab. 26). In dieser Tabelle sind die Dünnschliffe in sieben Dünnschliffserien (Agroforst Querschnitte, Agroforst Längsschnitte, biogene Strukturen, Umgebung der biogenen Strukturen, Holzexperiment Querschnitte, Mulchexperimente Querschnitte und Mulchexperimente Längsschnitte) eingeteilt. Da die Werte der biogenen Strukturen in zwei Kategorien (biogene Struktur bzw. hinter der biogenen Struktur) aufgeteilt sind, ist n größer als die Gesamtzahl der Dünnschliffe (386). Für jede Dünnschliffserie sind die mittleren Prozentanteile an Organik, Quarz, Poren und Matrix sowie die jeweiligen Standardabweichungen angegeben.

Auffallend (Tab. 26 und Abb. 113) ist der im Durchschnitt deutlich erhöhte Organikgehalt der biogenen Strukturen (9,2 %), der auf die Rolle der Bodenmakrofauna für den Einbau von Organik in den Boden hinweist. Der vergleichsweise hohe Wert wird mitverursacht durch einige Ausreißerwerte mit sehr hohen Organikgehalten (zum Beispiel Kammerverfüllungen). In den anderen fünf Dünnschliffserien sowie in der Serie „Biogene Strukturen (Umgebung)" liegen die Organikgehalte nur zwischen 0,5 und 1,5 %. Die Betrachtung der dazugehörigen Standardabweichungen zeigt, daß diese (innerhalb eines Dünnschliffs) annähernd so hoch sind wie die Meßwerte selbst, was auf eine große Schwankungsbreite der einzelnen Meßergebnisse hinweist. Dies bedeutet, daß nur eine ausreichend hohe Dünnschliffanzahl zuverlässige Ergebnisse liefert. Im Gegensatz dazu sind in der Serie „Biogene Strukturen", in der die Meßpunkte gezielt ausgewählt wurden, die Standardabweichungen deutlich geringer als die Meßwerte, was bedeutet, daß hier durch die gezielte Auswahl der Meßpunkte bereits aus wenigen Messungen zufriedenstellende Ergebnisse erzielt werden können (Abb. 113). Auch bei Quarzen, Poren und Matrix mit ihren im Vergleich zur Organik deutlich höheren Flächenanteilen (5 bis 11 % bei den Quarzen, 11 bis 15 % bei den Poren, 72 bis 82 % bei der Matrix) sind die Standardabweichungen deutlich geringer als die Meßwerte, wodurch das Verfahren gut geeignet ist, um beispielsweise Quarzgehalte oder die Porosität in Bodendünnschliffen zu ermitteln.

Tab. 26: Durchschnitte der Mittelwerte und Standardabweichungen der quantitativen Dünnschliffauswertung in Abhängigkeit von der Dünnschliffserie.

| Durchschnitte der Mittelwerte und Standardabweichungen der Dünnschliffserien | *n Dünnschliffe* | Organikgehalt MW [Flächen-%] | Quarzgehalt MW [Flächen-%] | Porengehalt MW [Flächen-%] | Matrixgehalt MW [Flächen-%] |
|---|---|---|---|---|---|
| **durchschnittliche Mittelwerte** | | | | | |
| Agroforst Querschnitte (inkl. Unterböden) | *107* | 1,2 | 11,0 | 12,3 | 75,5 |
| Agroforst Längsschnitte | *18* | 1,5 | 9,5 | 14,8 | 74,1 |
| Biogene Strukturen | *69* | 9,2 | 5,4 | 13,0 | 72,4 |
| Biogene Strukturen (Umgebung) | *64* | 0,5 | 6,1 | 11,7 | 81,8 |
| Holzexperiment Querschnitte | *96* | 1,1 | 7,1 | 11,1 | 80,8 |
| Mulchexperimente Querschnitte | *42* | 1,0 | 6,5 | 11,5 | 81,0 |
| Mulchexperimente Längsschnitte | *42* | 1,3 | 6,2 | 11,9 | 80,6 |
| | | | | | |
| **durchschnittliche Standardabweichungen** | | | | | |
| Agroforst Querschnitte (inkl. Unterböden) | *107* | 0,8 | 4,2 | 4,7 | 6,7 |
| Agroforst Längsschnitte | *18* | 1,2 | 4,6 | 5,1 | 6,4 |
| Biogene Strukturen | *69* | 1,2 | 2,1 | 3,6 | 4,5 |
| Biogene Strukturen (Umgebung) | *64* | 0,3 | 2,2 | 3,6 | 4,4 |
| Holzexperiment Querschnitte | *96* | 0,9 | 3,2 | 4,1 | 5,2 |
| Mulchexperimente Querschnitte | *42* | 0,9 | 3,0 | 4,7 | 5,5 |
| Mulchexperimente Längsschnitte | *42* | 1,1 | 2,8 | 4,8 | 5,9 |

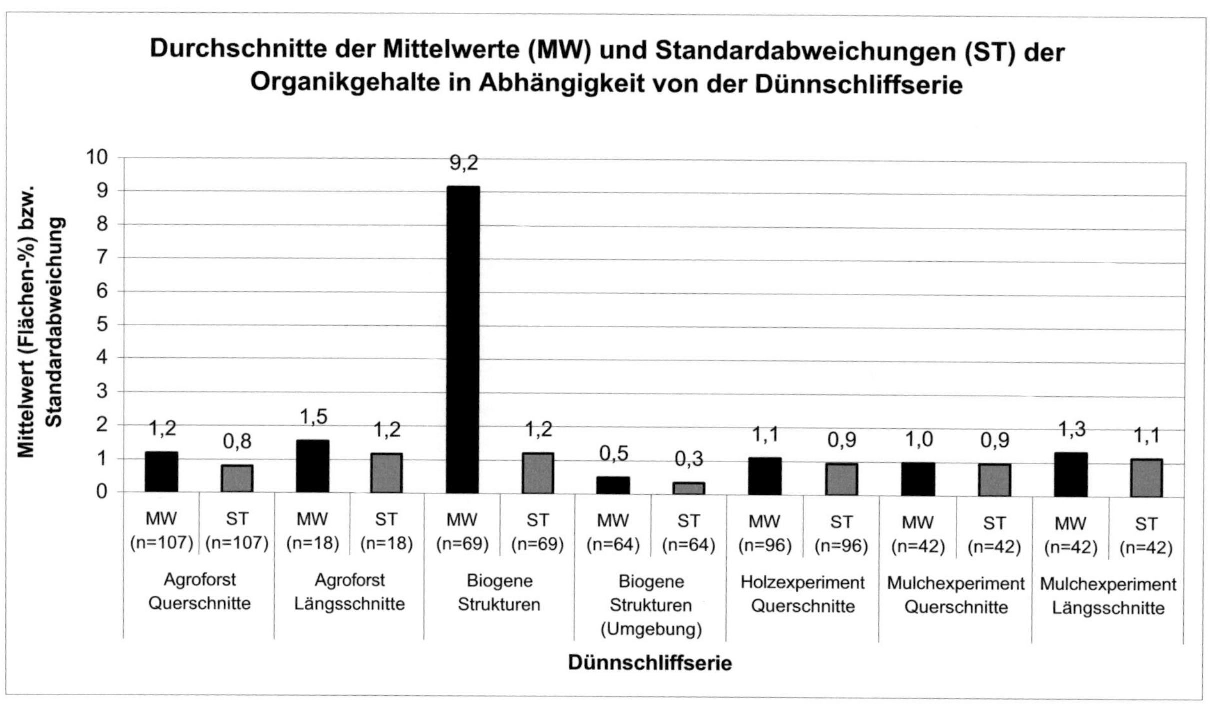


Abb. 113: Durchschnitte der Mittelwerte und Standardabweichungen der Organikgehalte in Abhängigkeit von der Dünnschliffserie.
Datengrundlage: Tab. 26.

**Korrelationsanalysen:**

Korrelationsanalysen der Ergebnisse der Dünnschliffanalysen weisen die Grenzen der Methode der quantitativen Dünnschliffauswertung auf. Tab. 27 zeigt die Pearson-Korrelationskoeffizienten von insgesamt 58 Parzellen des Agroforstsystems und der Mulchexperimente. In jeder Fläche wurden zwei Proben in maximal zwei Metern Abstand voneinander gesammelt. Aus einer wurde ein Querschnitt-Dünnschliff, aus der anderen ein Längsschnitt angefertigt. Zwischen den in den Dünnschliffen ermittelten Komponentenanteilen in den Quer- und Längsschnitten bestehen nur sehr geringe Zusammenhänge. Der Korrelationskoeffizient der Organikgehalte von Längs- und Querschnitten beträgt lediglich 0,38. Bemerkenswert ist der äußerst geringe Korrelationskoeffizient (0,00) zwischen den Organikgehalten der Querschnitte und den Organikgehalten der mittleren Bereiche der Längsschnitte, obwohl in beiden Fällen die Schnittlage in etwa derselben Bodentiefe liegt (etwa 3 cm; Erläuterung in Kapitel 4) und daher hier am ehesten ein Zusammenhang zu erwarten wäre. Es ist festzustellen, daß die Methode der quantitativen Dünnschliffanalyse bei einer Auswertung von nur zwei Dünnschliffen pro Parzelle für die Bestimmung der Organikgehalte keine zufriedenstellenden Ergebnisse erbringt. Erst bei Mittelwertbildung aus mehreren Dünnschliffen sind Tendenzen zu erkennen.

Zwischen den in den Dünnschliffen ermittelten Organikgehalten und den analytisch bestimmten C-Gehalten besteht nur ein geringer Zusammenhang. Der Korrelationskoeffizient zwischen den Organikgehalten aller (n = 217) Dünnschliff-Querschnitte und den C-Gehalten beträgt nur 0,30. Zwischen den Organikgehalten aller Dünnschliff-Längsschnitte (n = 58) und den C-Gehalten beträgt er sogar nur 0,26. Wie bereits in Kapitel 8.1 erwähnt, findet sich nur bei der Beprobung der biogenen Strukturen eine mittlere Korrelation zwischen den Organikgehalten der Dünnschliffe und den C-Gehalten (0,51).

Tab. 27: Korrelationskoeffizienten der Organikgehalte in Quer- und Längsschnitten von zwei Dünnschliffen aus derselben Parzelle.
In den Kulturen des Agroforstsystems und den Mulchexperimenten wurden auf denselben Parzellen Dünnschliff-Querschnitte und -Längsschnitte angefertigt.

| Korrelationskoeffizienten Organik Querschnitte - Längsschnitte (n = 58) | Organikgehalt Querschnitte [Flächen-%] | Organikgehalt Längsschnitte [Flächen-%] | Organikgehalt Längsschnitte oben [Flächen-%] | Organikgehalt Längsschnitte Mitte [Flächen-%] |
|---|---|---|---|---|
| Organikgehalt **Längsschnitte ges.** [Flächen-%] | 0,38 | ------ | ------ | ------ |
| Organikgehalt Längsschnitte oben [Flächen-%] | 0,39 | 0,89 | ------ | ------ |
| Organikgehalt Längsschnitte Mitte [Flächen-%] | 0,00 | 0,49 | 0,14 | ------ |
| Organikgehalt Längsschnitte unten [Flächen-%] | 0,27 | 0,41 | 0,17 | 0,04 |

Bei den Organikgehalten der Dünnschliff-Längsschnitte (angefertigt bei den Dünnschliffen des Agroforstsystems und der Mulchexperimente) zeigt sich eine starke Tiefenabhängigkeit. Im 1 cm Bodentiefe sind die Organikgehalte in etwa doppelt so hoch wie in 3 cm Bodentiefe. Für einen sinnvollen Vergleich der Organikgehalte müßte die Schnittlage bei jedem Dünnschliff immer in exakt derselben Tiefe sein. Dies ist in der Praxis schwierig zu verwirklichen, da geringe Toleranzen beim Sammeln im Gelände und bei der Dünnschliffherstellung kaum zu vermeiden sind.

**Fazit zur quantitativen Dünnschliffanalyse:**
Es war im Rahmen dieser Arbeit nicht beabsichtigt, die analytische C-Bestimmung durch eine Organikbestimmung anhand von Dünnschliffen zu ersetzen. Ein Abgleich der mikroskopisch bestimmten Organikgehalte mit den C-Gehalten erlaubt jedoch Rückschlüsse auf die Möglichkeiten dieser Methode.

Da mikroskopisch erkennbare Organikpartikel sehr inhomogen sowohl im Boden, wie auch im Dünnschliff verteilt sind, lassen sich aus nur einem Dünnschliff keine verläßlichen Aussagen über die Höhe von Organikgehalten treffen, weshalb bei der Betrachtung des Organikgehalts der Agroforstsysteme, des Holzexperiments und der Mulchexperimente immer Mittelwerte aus mehreren Dünnschliffen gebildet wurden. Die Zufallskomponente bei der Auswahl der Meßpunkte läßt sich nur durch eine Erhöhung der Probenanzahl (= Anzahl der Dünnschliffe) verringern. Eine Auszählung von mehr als sechs Meßpunkten pro Dünnschliff scheitert in der Realität oft an der schlechten Durchharzung der Proben und dem damit verbundenen Mangel an geeigneten Meßpunkten. Bei diffus verteilten Organikpartikeln (wie in den Oberböden des Agroforstsystems oder der Experimentalflächen) sind Aussagen nur durch eine entsprechend hohe Probenanzahl möglich. Die Anfertigung von beispielsweise 100 Dünnschliffen pro Experimentalfläche ist jedoch aus zeitlichen und finanziellen Gründen illusorisch.

Für ausschließliche Analysen der Organik- und Porengehalte von Ober- und Unterböden ist die Methode der quantitativen Dünnschliffanalyse in den meisten Fällen zu arbeitsaufwendig. Eine Ausnahme bilden biogene Strukturen mit ihren konzentrierten Organikanreicherungen (Kapitel 9.2). Probleme der Methode liegen im hohen Arbeitsaufwand und der großen Schwankungsbreite der Ergebnisse, die in der inhomogenen Verteilung in Verbindung mit der relativen Seltenheit (um 1 %) der Organikpartikel begründet liegen. Aufgrund der relativ geringen Probenanzahl geben die Dünnschliffe des Agroforstsystems (9 bzw. 12 Dünnschliffe pro Agroforstsystem), der Mulchexperimente (6+6 Dünnschliffe pro Behandlungstyp) und des Holzexperiments (23 bis 29 Dünnschliffe pro Behandlungstyp) nur ungefähre Größenordnungen der Organikgehalte an.

Bei biogenen Strukturen, in denen Organik oft auf eng begrenzte Bereiche konzentriert ist, sind aus wenigen Meßpunkten ungefähre Angaben über Organikgehalte einer Struktur möglich. Bei der Anwendung auf biogene Strukturen kann eine quantitative Dünnschliffanalyse sinnvoll sein. Sie sollte unbedingt durch qualitative Aussagen ergänzt werden (beispielsweise über das Vorhandensein von organischen Auskleidungen von Tiergängen).

Die quantitative Dünnschliffanalyse ist sinnvoll bei Bodenbestandteilen, die in höheren Konzentrationen im Boden vorkommen und die (im Vergleich zu Organik) homogener verteilt sind, also bei Quarzen und Matrix. In Bodendünnschliffen der immerfeuchten Tropen, in denen der Bodenmineralbestand neben Schwermineralen nur noch aus (verwitterungsstabilen) Quarzen besteht, bringt eine quantitative Auswertung von Bodendünnschliffen einen Zeitvorteil gegenüber der in der Sedimentpetrographie üblichen Auszählung von mindestens 300 Meßpunkten pro Dünnschliff.

## Kurzfassung

In den stark und tiefgründig verwitterten kaolinitischen Böden der *Terra-firme* Amazoniens wird die Bodenfruchtbarkeit stark von der Menge und Qualität der organischen Bodenbestandteile bestimmt. In den Agrar- und Waldökosystemen Zentralamazoniens sind Termiten (*Isoptera*), Ameisen (*Formicidae*) und Regenwürmer (*Oligochaeta*) die am häufigsten vorkommenden Vertreter der Bodenmakrofauna und spielen eine wichtige Rolle beim Abbau und Einbau organischer Substanz im Boden. Dies eröffnet die Möglichkeit, durch den Einbau der organischen Substanz die Kationenaustauschkapazität entscheidend zu erhöhen.

An verschiedenen Kulturen eines Agroforstsystems sowie an Standorten in Primärwäldern wird exemplarisch aufgezeigt, ob Ameisen, Termiten und Regenwürmer durch die Anlage von Gängen und Kammern sowie den Einbau organischer Substanz bodenphysikalische (Bodenporosität) und bodenchemische (vor allem Kationenaustauschkapazität) Eigenschaften eines Xanthic Ferralsol beeinflussen und die Standorteigenschaften verbessern können. Farbtracer-Experimente sollen präferentielle Fließwege kenntlich und die Verbreitung gezielter Düngergaben sichtbar machen.

Folgende Hypothesen sollen überprüft werden:
1) Die Wasserversickerung in einem tropischen Ferralsol wird hauptsächlich durch biogene Strukturen, vor allem durch Gänge von Ameisen, Termiten und Regenwürmern sowie Wurzelkanäle geprägt.
2) Die Bodenmakrofauna hat durch die Anlage von Gängen und Kammern sowie den Eintrag organischen Materials einen starken Einfuß auf bodenchemische Faktoren und die Porosität.
3) Der Eintrag organischer Substanz durch Mulchen führt aufgrund des zusätzlichen Nahrungsangebots zu einem verstärkten Einbau organischen Materials durch die Bodenmakrofauna.

Die Tracerversuche ergeben, daß biogene Strukturen in tropischen Wald- und Agrarökosystemen maßgeblich die Einsickerung von Wasser steuern. Dabei erfolgt die beste und homogenste Einsickerung des Tracers im Primärwald, die schlechteste auf degradierten Grasland-Flächen, und die Agroforst-Flächen liegen dazwischen. Es existiert ein erkennbarer Zusammenhang zwischen prozentualer Einfärbung und der Anzahl an Tiergängen. Fließvorgänge erfolgen vor allem als präferentielles Fließen entlang von Tiergängen und Wurzelkanälen. Eine besondere Rolle für präferentielle Fließvorgänge spielen (zersetzte) Grobwurzeln. Bei den Tiergängen sind Termitengänge am häufigsten und von großer Bedeutung für die Einsickerung von Niederschlagswasser. Regenwurmgänge kanalisieren Niederschlagswasser am besten und leiten Wasser schnell in den Unterboden. Ameisengänge sind für das präferentielle Fließen aufgrund ihrer relativen Seltenheit und ihres vergleichsweise geringen Durchmessers von untergeordneter Bedeutung.

Um genauere Daten über den Einfluß der Bodenmakrofauna auf Bodengefüge, Kationenaustauschkapazität und C-Gehalte zu erhalten, wurden biogene Strukturen von Ameisen, Termiten und Regenwürmern gezielt aufgegraben, bodenchemisch analysiert und

Dünnschliffe biogener Strukturen angefertigt. Bauten der Blattschneiderameisen *Atta* sp. und *Acromyrmex* sp. weisen niedrige Werte der Kationenaustauschkapazität auf, und die Werte sind ähnlich denen des benachbarten Unterbodens. Auch in anderen Ameisenbauten werden nur leicht erhöhte Werte der Kationenaustauschkapazität gemessen. In den Dünnschliffen der Ameisenbauten konnten keine organischen Auskleidungen von Gängen und Kammern beobachtet werden. Bei Termitenbauten von *Cornitermes* sp. und *Syntermes molestus* weisen die Kammerverfüllungen erhöhte Werte der Kationenaustauschkapazität auf. In Nestern von *Cornitermes* sp. ist das organische Material vollständig auf die nahe der Geländeoberfläche befindliche Nestkammer konzentriert, bei *Syntermes molestus* erfolgt eine Anreicherung in unterschiedlichen Bodentiefen in zahlreichen Kammern. Auch die Strukturen anderer Termitenbauten weisen im Vergleich zum Umgebungsmaterial erhöhte Organikgehalte und eine erhöhte Porosität auf. Regenwurmkot hat erhöhte Organikgehalte und eine erhöhte Kationenaustauschkapazität, die in vergleichbarer Höhe von Termitenstrukturen liegt. Im Vergleich zu den anderen Tiergruppen fällt auf, daß die Porosität im Wurmkot und an den Wänden der Wurmgänge durch Kompression bei der Anlage von Gängen deutlich reduziert ist.

Eine mikromorphologische Auswertung von Oberböden des Agroforstsystems erbringt bei Pupunha (*Bactris gasipaes*) und Seringueira (*Hevea brasiliensis*) überdurchschnittlich hohe Organikgehalte in den Dünnschliffen. Die Kationenaustauschkapazität ist am höchsten im Primärwald bei einer gleichzeitig geringen Basensättigung. Insgesamt sind die Unterschiede hinsichtlich Organikgehalt und Kationenaustauschkapazität zwischen den Oberböden der Agroforst-Flächen und des Primärwaldes gering, die Werte liegen aber deutlich höher als in den Unterböden.

Eine Dünnschliffauswertung der vom Staatlichen Museum für Naturkunde Karlsruhe durchgeführten Holz- und Mulchexperimente erbringt bei den Behandlungstypen des Holzexperiments (Holzreihen und Holzschredder) im Vergleich zu den benachbarten Sekundärwaldflächen nach zwei Jahren eine nennenswerte und sichtbare Erhöhung der Organikgehalte in den Oberböden.

Es wurden statistische Auswertungen (Korrelationsanalysen, Clusteranalysen und Faktorenanalysen) mit dem Ziel durchgeführt, Zusammenhänge und Abhängigkeiten der unterschiedlichen Variablen aufzudecken. Bei der Korrelationsanalyse der biogenen Strukturen ist eine sehr hohe Korrelation zwischen der Kationenaustauschkapazität und dem C-Gehalt zu verzeichnen, was darauf hinweist, daß, wie erwartet und als Konzept für das Forschungsvorhaben zugrunde gelegt, die organische Substanz stark am Kationenaustausch beteiligt ist.

Bei der agglomerativen Clusteranalyse der Farbtracer-Experimente ist ein enger Zusammenhang zwischen Einfärbung, Anzahl der Wurzeln und Anzahl biogener Poren zu erkennen. Von den makrofaunistischen Strukturen sind vor allem die Regenwurmgänge bedeutend für die Einsickerung des Niederschlagswassers, wogegen Ameisen- und Termitengänge schon beim ersten Teilungsschritt von der Einfärbung getrennt werden. Auch die *k-means*-Clusteranalyse bestätigt die herausgehobene Bedeutung von Wurzelkanälen und

Regenwurmgängen für präferentielle Fließvorgänge. Bei den Mulchexperimenten zeigt sich, daß sich eine höhere Mulchmenge nach den vorliegenden multivariaten Analysen vorteilhafter auf bodenchemische Variablen auswirkt als eine höhere Mulchqualität. Daher erweist sich der Ansatz des Projekts ENV 52, trotz kurzer Projektlaufzeit, als richtig. Ein Aufbringen von Mulchmaterial führt zu einer Erhöhung der Makrofaunenaktivität. Die Einarbeitung organischen Materials aus der Streu und aus Mulchmaterial durch die Bodenmakrofauna bewirkt eine Erhöhung der Kationenaustauschkapazität des Bodens.

Abschließend kann festgestellt werden, daß die drei anfänglich aufgestellten Hypothesen zu bejahen sind. Bei den an der Profilwand beobachteten präferentiellen Fließwegen handelt es sich überwiegend um biogene Makroporen und Gänge von Ameisen, Termiten und Regenwürmern sowie Wurzelbahnen. Am stärksten ausgeprägt sind Fließvorgänge entlang biogener Strukturen im Primärwald mit seiner naturnahen und termitenreichen Bodenfauna. Die statistischen Analysen legen nahe, daß organische Substanz maßgeblich zum Kationenaustausch beiträgt. Zusammenfassend läßt sich sagen, daß sowohl Ameisen, wie auch Termiten und Regenwürmer durch ihre Tätigkeit, in unterschiedlichem Umfang, eine Verbesserung der bodenchemischen Verhältnisse bewirken. Wichtig ist daher eine Förderung optimaler ökologischer Bedingungen durch einen möglichst naturnahen Ackerbau.

# Summary

In the strongly and deeply weathered kaolinitic soils of the *terra-firme* of Central Amazonia soil fertility is mainly determined by quantity and quality of soil organic matter. In agrarian and forest ecosystems of Central Amazonia, termites (*Isoptera*), ants (*Formicidae*) and earthworms (*Oligochaeta*) are the most frequent representatives of soil macrofauna and are an important part in decomposition and incorporation of organic matter in soils. This facilitates to increase cation exchange capacity by incorporation of organic matter in soils.

In different cultures of an agroforestry system and in primary forests it will be demonstrated weather ants, termites and earthworms change soil physical (soil porosity) and chemical (especially cation exchange capacity) properties of a Xanthic Ferralsol and if they improve soil properties. Dye-tracer experiments are used to show preferential flow pathways of water and fertilizer.

The following hypotheses are to be verified:
1) Water infiltration in a tropical Ferralsol is mainly influenced by biogenic structures, especially by burrows of ants, termites and earthworms and root channels
2) By excavating burrows and chambers and incorporating organic matter soil macrofauna has a strong influence on soil chemical factors and porosity
3) Addition of organic matter by mulching results in increased incorporation of organic matter by the soil macrofauna because of additional nutrition supply.

The dye-tracer experiments show that biogenic structures in tropical forest and agrarian ecosystems have a decisive influence on water infiltration. The best and most homogenous infiltration of tracer is in primary forests, the worst in degraded grassland areas, the agroforestry areas are in between. There is a recognizable correlation between percentage of stained soil areas and the number of animal burrows. Infiltration mainly occurs as preferential flow along animal burrows and root channels. Large (decomposited) roots are of particular importance for preferential flow. Among animal burrows termite burrows are most frequent and are of great importance for infiltration of precipitation water. Earthworm burrows canalize precipitation water best and conduct water rapidly into the subsoil. Ant burrows are secondary for preferential flow because of their relative rareness and low diameter.

To obtain exact data about the influence of soil macrofauna on soil texture, cation exchange capacity and carbon content biogenic structures of ants, termites and earthworms have been excavated, chemically analyzed, and thin sections of biogenic structures have been made. Burrows and chambers of the leaf-cutting ants *Atta* sp. and *Acromyrmex* sp. show low values of cation exchange capacity similar to those of the surrounding subsoil. Other ant nests also show only slightly raised values of cation exchange capacity. In thin sections of ant nests no organic coatings of burrows and chambers could be observed. In termite nests of *Cornitermes* sp. and *Syntermes molestus* chamber fillings showed raised values of cation exchange capacity. In nests of

*Cornitermes* sp. organic material is completely concentrated on the nest chamber near the soil surface, in nests of *Syntermes molestus* organic matter is accumulated in many chambers in different depths. The structures of other termite nests also show raised organic contents and porosity compared to the surrounding soil. Earthworm casts show raised organic contents and a higher cation exchange capacity similar to structures of termites. Compared to the other macrofaunal groups porosity in worm casts and along burrow walls is reduced by compression during burrowing activity.

A micromorphological analysis of thin sections of topsoils in the agroforestry system shows above average organic contents for Pupunha (*Bactris gasipaes*) and Seringueira (*Hevea brasiliensis*). Cation exchange capacity is highest in the primary forest with low base saturation simultaneously. On the whole there are only small differences in organic content and cation exchange capacity between topsoils in the agroforestry areas and the primary forest with values much higher than in the subsoils.

A micromorphological thin section analysis of mulch experiments carried out by the State Museum of Natural History (Staatliches Museum für Naturkunde) in Karlsruhe shows a significant and visible increase in topsoil organic contents in the 'wood chip experiment' after two years compared to the adjacent secondary forest.

Statistical analyses (correlation analyses, cluster and factor analyses) have been made to show correlations and dependencies of the different variables. The correlation analysis of biogenic structures shows a very high correlation between cation exchange capacity and carbon content which points that, as expected and as taken as a basis for the research project, organic matter is strongly involved in cation exchange.

In the agglomerative cluster analysis of the tracer experiments a close connection between stained areas and number of roots and biogenic pores can be recognized. Among macrofaunistic structures earthworm burrows are particularly important for infiltration of water against which ant and termite burrows are separated from colouring in the first separation step of the analysis. The *k-means* cluster analysis also confirms the particular significance of root channels and earthworm burrows for preferential flow pathways. In the 'mulch experiments' it can be recognized according to the available multivariate analyses that a higher mulch quantity is more favourable to soil chemical properties as a higher mulch quality. That is why the intention of the research project ENV 52 proves to be correct, despite a short period of the project. Application of mulch material results in increased macrofaunal activity. Incorporation of organic materials from litter and mulch material by soil macrofauna leads to an increase of cation exchange capacity of the soil.

Finally it can be emphasized that the three initial hypotheses have to be approved. The preferential flow pathways observed in the profiles are mostly biogenic macropores and burrows of ants, termites and earthworms as well as root channels. Most pronounced are flow patterns in the primary forest with its natural and termite-rich soil fauna. Statistical analyses suggest that organic matter substantially contributes to cation exchange. In summary, it can be said that ants, as well as termites and earthworms cause, in different proportions, an improvement in soil chemical conditions. That is why it is important to promote optimal ecologic conditions by natural agricultural production.

# Literaturverzeichnis


ACKERMAN, I.L., W.G. TEIXEIRA, S.J. RIHA, J. LEHMANN & E.C.M. FERNANDES (2007): The impact of mound-buliding termites on surface soil properties in a secondary forest of Central Amazonia. Applied Soil Ecology, Bd. 37:267-276.

ALAOUI, A. & B. GOETZ (2008): Dye tracer and infiltration experiments to investigate macropore flow. Geoderma, Bd. 144:279-286.

ANDRÉN O., L. BRUSSAARD & M. CLARHOLM (1999): Soil organism influence on ecosystem-level processes - by passing the ecological hierarchy? Appl. Soil Ecol., Bd 11:177-188.

ARAUJO, Y., F.J. LUIZÃO & E. BARROS (2004): Effect of earthworm addition on soil nitrogen availability, microbial biomass and litter decomposition in mesocosms. Biol. Fertil. Soils, Bd. 39:146-152.

AUBERTIN, G.M. (1971): Nature and extent of macropores in forest soils and their influence on subsurface water movement. U.S.D.A. Forest Service Research Paper NE-192. Forest Service, U.S. Department of Agriculture.

BACKHAUS, K., B. ERICHSON, P. WULFF & R. WEIBER (1996): Multivariate Analysemethoden. Eine anwendungsorientierte Einführung. (8. Auflage). Springer-Verlag, Berlin, Heidelberg.

BAROIS, I. & P. LAVELLE (1986): Changes in respiration rate and some physicochemical properties of a tropical soil during transit through *Pontoscolex corethrurus* (Glossoscolecidae, Oligochaeta). Soil Biol. Biochem., Bd. 18, H. 5:539-541.

BAROIS, I., P. LAVELLE, M. BROSSARD, J. TONDOH, M. MARTINEZ, J.P. ROSSI, B.K. SENAPATI, A. ANGELES, C. FRAGOSO, J.J. JIMENEZ, T. DECAËNS, C. LATTAUD, J. KANYONYO, E. BLANCHART, L. CHAPUIS, G.G. BROWN & A. MORENO (1999): Ecology of earthworm species with large environmental tolerance and/or extended distribution. In: LAVELLE, P., L. BRUSSAARD, & P. HENDRIX (Hrsg.): Earthworm management in tropical agroecosystems, S. 57-86. CAB International Press, Wallingford.

BAROIS, I., G. VILLEMIN, P. LAVELLE & F. TOUTAIN (1993): Transformation of the soil structure through *Pontoscolex corethrurus* (Oligochaeta) intestinal tract. Geoderma, Bd. 56:57-66.

BARROS, E., P. CURMI, V. HALLAIRE, A. CHAUVEL & P. LAVELLE (2001): The role of macrofauna in the transformation and reversibility of soil structure of an oxisol in the process of forest to pasture conversion. Geoderma, Bd. 100:193-213.

BARROS, E., M. GRIMALDI, M. SARRAZIN, A. CHAUVEL, D. MITJA, T. DESJARDINS & P. LAVELLE (2004): Soil physical degradation and changes in macrofaunal communities in Central Amazon. Applied Soil Ecology, Bd. 26:157-168.

BECK, R., BURGER, D. & K.-H. PFEFFER (1995): Laborskript - ein Handbuch für die Benutzer der Laboratorien der Physischen Geographie der Universität Tübingen. EBERLE, D., FÖRSTER, H., GEBHARDT, H., KOHLHEPP, G. & K.-H. PFEFFER (Hrsg.), (2. Auflage). Selbstverlag des Geographischen Instituts der Universität Tübingen.

BECK, L., H. HÖFER, C. MARTIUS, J. RÖMBKE & M. VERHAAGH (1997): Bodenbiologie tropischer Regenwälder. Geographische Rundschau, Bd. 49, H. 1:24-31.

BERG, W., A. LEIS & J. FANK (1999): Digitale Bildverarbeitung als Hilfsmittel zur Quantifizierung von bevorzugten Fließwegen in der ungesättigten Zone. In: 8. Gumpensteiner Lysimetertagung. Bundesanstalt für alpenländische Landwirtschaft Gumpenstein, S. 139-142. Irdning.

BEVEN, K. & P. GERMANN (1982): Macropores and water flow in soils. Water Resources Research, Bd. 18, H. 5:1311-1325.

BLANCHART, E., A. ALBRECHT, J. ALEGRE, A. DUBOISSET, C. GILOT, B. PASHANASI, P. LAVELLE & L. BRUSSAARD (1999): Effects of earthworms on soil structure and physical properties. In: LAVELLE,

P., L. BRUSSAARD, & P. HENDRIX (Hrsg.): Earthworm management in tropical agroecosystems. CAB International Press, Wallingford.

BLANCHART, E., A. ALBRECHT, G. BROWN, T. DECAËNS, A. DUBOISSET, P. LAVELLE, L. MARIANI & E. ROOSE (2004): Effects of tropical endogeic earthworms on soil erosion. Agriculture, Ecosystems and Environment, Bd. 104:303-315.

BLANCHART, E., A. BRUAND & P. LAVELLE (1993): The physical structure of casts of *Millsonia anomala* (Oligochaeta: Megascolecidae) in shrub savanna soils (Cote d'Ivoire). Geoderma, Bd. 56:119-132.

BOUMA, J. (1991): Influence of soil macroporosity on environmental quality. Adv. Agron., Bd. 46:1-37.

BROSSARD, M., D. LÓPEZ-HERNÁNDEZ, M. LEPAGE & J.-C. LEPRUN (2007): Nutritient storage in soils and nests of mound-building *Trinervitermes* termites in Central Burkina Faso: consequences for soil fertility. Biol. Fertil. Soils, Bd. 43:437-447.

BROWN, G.G., B. PASHANASI, C. VILLENAVE, J.C. PATRON, B.K. SENAPATI, S. GIRI, I. BAROIS, P. LAVELLE, E. BLANCHART, R.J. BLAKEMORE, A.V. SPAIN & J. BOYER (1999): Effects of earthworms on plant production in the tropics. In: LAVELLE, P., L. BRUSSAARD, & P. HENDRIX (Hrsg.): Earthworm management in tropical agroecosystems, S. 87-148. CAB International Press, Wallingford.

CAMARGO, M.N. & T.E. RODRIGUES (1979): XVII Congresso brasileiro de ciência do solo, Manaus, 8-13 de Julho 1979, guia de excursão. Embrapa, Rio de Janeiro.

CAMMERAAT, E.L.H. & A.C. RISCH (2008): The impact of ants on mineral soil properties and processes at different spatial scales. J. Appl. Entomol., Bd. 132:285-294.

CAMMERAAT, L.H., S.J. WILLOTT, S.G. COMPTON & L.D. INCOLL (2002): The effect of ants' nests on the physical, chemical and hydrological properties of a rangeland soil in semi-arid Spain. Geoderma, Bd. 105:1-20.

CHAUVEL, A., M. GRIMALDI, E. BARROS, E. BLANCHART, T. DESJARDINS, M. SARRAZIN & P. LAVELLE (1999): Pasture damage by an Amazonian earthworm. Nature, Bd. 398, H. 4:32-33.

CHAUVEL, A., Y. LUCAS & R. BOULET (1987): On the genesis of the soil mantle of the region of Manaus, Central Amazonia, Brazil. Experienta, Bd. 43:234-241.

CHERRETT, J.M. (1986): History of the leaf-cutting ant problem. In: LOFGREN, C.S. & R.K. VAN DER MEER (Hrsg): Fire ants and leaf-cutting ants biology and management, S. 10-17. Boulder.

CONSTANTINO, R. (1995): Revision of the neotropical termite genus *Syntermes* Holmgren (Isoptera: Termitidae). The University of Kansas Science Bulletin, Bd. 55, H. 13:455-518.

COSARINSKY, M.I. & F. ROCES (2007): Neighbor leaf-cutting ants and mound-building termites: Comparative nest micromorphology. Geoderma, Bd. 141:224-234.

DARWIN, C. (1881): The formation of vegetable mould through the action of worms with observation of their habits. London.

DEIOMANDÉ, T. (1981): Etude du peuplement en fourmis terricoles des forêts ombrophiles et des zones anhropisées de la Côte d'Ivoire méridionale. Thesis, Universitée d' Abidjan.

DEMUTH, N. & A. HILTPOLD (1993): ?Preferential flow": Eine Übersicht über den heutigen Kenntnisstand. Z. Pflanzenernähr. Bodenk., Bd. 156:479-484.

DIERCKE Weltatlas. (1. Auflage der Neubearbeitung 1974). Westermann Schulbuchverlag, Braunschweig.

DEUTSCHES INSTITUT FÜR NORMUNG: DIN 19684-8: Bestimmung der potentiellen Kationenaustauschkapazität (nach MEHLICH).

DONOVAN, S.E., P. EGGLETON, W.E. DUBBIN, M. BATCHELDER & L. DIBOG (2001): The effect of a soil feeding termite, *Cubitermes fungifaber* (Isoptera: Termitidae) on soil properties: termites may be an important source of soil microhabitat heterogeneity in tropical forests. Pedobiologia, Bd. 45:1-11.

EDWARDS, C. A. & P. J. BOHLEN (1996): Biology and ecology of earthworms. Chapman & Hall, London.

EDWARDS, W.M., M.J. SHIPITALO, L.B. OWENS & W.A. DICK (1993): Factors affecting preferential flow of water and atrazine through earthworm burrows under continuous no-till corn. J. Environ. Qual., Bd. 22:453-457.

EDWARDS, W.M., M.J. SHIPITALO, L.B. OWENS & L.D. NORTON (1989): Water and nitrate movement in earthworm burrows within longterm no-till cornfields. J. Soil Water Conserv., Bd. 44:240-243.

EIDMANN, H. (1936): Das Atta-Problem. Untersuchungen über die Biologie und wirtschaftliche Bedeutung der Blattschneiderameise *Atta sexdens* L. Die Naturwissenschaften, Bd. 24, H. 17:257-266.

FALL, S., A. BRAUMAN & J.-L. CHOTTE (2001): Comparative distribution of organic matter in particle and aggregate size fractions in the mounds of termites with different feeding habits in Senegal: *Cubitermes niokoloensis* and *Macrotermes bellicosus*. Applied Soil Ecology, Bd. 17:131-140.

FAO/UNESCO (1990): Soil map of the world. Revised legend. World Soil Resources Report 60. FAO, Rome.

FITZPATRICK, E.A. (1993): Soil microscopy and micromorphology. Wiley, Chicester.

FLURY, M. & H. FLÜHLER (1994): Brilliant Blue FCF as a dye tracer for solute transport studies - a toxicological overview. J. Environ. Qual., Bd. 23:1108-1112.

FLURY, M. & H. FLÜHLER (1995): Tracer characteristics of Brilliant Blue FCF. Soil Sci. Soc. Am. J., Bd. 59:22-27.

FLURY, M., H. FLÜHLER, W.A. JURY & J. LEUENBERGER (1994): Susceptibility of soils to preferential flow of water: A field study. Water Resources Research, Bd. 30, H. 7:1945-1954.

FRITSCH, E., G. MORIN, A. BEDIDI, D. BONNIN, E. BALAN, S. CAQUINEAU & G. CALAS (2005): Transformation of haematite and Al-poor goethite to Al-rich goethite and associated yellowing in a ferralitic clay soil profile of the middle Amazon Basin (Manaus, Brazil). European Journal of Soil Science, Bd. 56:575-588.

FROUZ, J., M. HOLEC & J. KALCIK (2003): The effect of *Lasius niger* (Hymenoptera, Formicidae) ant nest on selected soil chemical properties. Pedobiologia, Bd. 47:205-212.

GERMÁN-HEINS, J. & M. FLURY (2000): Sorption of Brilliant Blue FCF in soils as affected by pH and ionic strength. Geoderma, Bd. 97:87-101.

GERMANN, P. (1999): Makroporen und präferenzielle Sickerung. In: BLUME, H.-P., FELIX-HENNINGSEN, P., FISCHER, W.R., FREDE, H.-G., HORN, R. & K. STAHR (Hrsg.): Handbuch der Bodenkunde, 6. Ergänzungslieferung 7/99:1-14.

GHILAROV, M.S. (1962): Termites of the USSR, their distribution and importance. In: Termites in the humid tropics, S. 131-135. UNESCO, Paris.

GISH, T.J., D. GIMENEZ & W.J. RAWLS (1998): Impact of roots on ground water quality. Plant and Soil, Bd. 200:47-54.

GJETTERMANN, B., K.L. NIELSEN, C.T. PETERSEN, H.E. JENSEN & S. HANSEN (1997): Preferential flow in sandy loam soils as affected by irrigation intensity. Soil Technology, Bd. 11:139-152.

GRAFF, O. & K. H. HARTGE (1974): Der Beitrag der Fauna zur Durchmischung und Lockerung des Bodens. Mitt. D. Bodenkundl. Ges., Bd. 18:447-460.

GRAFF, O. & F. MAKESCHIN (1979): Der Einfluß der Fauna auf die Stoffverlagerung sowie die Homogenität und die Durchlässigkeit von Böden. Z. Pflanzenernähr. Bodenkd., Bd. 142:476-491.

GREAVES, T. (1962): Studies on the foraging galleries and the invasion of living trees, by *C. acinaciformis* and *C. brunneus*. Aust. J. Zool., Bd. 10:630-651.

HALLAIRE, V., P. CURMI, A. DUBOISSET, P. LAVELLE & B. PASHANASI (2000): Soil structure changes induced by the tropical earthworm *Pontoscolex corethrurus* and organic inputs in a Peruvian ultisol. Eur. J. Soil Biol., Bd. 36:35-44.

HANAGARTH, W., H. HÖFER, E. FRANKLIN, M. GARCIA, C. MARTIUS, J. RÖMBKE & B. FÖRSTER (2000): Report 7: Soil fauna. In: HÖFER et al. (2000): Soil fauna and litter decomposition in primary and secondary forests and a polyculture plantation in Amazonia. Final report of SHIFT project ENV 52, BMBF, S. 65-124, Bonn.

HANAGARTH, W, H. HÖFER & M. VERHAAGH (2004): Screening. In: HÖFER et al. (2004): Management pflanzlicher Bestandesabfälle und seine Auswirkungen auf Streuabbau und Boden-Makrofauna in zentralamazonischen Agrar-Ökosystemen. Schlußbericht des SHIFT-Projekts ENV 52, BMBF/CNPq, S. 36-43, Bonn.

HANAGARTH, W., P. WALOTEK, W. TEIXEIRA, L. MEDEIROS, F. RAUB, H. HÖFER, R. KNOLL & D. BURGER (2003): Studies on the preferential water flow through biogenic soil macropores in an Amazonian ferralsol, applying the dye tracer Brilliant Blue FCF, 26 S. (unveröffentlicht).

HANNE, C. (2000): Report 13: Ökologie neotropischer Termiten in natürlichen und genutzten Waldflächen. In: HÖFER et al. (2000): Soil fauna and litter decomposition in primary and secondary forests and a polyculture plantation in Amazonia. Final report of SHIFT project ENV 52, BMBF, S. 194-208, Bonn.

HILLEL, D. (1987): Unstable flow in layered soils: A review. Hydrol. Processes, Bd. 1:143-147.

HÖFER, H., L. BECK, M. VERHAAGH, W. HANAGARTH, P. SCHMIDT, M.R.L. RODRIGUES, J.J.B.N. XAVIER, M. GARCIA, P.L.G. VLEK, C. MARTIUS, D. BURGER, J. RÖMBKE & B. FÖRSTER (2004): Management pflanzlicher Bestandesabfälle und seine Auswirkungen auf Streuabbau und Boden-Makrofauna in zentralamazonischen Agrar-Ökosystemen. Schlußbericht des SHIFT-Projekts ENV 52, BMBF/CNPq, 229 S., Bonn.

HÖFER, H., W. HANAGARTH, M. GARCIA, C. MARTIUS, E. FRANKLIN, J. RÖMBKE & L. BECK (2001): Structure and function of soil fauna communities in Amazonian anthropogenic and natural ecosystems. Eur. J. Soil Biol., Bd. 37:229-235.

HÖFER, H., C. MARTIUS, W. HANAGARTH, M. GARCIA, E. FRANKLIN, J. RÖMBKE & L. BECK (2000): Soil fauna and litter decomposition in primary and secondary forests and a polyculture plantation in Amazonia. Final report of SHIFT project ENV 52, BMBF, 299 S., Bonn.

HOPPE, A. (1990): Ist El Dorado gefunden? Geologie und Bodenschätze Amazoniens. In: HOPPE , A. (Hrsg.): Amazonien: Versuch einer interdisziplinären Annäherung. Berichte der Naturforschenden Gesellschaft zu Freiburg i. Br., Band 80:19-59. Selbstverlag der Gesellschaft, Freiburg.

HORVITZ, C.C. & D.W. SCHEMSKE (1986): Ant-nest soil and seedling growth in a neotropical ant-dispersed herb. Oecologia, Bd. 70:318-320.

INSTITUTO DE PESQUISAS E EXPERIMENTAÇÃO AGROPECUÁRIAS DA AMAZÔNIA OCIDENTAL (IPEAAOc, Hrsg.) (1972): Levantamento detalhado dos solos do IPEAAOc. MA-DNPEA, Boletin Técnico, Numero 1, Manaus, Brasil.

JIMÉNEZ, J.J. & T. DECAËNS (2006): Chemical variations in the biostructures produced by soil ecosystem engineers. Examples from the neotropical savannas. European Journal of Soil Biology, Bd. 42:92-102.

JIMÉNEZ, J.J., T. DECAËNS & P. LAVELLE (2006): Nutritient spatial variability in biogenic structures of *Nasutitermes* (Termitinae; Isoptera) in a gallery forest of the Colombian 'Llanos'. Soil Biology & Biochemistry, Bd. 38:1132-1138.

JIMÉNEZ, J.J., T. DECAËNS & P. LAVELLE (2008): C and N concentrations in biogenic structures of a soil feeding termite and a fungus-growing ant in the Colombian savannas. Applied Soil Ecology, Bd. 40:120-128.

JOUQUET, P., P. BARRÉ, M. LEPAGE & B. VELDE (2005): Impact of subterranean fungus-growing termites (Isoptera, Macrotermitinae) on chosen soil properties in a West African savanna. Biol. Fertil. Soils, Bd. 41:365-370.

JOUQUET, P., N. BOTTINELLI, J.-C. LATA, P. MORA & S. CAQUINEAU (2007): Role of the fungus-growing termite *Pseudacanthotermes spiniger* (Isoptera, Macrotermitinae) in the dynamic of clay and soil organic matter content. An experimental analysis. Geoderma, Bd. 139:127-133.

JOUQUET, P., N. BOTTINELLI, P. PODWOJEWSKI, V. HALLAIRE & T.T. DUC (2008): Chemical and physical properties of earthworm casts as compared to bulk soil under a range of different land-use systems in Vietnam. Geoderma, Bd. 146:231-238.

JOUQUET, P., J. DAUBER, J. LAGERLÖF, P. LAVELLE & M. LEPAGE (2006): Soil invertebrates as ecosystem engineers: intended and accidental effects on soil and feedback loops. Applied Soil Ecology, Bd. 32:153-164.

JOUQUET, P., L. MAMOU, M. LEPAGE & B. VELDE (2002): Effect of termites on clay minerals in tropical soils: fungus-growing termites as weathering agents. European Journal of Soil Science, Bd. 53:521-527.

KERN, A., B. SCHULTZE & W. DURNER (2001): Einfluß von Bodenbearbeitungsmaßnahmen auf die Ausprägung des präferentiellen Stofftransports in einem Boden unter Abwasserverregnung. Mitt. D. Bodenkundl. Ges., Bd. 96/1:95-96.

LAL, R. (1973): Soil temperature, soil moisture, and maize yield from mulched and unmulched tropical soils. Plant Soil, Bd. 40:129-143.

LAL, R. (1976): No-tillage effects on soil properties under different crops in western Nigeria. Soil Sci. Soc. Am. J., Bd. 40:762-768.

LAL, R. (1978): Influence of within- and between-row mulching on soil temperature, soil moisture, root development and yield of maize in a tropical soil. Field Crops Res., Bd. 1:127-139.

LAL, R. (1986): Tropical ecology and physical edaphology. (1. Auflage). Wiley-Interscience, London.

LAL, R. (1988): Effects of macrofauna on soil properties in tropical ecosystems. Agriculture, Ecosystems and Environment, Bd. 24:101-116.

LAL, R. & B.T. KANG (1982): Management of organic matter in soils of the tropics and subtropics. Proc. XII Int. Cong. Soil Sci., Bd. IV:152-178.

LAL, R., D. DE VLEESCHAUWER & R. MALAFA NGANJE (1980): Changes in properties of a newly cleared tropical Alfisol as affected by mulching. Soil. Sci. Soc. Amer. J., Bd. 344:827-833.

LAVELLE, P. (1975): Consommation annuelle de terre par une population naturelle de vers de terre (*Millsonia anomala* Omodeo, Acanthodrilidae-Oligochètes) dans la savanne de Lamto (Côte d'Ivoire). Rev. Ecol. Biol. Sol., Bd. 12:11-24.

LAVELLE, P. (1988): Earthworm activities and the soil system. Biol. Fert. Soils, Bd. 6:237-251.

LAVELLE, P., I. BAROIS, I. CRUZ, C. FRAGOSO, A. HERNANDEZ, A. PINEDA & P. RANGEL (1987): Adaptive strategies of *Pontoscolex corethrurus* (Glossoscolecidae, Oligochaeta), a peregrine geophagous earthworm of the humid tropics. Biol. Fertil. Soils, Bd. 5:188-194.

LAVELLE, P., E. BARROS, E. BLANCHART, G. BROWN, T. DESJARDINS, L. MARIANI & J.-P. ROSSI (2001): SOM management in the tropics: Why feeding the soil macrofauna? Nutrient Cycling in Agroecosystems, Bd. 61:53-61.

LAVELLE, P., E. BLANCHART, A. MARTIN, A.V. SPAIN & S. MARTIN (1992): Impact of soil fauna on the properties of soils in the humid tropics. In: LAL, R. & P.A. SANCHEZ (Hrsg.): Myths and science of soils of the tropics. Soil Science Society of America, SSSA Special Publication; Bd. 29:157-185.

LAVELLE, P., E. BLANCHART, A. MARTIN, A. SPAIN, F. TOUTAIN, I. BAROIS & R. SCHAEFER (1993): A hierarchical model for decomposition in terrestrial ecosystems: Application to soils of the humid tropics. Biotropica, Bd. 25, H. 2:130-150.

LAVELLE P., L. BRUSSAARD & P. HENDRIX (Hrsg.) (1999): Earthworm management in tropical agroecosystems. CAB International Press, Wallingford.

LAVELLE, P. & A.V. SPAIN (2001): Soil Ecology. Kluwer Academics Publishers, Dordrecht.

LEE, K. E. (1985): Earthworms: Their ecology and relationships with soils and land use. Academic Press, Sydney.

LEE, K.E. & T.G. WOOD (1971): Termites and soils. Academic Press, London.

LÉONARD, J. & J.L. RAJOT (2001): Influence of termites on runoff and infiltration: quantification and analysis. Geoderma, Bd. 104:17-40.

LÉVIEUX, J. (1983): The soil fauna of tropical savannas. IV. The ants. In: F. BOURLIERE (Hrsg.): Ecosystems of the world: tropical savannas, S. 525-540. Elsevier, Amsterdam.

LEYER, I. & K. WESCHE (2007): Multivariate Statistik in der Ökologie. (1. Auflage). Springer-Verlag, Berlin, Heidelberg.

LIPSIUS, K. & S.J. MOONEY (2006): Using image analysis of tracer staining to examine the infiltration patterns in a water repellent contaminated sandy soil. Geoderma, Bd. 136:865-875.

MADUAKOR, H.O., A.N. OKERE & C.C. ONYEANUFORO (1995): Termite mounds in relation to the surrounding soils in the forest and derived savanna zones of southeastern Nigeria. Biol. Fertil. Soils, Bd. 20:157-162.

MANDO, A. & R. MIEDEMA (1997): Termite-induced change in soil structure after mulching degraded (crusted) soil in the Sahel. Applied Soil Ecology, Bd. 6:241-249.

MANDO, A., L. STROOSNIJDER & L. BRUSSAARD (1996): Effects of termites on infiltration into crusted soil. Geoderma, Bd. 74:107-113.

MARINISSEN, J.C.Y. & A.R. DEXTER (1990): Mechanisms of stabilization of earthworm casts and artificial casts. Biol. Fertil. Soils Bd. 9, 163-167.

MARTIUS, C. (1994): Diversity and ecology of termites in Amazonian forests. Pedobiologia, Bd. 38:407-428.

MARTIUS, C., H. HÖFER, M.V.B. GARCIA, J. RÖMBKE, B. FÖRSTER & W. HANAGARTH (2004a): Microclimate in agroforestry systems in central Amazonia: does canopy closure matter to soil organisms? Agroforestry Systems, Bd. 60:291-304.

MARTIUS, C., H. HÖFER, M.V.B. GARCIA, J. RÖMBKE & W. HANAGARTH (2004b): Litter fall, litter stocks and decomposition rates in rainforest and agroforestry sites in central Amazonia. Nutritient Cycling in Agroecosystems, Bd. 68:137-154.

MCKENZIE, B.M. & A.R. DEXTER (1988): Physical properties of casts of the earthworm *Aporrectodea rosea*. Biol. Fertil. Soils, Bd. 5:328-332.

MORRIS, C. & S.J. MOONEY (2004): A high-resolution system for the quantification of preferential flow in undisturbed soil using observation of tracers. Geoderma, Bd. 118:133-143.

MÜLLER, I. (1995): Untersuchungen über die Wirkung verschiedener VA-Mykorrhizapilzpopulationen auf Wachstum und Ertrag tropischer Nutzpflanzen. Dissertation. Wiss. Fachverlag Giessen.

MÜLLER, M.J. (1979): Handbuch ausgewählter Klimastationen der Erde. (1. Auflage). Forschungsstelle Bodenerosion der Universität Trier.

NKEM, J.N., L.A.L. DE BRUYN, C.D. GRANT & N.R. HULUGALLE (2000): The impact of ant bioturbating and foraging activities on surrounding soil properties. Pedobiologia, Bd. 44:609-621.

NOGUCHI, S., A.R. NIK, B. KASRAN, M. TANI, T. SAMMORI & K. MORISADA (1997): Soil physical properties and preferential flow pathways in tropical rain forest, Bukit Tarek, peninsular Malaysia. J. For. Res., Bd. 2:115-120.

VAN NOORDWIJK, M., WIDIANTO, M. HEINEN & K. HAIRIAH (1991): Old tree root channels in acid soils in the humid tropics: important for crop root penetration, water infiltration and nitrogen management. Plant and Soil, Bd. 134:37-44.

OYEDELE, D.J., P. SCHJØNNING & A.A. AMUSAN (2006): Physicochemical properties of earthworm casts and uningested parent soil from selected sites in southwestern Nigeria. Ecological Engineering, Bd. 28:106-113.

PASHANASI, B., P. LAVELLE, J. ALEGRE & F. CHARPENTIER (1996): Effect of the endogeic earthworm *Pontoscolex corethrurus* on soil chemical characteristics and plant growth in a low-input tropical agroecosystem. Soil Biol. Biochem., Bd. 28, H. 6:801-810.

PASHANASI, B., G. MELENDEZ, L. SZOTT & P. LAVELLE (1992): Effect of inoculation with the endogeic earthworm *Pontoscolex corethrurus* (Glossoscolecidae) on N availability, soil microbial biomass and the growth of three tropical fruit tree seedlings in a pot experiment. Soil Biol. Biochem., Bd. 24, H. 12:1655-1659.

RABELING, C. (2004): Nester, Streueintrag und symbiontische Pilze amazonischer Ameisen der Gruppe ursprünglicher Attini. Unveröffentlichte Diplomarbeit an der Fakultät für Biologie der Eberhard-Karls-Universität Tübingen.

RICHARD, F.-J., P. MORA, C. ERRARD & C. ROULAND (2005): Digestive capacities of leaf-cutting ants and the contribution of their fungal cultivar to the degradation of plant material. J. Comp. Physiol. B., Bd. 175:297-303.

RODRIGUES, M.R.L. (1998): Disponibilidade de micronutrientes em solos da Amazônia. Ph.D. Thesis. University of São Paulo, Piracicaba.

RÖMBKE, J. & M. GARCIA (2000): Report 9: Earthworms. In: HÖFER et al. (2000): Soil fauna and litter decomposition in primary and secondary forests and a polyculture plantation in Amazonia. Final report of SHIFT project ENV 52, BMBF, S. 149-163, Bonn.

RÖMBKE, J. & C. MARTIUS (2000): Report 1: Site and soil characterization. In: HÖFER et al. (2000): Soil fauna and litter decomposition in primary and secondary forests and a polyculture plantation in Amazonia. Final report of SHIFT project ENV 52, BMBF, S. 13-17, Bonn.

ROOSE-AMSALEG, C., P. MORA & M. HARRY (2005): Physical, chemical and phosphatase activities characteristics in soil-feeding termite nests and tropical rainforest soils. Soil Biology & Biochemistry, Bd. 37:1910-1917.

SARCINELLI, T.S., C.E.G.R. SCHAEFER, L.S. LYNCH, H.D. ARATO, J.H.M. VIANA, M.R.A. FILHO & T.T. GONÇALVES (2009): Chemical, physical and micromorphological properties of termite mounds and adjacent soils along a toposequence in Zona da Mata, Minas Gerais State, Brazil. Catena, Bd. 76:107-113.

SCHEFFER, F., P. SCHACHTSCHABEL, H.-P. BLUME, G. BRÜMMER, K.-H. HARTGE, U. SCHWERTMANN, W.R. FISCHER, M. RENGER & O. STREBEL (1992): Lehrbuch der Bodenkunde. (13. Auflage). Enke-Verlag, Stuttgart.

SCHMIDT, P. & H. HÖFER (2004): Mulchexperimente. In: HÖFER et al. (2004): Management pflanzlicher Bestandesabfälle und seine Auswirkungen auf Streuabbau und Boden-Makrofauna in zentralamazonischen Agrar-Ökosystemen. Schlußbericht des SHIFT-Projekts ENV 52, BMBF/CNPq, S. 103-119, Bonn.

SCHMIDT, P., R. LIEBEREI, J. BAUCH, L.J. GASPAROTTO & O. DÜNISCH (2005): Baumarten zum Aufbau nachhaltiger Mischkultursysteme in Zentralamazonien. Bundesanstalt für Forst- und Holzwirtschaft, BFH-Nachrichten 4/2005.

SCHROTH, G., W.G. TEIXEIRA, R. SEIXAS, L.F. SILVA, M. SCHALLER, J.L.V. MACEDO & W. ZECH (2000): Effect of five tree crops and a cover crop in multi-strata agroforestry at two fertilization levels on soil fertility and soil solution chemistry in central Amazonia. Plant and Soil, Bd. 221:143-156.

SCHWEIZER, S. (2001): Bodenchemische und bodenmikromorphologische Charakterisierung einer agroforstlichen Versuchsfläche im amazonischen Regenwald - Manaus, Brasilien. Unveröffentlichte Diplomarbeit am Institut für Geographie und Geoökologie der Universität Karlsruhe.

SHIPITALO, M.J. & R. PROTZ (1989): Chemistry and micromorphology of aggregation in earthworm casts. Geoderma, Bd. 45:357-374.

SIX, J., H. BOSSUYT, S. DEGRYZE & K. DENEF (2004): A history of research on the link between (micro)aggregates, soil biota and soil organic matter dynamics. Soil & Tillage Research, Bd. 79:7-31.

TAPIA-CORAL, S.C., F.J. LUIZÃO, E. BARROS, B. PASHANASI & D. DEL CASTILLO (2006): Effect of *Pontoscolex corethrurus* Muller, 1857 (Oligochaeta: Glossoscolecidae) inoculation on litter weight loss and soil nitrogen in mesocosms in the Peruvian Amazon. Caribbean Journal of Science, Bd. 42, H. 3:410-418.

VERCHOT, L.V., P.R. MOUTINHO & E.A. DAVIDSON (2003): Leaf cutting ant (*Atta sexdens*) and nutritient cycling: deep soil inorganic nitrogen stocks, mineralization and nitrification in Eastern Amazonia. Soil Biology & Biochemistry, Bd. 35:1219-1222.

VERHAAGH, M., C. MARTIUS, L. MEDEIROS & G. MARTINS (2004): Holzexperiment. In: HÖFER et al. (2004): Management pflanzlicher Bestandesabfälle und seine Auswirkungen auf Streuabbau und Boden-Makrofauna in zentralamazonischen Agrar-Ökosystemen. Schlußbericht des SHIFT-Projekts ENV 52, BMBF/CNPq, S. 120-150, Bonn.

VIEIRA, I.S. & P.C.T.C. SANTOS (1987): Amazônia: seus solos e outros recursos naturais. Ed. Agronômica Ceres, São Paulo.

VOHLAND, K. & G. SCHROTH (1999): Distribution patterns of the litter macrofauna in agroforestry and monoculture plantations in central Amazonia as affected by plant species and management. Applied Soil Ecology, Bd. 13:57-68.

WAGNER, D., M.J.F. BROWN & D.M. GORDON (1997): Harvester ant nests, soil biota and soil chemistry. Oecologia, Bd. 112:232-236.

WAGNER, D. & J.B. JONES (2006): The impact of harvester ants on decomposition, N mineralization, litter quality, and the availability of N to plants in the Mojave desert. Soil Biology & Biochemistry, Bd. 38, 2593-2601.

WAGNER, D., J.B. JONES & D.M. GORDON (2004): Development of harvester ant colonies alters soil chemistry. Soil Biology & Biochemistry, Bd. 36:797-804.

WANG, D., B. LOWERY, J.M. NORMAN & K. MCSWEENEY (1996): Ant burrow effects on water flow and soil hydraulic properties of Sparta sand. Soil & Tillage Research, Bd. 37:83-93.

WEILER, M. & H. FLÜHLER (2004): Inferring flow types from dye patterns in macroporous soils. Geoderma, Bd. 120:137-153.

WEILER, M. & F. NAEF (2003): An experimental tracer study of the role of macropores in infiltration in grassland soils. Hydrol. Process., Bd. 17:477-493.

WEST, L.T., P.F. HENDRIX & R.R. BRUCE (1991): Micromorphic observation of soil alteration by earthworms. Agriculture, Ecosystems and Environment, Bd. 34:363-370.

WILKINSON, G. E. (1975): Effects of grass fallow rotations on the infiltration of water into a savanna zone soil of northern Nigeria. Trop. Agric., Bd. 52:97-103.

WOOD, T.G. (1988): Termites and the soil environment. Biol. Fertil. Soils, Bd. 6:228-236.

WOOD, T.G., R.A. JOHNSON & J.M. ANDERSON (1983): Modification of soils in Nigerian savanna by soil-feeding *Cubitermes* (Isoptera, Termitidae). Soil Biol. Biochem., Bd. 15, H. 5:575-579.

ZECH, W. (1997): Tropen - Lebensraum der Zukunft? Geographische Rundschau, Bd. 49, H. 1:11-17.

ZUND, P.R., U. PILLAI-MCGARRY, D. MCGARRY & S.G. BRAY (1997): Repair of a compacted Oxisol by the earthworm *Pontoscolex corethrurus* (Glossoscolecidae, Oligochaeta). Biol. Fertil. Soils, Bd. 25:202-208.

## Anhang



**Datenquellen:**

[1]  Die Auszählung biogener Strukturen erfolgte hauptsächlich durch PRZEMYSLAW WALOTEK, ferner durch Dr. WERNER HANAGARTH.

[2]  Die bodenchemischen Daten der Kategorie „Agroforst Schweizer" wurden der Diplomarbeit von STEFFEN SCHWEIZER (SCHWEIZER 2001) entnommen.

[3]  Die bodenchemischen Daten der mit „C. Rabeling" bezeichneten Proben wurden dem Autor von CHRISTIAN RABELING zur Verfügung gestellt. Die taxonomische Bestimmung der Ameisen erfolgte durch CHRISTIAN RABELING und Dr. MANFRED VERHAAGH, die Bestimmung der Termiten durch Dr. LUCILENE MEDEIROS.

[4]  Die bodenchemischen Daten des Holzexperiments wurden dem Autor von Dr. MANFRED VERHAAGH zur Verfügung gestellt.

[5]  Die bodenchemischen, -physikalischen und -biologischen Daten der Mulchexperimente wurden dem Autor von Dr. HUBERT HÖFER und Dr. PETRA SCHMIDT zur Verfügung gestellt.

[2-5]  Die Bestimmung der bodenchemischen Parameter (außer „Agroforst Schweizer" und den C/N-Analysen) erfolgte am Institut für Geographie und Geoökologie der Universität Karlsruhe (durchgeführt von MARTIN KULL, JAN GRAMLICH und INGO STEINSBERGER). Die Bestimmung der C/N-Gehalte erfolgte am Staatlichen Museum für Naturkunde Karlsruhe (durchgeführt von MARION MATEJKA-DEITMERS und HARALD NEIDHARDT).

## Anhang [A1]:  Durchschnittliche prozentuale Einfärbung der Profilschnitte bei den Farbtracer-Experimenten

| Profilschnitt | Bodentiefe (Einheit: durchschnittlicher Anteil eingefärbter Fläche in Prozent) | | | | | | | | | |
|---|---|---|---|---|---|---|---|---|---|---|
| **Primärwald** | 0-10 cm | 10-20 cm | 20-30 cm | 30-40 cm | 40-50 cm | 50-60 cm | 60-70 cm | 70-80 cm | 80-90 cm | 90-100 cm |
| Primärwald 1 (0 cm) | 91 | 47 | 26 | 11 | 4 | 1 | 0 | 0 | 0 | 0 |
| Primärwald 1 (10 cm) | 95 | 56 | 12 | 4 | 5 | 1 | 0 | 0 | 0 | 0 |
| Primärwald 1 (20 cm) | 95 | 55 | 12 | 3 | 4 | 1 | 0 | 0 | 0 | 0 |
| Primärwald 1 (30 cm) | 80 | 47 | 16 | 12 | 11 | 0 | 1 | 2 | 2 | 0 |
| Primärwald 1 (40 cm) | 91 | 57 | 15 | 9 | 8 | 0 | 0 | 0 | 0 | 0 |
| Primärwald 1 (50 cm) | 87 | 48 | 12 | 8 | 1 | 0 | 0 | 0 | 0 | 0 |
| Primärwald 1 (70 cm) | 92 | 35 | 8 | 4 | 3 | 0 | 0 | 0 | 0 | 0 |
| Primärwald 1 (80 cm) | 85 | 53 | 12 | 7 | 3 | 2 | 3 | 0 | 0 | 0 |
| Primärwald 1 (90 cm) | 90 | 51 | 6 | 4 | 3 | 0 | 0 | 0 | 0 | 0 |
| Primärwald 1 (110 cm) | 78 | 40 | 13 | 5 | 3 | 4 | 0 | 0 | 0 | 0 |
| Primärwald 1 (120 cm) | 83 | 38 | 8 | 5 | 1 | 0 | 0 | 0 | 0 | 0 |
| Primärwald 2 (0 cm) | 72 | 47 | 17 | 1 | 0 | 0 | 0 | 0 | 0 | 0 |
| Primärwald 2 (10 cm) | 59 | 25 | 7 | 4 | 0 | 0 | 0 | 0 | 0 | 0 |
| Primärwald 2 (20 cm) | 78 | 53 | 19 | 7 | 0 | 0 | 0 | 0 | 0 | 0 |
| Primärwald 2 (40 cm) | 89 | 44 | 13 | 8 | 1 | 0 | 0 | 0 | 0 | 0 |
| Primärwald 2 Salz (0 cm) | 69 | 31 | 11 | 12 | 11 | 1 | 0 | 0 | 0 | 0 |
| Primärwald 2 Salz (10 cm) | 71 | 32 | 7 | 7 | 5 | 0 | 0 | 0 | 0 | 0 |
| Primärwald 2 Salz (20 cm) | 86 | 47 | 5 | 6 | 6 | 4 | 0 | 0 | 0 | 0 |
| Primärwald 2 Salz (30 cm) | 66 | 35 | 10 | 6 | 1 | 1 | 0 | 0 | 0 | 0 |
| Primärwald 2 Salz (40 cm) | 88 | 41 | 9 | 2 | 0 | 0 | 0 | 0 | 0 | 0 |
| Primärwald 3 (0 cm) | 79 | 52 | 14 | 9 | 7 | 4 | 1 | 1 | 0 | 0 |
| **Mittelwert Primärwald** | **82** | **44** | **12** | **6** | **4** | **1** | **0** | **0** | **0** | **0** |
| | | | | | | | | | | |
| **Grasland** | 0-10 cm | 10-20 cm | 20-30 cm | 30-40 cm | 40-50 cm | 50-60 cm | 60-70 cm | 70-80 cm | 80-90 cm | 90-100 cm |
| Grasland 1 (0 cm) | 53 | 5 | 1 | 0 | 1 | 0 | 0 | 2 | 2 | 0 |
| Grasland 1 (20 cm) | 40 | 6 | 3 | 0 | 0 | 0 | 0 | 0 | 0 | 0 |
| Grasland 2 (0 cm) | 68 | 21 | 11 | 5 | 4 | 2 | 4 | 0 | 0 | 0 |
| Grasland 3 (0 cm) | 56 | 7 | 3 | 1 | 3 | 2 | 1 | 0 | 0 | 0 |
| **Mittelwert Grasland** | **54** | **10** | **4** | **2** | **2** | **1** | **1** | **0** | **0** | **0** |
| | | | | | | | | | | |
| **Cupuaçu**<br>*(Theobroma grandiflorum)* | 0-10 cm | 10-20 cm | 20-30 cm | 30-40 cm | 40-50 cm | 50-60 cm | 60-70 cm | 70-80 cm | 80-90 cm | 90-100 cm |
| Cupuaçu 1 (0 cm) | 58 | 4 | 5 | 13 | 18 | 10 | 1 | 0 | 0 | 0 |
| Cupuaçu 1 (10 cm) | 69 | 9 | 20 | 24 | 11 | 3 | 0 | 0 | 0 | 0 |
| Cupuaçu 1 (20 cm) | 83 | 10 | 22 | 27 | 18 | 3 | 0 | 0 | 0 | 0 |
| Cupuaçu 1 (30 cm) | 65 | 17 | 17 | 24 | 24 | 8 | 3 | 3 | 3 | 1 |
| Cupuaçu 1 (40 cm) | 75 | 43 | 25 | 18 | 15 | 12 | 6 | 6 | 3 | 2 |
| Cupuaçu 2 (0 cm) | 44 | 1 | 0 | 1 | 2 | 0 | 0 | 0 | 0 | 0 |
| Cupuaçu 2 (20 cm) | 45 | 0 | 1 | 2 | 0 | 0 | 0 | 0 | 0 | 0 |
| Cupuaçu 3 (0 cm) | 58 | 0 | 0 | 0 | 0 | 0 | 0 | 0 | 0 | 0 |
| **Mittelwert Cupuaçu** | **62** | **11** | **11** | **13** | **11** | **4** | **1** | **1** | **1** | **0** |
| | | | | | | | | | | |
| **Kokos**<br>*(Cocos nucifera)* | 0-10 cm | 10-20 cm | 20-30 cm | 30-40 cm | 40-50 cm | 50-60 cm | 60-70 cm | 70-80 cm | 80-90 cm | 90-100 cm |
| Kokos 1 (0 cm) | 92 | 18 | 2 | 0 | 0 | 0 | 0 | 0 | 0 | 0 |
| Kokos 1 (10 cm) | 94 | 29 | 2 | 0 | 0 | 0 | 0 | 0 | 0 | 0 |
| Kokos 1 (20 cm) | 91 | 9 | 1 | 0 | 0 | 0 | 0 | 0 | 0 | 0 |
| Kokos 1 (30 cm) | 82 | 14 | 1 | 0 | 1 | 0 | 0 | 0 | 0 | 0 |
| Kokos 1 (40 cm) | 97 | 33 | 4 | 11 | 0 | 0 | 0 | 0 | 0 | 0 |
| Kokos 2 (0 cm) | 86 | 14 | 1 | 0 | 0 | 0 | 0 | 0 | 0 | 0 |
| Kokos 2 (20 cm) | 83 | 11 | 1 | 3 | 3 | 6 | 0 | 0 | 0 | 0 |
| Kokos 3 (0 cm) | 84 | 13 | 1 | 1 | 0 | 0 | 0 | 0 | 0 | 0 |
| **Mittelwert Kokos** | **88** | **18** | **2** | **2** | **1** | **1** | **0** | **0** | **0** | **0** |
| | | | | | | | | | | |
| **Kudzu**<br>*(Pueraria phaseoloides)* | 0-10 cm | 10-20 cm | 20-30 cm | 30-40 cm | 40-50 cm | 50-60 cm | 60-70 cm | 70-80 cm | 80-90 cm | 90-100 cm |
| Kudzu 1 (0 cm) | 84 | 50 | 31 | 26 | 12 | 12 | 2 | 18 | 15 | 1 |
| Kudzu 1 (10 cm) | 84 | 28 | 23 | 15 | 7 | 7 | 0 | 0 | 0 | 4 |
| Kudzu 1 (20 cm) | 73 | 36 | 28 | 13 | 11 | 3 | 1 | 2 | 1 | 1 |
| Kudzu 1 (30 cm) | 81 | 34 | 22 | 10 | 8 | 4 | 3 | 1 | 1 | 0 |
| Kudzu 1 (40 cm) | 68 | 14 | 5 | 2 | 3 | 2 | 1 | 4 | 1 | 0 |
| Kudzu 1 (60 cm) | 60 | 14 | 6 | 7 | 5 | 1 | 0 | 0 | 0 | 0 |
| Kudzu 1 (70 cm) | 59 | 8 | 1 | 1 | 2 | 1 | 3 | 0 | 0 | 0 |
| Kudzu 1 (80 cm) | 55 | 10 | 7 | 3 | 1 | 1 | 5 | 0 | 0 | 0 |
| Kudzu 1 (90 cm) | 56 | 10 | 7 | 3 | 1 | 2 | 5 | 0 | 0 | 0 |
| Kudzu 1 (110 cm) | 69 | 8 | 3 | 1 | 0 | 0 | 0 | 0 | 0 | 0 |
| Kudzu 1 (120 cm) | 89 | 20 | 3 | 2 | 0 | 0 | 0 | 0 | 0 | 0 |
| Kudzu 2 (0 cm) | 71 | 10 | 3 | 0 | 2 | 1 | 0 | 0 | 0 | 0 |
| Kudzu 2 (20 cm) | 86 | 21 | 3 | 2 | 4 | 2 | 3 | 1 | 0 | 0 |
| Kudzu 3 (0 cm) | 68 | 11 | 5 | 3 | 8 | 2 | 4 | 0 | 0 | 0 |
| **Mittelwert Kudzu** | **71** | **20** | **10** | **6** | **4** | **3** | **2** | **2** | **1** | **0** |

## Anhang [A1]: Durchschnittliche prozentuale Einfärbung der Profilschnitte bei den Farbtracer-Experimenten

| Profilschnitt | Bodentiefe (Einheit: durchschnittlicher Anteil eingefärbter Fläche in Prozent) | | | | | | | | | |
|---|---|---|---|---|---|---|---|---|---|---|
| **Pupunha** (*Bactris gasipaes*) | 0-10 cm | 10-20 cm | 20-30 cm | 30-40 cm | 40-50 cm | 50-60 cm | 60-70 cm | 70-80 cm | 80-90 cm | 90-100 cm |
| Pupunha 1 (10 cm) | 77 | 58 | 6 | 4 | 1 | 0 | 0 | 0 | 0 | 0 |
| Pupunha 1 (20 cm) | 83 | 34 | 3 | 3 | 0 | 4 | 2 | 0 | 0 | 0 |
| Pupunha 1 (30 cm) | 81 | 20 | 1 | 3 | 0 | 5 | 0 | 0 | 0 | 0 |
| Pupunha 1 (40 cm) | 74 | 22 | 2 | 1 | 1 | 3 | 0 | 0 | 0 | 0 |
| Pupunha 1 (50 cm) | 47 | 3 | 3 | 3 | 1 | 0 | 0 | 0 | 0 | 0 |
| Pupunha 1 (60 cm) | 83 | 18 | 2 | 0 | 0 | 1 | 0 | 0 | 0 | 0 |
| Pupunha 1 (70 cm) | 77 | 17 | 1 | 2 | 0 | 1 | 0 | 0 | 0 | 0 |
| Pupunha 1 (80 cm) | 79 | 26 | 1 | 1 | 0 | 0 | 0 | 0 | 0 | 0 |
| Pupunha 1 (90 cm) | 73 | 29 | 2 | 1 | 0 | 0 | 0 | 0 | 0 | 0 |
| Pupunha 1 (100 cm) | 68 | 31 | 5 | 4 | 1 | 4 | 0 | 0 | 0 | 0 |
| Pupunha 1 (110 cm) | 95 | 65 | 25 | 3 | 4 | 0 | 0 | 0 | 0 | 0 |
| Pupunha 1 (120 cm) | 87 | 35 | 7 | 1 | 1 | 4 | 0 | 0 | 0 | 0 |
| Pupunha 2 (0 cm) | 88 | 60 | 13 | 5 | 2 | 5 | 7 | 2 | 5 | 2 |
| Pupunha 3 (0 cm) | 80 | 4 | 0 | 1 | 1 | 3 | 2 | 0 | 0 | 0 |
| **Mittelwert Pupunha** | **78** | **30** | **5** | **2** | **1** | **2** | **1** | **0** | **0** | **0** |
| | | | | | | | | | | |
| **Seringueira** (*Hevea brasiliensis*) | 0-10 cm | 10-20 cm | 20-30 cm | 30-40 cm | 40-50 cm | 50-60 cm | 60-70 cm | 70-80 cm | 80-90 cm | 90-100 cm |
| Seringueira 1 (0 cm) | 76 | 14 | 4 | 4 | 1 | 3 | 4 | 2 | 0 | 3 |
| Seringueira 1 (10 cm) | 78 | 25 | 5 | 2 | 2 | 2 | 7 | 1 | 1 | 0 |
| Seringueira 1 (20 cm) | 90 | 27 | 1 | 2 | 13 | 13 | 9 | 8 | 4 | 3 |
| Seringueira 1 (30 cm) | 75 | 18 | 9 | 5 | 14 | 4 | 3 | 8 | 6 | 9 |
| Seringueira 1 (40 cm) | 76 | 30 | 5 | 2 | 14 | 10 | 4 | 0 | 0 | 2 |
| Seringueira 1 (50 cm) | 63 | 27 | 18 | 4 | 11 | 3 | 0 | 0 | 1 | 0 |
| Seringueira 1 (60 cm) | 63 | 18 | 6 | 9 | 19 | 10 | 3 | 3 | 0 | 0 |
| Seringueira 1 (70 cm) | 61 | 10 | 3 | 3 | 9 | 3 | 1 | 0 | 0 | 0 |
| Seringueira 1 (80 cm) | 53 | 7 | 3 | 2 | 6 | 2 | 2 | 0 | 0 | 0 |
| Seringueira 1 (90 cm) | 49 | 9 | 5 | 7 | 8 | 10 | 1 | 0 | 0 | 0 |
| Seringueira 2 (0 cm) | 36 | 3 | 1 | 2 | 0 | 0 | 0 | 0 | 0 | 0 |
| Seringueira 2 (20 cm) | 63 | 3 | 2 | 1 | 1 | 0 | 0 | 0 | 0 | 0 |
| Seringueira 3 (0 cm) | 67 | 20 | 4 | 5 | 2 | 3 | 0 | 0 | 0 | 0 |
| **Mittelwert Seringueira** | **65** | **16** | **5** | **4** | **8** | **5** | **3** | **2** | **1** | **1** |
| | | | | | | | | | | |
| **Urucum** (*Bixa orellana*) | 0-10 cm | 10-20 cm | 20-30 cm | 30-40 cm | 40-50 cm | 50-60 cm | 60-70 cm | 70-80 cm | 80-90 cm | 90-100 cm |
| Urucum 1 (0 cm) | 81 | 38 | 2 | 0 | 0 | 0 | 0 | 0 | 0 | 0 |
| Urucum 1 (10 cm) | 76 | 17 | 2 | 1 | 0 | 0 | 0 | 0 | 0 | 0 |
| Urucum 1 (20 cm) | 83 | 11 | 4 | 0 | 0 | 0 | 0 | 0 | 0 | 0 |
| Urucum 1 (30 cm) | 81 | 21 | 10 | 3 | 3 | 0 | 0 | 0 | 0 | 0 |
| Urucum 1 (40 cm) | 85 | 23 | 4 | 1 | 0 | 0 | 1 | 1 | 0 | 0 |
| Urucum 2 (0 cm) | 78 | 48 | 44 | 34 | 16 | 5 | 4 | 5 | 0 | 0 |
| Urucum 3 (0 cm) | 76 | 50 | 19 | 21 | 24 | 13 | 6 | 5 | 1 | 2 |
| **Mittelwert Urucum** | **80** | **30** | **12** | **9** | **6** | **3** | **2** | **2** | **0** | **0** |

Grundlage: insgesamt 890 Mittelwerte aus 8.900 Einzelwerten (10 Werte pro Mittelwert)

## Anhang [A2]: Durchschnittliche Anzahl biogener Strukturen

| Profilschnitt | Wurzeln lebend Anzahl | Wurzeln tot Anzahl | Wurzeln gesamt | biogene Gänge Anzahl | Gänge Säugetiere | Gänge Regenwürmer insgesamt | Gänge Regenwürmer frisch | Gänge Regenwürmer alt | Gänge Ameisen | Gänge Termiten | Gänge Doppelfüßler | Gänge Spinnentiere | Gänge undefiniert |
|---|---|---|---|---|---|---|---|---|---|---|---|---|---|
| | Einheit: durchschnittliche Anzahl pro Quadratdezimeter | | | | | | | | | | | | |
| **Alle Profile, 0-10 cm** | 11,72 | 0,41 | 12,13 | 1,00 | 0,01 | 0,33 | 0,17 | 0,15 | 0,16 | 0,42 | 0,01 | 0,00 | 0,08 |
| Alle Profile, 10-20 cm | 4,13 | 0,40 | 4,52 | 0,94 | 0,00 | 0,29 | 0,15 | 0,14 | 0,05 | 0,54 | 0,01 | 0,00 | 0,05 |
| Alle Profile, 20-30 cm | 1,82 | 0,28 | 2,10 | 0,42 | 0,00 | 0,15 | 0,06 | 0,09 | 0,04 | 0,20 | 0,00 | 0,00 | 0,02 |
| Alle Profile, 30-40 cm | 0,85 | 0,11 | 0,96 | 0,10 | 0,00 | 0,02 | 0,00 | 0,01 | 0,02 | 0,06 | 0,00 | 0,00 | 0,01 |
| Alle Profile, 40-50 cm | 0,63 | 0,08 | 0,71 | 0,08 | 0,00 | 0,01 | 0,00 | 0,00 | 0,01 | 0,05 | 0,00 | 0,00 | 0,01 |
| Alle Profile, 50-60 cm | 0,27 | 0,07 | 0,34 | 0,05 | 0,00 | 0,01 | 0,01 | 0,01 | 0,01 | 0,02 | 0,00 | 0,00 | 0,00 |
| Alle Profile, 60-70 cm | 0,07 | 0,04 | 0,10 | 0,04 | 0,00 | 0,01 | 0,01 | 0,01 | 0,00 | 0,02 | 0,00 | 0,00 | 0,00 |
| Alle Profile, 70-80 cm | 0,04 | 0,01 | 0,05 | 0,02 | 0,00 | 0,01 | 0,00 | 0,00 | 0,00 | 0,01 | 0,00 | 0,00 | 0,00 |
| Alle Profile, 80-90 cm | 0,01 | 0,00 | 0,01 | 0,01 | 0,01 | 0,00 | 0,00 | 0,00 | 0,00 | 0,00 | 0,00 | 0,00 | 0,00 |
| Alle Profile, 90-100 cm | 0,00 | 0,01 | 0,01 | 0,01 | 0,00 | 0,01 | 0,00 | 0,00 | 0,00 | 0,00 | 0,00 | 0,00 | 0,00 |
| **Primärwald, 0-10 cm** | 11,27 | 0,49 | 11,76 | 0,47 | 0,00 | 0,09 | 0,04 | 0,05 | 0,02 | 0,29 | 0,01 | 0,00 | 0,06 |
| Primärwald, 10-20 cm | 5,92 | 0,63 | 6,55 | 0,74 | 0,02 | 0,16 | 0,09 | 0,07 | 0,01 | 0,48 | 0,01 | 0,00 | 0,06 |
| Primärwald, 20-30 cm | 3,25 | 0,31 | 3,56 | 0,33 | 0,01 | 0,11 | 0,04 | 0,06 | 0,01 | 0,17 | 0,00 | 0,00 | 0,04 |
| Primärwald, 30-40 cm | 1,93 | 0,18 | 2,12 | 0,08 | 0,00 | 0,02 | 0,01 | 0,01 | 0,01 | 0,04 | 0,00 | 0,00 | 0,02 |
| Primärwald, 40-50 cm | 1,07 | 0,08 | 1,16 | 0,04 | 0,00 | 0,00 | 0,00 | 0,00 | 0,00 | 0,03 | 0,00 | 0,00 | 0,01 |
| Primärwald, 50-60 cm | 0,37 | 0,07 | 0,44 | 0,01 | 0,00 | 0,00 | 0,00 | 0,00 | 0,00 | 0,01 | 0,00 | 0,00 | 0,00 |
| Primärwald, 60-70 cm | 0,03 | 0,02 | 0,04 | 0,01 | 0,00 | 0,00 | 0,00 | 0,00 | 0,00 | 0,01 | 0,00 | 0,00 | 0,00 |
| Primärwald, 70-80 cm | 0,01 | 0,00 | 0,01 | 0,00 | 0,00 | 0,00 | 0,00 | 0,00 | 0,00 | 0,00 | 0,00 | 0,00 | 0,00 |
| Primärwald, 80-90 cm | 0,03 | 0,00 | 0,03 | 0,00 | 0,00 | 0,00 | 0,00 | 0,00 | 0,00 | 0,00 | 0,00 | 0,00 | 0,00 |
| Primärwald, 90-100 cm | 0,00 | 0,01 | 0,01 | 0,00 | 0,00 | 0,00 | 0,00 | 0,00 | 0,00 | 0,00 | 0,00 | 0,00 | 0,00 |
| **Grasland, 0-10 cm** | 13,23 | 0,18 | 13,40 | 1,53 | 0,03 | 0,68 | 0,35 | 0,33 | 0,63 | 0,13 | 0,03 | 0,00 | 0,05 |
| Grasland, 10-20 cm | 4,25 | 0,13 | 4,38 | 1,55 | 0,00 | 0,40 | 0,25 | 0,15 | 0,28 | 0,88 | 0,00 | 0,00 | 0,00 |
| Grasland, 20-30 cm | 0,73 | 0,18 | 0,90 | 0,73 | 0,00 | 0,30 | 0,13 | 0,18 | 0,15 | 0,23 | 0,00 | 0,00 | 0,05 |
| Grasland, 30-40 cm | 0,45 | 0,03 | 0,48 | 0,13 | 0,00 | 0,00 | 0,00 | 0,00 | 0,05 | 0,08 | 0,00 | 0,00 | 0,00 |
| Grasland, 40-50 cm | 0,08 | 0,03 | 0,10 | 0,13 | 0,00 | 0,00 | 0,00 | 0,00 | 0,05 | 0,08 | 0,00 | 0,00 | 0,00 |
| Grasland, 50-60 cm | 0,03 | 0,00 | 0,03 | 0,10 | 0,00 | 0,00 | 0,00 | 0,00 | 0,05 | 0,05 | 0,00 | 0,00 | 0,00 |
| Grasland, 60-70 cm | 0,00 | 0,00 | 0,00 | 0,03 | 0,00 | 0,00 | 0,00 | 0,00 | 0,00 | 0,03 | 0,00 | 0,00 | 0,00 |
| Grasland, 70-80 cm | 0,00 | 0,00 | 0,00 | 0,00 | 0,00 | 0,00 | 0,00 | 0,00 | 0,00 | 0,00 | 0,00 | 0,00 | 0,00 |
| Grasland, 80-90 cm | 0,00 | 0,00 | 0,00 | 0,00 | 0,00 | 0,00 | 0,00 | 0,00 | 0,00 | 0,00 | 0,00 | 0,00 | 0,00 |
| Grasland, 90-100 cm | 0,00 | 0,00 | 0,00 | 0,00 | 0,00 | 0,00 | 0,00 | 0,00 | 0,00 | 0,00 | 0,00 | 0,00 | 0,00 |
| **Cupuaçu, 0-10 cm** | 15,88 | 1,20 | 17,08 | 1,15 | 0,00 | 0,23 | 0,09 | 0,14 | 0,14 | 0,70 | 0,01 | 0,01 | 0,06 |
| Cupuaçu, 10-20 cm | 2,13 | 0,75 | 2,88 | 1,06 | 0,00 | 0,35 | 0,16 | 0,19 | 0,03 | 0,64 | 0,00 | 0,00 | 0,05 |
| Cupuaçu, 20-30 cm | 1,50 | 0,53 | 2,03 | 0,53 | 0,00 | 0,16 | 0,08 | 0,09 | 0,03 | 0,34 | 0,00 | 0,00 | 0,00 |
| Cupuaçu, 30-40 cm | 0,80 | 0,11 | 0,91 | 0,15 | 0,00 | 0,01 | 0,01 | 0,00 | 0,01 | 0,13 | 0,00 | 0,00 | 0,00 |
| Cupuaçu, 40-50 cm | 1,14 | 0,11 | 1,25 | 0,13 | 0,00 | 0,03 | 0,01 | 0,01 | 0,00 | 0,10 | 0,00 | 0,00 | 0,00 |
| Cupuaçu, 50-60 cm | 0,38 | 0,15 | 0,53 | 0,05 | 0,00 | 0,01 | 0,01 | 0,00 | 0,00 | 0,04 | 0,00 | 0,00 | 0,00 |
| Cupuaçu, 60-70 cm | 0,00 | 0,14 | 0,14 | 0,03 | 0,00 | 0,01 | 0,01 | 0,00 | 0,00 | 0,01 | 0,00 | 0,00 | 0,00 |
| Cupuaçu, 70-80 cm | 0,06 | 0,03 | 0,09 | 0,01 | 0,00 | 0,00 | 0,00 | 0,00 | 0,00 | 0,01 | 0,00 | 0,00 | 0,00 |
| Cupuaçu, 80-90 cm | 0,00 | 0,00 | 0,00 | 0,00 | 0,00 | 0,00 | 0,00 | 0,00 | 0,00 | 0,00 | 0,00 | 0,00 | 0,00 |
| Cupuaçu, 90-100 cm | 0,00 | 0,00 | 0,00 | 0,00 | 0,00 | 0,00 | 0,00 | 0,00 | 0,00 | 0,00 | 0,00 | 0,00 | 0,00 |
| **Kokos, 0-10 cm** | 14,38 | 0,31 | 14,69 | 0,80 | 0,00 | 0,40 | 0,20 | 0,20 | 0,18 | 0,14 | 0,00 | 0,00 | 0,09 |
| Kokos, 10-20 cm | 4,94 | 0,09 | 5,03 | 0,78 | 0,00 | 0,30 | 0,15 | 0,15 | 0,01 | 0,44 | 0,00 | 0,00 | 0,03 |
| Kokos, 20-30 cm | 1,55 | 0,19 | 1,74 | 0,31 | 0,00 | 0,14 | 0,06 | 0,08 | 0,08 | 0,09 | 0,00 | 0,00 | 0,01 |
| Kokos, 30-40 cm | 0,74 | 0,00 | 0,74 | 0,01 | 0,00 | 0,00 | 0,00 | 0,00 | 0,00 | 0,01 | 0,00 | 0,00 | 0,00 |
| Kokos, 40-50 cm | 0,26 | 0,00 | 0,26 | 0,01 | 0,00 | 0,00 | 0,00 | 0,00 | 0,01 | 0,00 | 0,00 | 0,00 | 0,00 |
| Kokos, 50-60 cm | 0,00 | 0,01 | 0,01 | 0,01 | 0,00 | 0,00 | 0,00 | 0,00 | 0,00 | 0,01 | 0,00 | 0,00 | 0,00 |
| Kokos, 60-70 cm | 0,00 | 0,00 | 0,00 | 0,00 | 0,00 | 0,00 | 0,00 | 0,00 | 0,00 | 0,00 | 0,00 | 0,00 | 0,00 |
| Kokos, 70-80 cm | 0,00 | 0,00 | 0,00 | 0,00 | 0,00 | 0,00 | 0,00 | 0,00 | 0,00 | 0,00 | 0,00 | 0,00 | 0,00 |
| Kokos, 80-90 cm | 0,00 | 0,00 | 0,00 | 0,01 | 0,00 | 0,00 | 0,00 | 0,00 | 0,00 | 0,01 | 0,00 | 0,00 | 0,00 |
| Kokos, 90-100 cm | 0,00 | 0,00 | 0,00 | 0,01 | 0,00 | 0,00 | 0,00 | 0,00 | 0,01 | 0,00 | 0,00 | 0,00 | 0,00 |
| **Kudzu, 0-10 cm** | 9,56 | 0,04 | 9,60 | 1,08 | 0,00 | 0,42 | 0,26 | 0,16 | 0,08 | 0,54 | 0,00 | 0,00 | 0,04 |
| Kudzu, 10-20 cm | 1,94 | 0,10 | 2,04 | 0,96 | 0,00 | 0,28 | 0,12 | 0,16 | 0,06 | 0,62 | 0,00 | 0,00 | 0,00 |
| Kudzu, 20-30 cm | 0,22 | 0,16 | 0,38 | 0,40 | 0,00 | 0,08 | 0,04 | 0,04 | 0,02 | 0,30 | 0,00 | 0,00 | 0,00 |
| Kudzu, 30-40 cm | 0,02 | 0,02 | 0,04 | 0,12 | 0,00 | 0,04 | 0,00 | 0,04 | 0,00 | 0,08 | 0,00 | 0,00 | 0,00 |
| Kudzu, 40-50 cm | 0,30 | 0,00 | 0,30 | 0,08 | 0,00 | 0,02 | 0,02 | 0,00 | 0,00 | 0,06 | 0,00 | 0,00 | 0,00 |
| Kudzu, 50-60 cm | 0,00 | 0,00 | 0,00 | 0,00 | 0,00 | 0,00 | 0,00 | 0,00 | 0,00 | 0,00 | 0,00 | 0,00 | 0,00 |
| Kudzu, 60-70 cm | 0,00 | 0,00 | 0,00 | 0,02 | 0,00 | 0,00 | 0,00 | 0,00 | 0,00 | 0,02 | 0,00 | 0,00 | 0,00 |
| Kudzu, 70-80 cm | 0,00 | 0,02 | 0,02 | 0,00 | 0,00 | 0,00 | 0,00 | 0,00 | 0,00 | 0,00 | 0,00 | 0,00 | 0,00 |
| Kudzu, 80-90 cm | 0,00 | 0,00 | 0,00 | 0,00 | 0,00 | 0,00 | 0,00 | 0,00 | 0,00 | 0,00 | 0,00 | 0,00 | 0,00 |
| Kudzu, 90-100 cm | 0,00 | 0,00 | 0,00 | 0,00 | 0,00 | 0,00 | 0,00 | 0,00 | 0,00 | 0,00 | 0,00 | 0,00 | 0,00 |

Grundlage: Auszählung von 67 Profilschnitten mit je 100 Quadranten (10 x 10 cm). Zur Anzahl der Profilschnitte je Kultur siehe Anhang [A1].

## Anhang [A2]: Durchschnittliche Anzahl biogener Strukturen

| Profilschnitt | biogene Poren Anzahl | Poren Regenwürmer | Poren Ameisen | Poren Termiten | Poren ehemalige Kammer | Poren undefiniert | biogene Kammern Anzahl | Kammern Termiten | Kammern Ameisen | Kammern Säugetiere | Kammern undefiniert | Holzkohle Anzahl |
|---|---|---|---|---|---|---|---|---|---|---|---|---|
| | Einheit: durchschnittliche Anzahl pro Quadratdezimeter | | | | | | | | | | | |
| **Alle Profile, 0-10 cm** | 10,09 | 0,28 | 0,29 | 0,29 | 0,00 | 0,12 | 0,04 | 0,01 | 0,01 | 0,00 | 0,02 | 0,01 |
| Alle Profile, 10-20 cm | 7,53 | 0,13 | 0,16 | 0,25 | 0,00 | 0,11 | 0,04 | 0,01 | 0,02 | 0,00 | 0,00 | 0,13 |
| Alle Profile, 20-30 cm | 5,18 | 0,06 | 0,11 | 0,19 | 0,00 | 0,10 | 0,02 | 0,00 | 0,01 | 0,00 | 0,00 | 0,06 |
| Alle Profile, 30-40 cm | 2,88 | 0,01 | 0,02 | 0,09 | 0,00 | 0,05 | 0,02 | 0,00 | 0,01 | 0,00 | 0,01 | 0,02 |
| Alle Profile, 40-50 cm | 1,91 | 0,00 | 0,03 | 0,05 | 0,00 | 0,04 | 0,02 | 0,00 | 0,01 | 0,00 | 0,00 | 0,00 |
| Alle Profile, 50-60 cm | 1,24 | 0,00 | 0,02 | 0,02 | 0,00 | 0,02 | 0,02 | 0,00 | 0,01 | 0,00 | 0,01 | 0,00 |
| Alle Profile, 60-70 cm | 0,44 | 0,00 | 0,01 | 0,01 | 0,00 | 0,01 | 0,02 | 0,00 | 0,01 | 0,00 | 0,01 | 0,00 |
| Alle Profile, 70-80 cm | 0,25 | 0,00 | 0,00 | 0,01 | 0,00 | 0,01 | 0,01 | 0,00 | 0,01 | 0,00 | 0,00 | 0,00 |
| Alle Profile, 80-90 cm | 0,02 | 0,00 | 0,00 | 0,00 | 0,00 | 0,00 | 0,01 | 0,00 | 0,00 | 0,00 | 0,00 | 0,00 |
| Alle Profile, 90-100 cm | 0,03 | 0,00 | 0,00 | 0,00 | 0,00 | 0,00 | 0,01 | 0,00 | 0,01 | 0,00 | 0,00 | 0,00 |
| **Primärwald, 0-10 cm** | 7,06 | 0,03 | 0,10 | 0,15 | 0,01 | 0,04 | 0,01 | 0,00 | 0,00 | 0,00 | 0,01 | 0,01 |
| Primärwald, 10-20 cm | 9,33 | 0,06 | 0,04 | 0,18 | 0,00 | 0,06 | 0,01 | 0,01 | 0,00 | 0,00 | 0,00 | 0,18 |
| Primärwald, 20-30 cm | 6,63 | 0,02 | 0,01 | 0,17 | 0,00 | 0,04 | 0,00 | 0,00 | 0,00 | 0,00 | 0,00 | 0,08 |
| Primärwald, 30-40 cm | 4,35 | 0,01 | 0,02 | 0,10 | 0,00 | 0,03 | 0,01 | 0,00 | 0,00 | 0,00 | 0,01 | 0,01 |
| Primärwald, 40-50 cm | 2,11 | 0,01 | 0,01 | 0,05 | 0,00 | 0,01 | 0,00 | 0,00 | 0,00 | 0,00 | 0,00 | 0,00 |
| Primärwald, 50-60 cm | 0,87 | 0,01 | 0,00 | 0,02 | 0,00 | 0,01 | 0,00 | 0,00 | 0,00 | 0,00 | 0,00 | 0,00 |
| Primärwald, 60-70 cm | 0,33 | 0,00 | 0,00 | 0,02 | 0,00 | 0,00 | 0,01 | 0,00 | 0,00 | 0,00 | 0,01 | 0,00 |
| Primärwald, 70-80 cm | 0,08 | 0,00 | 0,00 | 0,01 | 0,00 | 0,00 | 0,00 | 0,00 | 0,00 | 0,00 | 0,00 | 0,00 |
| Primärwald, 80-90 cm | 0,03 | 0,00 | 0,00 | 0,00 | 0,00 | 0,00 | 0,00 | 0,00 | 0,00 | 0,00 | 0,00 | 0,00 |
| Primärwald, 90-100 cm | 0,00 | 0,00 | 0,00 | 0,00 | 0,00 | 0,00 | 0,00 | 0,00 | 0,00 | 0,00 | 0,00 | 0,00 |
| **Grasland, 0-10 cm** | 7,88 | 0,38 | 1,28 | 0,00 | 0,00 | 0,25 | 0,08 | 0,00 | 0,08 | 0,00 | 0,00 | 0,00 |
| Grasland, 10-20 cm | 4,53 | 0,13 | 0,78 | 0,03 | 0,00 | 0,03 | 0,05 | 0,00 | 0,05 | 0,00 | 0,00 | 0,00 |
| Grasland, 20-30 cm | 1,83 | 0,03 | 0,48 | 0,00 | 0,00 | 0,08 | 0,05 | 0,00 | 0,05 | 0,00 | 0,00 | 0,00 |
| Grasland, 30-40 cm | 0,25 | 0,00 | 0,00 | 0,03 | 0,00 | 0,00 | 0,08 | 0,00 | 0,05 | 0,00 | 0,03 | 0,00 |
| Grasland, 40-50 cm | 0,18 | 0,00 | 0,00 | 0,00 | 0,00 | 0,00 | 0,10 | 0,05 | 0,05 | 0,00 | 0,00 | 0,00 |
| Grasland, 50-60 cm | 0,00 | 0,00 | 0,00 | 0,00 | 0,00 | 0,00 | 0,05 | 0,00 | 0,05 | 0,00 | 0,00 | 0,00 |
| Grasland, 60-70 cm | 0,00 | 0,00 | 0,00 | 0,00 | 0,00 | 0,00 | 0,15 | 0,05 | 0,10 | 0,00 | 0,00 | 0,00 |
| Grasland, 70-80 cm | 0,00 | 0,00 | 0,00 | 0,00 | 0,00 | 0,00 | 0,05 | 0,00 | 0,05 | 0,00 | 0,00 | 0,00 |
| Grasland, 80-90 cm | 0,00 | 0,00 | 0,00 | 0,00 | 0,00 | 0,00 | 0,03 | 0,00 | 0,03 | 0,00 | 0,00 | 0,00 |
| Grasland, 90-100 cm | 0,00 | 0,00 | 0,00 | 0,00 | 0,00 | 0,00 | 0,00 | 0,00 | 0,00 | 0,00 | 0,00 | 0,00 |
| **Cupuaçu, 0-10 cm** | 9,50 | 0,16 | 0,18 | 0,28 | 0,00 | 0,15 | 0,01 | 0,00 | 0,00 | 0,00 | 0,01 | 0,00 |
| Cupuaçu, 10-20 cm | 6,44 | 0,14 | 0,06 | 0,20 | 0,01 | 0,11 | 0,06 | 0,03 | 0,03 | 0,00 | 0,01 | 0,05 |
| Cupuaçu, 20-30 cm | 6,86 | 0,03 | 0,05 | 0,24 | 0,00 | 0,08 | 0,05 | 0,03 | 0,03 | 0,00 | 0,00 | 0,01 |
| Cupuaçu, 30-40 cm | 4,71 | 0,00 | 0,01 | 0,05 | 0,00 | 0,00 | 0,00 | 0,00 | 0,00 | 0,00 | 0,00 | 0,04 |
| Cupuaçu, 40-50 cm | 2,89 | 0,00 | 0,00 | 0,03 | 0,00 | 0,03 | 0,00 | 0,00 | 0,00 | 0,00 | 0,00 | 0,00 |
| Cupuaçu, 50-60 cm | 2,75 | 0,00 | 0,00 | 0,03 | 0,00 | 0,00 | 0,00 | 0,00 | 0,00 | 0,00 | 0,00 | 0,00 |
| Cupuaçu, 60-70 cm | 0,69 | 0,00 | 0,00 | 0,00 | 0,00 | 0,00 | 0,01 | 0,00 | 0,00 | 0,00 | 0,01 | 0,00 |
| Cupuaçu, 70-80 cm | 0,31 | 0,00 | 0,00 | 0,00 | 0,00 | 0,00 | 0,01 | 0,00 | 0,01 | 0,00 | 0,00 | 0,00 |
| Cupuaçu, 80-90 cm | 0,00 | 0,00 | 0,00 | 0,00 | 0,00 | 0,00 | 0,00 | 0,00 | 0,00 | 0,00 | 0,00 | 0,00 |
| Cupuaçu, 90-100 cm | 0,06 | 0,00 | 0,00 | 0,00 | 0,00 | 0,00 | 0,00 | 0,00 | 0,00 | 0,00 | 0,00 | 0,00 |
| **Kokos, 0-10 cm** | 17,80 | 0,71 | 0,61 | 0,44 | 0,00 | 0,11 | 0,03 | 0,00 | 0,03 | 0,00 | 0,00 | 0,00 |
| Kokos, 10-20 cm | 6,88 | 0,14 | 0,31 | 0,38 | 0,00 | 0,13 | 0,04 | 0,00 | 0,04 | 0,00 | 0,00 | 0,01 |
| Kokos, 20-30 cm | 2,35 | 0,05 | 0,24 | 0,14 | 0,00 | 0,05 | 0,05 | 0,00 | 0,05 | 0,00 | 0,00 | 0,06 |
| Kokos, 30-40 cm | 0,46 | 0,00 | 0,04 | 0,03 | 0,00 | 0,03 | 0,04 | 0,00 | 0,04 | 0,00 | 0,00 | 0,00 |
| Kokos, 40-50 cm | 0,36 | 0,00 | 0,05 | 0,00 | 0,00 | 0,00 | 0,03 | 0,00 | 0,03 | 0,00 | 0,00 | 0,00 |
| Kokos, 50-60 cm | 0,40 | 0,00 | 0,06 | 0,00 | 0,00 | 0,00 | 0,04 | 0,00 | 0,04 | 0,00 | 0,00 | 0,00 |
| Kokos, 60-70 cm | 0,00 | 0,00 | 0,00 | 0,00 | 0,00 | 0,00 | 0,00 | 0,00 | 0,00 | 0,00 | 0,00 | 0,00 |
| Kokos, 70-80 cm | 0,00 | 0,00 | 0,00 | 0,00 | 0,00 | 0,00 | 0,00 | 0,00 | 0,00 | 0,00 | 0,00 | 0,00 |
| Kokos, 80-90 cm | 0,00 | 0,00 | 0,00 | 0,00 | 0,00 | 0,00 | 0,00 | 0,00 | 0,00 | 0,00 | 0,00 | 0,00 |
| Kokos, 90-100 cm | 0,00 | 0,00 | 0,00 | 0,00 | 0,00 | 0,00 | 0,00 | 0,00 | 0,00 | 0,00 | 0,00 | 0,00 |
| **Kudzu, 0-10 cm** | 17,86 | 1,02 | 0,46 | 0,74 | 0,00 | 0,12 | 0,00 | 0,00 | 0,00 | 0,00 | 0,00 | 0,02 |
| Kudzu, 10-20 cm | 9,52 | 0,26 | 0,30 | 0,32 | 0,00 | 0,22 | 0,02 | 0,00 | 0,02 | 0,00 | 0,00 | 0,02 |
| Kudzu, 20-30 cm | 4,80 | 0,12 | 0,20 | 0,24 | 0,00 | 0,22 | 0,00 | 0,00 | 0,00 | 0,00 | 0,00 | 0,02 |
| Kudzu, 30-40 cm | 1,70 | 0,00 | 0,00 | 0,08 | 0,00 | 0,00 | 0,04 | 0,00 | 0,04 | 0,00 | 0,00 | 0,00 |
| Kudzu, 40-50 cm | 0,70 | 0,00 | 0,06 | 0,06 | 0,00 | 0,04 | 0,00 | 0,00 | 0,00 | 0,00 | 0,00 | 0,00 |
| Kudzu, 50-60 cm | 0,76 | 0,00 | 0,08 | 0,08 | 0,00 | 0,00 | 0,04 | 0,00 | 0,02 | 0,00 | 0,02 | 0,00 |
| Kudzu, 60-70 cm | 0,38 | 0,00 | 0,06 | 0,02 | 0,00 | 0,00 | 0,06 | 0,00 | 0,06 | 0,00 | 0,00 | 0,00 |
| Kudzu, 70-80 cm | 0,00 | 0,00 | 0,00 | 0,00 | 0,00 | 0,00 | 0,00 | 0,00 | 0,00 | 0,00 | 0,00 | 0,00 |
| Kudzu, 80-90 cm | 0,00 | 0,00 | 0,00 | 0,00 | 0,00 | 0,00 | 0,00 | 0,00 | 0,00 | 0,00 | 0,00 | 0,00 |
| Kudzu, 90-100 cm | 0,00 | 0,00 | 0,00 | 0,00 | 0,00 | 0,00 | 0,02 | 0,00 | 0,02 | 0,00 | 0,00 | 0,00 |

## Anhang [A2]: Durchschnittliche Anzahl biogener Strukturen

| Profilschnitt | Wurzeln lebend Anzahl | Wurzeln tot Anzahl | Wurzeln gesamt | biogene Gänge Anzahl | Gänge Säugetiere | Gänge Regenwürmer insgesamt | Gänge Regenwürmer frisch | Gänge Regenwürmer alt | Gänge Ameisen | Gänge Termiten | Gänge Doppelfüßler | Gänge Spinnentiere | Gänge undefiniert |
|---|---|---|---|---|---|---|---|---|---|---|---|---|---|
| Einheit: durchschnittliche Anzahl pro Quadratdezimeter | | | | | | | | | | | | | |
| **Pupunha 0-10 cm** | 20,28 | 0,30 | 20,58 | 1,45 | 0,00 | 1,08 | 0,83 | 0,25 | 0,08 | 0,18 | 0,10 | 0,00 | 0,03 |
| Pupunha 10-20 cm | 10,58 | 0,38 | 10,95 | 1,00 | 0,00 | 0,60 | 0,30 | 0,30 | 0,10 | 0,18 | 0,10 | 0,00 | 0,03 |
| Pupunha 20-30 cm | 5,90 | 0,40 | 6,30 | 0,53 | 0,00 | 0,33 | 0,13 | 0,20 | 0,15 | 0,03 | 0,00 | 0,00 | 0,03 |
| Pupunha 30-40 cm | 0,73 | 0,05 | 0,78 | 0,05 | 0,00 | 0,03 | 0,03 | 0,00 | 0,00 | 0,03 | 0,00 | 0,00 | 0,00 |
| Pupunha 40-50 cm | 0,73 | 0,05 | 0,78 | 0,03 | 0,00 | 0,00 | 0,00 | 0,00 | 0,00 | 0,03 | 0,00 | 0,00 | 0,00 |
| Pupunha 50-60 cm | 0,60 | 0,00 | 0,60 | 0,15 | 0,00 | 0,05 | 0,03 | 0,03 | 0,03 | 0,08 | 0,00 | 0,00 | 0,00 |
| Pupunha 60-70 cm | 0,28 | 0,05 | 0,33 | 0,20 | 0,00 | 0,10 | 0,05 | 0,05 | 0,00 | 0,10 | 0,00 | 0,00 | 0,00 |
| Pupunha 70-80 cm | 0,00 | 0,03 | 0,03 | 0,10 | 0,00 | 0,05 | 0,03 | 0,03 | 0,03 | 0,03 | 0,00 | 0,00 | 0,00 |
| Pupunha 80-90 cm | 0,00 | 0,00 | 0,00 | 0,08 | 0,00 | 0,05 | 0,03 | 0,03 | 0,00 | 0,03 | 0,00 | 0,00 | 0,00 |
| Pupunha 90-100 cm | 0,00 | 0,00 | 0,00 | 0,15 | 0,00 | 0,10 | 0,05 | 0,05 | 0,00 | 0,05 | 0,00 | 0,00 | 0,00 |
| **Seringueira, 0-10 cm** | 5,22 | 0,32 | 5,53 | 1,04 | 0,02 | 0,24 | 0,15 | 0,08 | 0,15 | 0,46 | 0,00 | 0,00 | 0,17 |
| Seringueira, 10-20 cm | 1,20 | 0,38 | 1,58 | 0,77 | 0,00 | 0,21 | 0,14 | 0,07 | 0,08 | 0,37 | 0,00 | 0,00 | 0,11 |
| Seringueira, 20-30 cm | 0,51 | 0,25 | 0,76 | 0,34 | 0,00 | 0,10 | 0,08 | 0,02 | 0,02 | 0,18 | 0,00 | 0,00 | 0,03 |
| Seringueira, 30-40 cm | 0,19 | 0,13 | 0,32 | 0,12 | 0,00 | 0,01 | 0,00 | 0,01 | 0,05 | 0,04 | 0,00 | 0,00 | 0,02 |
| Seringueira, 40-50 cm | 0,35 | 0,18 | 0,52 | 0,14 | 0,00 | 0,01 | 0,00 | 0,01 | 0,02 | 0,05 | 0,00 | 0,00 | 0,05 |
| Seringueira, 50-60 cm | 0,44 | 0,16 | 0,60 | 0,09 | 0,00 | 0,04 | 0,01 | 0,03 | 0,00 | 0,03 | 0,00 | 0,00 | 0,02 |
| Seringueira, 60-70 cm | 0,20 | 0,05 | 0,25 | 0,08 | 0,00 | 0,04 | 0,01 | 0,03 | 0,00 | 0,04 | 0,00 | 0,00 | 0,01 |
| Seringueira, 70-80 cm | 0,15 | 0,01 | 0,16 | 0,01 | 0,00 | 0,00 | 0,00 | 0,00 | 0,00 | 0,00 | 0,00 | 0,00 | 0,01 |
| Seringueira, 80-90 cm | 0,01 | 0,02 | 0,02 | 0,03 | 0,03 | 0,00 | 0,00 | 0,00 | 0,00 | 0,00 | 0,00 | 0,00 | 0,00 |
| Seringueira, 90-100 cm | 0,01 | 0,02 | 0,02 | 0,02 | 0,02 | 0,00 | 0,00 | 0,00 | 0,00 | 0,00 | 0,00 | 0,00 | 0,00 |
| **Urucum, 0-10 cm** | 13,01 | 0,06 | 13,07 | 1,73 | 0,01 | 0,44 | 0,09 | 0,36 | 0,36 | 0,89 | 0,00 | 0,00 | 0,03 |
| Urucum, 10-20 cm | 4,11 | 0,16 | 4,27 | 1,46 | 0,00 | 0,50 | 0,21 | 0,29 | 0,03 | 0,93 | 0,00 | 0,00 | 0,00 |
| Urucum, 20-30 cm | 0,70 | 0,13 | 0,83 | 0,59 | 0,00 | 0,26 | 0,03 | 0,23 | 0,00 | 0,33 | 0,00 | 0,00 | 0,00 |
| Urucum, 30-40 cm | 0,33 | 0,14 | 0,47 | 0,19 | 0,00 | 0,06 | 0,00 | 0,06 | 0,00 | 0,13 | 0,00 | 0,00 | 0,00 |
| Urucum, 40-50 cm | 0,36 | 0,04 | 0,40 | 0,09 | 0,00 | 0,01 | 0,00 | 0,01 | 0,00 | 0,07 | 0,00 | 0,00 | 0,00 |
| Urucum, 50-60 cm | 0,04 | 0,03 | 0,07 | 0,06 | 0,00 | 0,01 | 0,01 | 0,00 | 0,00 | 0,04 | 0,00 | 0,00 | 0,00 |
| Urucum, 60-70 cm | 0,03 | 0,01 | 0,04 | 0,03 | 0,00 | 0,00 | 0,00 | 0,00 | 0,00 | 0,03 | 0,00 | 0,00 | 0,00 |
| Urucum, 70-80 cm | 0,00 | 0,00 | 0,00 | 0,07 | 0,00 | 0,03 | 0,00 | 0,03 | 0,00 | 0,04 | 0,00 | 0,00 | 0,00 |
| Urucum, 80-90 cm | 0,00 | 0,00 | 0,00 | 0,00 | 0,00 | 0,00 | 0,00 | 0,00 | 0,00 | 0,00 | 0,00 | 0,00 | 0,00 |
| Urucum, 90-100 cm | 0,00 | 0,01 | 0,01 | 0,00 | 0,00 | 0,00 | 0,00 | 0,00 | 0,00 | 0,00 | 0,00 | 0,00 | 0,00 |

Grundlage: Auszählung von 67 Profilschnitten mit je 100 Quadranten (10 x 10 cm). Zur Anzahl der Profilschnitte je Kultur siehe Anhang [A1].

## Anhang [A2]: Durchschnittliche Anzahl biogener Strukturen

| Profilschnitt | biogene Poren Anzahl | Poren Regenwürmer | Poren Ameisen | Poren Termiten | Poren ehemalige Kammer | Poren undefiniert | biogene Kammern Anzahl | Kammern Termiten | Kammern Ameisen | Kammern Säugetiere | Kammern undefiniert | Holzkohle Anzahl |
|---|---|---|---|---|---|---|---|---|---|---|---|---|
| | Einheit: durchschnittliche Anzahl pro Quadratdezimeter | | | | | | | | | | | |
| **Pupunha 0-10 cm** | 9,68 | 0,60 | 0,25 | 0,25 | 0,00 | 0,03 | 0,00 | 0,00 | 0,00 | 0,00 | 0,00 | 0,00 |
| Pupunha 10-20 cm | 7,65 | 0,58 | 0,20 | 0,28 | 0,00 | 0,03 | 0,00 | 0,00 | 0,00 | 0,00 | 0,00 | 0,00 |
| Pupunha 20-30 cm | 6,35 | 0,38 | 0,23 | 0,13 | 0,00 | 0,18 | 0,00 | 0,00 | 0,00 | 0,00 | 0,00 | 0,03 |
| Pupunha 30-40 cm | 0,98 | 0,00 | 0,05 | 0,05 | 0,00 | 0,05 | 0,03 | 0,00 | 0,03 | 0,00 | 0,00 | 0,00 |
| Pupunha 40-50 cm | 0,88 | 0,00 | 0,05 | 0,10 | 0,00 | 0,00 | 0,03 | 0,00 | 0,03 | 0,00 | 0,00 | 0,00 |
| Pupunha 50-60 cm | 0,68 | 0,00 | 0,05 | 0,03 | 0,00 | 0,00 | 0,00 | 0,00 | 0,00 | 0,00 | 0,00 | 0,00 |
| Pupunha 60-70 cm | 0,20 | 0,00 | 0,03 | 0,00 | 0,00 | 0,00 | 0,00 | 0,00 | 0,00 | 0,00 | 0,00 | 0,00 |
| Pupunha 70-80 cm | 0,10 | 0,00 | 0,00 | 0,03 | 0,00 | 0,00 | 0,00 | 0,00 | 0,00 | 0,00 | 0,00 | 0,00 |
| Pupunha 80-90 cm | 0,00 | 0,00 | 0,00 | 0,00 | 0,00 | 0,00 | 0,00 | 0,00 | 0,00 | 0,00 | 0,00 | 0,00 |
| Pupunha 90-100 cm | 0,00 | 0,00 | 0,00 | 0,00 | 0,00 | 0,00 | 0,00 | 0,00 | 0,00 | 0,00 | 0,00 | 0,00 |
| **Seringueira, 0-10 cm** | 6,12 | 0,04 | 0,10 | 0,18 | 0,00 | 0,19 | 0,08 | 0,02 | 0,03 | 0,00 | 0,03 | 0,02 |
| Seringueira, 10-20 cm | 5,20 | 0,01 | 0,07 | 0,18 | 0,01 | 0,18 | 0,08 | 0,04 | 0,03 | 0,00 | 0,02 | 0,01 |
| Seringueira, 20-30 cm | 3,68 | 0,01 | 0,10 | 0,12 | 0,00 | 0,16 | 0,02 | 0,00 | 0,02 | 0,00 | 0,01 | 0,04 |
| Seringueira, 30-40 cm | 2,78 | 0,00 | 0,04 | 0,05 | 0,00 | 0,16 | 0,04 | 0,02 | 0,01 | 0,00 | 0,02 | 0,00 |
| Seringueira, 40-50 cm | 3,30 | 0,00 | 0,03 | 0,04 | 0,00 | 0,14 | 0,02 | 0,00 | 0,02 | 0,00 | 0,00 | 0,02 |
| Seringueira, 50-60 cm | 2,35 | 0,01 | 0,02 | 0,01 | 0,00 | 0,12 | 0,05 | 0,00 | 0,02 | 0,00 | 0,03 | 0,00 |
| Seringueira, 60-70 cm | 0,84 | 0,00 | 0,00 | 0,00 | 0,00 | 0,06 | 0,02 | 0,00 | 0,01 | 0,00 | 0,02 | 0,00 |
| Seringueira, 70-80 cm | 0,40 | 0,00 | 0,00 | 0,00 | 0,01 | 0,02 | 0,02 | 0,00 | 0,01 | 0,00 | 0,01 | 0,00 |
| Seringueira, 80-90 cm | 0,08 | 0,00 | 0,00 | 0,00 | 0,00 | 0,00 | 0,01 | 0,00 | 0,00 | 0,01 | 0,00 | 0,00 |
| Seringueira, 90-100 cm | 0,08 | 0,00 | 0,00 | 0,00 | 0,00 | 0,00 | 0,00 | 0,00 | 0,00 | 0,00 | 0,00 | 0,00 |
| **Urucum, 0-10 cm** | 13,09 | 0,24 | 0,27 | 0,56 | 0,00 | 0,16 | 0,13 | 0,01 | 0,01 | 0,00 | 0,10 | 0,01 |
| Urucum, 10-20 cm | 9,44 | 0,13 | 0,10 | 0,54 | 0,00 | 0,07 | 0,01 | 0,00 | 0,01 | 0,00 | 0,00 | 0,71 |
| Urucum, 20-30 cm | 7,07 | 0,10 | 0,01 | 0,46 | 0,00 | 0,11 | 0,01 | 0,00 | 0,00 | 0,00 | 0,01 | 0,19 |
| Urucum, 30-40 cm | 3,39 | 0,04 | 0,03 | 0,29 | 0,00 | 0,00 | 0,00 | 0,00 | 0,00 | 0,00 | 0,00 | 0,13 |
| Urucum, 40-50 cm | 1,89 | 0,00 | 0,04 | 0,16 | 0,00 | 0,01 | 0,01 | 0,00 | 0,01 | 0,00 | 0,00 | 0,00 |
| Urucum, 50-60 cm | 0,71 | 0,01 | 0,01 | 0,04 | 0,00 | 0,00 | 0,00 | 0,00 | 0,00 | 0,00 | 0,00 | 0,00 |
| Urucum, 60-70 cm | 0,67 | 0,00 | 0,01 | 0,04 | 0,00 | 0,00 | 0,00 | 0,00 | 0,00 | 0,00 | 0,00 | 0,00 |
| Urucum, 70-80 cm | 1,07 | 0,00 | 0,01 | 0,04 | 0,00 | 0,03 | 0,00 | 0,00 | 0,00 | 0,00 | 0,00 | 0,00 |
| Urucum, 80-90 cm | 0,00 | 0,00 | 0,00 | 0,00 | 0,00 | 0,00 | 0,03 | 0,00 | 0,03 | 0,00 | 0,00 | 0,00 |
| Urucum, 90-100 cm | 0,09 | 0,00 | 0,01 | 0,00 | 0,00 | 0,00 | 0,04 | 0,00 | 0,04 | 0,00 | 0,00 | 0,00 |

## Anhang [A3]: Durchmesser biogener Gänge

| Bodentiefe | Gangdurchmesser | alle Profile | Primärwald | Grasland | Cupuaçu | Kokos |
|---|---|---|---|---|---|---|
| | | Einheit: Anzahl biogener Gänge pro 10 cm-Tiefenintervall | | | | |
| 0-10 cm | 1-4 mm | 3,15 | 0,83 | 6,00 | 1,63 | 2,38 |
| 0-10 cm | 5-9 mm | 3,00 | 3,00 | 3,50 | 4,13 | 2,38 |
| 0-10 cm | 10-19 mm | 2,51 | 2,39 | 0,75 | 2,13 | 2,75 |
| 0-10 cm | >19 mm | 0,22 | 0,39 | 0,00 | 0,13 | 0,13 |
| | | | | | | |
| 10-20 cm | 1-4 mm | 2,69 | 1,56 | 10,75 | 1,50 | 1,50 |
| 10-20 cm | 5-9 mm | 2,66 | 3,39 | 0,75 | 1,25 | 2,38 |
| 10-20 cm | 10-19 mm | 2,94 | 4,44 | 0,50 | 1,75 | 1,75 |
| 10-20 cm | >19 mm | 0,19 | 0,56 | 0,00 | 0,13 | 0,13 |
| | | | | | | |
| 20-30 cm | 1-4 mm | 1,31 | 1,39 | 2,25 | 0,50 | 1,13 |
| 20-30 cm | 5-9 mm | 0,94 | 1,56 | 1,50 | 0,75 | 0,25 |
| 20-30 cm | 10-19 mm | 1,30 | 2,17 | 0,25 | 1,13 | 0,38 |
| 20-30 cm | >19 mm | 0,12 | 0,22 | 0,00 | 0,25 | 0,13 |
| | | | | | | |
| 30-40 cm | 1-4 mm | 0,51 | 0,50 | 0,00 | 0,63 | 0,00 |
| 30-40 cm | 5-9 mm | 0,25 | 0,39 | 0,75 | 0,13 | 0,13 |
| 30-40 cm | 10-19 mm | 0,30 | 0,28 | 0,25 | 0,25 | 0,00 |
| 30-40 cm | >19 mm | 0,15 | 0,11 | 0,25 | 0,63 | 0,00 |
| | | | | | | |
| 40-50 cm | 1-4 mm | 0,37 | 0,17 | 0,75 | 0,13 | 0,13 |
| 40-50 cm | 5-9 mm | 0,12 | 0,11 | 0,25 | 0,00 | 0,00 |
| 40-50 cm | 10-19 mm | 0,22 | 0,33 | 0,25 | 0,25 | 0,00 |
| 40-50 cm | >19 mm | 0,13 | 0,06 | 0,00 | 0,38 | 0,00 |
| | | | | | | |
| 50-60 cm | 1-4 mm | 0,06 | 0,00 | 0,00 | 0,13 | 0,00 |
| 50-60 cm | 5-9 mm | 0,13 | 0,06 | 0,00 | 0,00 | 0,13 |
| 50-60 cm | 10-19 mm | 0,12 | 0,00 | 1,00 | 0,00 | 0,00 |
| 50-60 cm | >19 mm | 0,06 | 0,00 | 0,00 | 0,25 | 0,00 |
| | | | | | | |
| 60-70 cm | 1-4 mm | 0,04 | 0,00 | 0,00 | 0,00 | 0,00 |
| 60-70 cm | 5-9 mm | 0,04 | 0,11 | 0,00 | 0,00 | 0,00 |
| 60-70 cm | 10-19 mm | 0,09 | 0,00 | 0,25 | 0,00 | 0,00 |
| 60-70 cm | >19 mm | 0,12 | 0,11 | 0,00 | 0,13 | 0,00 |
| | | | | | | |
| 70-80 cm | 1-4 mm | 0,01 | 0,06 | 0,00 | 0,00 | 0,00 |
| 70-80 cm | 5-9 mm | 0,01 | 0,00 | 0,00 | 0,00 | 0,00 |
| 70-80 cm | 10-19 mm | 0,06 | 0,00 | 0,00 | 0,00 | 0,00 |
| 70-80 cm | >19 mm | 0,03 | 0,00 | 0,00 | 0,13 | 0,00 |
| | | | | | | |
| 80-90 cm | 1-4 mm | 0,01 | 0,00 | 0,00 | 0,00 | 0,13 |
| 80-90 cm | 5-9 mm | 0,00 | 0,00 | 0,00 | 0,00 | 0,00 |
| 80-90 cm | 10-19 mm | 0,00 | 0,00 | 0,00 | 0,00 | 0,00 |
| 80-90 cm | >19 mm | 0,06 | 0,00 | 0,00 | 0,00 | 0,00 |
| | | | | | | |
| 90-100 cm | 1-4 mm | 0,01 | 0,00 | 0,00 | 0,00 | 0,13 |
| 90-100 cm | 5-9 mm | 0,00 | 0,00 | 0,00 | 0,00 | 0,00 |
| 90-100 cm | 10-19 mm | 0,00 | 0,00 | 0,00 | 0,00 | 0,00 |
| 90-100 cm | >19 mm | 0,06 | 0,00 | 0,00 | 0,00 | 0,00 |
| | | | | | | |
| Anzahl der Profilschnitte | | 67 | 18 | 4 | 8 | 8 |

## Anhang [A3]: Durchmesser biogener Gänge

| Bodentiefe | Gangdurchmesser | Kudzu | Pupunha | Seringueira | Urucum |
|---|---|---|---|---|---|
| 0-10 cm | 1-4 mm | 5,00 | 6,00 | 4,62 | 4,43 |
| 0-10 cm | 5-9 mm | 1,80 | 4,50 | 2,08 | 3,86 |
| 0-10 cm | 10-19 mm | 2,40 | 1,75 | 2,92 | 3,71 |
| 0-10 cm | >19 mm | 0,00 | 0,00 | 0,31 | 0,29 |
| 10-20 cm | 1-4 mm | 3,60 | 2,50 | 3,00 | 2,57 |
| 10-20 cm | 5-9 mm | 2,00 | 3,25 | 1,69 | 5,71 |
| 10-20 cm | 10-19 mm | 3,00 | 1,75 | 2,92 | 3,86 |
| 10-20 cm | >19 mm | 0,20 | 0,00 | 0,00 | 0,00 |
| 20-30 cm | 1-4 mm | 2,20 | 1,75 | 1,08 | 1,29 |
| 20-30 cm | 5-9 mm | 0,00 | 1,00 | 0,92 | 0,71 |
| 20-30 cm | 10-19 mm | 1,00 | 0,00 | 1,23 | 2,00 |
| 20-30 cm | >19 mm | 0,20 | 0,00 | 0,00 | 0,00 |
| 30-40 cm | 1-4 mm | 0,80 | 0,25 | 1,00 | 0,29 |
| 30-40 cm | 5-9 mm | 0,00 | 0,00 | 0,15 | 0,43 |
| 30-40 cm | 10-19 mm | 0,00 | 0,25 | 0,38 | 0,86 |
| 30-40 cm | >19 mm | 0,00 | 0,00 | 0,15 | 0,00 |
| 40-50 cm | 1-4 mm | 0,20 | 0,25 | 0,92 | 0,43 |
| 40-50 cm | 5-9 mm | 0,20 | 0,00 | 0,23 | 0,14 |
| 40-50 cm | 10-19 mm | 0,00 | 0,00 | 0,31 | 0,29 |
| 40-50 cm | >19 mm | 0,40 | 0,00 | 0,23 | 0,00 |
| 50-60 cm | 1-4 mm | 0,00 | 0,50 | 0,08 | 0,00 |
| 50-60 cm | 5-9 mm | 0,00 | 0,00 | 0,38 | 0,29 |
| 50-60 cm | 10-19 mm | 0,00 | 0,00 | 0,23 | 0,14 |
| 50-60 cm | >19 mm | 0,00 | 0,50 | 0,00 | 0,00 |
| 60-70 cm | 1-4 mm | 0,20 | 0,00 | 0,15 | 0,00 |
| 60-70 cm | 5-9 mm | 0,00 | 0,00 | 0,08 | 0,00 |
| 60-70 cm | 10-19 mm | 0,00 | 0,00 | 0,31 | 0,14 |
| 60-70 cm | >19 mm | 0,00 | 1,00 | 0,00 | 0,14 |
| 70-80 cm | 1-4 mm | 0,00 | 0,00 | 0,00 | 0,00 |
| 70-80 cm | 5-9 mm | 0,00 | 0,25 | 0,00 | 0,00 |
| 70-80 cm | 10-19 mm | 0,00 | 0,00 | 0,08 | 0,43 |
| 70-80 cm | >19 mm | 0,00 | 0,25 | 0,00 | 0,00 |
| 80-90 cm | 1-4 mm | 0,00 | 0,00 | 0,00 | 0,00 |
| 80-90 cm | 5-9 mm | 0,00 | 0,00 | 0,00 | 0,00 |
| 80-90 cm | 10-19 mm | 0,00 | 0,00 | 0,00 | 0,00 |
| 80-90 cm | >19 mm | 0,00 | 0,00 | 0,31 | 0,00 |
| 90-100 cm | 1-4 mm | 0,00 | 0,00 | 0,00 | 0,00 |
| 90-100 cm | 5-9 mm | 0,00 | 0,00 | 0,00 | 0,00 |
| 90-100 cm | 10-19 mm | 0,00 | 0,00 | 0,00 | 0,00 |
| 90-100 cm | >19 mm | 0,00 | 0,50 | 0,15 | 0,00 |
| Anzahl der Profilschnitte | | 5 | 4 | 13 | 7 |

## Anhang [A4]: Mikromorphologische und bodenchemische Daten des Agroforstsystems

| Zeilen-nummer | Kategorie | Beschreibung | Dünnschliff-Nr. | Probenname | Baum-abstand [m] |
|---|---|---|---|---|---|
| 1 | Agroforst Knoll | Oberboden (1-6 cm) Primärwald | 336/667 | PW1-S-1-6 | - |
| 2 | Agroforst Knoll | Unterboden (40-50 cm) Primärwald | 340 | PW1-S-40-50 | - |
| 3 | Agroforst Knoll | Oberboden (1-6 cm) Kokos | 365/674 | CO2-S-1-6 | - |
| 4 | Agroforst Knoll | Oberboden (1-6 cm) Kokos | 366/675 | CO3-S-1-6 | - |
| 5 | Agroforst Knoll | Oberboden (1-6 cm) Kudzu | 367/671 | CZ2-S-1-6 | - |
| 6 | Agroforst Knoll | Oberboden (1-6 cm) Kudzu | 368/672 | CZ3-S-1-6 | - |
| 7 | Agroforst Knoll | Oberboden (1-6 cm) Grasland | 369/673 | G-S-1-6 | - |
| 8 | Agroforst Knoll | Oberboden (1-6 cm) Grasland | 370/676 | G2-S-1-6 | - |
| 9 | Agroforst Knoll | Oberboden (1-6 cm) Pupunha | 371/677 | PU2-S-1-6 | - |
| 10 | Agroforst Knoll | Oberboden (1-6 cm) Pupunha | 372/678 | PU3-S-1R/4 | - |
| 11 | Agroforst Knoll | Oberboden (1-6 cm) Seringueira | 373/679 | SE2-S-1-6 | - |
| 12 | Agroforst Knoll | Oberboden (1-6 cm) Seringueira | 374/680 | SE3-S-1-6 | - |
| 13 | Agroforst Knoll | Oberboden (1-6 cm) Cupuaçu | 375/681 | CUP2-S-1-6 | - |
| 14 | Agroforst Knoll | Oberboden (1-6 cm) Cupuaçu | 376/682 | CUP3-S-1-6 | - |
| 15 | Agroforst Knoll | Oberboden (1-6 cm) Urucum | 377/683 | URU2-S-1-6 | - |
| 16 | Agroforst Knoll | Oberboden (1-6 cm) Urucum | 378/684 | URU3-S-1-6 | - |
| 17 | Agroforst Knoll | Oberboden (1-6 cm) Primärwald | 379/670 | PW3-S-1-6 | - |
| 18 | Agroforst Knoll | Oberboden (0-10 cm) Primärwald | 668 | PW2-0-B1 | - |
| 19 | Agroforst Knoll | Oberboden (0-10 cm) Primärwald | 669 | PW2-0-C1 | - |
| 20 | Agroforst Knoll | Unterboden (90-100 cm) Primärwald | 570 | PW2-0-G10 | - |
| 21 | Agroforst Knoll | Unterboden (40-50 cm) Primärwald | 571 | PW3-S-40-50 | - |
| 22 | Agroforst Knoll | Holzkohle | 572 | URU3-S-4H | - |
| 23 | Agroforst Knoll | Unterboden (20-30 cm) Primärwald | 573 | PW2-10-D3 | - |
| 24 | Agroforst Knoll | Stein, in 70 cm Tiefe, Quarzwacke | 596 | T2 | - |
| 25 | Agroforst Knoll | Stein, in 50 cm Tiefe, Quarzwacke | 597 | PU3-S | - |
| 26 | Agroforst Knoll | Stein nahe CO2, 60 cm Tiefe, Quarzwacke | 598 | CO2-S | - |
| 27 | Agroforst Knoll | Unterboden, 40-50 cm Tiefe | ohne Dünnschliff | CO2-S-40-50 | - |
| 28 | Agroforst Knoll | unbeeinflußtes Nachbarmaterial | ohne Dünnschliff | CO2-S-4AU | - |
| 29 | Agroforst Knoll | Unterboden, 40-50 cm Tiefe | ohne Dünnschliff | CUP2-S-40-50 | - |
| 30 | Agroforst Knoll | Unterboden, 40-50 cm Tiefe | ohne Dünnschliff | CZ2-S-40-50 | - |
| 31 | Agroforst Knoll | Unterboden, 40-50 cm Tiefe | ohne Dünnschliff | G-S-40-50 | - |
| 32 | Agroforst Knoll | Umgebungsmaterial von M-2T3, unbeeinflußt | ohne Dünnschliff | M-2T3U | - |
| 33 | Agroforst Knoll | Unterboden, 40 bis 50 cm Tiefe | ohne Dünnschliff | M-KAK 40-50 | - |
| 34 | Agroforst Knoll | Unterboden, 40 bis 50 cm Tiefe | ohne Dünnschliff | R-KAK 40-50 | - |
| 35 | Agroforst Knoll | Unterboden, 40 bis 50 cm Tiefe | ohne Dünnschliff | B-KAK 40-50 | - |
| 36 | Agroforst Knoll | unbeeinflußtes Nachbarmaterial zu B-1A | ohne Dünnschliff | B-1AU | - |
| 37 | Agroforst Knoll | Unterboden, 40 bis 50 cm Tiefe | ohne Dünnschliff | SW-KAK 40-50 | - |
| 38 | Agroforst Knoll | unbeeinflußtes Nachbarmaterial zu SW-2T2 | ohne Dünnschliff | SW-2T2U | - |
| 39 | Agroforst Knoll | Unterboden, 40-50 cm Tiefe | ohne Dünnschliff | G2-S-40-50 | - |
| 40 | Agroforst Knoll | Unterboden, 40-50 cm Tiefe | ohne Dünnschliff | URU2-S-40-50 | - |
| 41 | Agroforst Knoll | unbeeinflußtes Nachbarmaterial | ohne Dünnschliff | URU2-S-5TU | - |
| 42 | Agroforst Knoll | Unterboden, 40-50 cm Tiefe | ohne Dünnschliff | CO3-S-40-50 | - |
| 43 | Agroforst Knoll | Unterboden, 40-50 cm Tiefe | ohne Dünnschliff | CUP3-S-40-50 | - |
| 44 | Agroforst Knoll | Unterboden, 40-50 cm Tiefe | ohne Dünnschliff | URU3-S-40-50 | - |
| 45 | Agroforst Knoll | Unterboden, 40-50 cm Tiefe | ohne Dünnschliff | CZ3-S-40-50 | - |
| 46 | Agroforst Knoll | Unterboden, 40-50 cm Tiefe | ohne Dünnschliff | PU2-S-40-50 | - |
| 47 | Agroforst Knoll | Unterboden, 40-50 cm Tiefe | ohne Dünnschliff | PU3-S-40-50 | - |
| 48 | Agroforst Knoll | Unterboden, 40-50 cm Tiefe | ohne Dünnschliff | SE2-S-40-50 | - |
| 49 | Agroforst Knoll | Unterboden, 40-50 cm Tiefe | ohne Dünnschliff | SE3-S-40-50 | - |
| 50 | Agroforst Knoll | Unterboden, 50-60 cm Tiefe | ohne Dünnschliff | PW2-0-I6 | - |
| 51 | Agroforst Knoll | Unterboden, 50-60 cm Tiefe | ohne Dünnschliff | PW2-40-G6 | - |
| 52 | Agroforst Knoll | Unterboden, 90-100 cm Tiefe | ohne Dünnschliff | PW2-40-H10 | - |
| 53 | Agroforst Knoll | Unterboden, 50-60 cm Tiefe | ohne Dünnschliff | PW1-20-E6 | - |
| 54 | Agroforst Knoll | Unterboden, 90-100 cm Tiefe | ohne Dünnschliff | PW1-20-E10 | - |
| 55 | Agroforst Schweizer | Pupunha 1 innen (2-8 cm) | 1 | P1a 1I | 0,5 m |
| 56 | Agroforst Schweizer | Pupunha 1 innen (2-8 cm) | 2 | P1a 2I | 0,5 m |
| 57 | Agroforst Schweizer | Pupunha 1 innen (2-8 cm) | 3 | P1a 3I | 0,5 m |
| 58 | Agroforst Schweizer | Pupunha 1 innen (2-8 cm) | 4 | P1a 4I | 0,5 m |
| 59 | Agroforst Schweizer | Pupunha 1 außen (2-8 cm) | 9 | P1a 1A | 1 m |
| 60 | Agroforst Schweizer | Pupunha 1 außen (2-8 cm) | 10 | P1a 2A | 1 m |
| 61 | Agroforst Schweizer | Pupunha 1 außen (2-8 cm) | 11 | P1a 3A | 1 m |
| 62 | Agroforst Schweizer | Pupunha 1 außen (2-8 cm) | 12 | P1a 4A | 1 m |
| 63 | Agroforst Schweizer | Pupunha 2 innen (2-8 cm) | 17 | P2a 1I | 0,5 m |
| 64 | Agroforst Schweizer | Pupunha 2 innen (2-8 cm) | 18 | P2a 2I | 0,5 m |
| 65 | Agroforst Schweizer | Pupunha 2 innen (2-8 cm) | 19 | P2a 3I | 0,5 m |
| 66 | Agroforst Schweizer | Pupunha 2 innen (2-8 cm) | 20 | P2a 4I | 0,5 m |
| 67 | Agroforst Schweizer | Pupunha 2 außen (2-8 cm) | 25 | P2a 1A | 1 m |
| 68 | Agroforst Schweizer | Pupunha 2 außen (2-8 cm) | 26 | P2a 2A | 1 m |
| 69 | Agroforst Schweizer | Pupunha 2 außen (2-8 cm) | 27 | P2a 3A | 1 m |
| 70 | Agroforst Schweizer | Pupunha 2 außen (2-8 cm) | 28 | P2a 4A | 1 m |
| 71 | Agroforst Schweizer | Pupunha 3 innen (2-8 cm) | 33 | P3a 1I | 0,5 m |
| 72 | Agroforst Schweizer | Pupunha 3 innen (2-8 cm) | 34 | P3a 2I | 0,5 m |
| 73 | Agroforst Schweizer | Pupunha 3 innen (2-8 cm) | 35 | P3a 3I | 0,5 m |

## Anhang [A4]: Mikromorphologische und bodenchemische Daten des Agroforstsystems

| Zeilen-nummer | Organikgehalt (Querschnitt) (Mittelwert) [Flächen-%] | Quarzgehalt (Querschnitt) (Mittelwert) [Flächen-%] | Porengehalt (Querschnitt) (Mittelwert) [Flächen-%] | Matrixgehalt (Querschnitt) (Mittelwert) [Flächen-%] | Organikgehalt (Längsschnitt) (Mittelwert) [Flächen-%] | Quarzgehalt (Längsschnitt) (Mittelwert) [Flächen-%] | Porengehalt (Längsschnitt) (Mittelwert) [Flächen-%] | Matrixgehalt (Längsschnitt) (Mittelwert) [Flächen-%] |
|---|---|---|---|---|---|---|---|---|
| 1 | 0,8 | 9,6 | 19,4 | 70,2 | 1,7 | 12,1 | 17,6 | 68,5 |
| 2 | 0,9 | 6,5 | 17,6 | 74,9 | - | - | - | - |
| 3 | 0,8 | 9,4 | 8,4 | 81,5 | 1,9 | 9,8 | 14,3 | 74,0 |
| 4 | 0,7 | 9,4 | 15,4 | 74,5 | 1,7 | 12,5 | 18,8 | 67,0 |
| 5 | 1,4 | 10,2 | 17,8 | 70,6 | 1,6 | 10,9 | 10,2 | 77,4 |
| 6 | 2,1 | 14,2 | 11,1 | 72,6 | 1,3 | 11,5 | 19,9 | 67,3 |
| 7 | 1,3 | 4,7 | 13,0 | 81,0 | 0,7 | 6,2 | 19,3 | 73,7 |
| 8 | 0,9 | 8,3 | 5,5 | 85,3 | 1,0 | 6,6 | 13,8 | 78,6 |
| 9 | 2,4 | 15,2 | 14,4 | 68,0 | 3,3 | 8,1 | 24,6 | 64,0 |
| 10 | 1,5 | 3,7 | 18,8 | 76,0 | 1,3 | 6,9 | 9,2 | 82,6 |
| 11 | 0,7 | 11,1 | 11,2 | 77,0 | 2,2 | 9,9 | 19,1 | 68,8 |
| 12 | 9,2 | 8,5 | 10,7 | 71,7 | 4,3 | 8,5 | 17,2 | 69,9 |
| 13 | 0,6 | 9,5 | 10,9 | 79,1 | 0,7 | 8,8 | 19,8 | 70,6 |
| 14 | 1,7 | 15,9 | 10,2 | 72,1 | 1,4 | 14,7 | 14,7 | 69,2 |
| 15 | 1,0 | 13,1 | 18,8 | 67,2 | 1,5 | 7,3 | 11,2 | 79,9 |
| 16 | 1,2 | 6,5 | 12,3 | 80,0 | 0,5 | 14,1 | 14,7 | 70,8 |
| 17 | 1,8 | 5,5 | 12,1 | 80,7 | 0,8 | 5,9 | 10,0 | 83,3 |
| 18 | - | - | - | - | 0,8 | 11,2 | 5,8 | 82,3 |
| 19 | - | - | - | - | 1,0 | 6,4 | 7,2 | 85,4 |
| 20 | 0,2 | 4,3 | 18,8 | 76,7 | - | - | - | - |
| 21 | 0,4 | 3,2 | 13,6 | 82,9 | - | - | - | - |
| 22 | 63,7 | 0,0 | 26,2 | 10,0 | - | - | - | - |
| 23 | 0,3 | 4,5 | 12,0 | 83,2 | - | - | - | - |
| 24 | - | 53,4 | - | - | - | - | - | - |
| 25 | - | 56,2 | - | - | - | - | - | - |
| 26 | - | 50,9 | - | - | - | - | - | - |
| 27 | - | - | - | - | - | - | - | - |
| 28 | - | - | - | - | - | - | - | - |
| 29 | - | - | - | - | - | - | - | - |
| 30 | - | - | - | - | - | - | - | - |
| 31 | - | - | - | - | - | - | - | - |
| 32 | - | - | - | - | - | - | - | - |
| 33 | - | - | - | - | - | - | - | - |
| 34 | - | - | - | - | - | - | - | - |
| 35 | - | - | - | - | - | - | - | - |
| 36 | - | - | - | - | - | - | - | - |
| 37 | - | - | - | - | - | - | - | - |
| 38 | - | - | - | - | - | - | - | - |
| 39 | - | - | - | - | - | - | - | - |
| 40 | - | - | - | - | - | - | - | - |
| 41 | - | - | - | - | - | - | - | - |
| 42 | - | - | - | - | - | - | - | - |
| 43 | - | - | - | - | - | - | - | - |
| 44 | - | - | - | - | - | - | - | - |
| 45 | - | - | - | - | - | - | - | - |
| 46 | - | - | - | - | - | - | - | - |
| 47 | - | - | - | - | - | - | - | - |
| 48 | - | - | - | - | - | - | - | - |
| 49 | - | - | - | - | - | - | - | - |
| 50 | - | - | - | - | - | - | - | - |
| 51 | - | - | - | - | - | - | - | - |
| 52 | - | - | - | - | - | - | - | - |
| 53 | - | - | - | - | - | - | - | - |
| 54 | - | - | - | - | - | - | - | - |
| 55 | 1,3 | 9,1 | 13,0 | 76,6 | - | - | - | - |
| 56 | 3,7 | 10,7 | 6,1 | 79,5 | - | - | - | - |
| 57 | 0,3 | 8,0 | 14,8 | 76,9 | - | - | - | - |
| 58 | 1,2 | 5,1 | 8,5 | 85,3 | - | - | - | - |
| 59 | 0,2 | 9,0 | 18,1 | 72,7 | - | - | - | - |
| 60 | 1,8 | 15,2 | 9,8 | 73,2 | - | - | - | - |
| 61 | 0,3 | 8,3 | 15,7 | 75,7 | - | - | - | - |
| 62 | 0,5 | 14,9 | 18,1 | 66,5 | - | - | - | - |
| 63 | 1,6 | 17,1 | 11,4 | 69,9 | - | - | - | - |
| 64 | 1,5 | 12,8 | 9,7 | 76,1 | - | - | - | - |
| 65 | 0,7 | 13,8 | 7,9 | 77,6 | - | - | - | - |
| 66 | 1,0 | 12,6 | 11,8 | 74,7 | - | - | - | - |
| 67 | 1,8 | 17,5 | 12,1 | 68,7 | - | - | - | - |
| 68 | 1,4 | 10,3 | 8,4 | 79,8 | - | - | - | - |
| 69 | 0,4 | 6,3 | 13,3 | 79,9 | - | - | - | - |
| 70 | 1,0 | 17,1 | 12,3 | 69,6 | - | - | - | - |
| 71 | 1,0 | 5,9 | 8,5 | 84,6 | - | - | - | - |
| 72 | 1,3 | 4,2 | 10,2 | 84,3 | - | - | - | - |
| 73 | 4,2 | 6,9 | 6,9 | 82,0 | - | - | - | - |

## Anhang [A4]: Mikromorphologische und bodenchemische Daten des Agroforstsystems

| Zeilen-nummer | Organikgehalt oben (Längss.) (Mittelwert) [Flächen-%] | Organikgehalt Mitte (Längss.) (Mittelwert) [Flächen-%] | Organikgehalt unten (Längss.) (Mittelwert) [Flächen-%] | KAK nach Summe [mmol/100g] | KAK nach Ba2+ [mmol/100g] | H-Wert [mmol/100g] | Al3+ [mmol/100g] | Summe Kationen [mmol/100g] |
|---|---|---|---|---|---|---|---|---|
| 1 | 2,7 | 1,5 | 1,0 | 20,69 | 15,18 | 20,34 | - | 0,35 |
| 2 | - | - | - | 7,21 | 6,23 | 7,17 | - | 0,04 |
| 3 | 3,6 | 1,2 | 1,1 | 16,47 | 14,64 | 12,83 | - | 3,64 |
| 4 | 3,6 | 1,0 | 0,4 | 14,11 | 11,14 | 13,60 | - | 0,51 |
| 5 | 1,7 | 1,6 | 1,5 | 13,27 | 12,56 | 8,31 | - | 4,96 |
| 6 | 1,1 | 0,5 | 2,2 | 13,58 | 11,90 | 13,12 | - | 0,46 |
| 7 | 1,0 | 0,4 | 0,7 | 12,82 | 11,80 | 12,51 | - | 0,32 |
| 8 | 1,3 | 0,7 | 1,1 | 16,31 | 14,64 | 15,03 | - | 1,28 |
| 9 | 5,2 | 2,6 | 2,0 | 16,48 | 12,67 | 14,60 | - | 1,89 |
| 10 | 1,6 | 0,7 | 1,6 | 12,57 | 11,14 | 10,46 | - | 2,10 |
| 11 | 4,9 | 0,8 | 1,1 | 14,09 | 10,71 | 13,85 | - | 0,25 |
| 12 | 9,3 | 1,8 | 1,9 | 17,74 | 15,62 | 17,54 | - | 0,19 |
| 13 | 0,7 | 0,8 | 0,7 | 16,08 | 13,32 | 15,83 | - | 0,25 |
| 14 | 2,1 | 1,5 | 0,5 | 11,15 | 9,50 | 11,03 | - | 0,12 |
| 15 | 1,1 | 1,7 | 1,7 | 15,29 | 13,32 | 14,75 | - | 0,54 |
| 16 | 0,9 | 0,7 | 0,1 | 13,58 | 11,47 | 12,90 | - | 0,68 |
| 17 | 0,4 | 0,4 | 1,4 | 14,80 | 12,56 | 14,65 | - | 0,15 |
| 18 | 1,4 | 0,3 | 0,6 | - | - | - | - | - |
| 19 | 1,6 | 1,0 | 0,5 | - | - | - | - | - |
| 20 | - | - | - | 6,27 | 4,62 | 6,24 | - | 0,03 |
| 21 | - | - | - | 7,78 | 6,12 | 7,73 | - | 0,04 |
| 22 | - | - | - | 15,62 | 8,30 | 15,59 | - | 0,03 |
| 23 | - | - | - | - | - | - | - | - |
| 24 | - | - | - | - | - | - | - | - |
| 25 | - | - | - | - | - | - | - | - |
| 26 | - | - | - | - | - | - | - | - |
| 27 | - | - | - | 7,49 | 5,46 | 7,43 | - | 0,06 |
| 28 | - | - | - | 7,62 | 6,12 | 7,61 | - | 0,02 |
| 29 | - | - | - | 7,32 | 6,01 | 7,28 | - | 0,03 |
| 30 | - | - | - | 7,09 | 5,24 | 7,06 | - | 0,03 |
| 31 | - | - | - | 7,78 | 5,57 | 7,76 | - | 0,02 |
| 32 | - | - | - | 7,99 | 6,88 | 7,94 | - | 0,05 |
| 33 | - | - | - | 6,27 | 4,83 | 6,19 | - | 0,08 |
| 34 | - | - | - | 7,84 | 6,66 | 7,74 | - | 0,11 |
| 35 | - | - | - | 7,20 | 5,35 | 7,13 | - | 0,07 |
| 36 | - | - | - | 10,02 | 8,19 | 9,81 | - | 0,22 |
| 37 | - | - | - | 6,18 | 5,35 | 6,13 | - | 0,05 |
| 38 | - | - | - | 9,45 | 8,41 | 9,36 | - | 0,10 |
| 39 | - | - | - | 7,91 | 5,35 | 7,83 | - | 0,08 |
| 40 | - | - | - | 7,60 | 5,57 | 7,58 | - | 0,02 |
| 41 | - | - | - | 9,29 | 8,08 | 9,25 | - | 0,03 |
| 42 | - | - | - | 7,46 | 5,35 | 7,43 | - | 0,03 |
| 43 | - | - | - | 6,71 | 5,57 | 6,68 | - | 0,03 |
| 44 | - | - | - | 7,07 | 5,24 | 7,07 | - | 0,01 |
| 45 | - | - | - | 7,12 | 5,46 | 7,09 | - | 0,03 |
| 46 | - | - | - | 7,05 | 5,68 | 6,89 | - | 0,16 |
| 47 | - | - | - | 7,13 | 5,57 | 7,07 | - | 0,06 |
| 48 | - | - | - | 6,94 | 5,90 | 6,92 | - | 0,02 |
| 49 | - | - | - | 7,07 | 5,24 | 7,04 | - | 0,04 |
| 50 | - | - | - | 7,40 | 5,38 | 7,37 | - | 0,04 |
| 51 | - | - | - | 7,12 | 5,16 | 7,09 | - | 0,03 |
| 52 | - | - | - | 5,86 | 4,18 | 5,82 | - | 0,04 |
| 53 | - | - | - | 5,43 | 4,61 | 5,37 | - | 0,06 |
| 54 | - | - | - | 5,12 | 4,07 | 4,99 | - | 0,12 |
| 55 | - | - | - | 10,61 | - | 8,04 | 0,33 | - |
| 56 | - | - | - | 11,94 | - | 9,26 | 0,37 | - |
| 57 | - | - | - | 8,03 | - | 7,60 | 1,19 | - |
| 58 | - | - | - | 11,45 | - | 9,88 | 0,89 | - |
| 59 | - | - | - | 10,10 | - | 8,01 | 0,41 | - |
| 60 | - | - | - | 11,37 | - | 8,48 | 0,24 | - |
| 61 | - | - | - | 8,44 | - | 7,69 | 0,94 | - |
| 62 | - | - | - | 10,30 | - | 7,84 | 0,33 | - |
| 63 | - | - | - | 9,33 | - | 6,12 | 0,10 | - |
| 64 | - | - | - | 11,15 | - | 9,16 | 0,63 | - |
| 65 | - | - | - | 7,71 | - | 6,99 | 0,93 | - |
| 66 | - | - | - | 10,24 | - | 8,80 | 0,75 | - |
| 67 | - | - | - | 9,01 | - | 5,57 | 0,03 | - |
| 68 | - | - | - | 8,63 | - | 7,26 | 0,54 | - |
| 69 | - | - | - | 6,69 | - | 5,64 | 0,54 | - |
| 70 | - | - | - | 10,04 | - | 8,36 | 0,66 | - |
| 71 | - | - | - | 10,97 | - | 10,35 | 1,51 | - |
| 72 | - | - | - | 10,15 | - | 9,47 | 1,29 | - |
| 73 | - | - | - | 12,46 | - | 11,28 | 1,37 | - |

## Anhang [A4]: Mikromorphologische und bodenchemische Daten des Agroforstsystems

| Zeilen-nummer | Na+ [mmol/100g] | K+ [mmol/100g] | Mg2+ [mmol/100g] | Ca2+ [mmol/100g] | Basensättigung [%] | N in % (Mittelwert) | C in % (Mittelwert) | C/N |
|---|---|---|---|---|---|---|---|---|
| 1 | 0,06 | 0,10 | 0,12 | 0,08 | 1,70 | 0,36 | 5,02 | 13,84 |
| 2 | 0,01 | 0,02 | 0,01 | 0,01 | 0,59 | 0,09 | 1,01 | 11,10 |
| 3 | 0,02 | 0,20 | 1,28 | 2,14 | 22,08 | 0,30 | 3,74 | 12,30 |
| 4 | 0,02 | 0,08 | 0,16 | 0,24 | 3,61 | 0,21 | 2,56 | 11,91 |
| 5 | 0,01 | 0,06 | 1,05 | 3,83 | 37,40 | 0,21 | 2,49 | 11,68 |
| 6 | 0,01 | 0,11 | 0,14 | 0,20 | 3,40 | 0,23 | 2,61 | 11,58 |
| 7 | 0,04 | 0,13 | 0,09 | 0,05 | 2,48 | 0,22 | 2,64 | 12,02 |
| 8 | 0,03 | 0,17 | 0,35 | 0,74 | 7,85 | 0,27 | 3,23 | 12,01 |
| 9 | 0,02 | 0,26 | 0,54 | 1,07 | 11,46 | 0,30 | 4,02 | 13,60 |
| 10 | 0,01 | 0,20 | 0,42 | 1,47 | 16,75 | 0,22 | 2,54 | 11,81 |
| 11 | 0,02 | 0,08 | 0,10 | 0,05 | 1,75 | 0,23 | 2,64 | 11,33 |
| 12 | 0,01 | 0,05 | 0,06 | 0,08 | 1,10 | 0,27 | 3,69 | 13,66 |
| 13 | 0,02 | 0,08 | 0,09 | 0,05 | 1,55 | 0,25 | 3,13 | 12,54 |
| 14 | 0,01 | 0,04 | 0,04 | 0,03 | 1,07 | 0,15 | 1,85 | 12,10 |
| 15 | 0,02 | 0,08 | 0,14 | 0,30 | 3,52 | 0,24 | 2,90 | 11,90 |
| 16 | 0,01 | 0,08 | 0,20 | 0,39 | 5,03 | 0,18 | 2,30 | 12,58 |
| 17 | 0,02 | 0,05 | 0,05 | 0,03 | 1,02 | 0,20 | 2,50 | 12,53 |
| 18 | - | - | - | - | - | - | - | - |
| 19 | - | - | - | - | - | - | - | - |
| 20 | 0,01 | 0,00 | 0,01 | 0,01 | 0,47 | - | - | - |
| 21 | 0,01 | 0,01 | 0,01 | 0,01 | 0,55 | 0,07 | 0,81 | 11,59 |
| 22 | 0,00 | 0,01 | 0,01 | 0,01 | 0,19 | 0,10 | 4,71 | 47,32 |
| 23 | - | - | - | - | - | - | - | - |
| 24 | - | - | - | - | - | - | - | - |
| 25 | - | - | - | - | - | - | - | - |
| 26 | - | - | - | - | - | - | - | - |
| 27 | 0,01 | 0,01 | 0,02 | 0,01 | 0,75 | 0,09 | 0,81 | 9,17 |
| 28 | 0,00 | 0,01 | 0,01 | 0,00 | 0,24 | 0,09 | 0,83 | 9,75 |
| 29 | 0,01 | 0,01 | 0,01 | 0,00 | 0,47 | 0,08 | 0,90 | 11,39 |
| 30 | 0,01 | 0,01 | 0,01 | 0,00 | 0,38 | 0,07 | 0,71 | 10,53 |
| 31 | 0,02 | 0,01 | 0,00 | 0,00 | 0,29 | 0,07 | 0,77 | 10,98 |
| 32 | 0,01 | 0,03 | 0,00 | 0,01 | 0,64 | 0,09 | 1,04 | 11,61 |
| 33 | 0,01 | 0,02 | 0,02 | 0,03 | 1,23 | 0,07 | 0,69 | 10,33 |
| 34 | 0,00 | 0,07 | 0,01 | 0,02 | 1,36 | 0,09 | 0,96 | 10,77 |
| 35 | 0,00 | 0,02 | 0,01 | 0,04 | 1,01 | 0,07 | 0,69 | 10,27 |
| 36 | 0,01 | 0,02 | 0,02 | 0,16 | 2,17 | 0,11 | 1,40 | 12,24 |
| 37 | 0,01 | 0,01 | 0,00 | 0,03 | 0,80 | 0,07 | 0,67 | 9,42 |
| 38 | 0,00 | 0,03 | 0,02 | 0,04 | 1,01 | 0,15 | 1,53 | 10,23 |
| 39 | 0,01 | 0,01 | 0,00 | 0,06 | 1,03 | 0,07 | 0,68 | 10,03 |
| 40 | 0,00 | 0,01 | 0,00 | 0,01 | 0,24 | 0,07 | 0,73 | 10,36 |
| 41 | 0,01 | 0,01 | 0,01 | 0,00 | 0,36 | 0,09 | 1,10 | 12,82 |
| 42 | 0,01 | 0,01 | 0,00 | 0,01 | 0,40 | 0,07 | 0,71 | 10,79 |
| 43 | 0,01 | 0,01 | 0,00 | 0,02 | 0,48 | 0,06 | 0,69 | 10,81 |
| 44 | 0,00 | 0,01 | 0,00 | 0,00 | 0,09 | 0,06 | 0,66 | 10,62 |
| 45 | 0,00 | 0,01 | 0,00 | 0,02 | 0,43 | 0,07 | 0,71 | 10,42 |
| 46 | 0,01 | 0,02 | 0,01 | 0,13 | 2,28 | 0,08 | 0,81 | 10,16 |
| 47 | 0,00 | 0,01 | 0,00 | 0,05 | 0,85 | 0,07 | 0,78 | 10,50 |
| 48 | 0,00 | 0,01 | 0,00 | 0,01 | 0,26 | 0,07 | 0,74 | 10,89 |
| 49 | 0,01 | 0,01 | 0,00 | 0,03 | 0,53 | 0,06 | 0,69 | 10,65 |
| 50 | 0,01 | 0,01 | 0,01 | 0,01 | 0,49 | - | - | - |
| 51 | 0,01 | 0,01 | 0,00 | 0,01 | 0,43 | - | - | - |
| 52 | 0,01 | 0,01 | 0,01 | 0,02 | 0,72 | - | - | - |
| 53 | 0,03 | 0,01 | 0,01 | 0,02 | 1,09 | - | - | - |
| 54 | 0,01 | 0,00 | 0,01 | 0,10 | 2,42 | - | - | - |
| 55 | - | 0,07 | 0,79 | 1,78 | 24,90 | 0,24 | 2,57 | 10,72 |
| 56 | - | 0,13 | 0,75 | 1,93 | 23,58 | 0,24 | 3,20 | 13,35 |
| 57 | - | 0,07 | 0,18 | 0,25 | 6,22 | 0,14 | 1,78 | 13,05 |
| 58 | - | 0,11 | 0,40 | 1,16 | 14,65 | 0,21 | 2,73 | 13,23 |
| 59 | - | 0,10 | 0,65 | 1,44 | 21,66 | 0,16 | 2,23 | 13,94 |
| 60 | - | 0,11 | 1,09 | 1,80 | 26,41 | 0,23 | 3,11 | 13,51 |
| 61 | - | 0,07 | 0,28 | 0,48 | 9,73 | 0,17 | 2,22 | 13,30 |
| 62 | - | 0,08 | 0,85 | 1,61 | 24,72 | 0,20 | 2,67 | 13,13 |
| 63 | - | 0,20 | 0,96 | 2,26 | 36,53 | 0,17 | 2,18 | 12,82 |
| 64 | - | 0,51 | 0,81 | 1,19 | 22,48 | 0,22 | 3,12 | 13,97 |
| 65 | - | 0,18 | 0,33 | 0,39 | 11,65 | 0,14 | 1,75 | 12,50 |
| 66 | - | 0,18 | 0,48 | 0,96 | 15,83 | 0,19 | 2,42 | 12,53 |
| 67 | - | 0,13 | 1,27 | 2,17 | 39,70 | 0,21 | 2,95 | 14,27 |
| 68 | - | 0,18 | 0,53 | 0,84 | 18,00 | 0,14 | 1,85 | 13,56 |
| 69 | - | 0,13 | 0,42 | 0,63 | 17,66 | 0,15 | 1,80 | 12,02 |
| 70 | - | 0,15 | 0,79 | 0,89 | 18,19 | 0,16 | 2,03 | 12,94 |
| 71 | - | 0,11 | 0,13 | 0,49 | 6,62 | 0,18 | 2,38 | 13,24 |
| 72 | - | 0,11 | 0,17 | 0,51 | 7,83 | 0,16 | 2,14 | 13,66 |
| 73 | - | 0,11 | 0,21 | 0,97 | 10,29 | 0,20 | 2,85 | 14,25 |

## Anhang [A4]: Mikromorphologische und bodenchemische Daten des Agroforstsystems

| Zeilen-nummer | Kategorie | Beschreibung | Dünnschliff-Nr. | Probenname | Baum-abstand [m] |
|---|---|---|---|---|---|
| 74 | Agroforst Schweizer | Pupunha 3 innen (2-8 cm) | 36 | P3a 4I | 0,5 m |
| 75 | Agroforst Schweizer | Pupunha 3 außen (2-8 cm) | 41 | P3a 1A | 1 m |
| 76 | Agroforst Schweizer | Pupunha 3 außen (2-8 cm) | 42 | P3a 2A | 1 m |
| 77 | Agroforst Schweizer | Pupunha 3 außen (2-8 cm) | 43 | P3a 3A | 1 m |
| 78 | Agroforst Schweizer | Pupunha 3 außen (2-8 cm) | 44 | P3a 4A | 1 m |
| 79 | Agroforst Schweizer | Urucum 1 innen (2-8 cm) | 49 | U1a 1I | 1 m |
| 80 | Agroforst Schweizer | Urucum 1 innen (2-8 cm) | 50 | U1a 2I | 1 m |
| 81 | Agroforst Schweizer | Urucum 1 innen (2-8 cm) | 51 | U1a 3I | 1 m |
| 82 | Agroforst Schweizer | Urucum 1 außen (2-8 cm) | 55 | U1a 1A | 2 m |
| 83 | Agroforst Schweizer | Urucum 1 außen (2-8 cm) | 56 | U1a 2A | 2 m |
| 84 | Agroforst Schweizer | Urucum 1 außen (2-8 cm) | 57 | U1a 3A | 2 m |
| 85 | Agroforst Schweizer | Urucum 2 innen (2-8 cm) | 61 | U2a 1I | 1 m |
| 86 | Agroforst Schweizer | Urucum 2 innen (2-8 cm) | 62 | U2a 2I | 1 m |
| 87 | Agroforst Schweizer | Urucum 2 innen (2-8 cm) | 63 | U2a 3I | 1 m |
| 88 | Agroforst Schweizer | Urucum 2 außen (2-8 cm) | 67 | U2a 1A | 2 m |
| 89 | Agroforst Schweizer | Urucum 2 außen (2-8 cm) | 68 | U2a 2A | 2 m |
| 90 | Agroforst Schweizer | Urucum 2 außen (2-8 cm) | 69 | U2a 3A | 2 m |
| 91 | Agroforst Schweizer | Urucum 3 innen (2-8 cm) | 73 | U3a 1I | 1 m |
| 92 | Agroforst Schweizer | Urucum 3 innen (2-8 cm) | 74 | U3a 2I | 1 m |
| 93 | Agroforst Schweizer | Urucum 3 innen (2-8 cm) | 75 | U3a 3I | 1 m |
| 94 | Agroforst Schweizer | Urucum 3 außen (2-8 cm) | 79 | U3a 1A | 2 m |
| 95 | Agroforst Schweizer | Urucum 3 außen (2-8 cm) | 80 | U3a 2A | 2 m |
| 96 | Agroforst Schweizer | Urucum 3 außen (2-8 cm) | 81 | U3a 3A | 2 m |
| 97 | Agroforst Schweizer | Seringueira 1 innen (2-8 cm) | 85 | S1a 1I | 1 m |
| 98 | Agroforst Schweizer | Seringueira 1 innen (2-8 cm) | 86 | S1a 2I | 1 m |
| 99 | Agroforst Schweizer | Seringueira 1 innen (2-8 cm) | 87 | S1a 3I | 1 m |
| 100 | Agroforst Schweizer | Seringueira 1 außen (2-8 cm) | 91 | S1a 1A | 2 m |
| 101 | Agroforst Schweizer | Seringueira 1 außen (2-8 cm) | 92 | S1a 2A | 2 m |
| 102 | Agroforst Schweizer | Seringueira 1 außen (2-8 cm) | 93 | S1a 3A | 2 m |
| 103 | Agroforst Schweizer | Seringueira 2 innen (2-8 cm) | 97 | S2a 1I | 1 m |
| 104 | Agroforst Schweizer | Seringueira 2 innen (2-8 cm) | 98 | S2a 2I | 1 m |
| 105 | Agroforst Schweizer | Seringueira 2 innen (2-8 cm) | 99 | S2a 3I | 1 m |
| 106 | Agroforst Schweizer | Seringueira 2 außen (2-8 cm) | 103 | S2a 1A | 2 m |
| 107 | Agroforst Schweizer | Seringueira 2 außen (2-8 cm) | 104 | S2a 2A | 2 m |
| 108 | Agroforst Schweizer | Seringueira 2 außen (2-8 cm) | 105 | S2a 3A | 2 m |
| 109 | Agroforst Schweizer | Seringueira 3 innen (2-8 cm) | 109 | S3a 1I | 1 m |
| 110 | Agroforst Schweizer | Seringueira 3 innen (2-8 cm) | 110 | S3a 2I | 1 m |
| 111 | Agroforst Schweizer | Seringueira 3 innen (2-8 cm) | 111 | S3a 3I | 1 m |
| 112 | Agroforst Schweizer | Seringueira 3 außen (2-8 cm) | 115 | S3a 1A | 2 m |
| 113 | Agroforst Schweizer | Seringueira 3 außen (2-8 cm) | 116 | S3a 2A | 2 m |
| 114 | Agroforst Schweizer | Seringueira 3 außen (2-8 cm) | 117 | S3a 3A | 2 m |
| 115 | Agroforst Schweizer | Cupuaçu 1 innen (2-8 cm) | 121 | C1a 1I | 1 m |
| 116 | Agroforst Schweizer | Cupuaçu 1 innen (2-8 cm) | 122 | C1a 2I | 1 m |
| 117 | Agroforst Schweizer | Cupuaçu 1 innen (2-8 cm) | 123 | C1a 3I | 1 m |
| 118 | Agroforst Schweizer | Cupuaçu 1 außen (2-8 cm) | 127 | C1a 1A | 2 m |
| 119 | Agroforst Schweizer | Cupuaçu 1 außen (2-8 cm) | 128 | C1a 2A | 2 m |
| 120 | Agroforst Schweizer | Cupuaçu 1 außen (2-8 cm) | 129 | C1a 3A | 2 m |
| 121 | Agroforst Schweizer | Cupuaçu 2 innen (2-8 cm) | 133 | C2a 1I | 1 m |
| 122 | Agroforst Schweizer | Cupuaçu 2 innen (2-8 cm) | 134 | C2a 2I | 1 m |
| 123 | Agroforst Schweizer | Cupuaçu 2 innen (2-8 cm) | 135 | C2a 3I | 1 m |
| 124 | Agroforst Schweizer | Cupuaçu 2 außen (2-8 cm) | 139 | C2a 1A | 2 m |
| 125 | Agroforst Schweizer | Cupuaçu 2 außen (2-8 cm) | 140 | C2a 2A | 2 m |
| 126 | Agroforst Schweizer | Cupuaçu 2 außen (2-8 cm) | 141 | C2a 3A | 2 m |
| 127 | Agroforst Schweizer | Cupuaçu 3 innen (2-8 cm) | 145 | C3a 1I | 1 m |
| 128 | Agroforst Schweizer | Cupuaçu 3 innen (2-8 cm) | 146 | C3a 2I | 1 m |
| 129 | Agroforst Schweizer | Cupuaçu 3 innen (2-8 cm) | 147 | C3a 3I | 1 m |
| 130 | Agroforst Schweizer | Cupuaçu 3 außen (2-8 cm) | 151 | C3a 1A | 2 m |
| 131 | Agroforst Schweizer | Cupuaçu 3 außen (2-8 cm) | 152 | C3a 2A | 2 m |
| 132 | Agroforst Schweizer | Cupuaçu 3 außen (2-8 cm) | 153 | C3a 3A | 2 m |
| 133 | Agroforst Schweizer | Primärwald 1 (2-8 cm) | 157 | W1a 1 | 1 m |
| 134 | Agroforst Schweizer | Primärwald 1 (2-8 cm) | 158 | W1a 2 | 1 m |
| 135 | Agroforst Schweizer | Primärwald 1 (2-8 cm) | 159 | W1a 3 | 1 m |
| 136 | Agroforst Schweizer | Primärwald 2 (2-8 cm) | 163 | W2a 1 | 1 m |
| 137 | Agroforst Schweizer | Primärwald 2 (2-8 cm) | 164 | W2a 2 | 1 m |
| 138 | Agroforst Schweizer | Primärwald 2 (2-8 cm) | 165 | W2a 3 | 1 m |
| 139 | Agroforst Schweizer | Primärwald 3 (2-8 cm) | 169 | W3a 1 | 1 m |
| 140 | Agroforst Schweizer | Primärwald 3 (2-8 cm) | 170 | W3a 2 | 1 m |
| 141 | Agroforst Schweizer | Primärwald 3 (2-8 cm) | 171 | W3a 3 | 1 m |

## Anhang [A4]: Mikromorphologische und bodenchemische Daten des Agroforstsystems

| Zeilen-nummer | Organikgehalt (Querschnitt) (Mittelwert) [Flächen-%] | Quarzgehalt (Querschnitt) (Mittelwert) [Flächen-%] | Porengehalt (Querschnitt) (Mittelwert) [Flächen-%] | Matrixgehalt (Querschnitt) (Mittelwert) [Flächen-%] | Organikgehalt (Längsschnitt) (Mittelwert) [Flächen-%] | Quarzgehalt (Längsschnitt) (Mittelwert) [Flächen-%] | Porengehalt (Längsschnitt) (Mittelwert) [Flächen-%] | Matrixgehalt (Längsschnitt) (Mittelwert) [Flächen-%] |
|---|---|---|---|---|---|---|---|---|
| 74 | 4,3 | 6,3 | 8,6 | 80,7 | - | - | - | - |
| 75 | 0,7 | 9,6 | 10,3 | 79,3 | - | - | - | - |
| 76 | 0,7 | 10,5 | 12,3 | 76,5 | - | - | - | - |
| 77 | 1,9 | 8,6 | 12,8 | 76,8 | - | - | - | - |
| 78 | 0,9 | 12,2 | 11,0 | 75,8 | - | - | - | - |
| 79 | 0,6 | 9,9 | 12,6 | 76,8 | - | - | - | - |
| 80 | 0,9 | 10,7 | 14,7 | 73,7 | - | - | - | - |
| 81 | 0,5 | 6,1 | 6,6 | 86,8 | - | - | - | - |
| 82 | 0,8 | 9,6 | 8,3 | 81,3 | - | - | - | - |
| 83 | 1,2 | 13,7 | 9,9 | 75,1 | - | - | - | - |
| 84 | 0,3 | 10,2 | 12,4 | 77,2 | - | - | - | - |
| 85 | 0,8 | 9,2 | 6,9 | 83,1 | - | - | - | - |
| 86 | 0,7 | 7,7 | 19,0 | 72,6 | - | - | - | - |
| 87 | 0,6 | 8,4 | 18,3 | 72,7 | - | - | - | - |
| 88 | 1,4 | 8,5 | 6,6 | 83,5 | - | - | - | - |
| 89 | 0,3 | 11,2 | 14,1 | 74,4 | - | - | - | - |
| 90 | 0,3 | 16,8 | 10,9 | 72,0 | - | - | - | - |
| 91 | 1,2 | 11,8 | 12,9 | 74,1 | - | - | - | - |
| 92 | 1,9 | 12,4 | 11,7 | 74,0 | - | - | - | - |
| 93 | 0,5 | 8,9 | 10,8 | 79,7 | - | - | - | - |
| 94 | 1,8 | 17,8 | 16,2 | 64,2 | - | - | - | - |
| 95 | 0,4 | 10,2 | 18,7 | 70,7 | - | - | - | - |
| 96 | 1,1 | 16,8 | 17,0 | 65,1 | - | - | - | - |
| 97 | 1,0 | 10,0 | 11,0 | 78,0 | - | - | - | - |
| 98 | 0,3 | 10,3 | 10,0 | 79,3 | - | - | - | - |
| 99 | 0,5 | 11,4 | 9,9 | 78,2 | - | - | - | - |
| 100 | 0,4 | 7,2 | 11,0 | 81,3 | - | - | - | - |
| 101 | 0,8 | 6,8 | 8,5 | 83,9 | - | - | - | - |
| 102 | 1,4 | 12,8 | 9,3 | 76,5 | - | - | - | - |
| 103 | 0,4 | 16,7 | 13,4 | 69,5 | - | - | - | - |
| 104 | 0,9 | 9,0 | 12,3 | 77,8 | - | - | - | - |
| 105 | 0,8 | 8,9 | 11,9 | 78,4 | - | - | - | - |
| 106 | 1,4 | 10,0 | 9,3 | 79,2 | - | - | - | - |
| 107 | 4,9 | 13,8 | 9,8 | 71,6 | - | - | - | - |
| 108 | 0,5 | 10,7 | 13,2 | 75,6 | - | - | - | - |
| 109 | 0,8 | 5,8 | 11,0 | 82,4 | - | - | - | - |
| 110 | 0,5 | 8,5 | 6,6 | 84,4 | - | - | - | - |
| 111 | 2,1 | 10,3 | 8,6 | 79,1 | - | - | - | - |
| 112 | 1,0 | 11,6 | 11,4 | 76,0 | - | - | - | - |
| 113 | 1,1 | 11,6 | 11,1 | 76,2 | - | - | - | - |
| 114 | 0,5 | 9,5 | 16,1 | 73,9 | - | - | - | - |
| 115 | 1,6 | 12,5 | 6,3 | 79,6 | - | - | - | - |
| 116 | 3,0 | 17,2 | 8,7 | 71,0 | - | - | - | - |
| 117 | 0,5 | 14,5 | 6,6 | 78,4 | - | - | - | - |
| 118 | 0,5 | 9,8 | 11,8 | 77,9 | - | - | - | - |
| 119 | 0,5 | 16,5 | 14,9 | 68,1 | - | - | - | - |
| 120 | 0,4 | 10,8 | 15,8 | 73,1 | - | - | - | - |
| 121 | 0,8 | 4,8 | 14,7 | 79,7 | - | - | - | - |
| 122 | 3,0 | 10,5 | 10,2 | 76,4 | - | - | - | - |
| 123 | 0,7 | 9,0 | 10,1 | 80,2 | - | - | - | - |
| 124 | 0,7 | 10,4 | 12,8 | 76,1 | - | - | - | - |
| 125 | 1,1 | 9,0 | 10,9 | 79,0 | - | - | - | - |
| 126 | 0,6 | 7,1 | 14,5 | 77,7 | - | - | - | - |
| 127 | 1,8 | 9,8 | 19,8 | 68,5 | - | - | - | - |
| 128 | 0,6 | 9,6 | 9,9 | 80,0 | - | - | - | - |
| 129 | 0,9 | 15,3 | 21,1 | 62,8 | - | - | - | - |
| 130 | 1,6 | 14,3 | 7,2 | 76,9 | - | - | - | - |
| 131 | 0,8 | 13,2 | 13,0 | 73,0 | - | - | - | - |
| 132 | 0,7 | 10,8 | 15,4 | 73,1 | - | - | - | - |
| 133 | 0,6 | 17,1 | 13,4 | 68,9 | - | - | - | - |
| 134 | 0,7 | 20,1 | 16,7 | 62,6 | - | - | - | - |
| 135 | 3,0 | 17,8 | 13,5 | 65,7 | - | - | - | - |
| 136 | 1,0 | 15,6 | 13,5 | 69,9 | - | - | - | - |
| 137 | 0,4 | 12,6 | 16,8 | 70,2 | - | - | - | - |
| 138 | 0,5 | 17,0 | 15,7 | 66,8 | - | - | - | - |
| 139 | 0,4 | 20,6 | 17,7 | 61,3 | - | - | - | - |
| 140 | 1,4 | 17,0 | 11,4 | 70,2 | - | - | - | - |
| 141 | 0,7 | 20,9 | 12,3 | 66,2 | - | - | - | - |

## Anhang [A4]: Mikromorphologische und bodenchemische Daten des Agroforstsystems

| Zeilennummer | Organikgehalt oben (Längss.) (Mittelwert) [Flächen-%] | Organikgehalt Mitte (Längss.) (Mittelwert) [Flächen-%] | Organikgehalt unten (Längss.) (Mittelwert) [Flächen-%] | KAK nach Summe [mmol/100g] | KAK nach Ba2+ [mmol/100g] | H-Wert [mmol/100g] | Al3+ [mmol/100g] | Summe Kationen [mmol/100g] |
|---|---|---|---|---|---|---|---|---|
| 74 | - | - | - | 11,84 | - | 9,32 | 0,44 | - |
| 75 | - | - | - | 9,00 | - | 8,46 | 1,29 | - |
| 76 | - | - | - | 9,10 | - | 8,15 | 0,88 | - |
| 77 | - | - | - | 10,25 | - | 8,96 | 0,84 | - |
| 78 | - | - | - | 11,54 | - | 10,09 | 1,10 | - |
| 79 | - | - | - | 10,84 | - | 10,53 | 1,65 | - |
| 80 | - | - | - | 10,95 | - | 9,28 | 0,80 | - |
| 81 | - | - | - | 11,72 | - | 10,95 | 1,39 | - |
| 82 | - | - | - | 13,41 | - | 12,44 | 1,50 | - |
| 83 | - | - | - | 10,55 | - | 10,07 | 1,41 | - |
| 84 | - | - | - | 9,14 | - | 8,67 | 1,19 | - |
| 85 | - | - | - | 7,23 | - | 6,03 | 1,12 | - |
| 86 | - | - | - | 11,74 | - | 9,86 | 0,69 | - |
| 87 | - | - | - | 12,78 | - | 11,97 | 1,51 | - |
| 88 | - | - | - | 12,90 | - | 12,31 | 1,85 | - |
| 89 | - | - | - | 10,72 | - | 10,32 | 1,64 | - |
| 90 | - | - | - | 11,19 | - | 10,71 | 1,66 | - |
| 91 | - | - | - | 10,35 | - | 10,03 | 1,61 | - |
| 92 | - | - | - | 8,96 | - | 7,21 | 0,46 | - |
| 93 | - | - | - | 8,32 | - | 6,59 | 0,35 | - |
| 94 | - | - | - | 11,95 | - | 11,60 | 2,03 | - |
| 95 | - | - | - | 8,78 | - | 8,35 | 1,37 | - |
| 96 | - | - | - | 13,07 | - | 12,76 | 1,95 | - |
| 97 | - | - | - | 8,70 | - | 7,64 | 0,72 | - |
| 98 | - | - | - | 10,20 | - | 7,55 | 0,30 | - |
| 99 | - | - | - | 12,66 | - | 12,30 | 1,95 | - |
| 100 | - | - | - | 8,64 | - | 8,23 | 1,21 | - |
| 101 | - | - | - | 11,02 | - | 8,44 | 0,25 | - |
| 102 | - | - | - | 9,94 | - | 4,51 | 0,00 | - |
| 103 | - | - | - | 10,65 | - | 9,55 | 1,03 | - |
| 104 | - | - | - | 10,22 | - | 10,05 | 1,35 | - |
| 105 | - | - | - | 11,48 | - | 11,14 | 1,65 | - |
| 106 | - | - | - | 10,21 | - | 7,40 | 0,21 | - |
| 107 | - | - | - | 9,48 | - | 8,70 | 1,44 | - |
| 108 | - | - | - | 10,12 | - | 9,78 | 1,83 | - |
| 109 | - | - | - | 10,40 | - | 9,96 | 1,48 | - |
| 110 | - | - | - | 8,90 | - | 8,22 | 1,05 | - |
| 111 | - | - | - | 10,07 | - | 9,54 | 1,43 | - |
| 112 | - | - | - | 11,20 | - | 10,79 | 1,69 | - |
| 113 | - | - | - | 10,82 | - | 10,02 | 1,29 | - |
| 114 | - | - | - | 8,81 | - | 6,80 | 0,46 | - |
| 115 | - | - | - | 10,83 | - | 10,42 | 1,54 | - |
| 116 | - | - | - | 13,20 | - | 11,45 | 1,16 | - |
| 117 | - | - | - | 12,13 | - | 9,05 | 0,35 | - |
| 118 | - | - | - | 8,73 | - | 8,45 | 1,58 | - |
| 119 | - | - | - | 13,80 | - | 12,93 | 1,93 | - |
| 120 | - | - | - | 11,09 | - | 10,21 | 1,21 | - |
| 121 | - | - | - | 8,81 | - | 7,92 | 1,23 | - |
| 122 | - | - | - | 12,31 | - | 11,21 | 1,43 | - |
| 123 | - | - | - | 9,64 | - | 9,35 | 1,74 | - |
| 124 | - | - | - | 7,75 | - | 7,50 | 1,42 | - |
| 125 | - | - | - | 6,05 | - | 5,60 | 1,89 | - |
| 126 | - | - | - | 8,02 | - | 7,53 | 1,74 | - |
| 127 | - | - | - | 8,25 | - | 7,48 | 1,05 | - |
| 128 | - | - | - | 7,74 | - | 7,18 | 1,42 | - |
| 129 | - | - | - | 8,71 | - | 7,90 | 0,99 | - |
| 130 | - | - | - | 8,79 | - | 8,17 | 1,64 | - |
| 131 | - | - | - | 10,84 | - | 9,53 | 1,10 | - |
| 132 | - | - | - | 9,93 | - | 8,89 | 0,96 | - |
| 133 | - | - | - | 10,92 | - | 10,78 | 2,17 | - |
| 134 | - | - | - | 10,88 | - | 10,67 | 2,08 | - |
| 135 | - | - | - | 14,88 | - | 14,75 | 2,76 | - |
| 136 | - | - | - | 12,59 | - | 12,44 | 2,22 | - |
| 137 | - | - | - | 11,13 | - | 10,97 | 2,15 | - |
| 138 | - | - | - | 11,99 | - | 11,78 | 2,27 | - |
| 139 | - | - | - | 11,43 | - | 11,28 | 2,05 | - |
| 140 | - | - | - | 14,12 | - | 13,87 | 2,53 | - |
| 141 | - | - | - | 8,59 | - | 8,40 | 1,59 | - |

## Anhang [A4]: Mikromorphologische und bodenchemische Daten des Agroforstsystems

| Zeilen-nummer | Na+ [mmol/100g] | K+ [mmol/100g] | Mg2+ [mmol/100g] | Ca2+ [mmol/100g] | Basensättigung [%] | N in % (Mittelwert) | C in % (Mittelwert) | C/N |
|---|---|---|---|---|---|---|---|---|
| 74 | - | 0,11 | 0,87 | 1,64 | 22,22 | 0,23 | 3,03 | 12,99 |
| 75 | - | 0,08 | 0,13 | 0,41 | 6,96 | 0,16 | 2,03 | 12,94 |
| 76 | - | 0,08 | 0,43 | 0,51 | 11,32 | 0,16 | 2,06 | 12,61 |
| 77 | - | 0,09 | 0,52 | 0,77 | 13,49 | 0,19 | 2,31 | 12,39 |
| 78 | - | 0,11 | 0,50 | 0,95 | 13,45 | 0,21 | 2,69 | 13,00 |
| 79 | - | 0,10 | 0,16 | 0,15 | 3,68 | 0,16 | 2,06 | 12,85 |
| 80 | - | 0,10 | 0,54 | 1,12 | 16,14 | 0,19 | 2,45 | 12,69 |
| 81 | - | 0,15 | 0,27 | 0,50 | 7,85 | 0,21 | 2,62 | 12,46 |
| 82 | - | 0,11 | 0,36 | 0,61 | 8,05 | 0,22 | 2,87 | 12,84 |
| 83 | - | 0,11 | 0,27 | 0,21 | 5,62 | 0,18 | 2,25 | 12,29 |
| 84 | - | 0,07 | 0,17 | 0,31 | 5,93 | 0,16 | 1,91 | 11,94 |
| 85 | - | 0,09 | 0,38 | 0,83 | 17,89 | 0,20 | 2,66 | 13,07 |
| 86 | - | 0,09 | 0,63 | 1,25 | 16,78 | 0,19 | 2,38 | 12,73 |
| 87 | - | 0,11 | 0,36 | 0,45 | 7,23 | 0,20 | 2,46 | 12,51 |
| 88 | - | 0,10 | 0,23 | 0,36 | 5,36 | 0,22 | 2,75 | 12,71 |
| 89 | - | 0,08 | 0,25 | 0,15 | 4,52 | 0,16 | 2,13 | 13,02 |
| 90 | - | 0,11 | 0,22 | 0,25 | 5,21 | 0,18 | 2,26 | 12,81 |
| 91 | - | 0,09 | 0,18 | 0,14 | 3,95 | 0,18 | 2,20 | 12,43 |
| 92 | - | 0,06 | 0,64 | 1,11 | 20,21 | 0,17 | 2,03 | 11,94 |
| 93 | - | 0,06 | 0,51 | 1,22 | 21,46 | 0,14 | 1,67 | 12,22 |
| 94 | - | 0,10 | 0,18 | 0,16 | 3,73 | 0,20 | 2,75 | 13,51 |
| 95 | - | 0,08 | 0,18 | 0,25 | 5,87 | 0,17 | 2,02 | 11,90 |
| 96 | - | 0,08 | 0,13 | 0,18 | 3,00 | 0,24 | 2,90 | 11,90 |
| 97 | - | 0,05 | 0,38 | 0,67 | 12,72 | 0,17 | 2,13 | 12,76 |
| 98 | - | 0,07 | 0,60 | 2,05 | 26,62 | 0,20 | 2,38 | 11,90 |
| 99 | - | 0,08 | 0,17 | 0,20 | 3,50 | 0,22 | 2,85 | 12,94 |
| 100 | - | 0,06 | 0,15 | 0,27 | 5,45 | 0,14 | 1,69 | 12,07 |
| 101 | - | 0,11 | 0,92 | 1,66 | 24,40 | 0,20 | 2,69 | 13,21 |
| 102 | - | 0,06 | 1,45 | 3,98 | 55,19 | 0,22 | 2,81 | 12,60 |
| 103 | - | 0,07 | 0,47 | 0,63 | 11,04 | 0,22 | 2,63 | 11,79 |
| 104 | - | 0,09 | 0,01 | 0,16 | 2,52 | 0,22 | 2,63 | 11,97 |
| 105 | - | 0,08 | 0,18 | 0,17 | 3,69 | 0,24 | 2,79 | 11,80 |
| 106 | - | 0,05 | 1,14 | 1,67 | 28,04 | 0,18 | 2,19 | 11,96 |
| 107 | - | 0,07 | 0,29 | 0,48 | 8,93 | 0,21 | 2,38 | 11,35 |
| 108 | - | 0,07 | 0,15 | 0,18 | 4,04 | 0,21 | 2,55 | 11,95 |
| 109 | - | 0,07 | 0,27 | 0,17 | 4,86 | 0,21 | 2,50 | 11,89 |
| 110 | - | 0,06 | 0,29 | 0,39 | 8,26 | 0,19 | 2,20 | 11,79 |
| 111 | - | 0,07 | 0,26 | 0,27 | 5,86 | 0,22 | 2,56 | 11,82 |
| 112 | - | 0,06 | 0,18 | 0,23 | 4,23 | 0,23 | 2,75 | 11,77 |
| 113 | - | 0,08 | 0,31 | 0,49 | 8,17 | 0,24 | 2,92 | 12,01 |
| 114 | - | 0,04 | 0,64 | 1,37 | 23,35 | 0,16 | 1,93 | 11,82 |
| 115 | - | 0,07 | 0,16 | 0,25 | 4,40 | 0,19 | 2,44 | 12,64 |
| 116 | - | 0,06 | 0,32 | 1,43 | 13,73 | 0,22 | 2,75 | 12,33 |
| 117 | - | 0,01 | 0,36 | 2,72 | 25,48 | 0,20 | 2,41 | 12,07 |
| 118 | - | 0,10 | 0,17 | 0,12 | 4,34 | 0,20 | 2,33 | 11,81 |
| 119 | - | 0,07 | 0,37 | 0,50 | 6,78 | 0,24 | 3,17 | 13,01 |
| 120 | - | 0,01 | 0,23 | 0,65 | 8,05 | 0,21 | 2,51 | 12,00 |
| 121 | - | 0,06 | 0,15 | 0,74 | 10,79 | 0,18 | 2,17 | 12,30 |
| 122 | - | 0,07 | 0,18 | 0,92 | 9,57 | 0,23 | 2,86 | 12,43 |
| 123 | - | 0,04 | 0,15 | 0,14 | 3,42 | 0,18 | 2,28 | 12,46 |
| 124 | - | 0,04 | 0,12 | 0,14 | 3,87 | 0,17 | 2,00 | 11,79 |
| 125 | - | 0,06 | 0,14 | 0,30 | 8,37 | 0,24 | 3,01 | 12,43 |
| 126 | - | 0,03 | 0,10 | 0,38 | 6,39 | 0,23 | 2,81 | 12,51 |
| 127 | - | 0,05 | 0,20 | 0,57 | 9,95 | 0,18 | 2,16 | 11,94 |
| 128 | - | 0,07 | 0,41 | 0,15 | 8,15 | 0,15 | 1,83 | 11,96 |
| 129 | - | 0,02 | 0,14 | 0,67 | 9,59 | 0,19 | 2,18 | 11,78 |
| 130 | - | 0,05 | 0,29 | 0,33 | 7,62 | 0,21 | 2,53 | 11,95 |
| 131 | - | 0,06 | 0,50 | 0,81 | 12,56 | 0,19 | 2,27 | 12,11 |
| 132 | - | 0,07 | 0,11 | 0,93 | 11,21 | 0,23 | 2,63 | 11,48 |
| 133 | - | 0,04 | 0,12 | 0,02 | 1,67 | 0,25 | 3,42 | 13,90 |
| 134 | - | 0,04 | 0,17 | 0,03 | 2,24 | 0,20 | 2,62 | 12,82 |
| 135 | - | 0,07 | 0,09 | 0,04 | 1,39 | 0,28 | 1,13 | 4,00 |
| 136 | - | 0,06 | 0,11 | 0,04 | 1,67 | 0,24 | 3,15 | 12,94 |
| 137 | - | 0,06 | 0,12 | 0,04 | 1,96 | 0,21 | 2,75 | 12,89 |
| 138 | - | 0,07 | 0,15 | 0,05 | 2,33 | 0,25 | 3,26 | 12,87 |
| 139 | - | 0,07 | 0,15 | 0,01 | 1,97 | 0,26 | 3,44 | 13,03 |
| 140 | - | 0,07 | 0,18 | 0,08 | 2,26 | 0,30 | 3,97 | 13,05 |
| 141 | - | 0,04 | 0,15 | 0,05 | 2,76 | 0,18 | 2,16 | 11,93 |

## Anhang [A5]: Mikromorphologische und bodenchemische Daten der biogenen Strukturen

| Zeilen-nummer | Beschreibung | Dünnschliff-Nr. | Proben-name | Familie | Unterfamilie | Gattung bzw. Art |
|---|---|---|---|---|---|---|
| | | | | | **Taxonomische Zuordnung** | |
| 142 | **Ameisenbau *Acromyrmex* sp.** | 531 | A-1 | Formicidae | Myrmicinae | Acromyrmex |
| 143 | Ameisenbau *Acromyrmex* sp. | 560 | A-2 | Formicidae | Myrmicinae | Acromyrmex |
| 144 | Ameisenbau *Acromyrmex* sp. | 335 | A-4/2 | Formicidae | Myrmicinae | Acromyrmex |
| 145 | - | (335) | - | - | - | - |
| 146 | Ameisenbau *Acromyrmex* sp. | 523 | A-6 | Formicidae | Myrmicinae | Acromyrmex |
| 147 | - | (523) | - | - | - | - |
| 148 | Ameisenbau *Acromyrmex* sp. (Unterboden) | 561 | A-7 | Formicidae | Myrmicinae | Acromyrmex |
| 149 | Ameisenbau *Acromyrmex* sp. | ohne Dünnschliff | A-3 | Formicidae | Myrmicinae | Acromyrmex |
| 150 | Ameisenbau *Acromyrmex* sp. | ohne Dünnschliff | A-4 | Formicidae | Myrmicinae | Acromyrmex |
| 151 | Ameisenbau *Acromyrmex* sp. | ohne Dünnschliff | A-5 | Formicidae | Myrmicinae | Acromyrmex |
| 152 | **Ameisenbau *Atta* sp.** | 532 | A2-1 | Formicidae | Myrmicinae | Atta |
| 153 | Ameisenbau *Atta* sp. | 562 | A2-2 | Formicidae | Myrmicinae | Atta |
| 154 | - | (562) | - | - | - | - |
| 155 | Ameisenbau *Atta* sp. | 334 | A2-3 | Formicidae | Myrmicinae | Atta |
| 156 | - | (334) | - | - | - | - |
| 157 | Ameisenbau *Atta* sp. | 563 | A2-4 | Formicidae | Myrmicinae | Atta |
| 158 | - | (563) | - | - | - | - |
| 159 | Ameisenbau *Atta* sp. | 564 | A2-5 | Formicidae | Myrmicinae | Atta |
| 160 | - | (564) | - | - | - | - |
| 161 | Ameisenbau *Atta* sp. (Unterboden) | 565 | A2-6 | Formicidae | Myrmicinae | Atta |
| 162 | Ameisenbau *Atta* sp. | 520 | A2-7 | Formicidae | Myrmicinae | Atta |
| 163 | Ameisenbau *Atta* sp. (Oberboden) | 566 | A2-8 | Formicidae | Myrmicinae | Atta |
| 164 | Ameisenbau *Atta* sp. | ohne Dünnschliff | A2-KAK 0-10 | Formicidae | Myrmicinae | Atta |
| 165 | Ameisenbau *Atta* sp. | ohne Dünnschliff | A2-KAK 40-50 | Formicidae | Myrmicinae | Atta |
| 166 | **Ameisen-Struktur** | 342 | G-20-E8 | - | - | - |
| 167 | - | (342) | - | - | - | - |
| 168 | Ameisen-Struktur | 343 | G-20-F6 | Formicidae | Myrmicinae | Mycocepurus goeldii |
| 169 | - | (343) | - | - | - | - |
| 170 | Ameisen-Struktur | 344 | G-20-G3 | - | - | - |
| 171 | - | (344) | - | - | - | - |
| 172 | Ameisen-Struktur | 345 | G-S-1A | Formicidae | Myrmicinae | Pheidole |
| 173 | - | (345) | - | - | - | - |
| 174 | Ameisen-Struktur | 352 | C. Rabeling 5 | Formicidae | Myrmicinae | Mycocepurus goeldii |
| 175 | - | (352) | - | - | - | - |
| 176 | Ameisen-Struktur | 353 | C. Rabeling 7 | Formicidae | Myrmicinae | Mycocepurus goeldii |
| 177 | - | (353) | - | - | - | - |
| 178 | Ameisen-Struktur | 354 | C. Rabeling 8 | Formicidae | Myrmicinae | Mycocepurus goeldii |
| 179 | - | (354) | - | - | - | - |
| 180 | Ameisen-Struktur | 355 | C. Rabeling 9 | Formicidae | Myrmicinae | Mycocepurus goeldii |
| 181 | - | (355) | - | - | - | - |
| 182 | Ameisen-Struktur | 356 | C. Rabeling 16 | Formicidae | Myrmicinae | Mycocepurus smithi |
| 183 | - | (356) | - | - | - | - |
| 184 | Ameisen-Struktur | 357 | C. Rabeling 18 | Formicidae | Myrmicinae | Mycocepurus smithi |
| 185 | - | (357) | - | - | - | - |
| 186 | Ameisen-Struktur | 358 | C. Rabeling 21 | Formicidae | Myrmicinae | Mycocepurus smithi |
| 187 | - | (358) | - | - | - | - |
| 188 | Ameisen-Struktur | 359 | C. Rabeling 24 | Formicidae | Myrmicinae | Cyphomyrmex |
| 189 | Ameisen-Struktur | 503 | CO3-S-2A | - | - | - |
| 190 | - | (503) | - | - | - | - |
| 191 | Ameisen-Struktur | 506 | SE3-S-2A | Formicidae | Myrmicinae | Myrmicocrypta |
| 192 | - | (506) | - | - | - | - |
| 193 | Ameisen-Struktur | 508 | SE2-S-1A | Formicidae | Ponerinae | Ectatomma |
| 194 | - | (508) | - | - | - | - |
| 195 | Ameisen-Struktur | 510 | SE2-S-1A2 | Formicidae | Ponerinae | Ectatomma |
| 196 | - | (510) | - | - | - | - |
| 197 | Ameisen-Struktur | 512 | G2-S-5A | - | - | - |
| 198 | - | (512) | - | - | - | - |
| 199 | Ameisen-Struktur | 527 | T2-6A | Formicidae | Myrmicinae | Trachymyrmex relictus |
| 200 | - | (527) | - | - | - | - |
| 201 | Ameisen-Struktur | 528 | CO2-S-7A | Formicidae | Myrmicinae | Mycocepurus smithi |
| 202 | - | (528) | - | - | - | - |
| 203 | Ameisen-Struktur | 583 | CO3-S-1A | Formicidae | Myrmicinae | Pheidole |
| 204 | - | (583) | - | - | - | - |
| 205 | Ameisen-Struktur | 584 | PW3-S-1A | Formicidae | Myrmicinae | Trachymyrmex |
| 206 | - | (584) | - | - | - | - |
| 207 | Ameisen-Struktur | 585 | SE2-S-1A2/2 | Formicidae | Ponerinae | Ectatomma |
| 208 | - | (585) | - | - | - | - |
| 209 | Ameisen-Struktur | 586 | R-4A | Formicidae | Myrmicinae | Myrmicocrypta |
| 210 | - | (586) | - | - | - | - |
| 211 | Ameisen-Struktur | 587 | G-0-A3 | Formicidae | Myrmicinae | Crematogaster |
| 212 | - | (587) | - | - | - | - |
| 213 | Ameisen-Struktur | 588 | B-1A | Formicidae | Dolichoderinae | Dorymyrmex |
| 214 | - | (588) | - | - | - | - |

## Anhang [A5]: Mikromorphologische und bodenchemische Daten der biogenen Strukturen

| Zeilennummer | Notizen bei der Geländeansprache |
|---|---|
| 142 | oberirdischer Nestauswurf (Ameisenhaufen), 0-4 cm über Geländeoberkante |
| 143 | unter dem Nestauswurf in 10-15 cm Tiefe (Beginn des Ameisenbaus) |
| 144 | Kammerwand |
| 145 | - |
| 146 | Kammerboden der 2. Kammer, in 40 cm Tiefe |
| 147 | - |
| 148 | Unterboden nahe A-6, Probe 40 cm Tiefe, ohne Ameiseneinfluß (als Vergleich zu A-6) |
| 149 | unter dem Nestauswurf in 20-25 cm Tiefe (Beginn des Ameisenbaus) |
| 150 | Rand der Kammer (benachbartes Material) |
| 151 | Oberboden nahe A-4, Probe 0-10 cm Tiefe, ohne Ameiseneinfluß (als Vergleich zu A-4) |
| 152 | Nestauswurf (wenige cm hoch) |
| 153 | kleine Kammer mit Füllung (Pilz?), in etwa 30 cm Tiefe |
| 154 | - |
| 155 | Ameisengang (Seitenwand) |
| 156 | - |
| 157 | Ameisengang (Boden) |
| 158 | - |
| 159 | Ameisengang (Seitenwand) |
| 160 | - |
| 161 | Nachbarmaterial einige cm unterhalb des Gangs (in etwa 25 cm Tiefe) |
| 162 | Kammerverfüllung (Kammer unterhalb des Gangs in etwa 20 cm Tiefe) |
| 163 | Oberboden unterhalb des Nestauswurfs (in wenigen cm Tiefe) |
| 164 | Mischprobe aus 0 bis 10 cm Tiefe |
| 165 | Mischprobe (Unterboden) aus 40 bis 50 cm Tiefe |
| 166 | verlassene Ameisenkammer (Decke; Mycocepurus), teilweise mit Mineralboden verfüllt, nicht eingefärbt |
| 167 | - |
| 168 | verlassene Ameisenkammer (Mycocepurus), nicht eingefärbt |
| 169 | - |
| 170 | verlassene Ameisenkammer (Mycocepurus), nicht eingefärbt |
| 171 | - |
| 172 | Ameisenkammer |
| 173 | - |
| 174 | Kammerboden |
| 175 | - |
| 176 | Krater aus organischem Material in der Kammer |
| 177 | - |
| 178 | Kammerwand |
| 179 | - |
| 180 | Kammerdach |
| 181 | - |
| 182 | Kammerseitenwand |
| 183 | - |
| 184 | Kammerwand |
| 185 | - |
| 186 | Kammerboden |
| 187 | - |
| 188 | Nestkammerauskleidung |
| 189 | Ameisenkammer (Mycocepurus) mit Pilzfüllung, Tierpräsenz, in 15 cm Tiefe, 5 cm breit, 3,5 cm hoch, Probe um 90 Grad gedreht |
| 190 | - |
| 191 | Ameisenkammer mit Pilzfüllung, 12 cm tief, 4 cm breit, 3,5 cm hoch, Tierpräsenz; Probe: Boden der Kammer, um 90 Grad gedreht |
| 192 | - |
| 193 | Ameisenkammer, Tierpräsenz, in 2 cm Tiefe, 5 cm breit, 1 cm hoch, Probe: Boden der Kammer (Organik drin, da Oberboden) |
| 194 | - |
| 195 | 2 Ameisenkammern, Tierpräsenz, in 6 und 9 cm Tiefe; Kammer evtl. von Termiten angelegt (dunkle Wandauskleidung); Probe: Boden der Kammer |
| 196 | - |
| 197 | alte Ameisenkammer (wahrsch. Mycocepurus) mit Pilzfüllung, in 50 cm Tiefe, 3,5 cm Durchmesser |
| 198 | - |
| 199 | Ameisenkammer (Trachymyrmex relictus) mit Pilzfüllung (hängt an Wurzeln), Kammerdach in 12 cm Tiefe, 8,5 cm breit, 7 cm hoch |
| 200 | - |
| 201 | Ameisenkammer (Mycocepurus) |
| 202 | - |
| 203 | Ameisenkammer, in 12 cm Tiefe, 5 cm breit, 1 cm hoch |
| 204 | - |
| 205 | Ameisenkammer, in 6 cm Tiefe, mit Pilzfüllung, Ameisenpräsenz |
| 206 | - |
| 207 | Decke der Kammer (Probe um 90 Grad gedreht) |
| 208 | - |
| 209 | Ameisenkammer mit Pilzfüllung, in 32 cm Tiefe, 4,5 cm breit; 4 cm hoch |
| 210 | - |
| 211 | Ameisengang (Crematogaster) |
| 212 | - |
| 213 | Ameisenkammer, in 5-10 cm Tiefe, 3 cm breit; 0,5 cm hoch, Probe um 90 Grad gedreht |
| 214 | - |

## Anhang [A5]: Mikromorphologische und bodenchemische Daten der biogenen Strukturen

| Zeilen-nummer | Lage der untersuchten Struktur | Organikgehalt (Querschnitt) (Mittelwert) [Flächen-%] | Quarzgehalt (Querschnitt) (Mittelwert) [Flächen-%] | Porengehalt (Querschnitt) (Mittelwert) [Flächen-%] | Matrixgehalt (Querschnitt) (Mittelwert) [Flächen-%] | KAK nach Summe [mmol/100g] | KAK nach Ba2+ [mmol/100g] |
|---|---|---|---|---|---|---|---|
| 142 | Nestauswurf | 0,9 | 5,1 | 48,8 | 45,2 | 12,80 | 10,15 |
| 143 | unter Nestauswurf | 0,2 | 10,9 | 10,7 | 78,3 | 10,92 | 9,83 |
| 144 | 5 mm hinter Kammerwand | 0,7 | 7,4 | 6,5 | 85,4 | - | - |
| 145 | Kammerwand | 0,6 | 6,6 | 14,2 | 78,7 | 13,70 | 12,35 |
| 146 | 5 mm hinter Wand Kammerboden | 0,7 | 3,8 | 13,2 | 82,3 | - | - |
| 147 | Wand Kammerboden | 0,2 | 2,8 | 14,9 | 82,2 | 7,41 | 6,88 |
| 148 | Unterboden unbeeinflußt | 0,3 | 6,4 | 16,1 | 77,2 | 7,70 | 6,99 |
| 149 | - | - | - | - | - | 8,83 | 7,97 |
| 150 | - | - | - | - | - | 13,21 | 11,68 |
| 151 | - | - | - | - | - | 12,77 | 11,36 |
| 152 | Nestauswurf | 2,5 | 1,8 | 55,0 | 40,7 | 8,85 | 7,98 |
| 153 | 5 mm hinter Wand Ameisenkammer | 0,1 | 4,0 | 8,9 | 87,0 | - | - |
| 154 | Wand Ameisenkammer | 0,9 | 2,4 | 23,3 | 73,4 | - | - |
| 155 | 5 mm hinter Kammerwand | 0,4 | 2,4 | 8,3 | 88,8 | - | - |
| 156 | Kammerwand | 0,3 | 2,8 | 7,2 | 89,7 | 10,13 | 9,07 |
| 157 | 5 mm hinter Boden Ameisengang | 0,1 | 2,3 | 14,4 | 83,1 | - | - |
| 158 | Boden Ameisengang | 0,2 | 1,5 | 13,5 | 84,9 | 10,13 | 9,07 |
| 159 | 5 mm hinter Wand Ameisengang | 0,4 | 1,7 | 9,1 | 88,9 | - | - |
| 160 | Wand Ameisengang | 0,3 | 5,1 | 8,5 | 86,0 | 10,13 | 9,07 |
| 161 | Unterboden unbeeinflußt | 0,1 | 1,6 | 12,1 | 86,2 | 8,30 | 6,99 |
| 162 | Kammerverfüllung | 0,2 | 0,9 | 46,3 | 52,7 | 6,83 | 5,14 |
| 163 | Oberboden unbeeinflußt | 0,7 | 5,2 | 18,4 | 75,8 | 11,18 | 9,29 |
| 164 | - | - | - | - | - | 15,07 | 13,55 |
| 165 | - | - | - | - | - | 7,75 | 6,44 |
| 166 | 5 mm hinter Kammerdecke | 0,3 | 0,8 | 12,6 | 86,3 | - | - |
| 167 | Kammerdecke | 0,0 | 1,7 | 14,5 | 83,8 | 5,80 | 4,70 |
| 168 | 5 mm hinter Kammerwand | 0,3 | 2,0 | 10,3 | 87,4 | - | - |
| 169 | Kammerwand | 0,2 | 6,5 | 13,2 | 80,2 | 7,22 | 5,46 |
| 170 | 5 mm hinter Kammerwand | 0,3 | 6,5 | 10,2 | 83,0 | - | - |
| 171 | Kammerwand | 0,2 | 5,0 | 4,4 | 90,4 | 9,33 | 8,30 |
| 172 | 5 mm hinter Kammerwand | 0,1 | 4,3 | 9,5 | 86,0 | - | - |
| 173 | Kammerwand | 0,5 | 6,6 | 3,9 | 89,0 | 12,55 | 11,58 |
| 174 | 5 mm hinter Kammerboden | 0,2 | 5,6 | 17,0 | 77,3 | - | - |
| 175 | Kammerboden | 0,7 | 5,1 | 11,6 | 82,5 | - | - |
| 176 | 5 mm hinter Organikkrater | 0,3 | 6,5 | 12,9 | 80,2 | - | - |
| 177 | Organikkrater | 6,8 | 0,4 | 36,8 | 55,9 | - | - |
| 178 | 5 mm hinter Kammerwand | 0,4 | 4,2 | 12,7 | 82,8 | - | - |
| 179 | Kammerwand | 0,4 | 4,6 | 15,3 | 79,7 | - | - |
| 180 | 5 mm hinter Wand Kammerdach | 0,1 | 4,9 | 11,4 | 83,6 | - | - |
| 181 | Wand Kammerdach | 0,2 | 5,0 | 12,4 | 82,4 | - | - |
| 182 | 5 mm hinter Kammerseitenwand | 0,3 | 5,9 | 9,0 | 84,8 | - | - |
| 183 | Kammerseitenwand | 0,9 | 3,3 | 13,2 | 82,6 | - | - |
| 184 | 5 mm hinter Kammerwand | 0,2 | 5,7 | 9,4 | 84,7 | - | - |
| 185 | Kammerwand | 0,4 | 7,0 | 9,4 | 83,3 | - | - |
| 186 | 5 mm hinter Wand Kammerboden | 0,1 | 6,3 | 13,8 | 79,8 | - | - |
| 187 | Wand Kammerboden | 0,3 | 5,3 | 11,2 | 83,2 | - | - |
| 188 | Nestkammerauskleidung | 94,3 | 0,8 | 1,5 | 3,4 | - | - |
| 189 | 5 mm hinter Kammerwand | 0,2 | 9,4 | 13,0 | 77,4 | - | - |
| 190 | Kammerwand | 0,6 | 10,6 | 10,4 | 78,5 | 14,62 | 8,52 |
| 191 | 5 mm hinter Wand Kammerboden | 0,2 | 5,4 | 12,7 | 81,8 | - | - |
| 192 | Wand Kammerboden | 0,7 | 3,8 | 20,5 | 74,9 | 9,89 | 8,85 |
| 193 | 5 mm hinter Wand Ameisenkammer | 1,3 | 12,0 | 20,4 | 66,2 | - | - |
| 194 | Wand Ameisenkammer | 1,5 | 8,2 | 13,3 | 77,0 | 22,29 | 19,20 |
| 195 | 5 mm hinter Wand Ameisenkammer | 0,2 | 7,8 | 12,5 | 79,6 | - | - |
| 196 | Wand Ameisenkammer | 0,4 | 6,2 | 8,8 | 84,6 | 14,02 | 12,67 |
| 197 | 5 mm hinter Kammerwand | 0,2 | 3,7 | 10,2 | 86,0 | - | - |
| 198 | Kammerwand | 0,1 | 3,8 | 7,5 | 88,6 | 7,94 | 6,01 |
| 199 | 5 mm hinter Wand Kammerdach | 0,8 | 6,8 | 12,9 | 79,5 | - | - |
| 200 | Wand Kammerdach | 0,6 | 9,2 | 7,1 | 83,1 | 10,37 | 9,07 |
| 201 | 5 mm hinter Wand Ameisenkammer | 0,3 | 2,2 | 11,6 | 85,8 | - | - |
| 202 | Wand Ameisenkammer | 0,4 | 4,9 | 9,7 | 84,9 | 6,98 | 5,46 |
| 203 | 5 mm hinter Wand Ameisenkammer | 0,3 | 9,9 | 13,8 | 75,9 | - | - |
| 204 | Wand Ameisenkammer | 0,5 | 12,6 | 11,1 | 75,8 | 10,59 | 8,85 |
| 205 | 5 mm hinter Wand Ameisenkammer | 0,7 | 6,9 | 22,3 | 70,1 | - | - |
| 206 | Wand Ameisenkammer | 0,6 | 10,5 | 12,4 | 76,6 | 20,19 | 17,15 |
| 207 | 5 mm hinter Wand Ameisenkammer | 0,7 | 12,6 | 5,6 | 81,1 | - | - |
| 208 | Wand Ameisenkammer | 2,1 | 10,6 | 8,3 | 79,1 | 14,02 | 12,67 |
| 209 | 5 mm hinter Wand Ameisenkammer | 0,4 | 1,7 | 12,0 | 85,9 | - | - |
| 210 | Wand Ameisenkammer | 0,5 | 3,6 | 11,8 | 84,1 | 10,06 | 8,63 |
| 211 | 5 mm hinter Ameisenkammer | 0,4 | 4,1 | 13,5 | 82,0 | - | - |
| 212 | Ameisenkammer | 2,0 | 6,2 | 31,5 | 60,4 | - | - |
| 213 | 5 mm hinter Wand Ameisenkammer | 0,4 | 4,1 | 8,4 | 87,1 | - | - |
| 214 | Wand Ameisenkammer | 0,5 | 4,1 | 9,5 | 85,9 | 8,93 | 7,75 |

## Anhang [A5]: Mikromorphologische und bodenchemische Daten der biogenen Strukturen

| Zeilen-nummer | H-Wert [mmol/100g] | Summe Kationen [mmol/100g] | Na+ [mmol/100g] | K+ [mmol/100g] | Mg2+ [mmol/100g] | Ca2+ [mmol/100g] | Basensättigung [%] |
|---|---|---|---|---|---|---|---|
| 142 | 12,11 | 0,69 | 0,01 | 0,08 | 0,03 | 0,57 | 5,39 |
| 143 | 10,79 | 0,12 | 0,02 | 0,06 | 0,02 | 0,02 | 1,12 |
| 144 | - | - | - | - | - | - | - |
| 145 | 13,60 | 0,11 | 0,01 | 0,07 | 0,02 | 0,00 | 0,79 |
| 146 | - | - | - | - | - | - | - |
| 147 | 7,29 | 0,12 | 0,05 | 0,02 | 0,00 | 0,05 | 1,62 |
| 148 | 7,66 | 0,04 | 0,02 | 0,01 | 0,00 | 0,01 | 0,55 |
| 149 | 8,77 | 0,06 | 0,02 | 0,03 | 0,00 | 0,02 | 0,70 |
| 150 | 12,94 | 0,27 | 0,03 | 0,17 | 0,04 | 0,03 | 2,04 |
| 151 | 12,67 | 0,10 | 0,02 | 0,06 | 0,02 | 0,01 | 0,81 |
| 152 | 7,89 | 0,96 | 0,03 | 0,08 | 0,15 | 0,71 | 10,87 |
| 153 | - | - | - | - | - | - | - |
| 154 | - | - | - | - | - | - | - |
| 155 | - | - | - | - | - | - | - |
| 156 | 9,11 | 1,02 | 0,05 | 0,04 | 0,15 | 0,79 | 10,09 |
| 157 | - | - | - | - | - | - | - |
| 158 | 9,11 | 1,02 | 0,05 | 0,04 | 0,15 | 0,79 | 10,09 |
| 159 | - | - | - | - | - | - | - |
| 160 | 9,11 | 1,02 | 0,05 | 0,04 | 0,15 | 0,79 | 10,09 |
| 161 | 8,14 | 0,17 | 0,02 | 0,01 | 0,06 | 0,08 | 1,99 |
| 162 | 6,41 | 0,41 | 0,03 | 0,01 | 0,06 | 0,31 | 6,04 |
| 163 | 10,34 | 0,84 | 0,03 | 0,04 | 0,12 | 0,65 | 7,51 |
| 164 | 13,47 | 1,60 | 0,03 | 0,10 | 0,22 | 1,26 | 10,63 |
| 165 | 7,66 | 0,09 | 0,02 | 0,01 | 0,02 | 0,04 | 1,12 |
| 166 | - | - | - | - | - | - | - |
| 167 | 5,68 | 0,12 | 0,03 | 0,01 | 0,05 | 0,03 | 2,07 |
| 168 | - | - | - | - | - | - | - |
| 169 | 7,11 | 0,12 | 0,05 | 0,03 | 0,02 | 0,01 | 1,60 |
| 170 | - | - | - | - | - | - | - |
| 171 | 9,26 | 0,07 | 0,02 | 0,02 | 0,02 | 0,01 | 0,76 |
| 172 | - | - | - | - | - | - | - |
| 173 | 12,26 | 0,29 | 0,03 | 0,14 | 0,07 | 0,04 | 2,33 |
| 174 | - | - | - | - | - | - | - |
| 175 | - | - | - | - | - | - | - |
| 176 | - | - | - | - | - | - | - |
| 177 | - | - | - | - | - | - | - |
| 178 | - | - | - | - | - | - | - |
| 179 | - | - | - | - | - | - | - |
| 180 | - | - | - | - | - | - | - |
| 181 | - | - | - | - | - | - | - |
| 182 | - | - | - | - | - | - | - |
| 183 | - | - | - | - | - | - | - |
| 184 | - | - | - | - | - | - | - |
| 185 | - | - | - | - | - | - | - |
| 186 | - | - | - | - | - | - | - |
| 187 | - | - | - | - | - | - | - |
| 188 | - | - | - | - | - | - | - |
| 189 | - | - | - | - | - | - | - |
| 190 | 14,46 | 0,16 | 0,03 | 0,03 | 0,03 | 0,07 | 1,10 |
| 191 | - | - | - | - | - | - | - |
| 192 | 9,76 | 0,12 | 0,04 | 0,02 | 0,01 | 0,05 | 1,26 |
| 193 | - | - | - | - | - | - | - |
| 194 | 21,88 | 0,41 | 0,07 | 0,11 | 0,09 | 0,15 | 1,84 |
| 195 | - | - | - | - | - | - | - |
| 196 | 13,71 | 0,31 | 0,05 | 0,10 | 0,06 | 0,10 | 2,22 |
| 197 | - | - | - | - | - | - | - |
| 198 | 7,73 | 0,21 | 0,03 | 0,01 | 0,01 | 0,15 | 2,60 |
| 199 | - | - | - | - | - | - | - |
| 200 | 9,92 | 0,45 | 0,01 | 0,05 | 0,09 | 0,30 | 4,36 |
| 201 | - | - | - | - | - | - | - |
| 202 | 6,81 | 0,17 | 0,01 | 0,05 | 0,07 | 0,04 | 2,49 |
| 203 | - | - | - | - | - | - | - |
| 204 | 10,41 | 0,19 | 0,01 | 0,04 | 0,06 | 0,08 | 1,78 |
| 205 | - | - | - | - | - | - | - |
| 206 | 19,53 | 0,66 | 0,06 | 0,19 | 0,22 | 0,18 | 3,26 |
| 207 | - | - | - | - | - | - | - |
| 208 | 13,71 | 0,31 | 0,05 | 0,10 | 0,06 | 0,10 | 2,22 |
| 209 | - | - | - | - | - | - | - |
| 210 | 9,11 | 0,95 | 0,01 | 0,09 | 0,10 | 0,74 | 9,45 |
| 211 | - | - | - | - | - | - | - |
| 212 | - | - | - | - | - | - | - |
| 213 | - | - | - | - | - | - | - |
| 214 | 8,71 | 0,22 | 0,02 | 0,02 | 0,02 | 0,16 | 2,50 |

## Anhang [A5]: Mikromorphologische und bodenchemische Daten der biogenen Strukturen

| Zeilen-nummer | N in % (Mittelwert) | C in % (Mittelwert) | C/N |
|---|---|---|---|
| 142 | 0,19 | 2,43 | 12,93 |
| 143 | 0,17 | 2,01 | 12,14 |
| 144 | - | - | - |
| 145 | 0,21 | 2,77 | 13,18 |
| 146 | - | - | - |
| 147 | 0,08 | 1,08 | 12,98 |
| 148 | 0,08 | 1,12 | 13,77 |
| 149 | 0,12 | 1,45 | 12,20 |
| 150 | 0,19 | 2,40 | 12,85 |
| 151 | 0,19 | 2,48 | 12,88 |
| 152 | 0,11 | 1,31 | 11,98 |
| 153 | - | - | - |
| 154 | - | - | - |
| 155 | - | - | - |
| 156 | 0,14 | 1,63 | 11,97 |
| 157 | - | - | - |
| 158 | 0,14 | 1,63 | 11,97 |
| 159 | - | - | - |
| 160 | 0,14 | 1,63 | 11,97 |
| 161 | 0,09 | 1,05 | 11,03 |
| 162 | 0,06 | 0,68 | 11,19 |
| 163 | 0,17 | 1,95 | 11,66 |
| 164 | 0,24 | 3,11 | 13,15 |
| 165 | 0,08 | 0,86 | 11,10 |
| 166 | - | - | - |
| 167 | 0,07 | 0,70 | 10,34 |
| 168 | - | - | - |
| 169 | 0,07 | 0,79 | 10,72 |
| 170 | - | - | - |
| 171 | 0,12 | 1,35 | 11,55 |
| 172 | - | - | - |
| 173 | 0,23 | 2,48 | 10,74 |
| 174 | - | - | - |
| 175 | 0,09 | 0,94 | 10,55 |
| 176 | - | - | - |
| 177 | 0,17 | 5,16 | 29,70 |
| 178 | - | - | - |
| 179 | 0,37 | 5,43 | 14,78 |
| 180 | - | - | - |
| 181 | 0,07 | 0,82 | 11,43 |
| 182 | - | - | - |
| 183 | 0,22 | 2,94 | 13,67 |
| 184 | - | - | - |
| 185 | 1,21 | 14,57 | 11,99 |
| 186 | - | - | - |
| 187 | 0,27 | 3,50 | 12,86 |
| 188 | 0,49 | 6,19 | 12,68 |
| 189 | - | - | - |
| 190 | 0,14 | 5,42 | 37,59 |
| 191 | - | - | - |
| 192 | 0,12 | 1,41 | 11,45 |
| 193 | - | - | - |
| 194 | - | - | - |
| 195 | - | - | - |
| 196 | 0,22 | 3,05 | 14,04 |
| 197 | - | - | - |
| 198 | 0,08 | 0,78 | 10,12 |
| 199 | - | - | - |
| 200 | 0,14 | 1,65 | 11,84 |
| 201 | - | - | - |
| 202 | 0,07 | 0,82 | 11,81 |
| 203 | - | - | - |
| 204 | 0,17 | 1,93 | 11,34 |
| 205 | - | - | - |
| 206 | 0,28 | 3,73 | 13,53 |
| 207 | - | - | - |
| 208 | 0,22 | 3,05 | 14,04 |
| 209 | - | - | - |
| 210 | 0,13 | 1,73 | 13,85 |
| 211 | - | - | - |
| 212 | - | - | - |
| 213 | - | - | - |
| 214 | 0,10 | 1,22 | 12,00 |

## Anhang [A5]: Mikromorphologische und bodenchemische Daten der biogenen Strukturen

| Zeilen-nummer | Beschreibung | Dünnschliff-Nr. | Proben-name | Familie | Unterfamilie | Gattung bzw. Art |
|---|---|---|---|---|---|---|
| | | | | | Taxonomische Zuordnung | |
| 215 | Ameisen-Struktur | 589 | CUP2-S-5A | Formicidae | Myrmicinae | Solenopsis |
| 216 | - | (589) | - | - | - | - |
| 217 | Ameisen-Struktur | ohne Dünnschliff | CO2-S-4A | - | - | - |
| 218 | Ameisen-Struktur | ohne Dünnschliff | CZ2-S-3A | - | - | - |
| 219 | Ameisen-Struktur | ohne Dünnschliff | G-S-2A2 | Formicidae | Ponerinae | Typhlomyrmex |
| 220 | Ameisen-Struktur | ohne Dünnschliff | G-S-3A | - | - | - |
| 221 | Ameisen-Struktur | ohne Dünnschliff | G-S-4A | Formicidae | Myrmicinae | Pheidole |
| 222 | Ameisen-Struktur | ohne Dünnschliff | PW1-S-3A | Formicidae | Ponerinae | Leptogenys |
| 223 | Ameisen-Struktur | ohne Dünnschliff | M-5A | - | - | - |
| 224 | Ameisen-Struktur | ohne Dünnschliff | R-1A | Formicidae | Formicinae | Paratrechina |
| 225 | Ameisen-Struktur | ohne Dünnschliff | R-2A | Formicidae | Formicinae | Paratrechina |
| 226 | Ameisen-Struktur | ohne Dünnschliff | R-1A2 | - | - | - |
| 227 | Ameisen-Struktur | ohne Dünnschliff | SW-3A | - | - | - |
| 228 | Ameisen-Struktur | ohne Dünnschliff | SW-2A | - | - | - |
| 229 | Ameisen-Struktur | ohne Dünnschliff | G2-0-E6 | - | - | - |
| 230 | Ameisen-Struktur | ohne Dünnschliff | G2-S-4A | - | - | - |
| 231 | Ameisen-Struktur | ohne Dünnschliff | G2-S-4A2 | - | - | - |
| 232 | Ameisen-Struktur | ohne Dünnschliff | URU2-S-5A | - | - | - |
| 233 | Ameisen-Struktur | ohne Dünnschliff | PW3-S-4A | - | - | - |
| 234 | Ameisen-Struktur | ohne Dünnschliff | PW3-S-1A/3 | Formicidae | Myrmicinae | Trachymyrmex |
| 235 | Ameisen-Struktur | ohne Dünnschliff | CO3-S-4A | - | - | - |
| 236 | Ameisen-Struktur | ohne Dünnschliff | CUP3-S-4A | - | - | - |
| 237 | Ameisen-Struktur | ohne Dünnschliff | CUP3-S-3A | - | - | - |
| 238 | Ameisen-Struktur | ohne Dünnschliff | CUP3-S-3A2 | - | - | - |
| 239 | Ameisen-Struktur | ohne Dünnschliff | CUP3-S-2A | Formicidae | Myrmicinae | Crematogaster |
| 240 | Ameisen-Struktur | ohne Dünnschliff | CUP3-S-6A | - | - | - |
| 241 | Ameisen-Struktur | ohne Dünnschliff | URU3-S-4A | - | - | - |
| 242 | Ameisen-Struktur | ohne Dünnschliff | URU3-S-4A2 | - | - | - |
| 243 | Ameisen-Struktur | ohne Dünnschliff | CZ3-S-1A | Formicidae | Myrmicinae | Pheidole |
| 244 | Ameisen-Struktur | ohne Dünnschliff | CZ3-S-6A | - | - | - |
| 245 | Ameisen-Struktur | ohne Dünnschliff | CZ3-S-1A2 | - | - | - |
| 246 | Ameisen-Struktur | ohne Dünnschliff | CZ3-S-2A | Formicidae | Myrmicinae | Pheidole |
| 247 | Ameisen-Struktur | ohne Dünnschliff | PU3-S-3A | - | - | - |
| 248 | Ameisen-Struktur | ohne Dünnschliff | PU3-S-6A | - | - | - |
| 249 | Ameisen-Struktur | ohne Dünnschliff | SE2-S-6A | Formicidae | Myrmicinae | Apterostigma |
| 250 | **Termitenbau *Corrnitermes* sp.** | 567 | T-1 | Termitidae | Nasutitermitinae | Cornitermes |
| 251 | Termitenbau *Cornitermes* sp. | 533 | T-2 | Termitidae | Nasutitermitinae | Cornitermes |
| 252 | Termitenbau *Cornitermes* sp. | 568 | T-4 | Termitidae | Nasutitermitinae | Cornitermes |
| 253 | Termitenbau *Cornitermes* sp. | 348 | T-0-G4 | Termitidae | Nasutitermitinae | Cornitermes |
| 254 | - | (348) | - | - | - | - |
| 255 | Termitenbau *Cornitermes* sp. | 569 | T-0-C2 | Termitidae | Nasutitermitinae | Cornitermes |
| 256 | - | (569) | - | - | - | - |
| 257 | Termitenbau *Cornitermes* sp. | 574 | T-0-C4 | Termitidae | Nasutitermitinae | Cornitermes |
| 258 | - | (574) | - | - | - | - |
| 259 | Termitenbau *Cornitermes* sp. | 522 | T-0-C6 | Termitidae | Nasutitermitinae | Cornitermes |
| 260 | - | (522) | - | - | - | - |
| 261 | Termitenbau *Cornitermes* sp. | 578 | T-10-N0 | Termitidae | Nasutitermitinae | Cornitermes |
| 262 | Termitenbau *Cornitermes* sp. | 519 | T-10-N2 | Termitidae | Nasutitermitinae | Cornitermes |
| 263 | Termitenbau *Cornitermes* sp. | 576 | T-10-N3 | Termitidae | Nasutitermitinae | Cornitermes |
| 264 | Termitenbau *Cornitermes* sp. (Unterboden) | 575 | T-10-U4 | Termitidae | Nasutitermitinae | Cornitermes |
| 265 | Termitenbau *Cornitermes* sp. (Unterboden) | 577 | T-10-U3 | Termitidae | Nasutitermitinae | Cornitermes |
| 266 | Termitenbau *Cornitermes* sp. | ohne Dünnschliff | T-3 | Termitidae | Nasutitermitinae | Cornitermes |
| 267 | Termitenbau *Cornitermes* sp. | ohne Dünnschliff | T-0-D2 | Termitidae | Nasutitermitinae | Cornitermes |
| 268 | Termitenbau *Cornitermes* sp. | ohne Dünnschliff | T-0-A4 | Termitidae | Nasutitermitinae | Cornitermes |
| 269 | Termitenbau *Cornitermes* sp. | ohne Dünnschliff | T-0-B4 | Termitidae | Nasutitermitinae | Cornitermes |
| 270 | Termitenbau *Cornitermes* sp. | ohne Dünnschliff | T-0-B5 | Termitidae | Nasutitermitinae | Cornitermes |
| 271 | Termitenbau *Cornitermes* sp. | ohne Dünnschliff | T-0-F4 | Termitidae | Nasutitermitinae | Cornitermes |
| 272 | Termitenbau *Cornitermes* sp. | ohne Dünnschliff | T-0-E10 | Termitidae | Nasutitermitinae | Cornitermes |
| 273 | Termitenbau *Cornitermes* sp. | ohne Dünnschliff | T-10-U1 | Termitidae | Nasutitermitinae | Cornitermes |
| 274 | Termitenbau *Cornitermes* sp. | ohne Dünnschliff | T-10-U2 | Termitidae | Nasutitermitinae | Cornitermes |
| 275 | **Termitenbau *Syntermes molestus*** | 526 | T2-1 | Termitidae | Nasutitermitinae | Syntermes molestus |
| 276 | - | (526) | - | - | - | - |
| 277 | Termitenbau *Syntermes molestus* | 529 | T2-3 | Termitidae | Nasutitermitinae | Syntermes molestus |
| 278 | Termitenbau *Syntermes molestus* (Unterboden) | 530 | T2-4 | Termitidae | Nasutitermitinae | Syntermes molestus |
| 279 | Termitenbau *Syntermes molestus* | 346 | T2-5 | Termitidae | Nasutitermitinae | Syntermes molestus |
| 280 | - | (346) | - | - | - | - |
| 281 | Termitenbau *Syntermes molestus* | 521 | T2-8 | Termitidae | Nasutitermitinae | Syntermes molestus |
| 282 | - | (521) | - | - | - | - |
| 283 | Termitenbau *Syntermes molestus* | 558 | T2-8/2 | Termitidae | Nasutitermitinae | Syntermes molestus |
| 284 | - | (558) | - | - | - | - |
| 285 | Termitenbau *Syntermes molestus* | 534 | T2-10 | Termitidae | Nasutitermitinae | Syntermes molestus |
| 286 | - | (534) | - | - | - | - |

## Anhang [A5]: Mikromorphologische und bodenchemische Daten der biogenen Strukturen

| Zeilen-nummer | Notizen bei der Geländeansprache |
|---|---|
| 215 | Ameisenbau, Wandauskleidung |
| 216 | - |
| 217 | Ameisenkammer |
| 218 | Ameisenkammer mit Pilzfüllung (Mycocepurus) |
| 219 | Ameisen-Gangsystem |
| 220 | Ameisengang |
| 221 | Ameisenkammer (Art muß noch bestimmt werden) |
| 222 | Ameisengang |
| 223 | Ameisenkammer (Mycocepurus), nicht verfüllt, mit Wurzeln, in 40-45 cm Tiefe, 6 cm breit, 5 cm hoch, Probe: Wand der Kammer |
| 224 | Ameisenkammer, in 10 cm Tiefe, 1 cm Durchmesser |
| 225 | Ameisengang, in 10 cm Tiefe |
| 226 | Ameisenkammer, in 1 cm Tiefe, 7 cm breit; 2,5 cm hoch, Probe: Boden der Kammer |
| 227 | Ameisengänge, in 25 cm Tiefe, 6,5 cm hoch, 4 cm breit, Probe um 90 Grad gedreht |
| 228 | Ameisenkammer, verlassen, in 15 cm Tiefe, 5 cm breit; 4,5 cm hoch |
| 229 | Ameisenkammer, in 55 cm Tiefe, nicht gefärbt |
| 230 | verlassene Ameisenkammer mit Pilzfüllung (wahrsch. Mycocepurus), in 40 cm Tiefe, 4 cm breit; 2,5 cm hoch |
| 231 | verlassene Ameisenkammer (wahrsch. Mycocepurus), in 40 cm Tiefe, 3 cm breit; 2 cm hoch, Probe: um 90 Grad gedreht (Decke der Kammer) |
| 232 | verlassene Ameisenkammer (wahrsch. Mycocepurus), in 50 cm Tiefe, 6 cm breit, 4 cm hoch |
| 233 | Ameisennest, in 40 cm Tiefe, 9 cm breit; 5,5 cm hoch, mit Pilzfüllung, über dem Nest eingefärbt; Probe: Boden der Kammer, um 90 Grad gedreht |
| 234 | Ameisenkammer, mit Pilzfüllung, in 8 cm Tiefe, 6 cm breit, 5 cm hoch, org. Mat. auf dem Boden der Kammer in der Mitte des Pilzes; Probe: Seitenwand |
| 235 | Ameisenkammer mit etwas Pilzfüllung, Tierpräsenz, in 38 cm Tiefe, 6 cm breit, 4 cm hoch |
| 236 | Ameisenkammer (verlassen) , in 35 cm Tiefe; 5,5 cm breit, 4 cm hoch |
| 237 | Ameisenkammer (verlassen) , in 23 cm Tiefe, 4 cm breit, 2 cm hoch |
| 238 | Ameisenkammer (verlassen) , in 23 cm Tiefe, 4 cm breit, 2,5 cm hoch |
| 239 | Ameisen-Gangsystem (Crematogaster), in 20 cm Tiefe, mehrere Gänge (größter 3 cm breit; 0,5 cm hoch) |
| 240 | Ameisenkammer (verlassen) , in 52 cm Tiefe, 6 cm breit, 5 cm hoch |
| 241 | Ameisenkammer, verlassen, in 37 cm Tiefe, 4,5 cm breit, 4 cm hoch |
| 242 | Ameisenkammer, in 35 cm Tiefe, 6 cm breit, 6,5 cm hoch |
| 243 | mehrere Ameisengänge in 3-7 cm Tiefe |
| 244 | Ameisenkammer, in 57 cm Tiefe, 5 cm breit, 5 cm hoch |
| 245 | Ameisengänge, Tierpräsenz, in 5 cm Tiefe |
| 246 | 3 Ameisenkammern, Tierpräsenz, in 10-20 cm Tiefe, größte Kammer 5 cm breit, 1 cm hoch |
| 247 | Ameisenkammer, in 25 cm Tiefe, 2,5 cm Durchmesser, Probe um 90 Grad gedreht (Dach der Kammer) |
| 248 | Ameisenkammer, in 51 cm Tiefe, 6 cm breit, 3 cm hoch, mit Wurmkot |
| 249 | Ameisenkammer (von Termiten gebaut, da Blattrest enthalten), Tierpräsenz, in 53 cm Tiefe, 4 cm breit, 1cm hoch, Probe um 90 Grad gedreht |
| 250 | Nestauswurf an der Basis, 0-10 cm über der Erdoberfläche |
| 251 | Nestauswurf in der Mitte, 20-30 cm über der Erdoberfläche |
| 252 | Nestauswurf: Spitze des Kegels 70-80 cm über der Erdoberfläche |
| 253 | Termiten-Nestschacht |
| 254 | - |
| 255 | Termiten-Nestschacht |
| 256 | - |
| 257 | Termiten-Nestschacht |
| 258 | - |
| 259 | Gangsystem |
| 260 | - |
| 261 | Nestkammer, 5 cm über der Erdoberfläche, im Nestauswurf-Kegel |
| 262 | Nestkammer, 20 cm Tiefe unter Geländeoberkante |
| 263 | Nestkammer, 30 cm Tiefe unter Geländeoberkante |
| 264 | unbeeinflußtes Material aus der Nachbarschaft (links) der Nestkammer, 40 cm Tiefe |
| 265 | unbeeinflußtes Material aus der Nachbarschaft (rechts) der Nestkammer, 50 cm Tiefe |
| 266 | Öffnung im Nestauswurf (Kanal), 40-50 cm über der Erdoberfläche |
| 267 | Nachbarmaterial von C2 |
| 268 | Termiten-Nestschacht |
| 269 | Nachbarmaterial von A4 |
| 270 | Gangsystem |
| 271 | Nachbarmaterial von G4 |
| 272 | Unterboden, unbeeinflußt |
| 273 | Material direkt aus der Umgebung (rechts) der Nestkammer, 30 cm Tiefe |
| 274 | Material unter der Nestkammer, 40 cm Tiefe, mit Termitengang |
| 275 | Termiten-Gangsystem, in 15 cm Tiefe, Durchmesser 2 cm, Probe: Wand eines Gangs |
| 276 | - |
| 277 | Kammer mit zersetzten Blättern, von Termiten eingetragen, in 70 cm Tiefe, Durchmesser 6 cm |
| 278 | Nachbarmaterial zu T2-3, unbeeinflußt |
| 279 | Termitengang, verfüllt mit zersetzten Blättern, 7 mm Durchmesser; Dünnschliff: Querschnitt |
| 280 | - |
| 281 | in 50 cm Tiefe, 2 Termitengänge mit organ. Einlagerungen (4 und 3 cm lang, 1 cm Durchmesser) |
| 282 | - |
| 283 | in 50 cm Tiefe, 2 Termitengänge mit organ. Einlagerungen (4 und 3 cm lang, 1 cm Durchmesser) |
| 284 | - |
| 285 | Auskleidung eines Gangsystems, in 0-10 cm Tiefe, Gänge 1-3 cm Durchmesser |
| 286 | - |

## Anhang [A5]: Mikromorphologische und bodenchemische Daten der biogenen Strukturen

| Zeilen-nummer | Lage der untersuchten Struktur | Organikgehalt (Querschnitt) (Mittelwert) [Flächen-%] | Quarzgehalt (Querschnitt) (Mittelwert) [Flächen-%] | Porengehalt (Querschnitt) (Mittelwert) [Flächen-%] | Matrixgehalt (Querschnitt) (Mittelwert) [Flächen-%] | KAK nach Summe [mmol/100g] | KAK nach Ba2+ [mmol/100g] |
|---|---|---|---|---|---|---|---|
| 215 | 5 mm hinter Wand Ameisenkammer | 0,5 | 6,6 | 9,3 | 83,7 | - | - |
| 216 | Wand Ameisenkammer | 0,7 | 3,8 | 6,6 | 88,9 | 7,15 | 5,90 |
| 217 | - | - | - | - | - | 7,66 | 6,23 |
| 218 | - | - | - | - | - | 7,85 | 6,88 |
| 219 | - | - | - | - | - | 7,59 | 6,77 |
| 220 | - | - | - | - | - | 7,97 | 6,77 |
| 221 | - | - | - | - | - | 9,00 | 7,32 |
| 222 | - | - | - | - | - | 12,41 | 9,72 |
| 223 | - | - | - | - | - | 7,31 | 5,90 |
| 224 | - | - | - | - | - | 12,49 | 11,03 |
| 225 | - | - | - | - | - | 15,39 | 13,76 |
| 226 | - | - | - | - | - | 13,89 | 12,23 |
| 227 | - | - | - | - | - | 8,57 | 7,64 |
| 228 | - | - | - | - | - | 9,15 | 8,08 |
| 229 | - | - | - | - | - | 7,61 | 5,91 |
| 230 | - | - | - | - | - | 8,50 | 6,66 |
| 231 | - | - | - | - | - | 7,83 | 6,22 |
| 232 | - | - | - | - | - | 7,79 | 6,44 |
| 233 | - | - | - | - | - | 7,60 | 6,01 |
| 234 | - | - | - | - | - | 13,92 | 12,01 |
| 235 | - | - | - | - | - | 7,58 | 6,34 |
| 236 | - | - | - | - | - | 7,56 | 6,44 |
| 237 | - | - | - | - | - | 8,57 | 7,43 |
| 238 | - | - | - | - | - | 9,17 | 7,65 |
| 239 | - | - | - | - | - | 8,54 | 7,32 |
| 240 | - | - | - | - | - | 6,23 | 5,24 |
| 241 | - | - | - | - | - | 7,73 | 6,12 |
| 242 | - | - | - | - | - | 8,01 | 6,55 |
| 243 | - | - | - | - | - | 10,33 | 8,52 |
| 244 | - | - | - | - | - | 8,21 | 6,66 |
| 245 | - | - | - | - | - | 11,27 | 9,94 |
| 246 | - | - | - | - | - | 9,72 | 8,41 |
| 247 | - | - | - | - | - | 7,65 | 6,55 |
| 248 | - | - | - | - | - | 7,61 | 5,46 |
| 249 | - | - | - | - | - | 7,99 | 7,43 |
| 250 | Nestauswurf | 1,6 | 3,2 | 16,1 | 79,0 | 15,32 | 13,33 |
| 251 | Nestauswurf | 1,8 | 4,3 | 15,7 | 78,2 | 15,13 | 12,78 |
| 252 | Nestauswurf | 0,9 | 4,7 | 18,6 | 75,8 | 15,17 | 12,89 |
| 253 | 5 mm hinter Wand Termitennestschacht | 0,2 | 5,3 | 12,9 | 81,7 | - | - |
| 254 | Wand Termitennestschacht | 0,5 | 6,0 | 11,8 | 81,7 | 10,06 | 9,28 |
| 255 | 5 mm hinter Wand Termitennestschacht | 1,2 | 2,8 | 22,2 | 73,8 | - | - |
| 256 | Wand Termitennestschacht | 0,8 | 6,7 | 15,4 | 77,2 | 17,68 | 12,67 |
| 257 | 5 mm hinter Wand Termitennestschacht | 0,4 | 2,9 | 13,0 | 83,7 | - | - |
| 258 | Wand Termitennestschacht | 0,9 | 2,3 | 30,6 | 66,3 | 9,89 | 8,63 |
| 259 | 5 mm hinter Wand Termitengang | 0,0 | 6,3 | 11,5 | 82,2 | - | - |
| 260 | Wand Termitengang | 0,8 | 1,7 | 8,8 | 88,7 | 8,56 | 7,10 |
| 261 | Nestkammer | 82,8 | 0,1 | 6,1 | 10,9 | 94,45 | - |
| 262 | Nestkammer | 93,9 | 0,0 | 5,8 | 0,2 | 94,45 | - |
| 263 | Nestkammer | 73,8 | 0,2 | 6,9 | 19,2 | 94,45 | - |
| 264 | Unterboden unbeeinflußt | 0,2 | 3,5 | 15,5 | 80,8 | 8,56 | 6,99 |
| 265 | Unterboden unbeeinflußt | 0,1 | 1,3 | 13,7 | 85,0 | 6,58 | 5,13 |
| 266 | - | - | - | - | - | 14,11 | 12,89 |
| 267 | - | - | - | - | - | 23,43 | 19,01 |
| 268 | - | - | - | - | - | 19,40 | 16,28 |
| 269 | - | - | - | - | - | 9,82 | 8,95 |
| 270 | - | - | - | - | - | 9,26 | 8,19 |
| 271 | - | - | - | - | - | 11,62 | 10,16 |
| 272 | - | - | - | - | - | 6,86 | 5,13 |
| 273 | - | - | - | - | - | 8,97 | 8,74 |
| 274 | - | - | - | - | - | 7,50 | 5,46 |
| 275 | 5 mm hinter Wand Termitengang | 3,3 | 8,6 | 9,5 | 78,6 | - | - |
| 276 | Wand Termitengang | 1,9 | 6,8 | 6,7 | 84,6 | 9,84 | 8,85 |
| 277 | Termitenkammer | - | - | - | - | 13,31 | 11,58 |
| 278 | Unterboden unbeeinflußt | 0,4 | 4,0 | 10,9 | 84,7 | 5,80 | 4,26 |
| 279 | 5 mm hinter Termitengangverfüllung | 0,1 | 2,5 | 19,3 | 78,2 | - | - |
| 280 | Termitengangverfüllung | 64,9 | 0,2 | 9,1 | 25,8 | 15,58 | 12,77 |
| 281 | Umgebung | 0,3 | 3,8 | 9,7 | 86,1 | - | - |
| 282 | Termitengangverfüllung | 50,0 | 1,9 | 0,7 | 47,4 | 27,88 | 27,31 |
| 283 | Umgebung | 0,1 | 3,6 | 9,5 | 86,8 | - | - |
| 284 | Termitengangverfüllung | 12,8 | 3,7 | 2,7 | 80,7 | 27,88 | 27,31 |
| 285 | 5 mm hinter Wand Termitengang | 5,3 | 9,1 | 6,6 | 79,0 | - | - |
| 286 | Wand Termitengang | 2,0 | 6,7 | 5,8 | 85,4 | 10,80 | 9,39 |

## Anhang [A5]: Mikromorphologische und bodenchemische Daten der biogenen Strukturen

| Zeilen-nummer | H-Wert [mmol/100g] | Summe Kationen [mmol/100g] | Na+ [mmol/100g] | K+ [mmol/100g] | Mg2+ [mmol/100g] | Ca2+ [mmol/100g] | Basensättigung [%] |
|---|---|---|---|---|---|---|---|
| 215 | - | - | - | - | - | - | - |
| 216 | 7,11 | 0,04 | 0,01 | 0,02 | 0,01 | 0,00 | 0,59 |
| 217 | 7,61 | 0,05 | 0,02 | 0,01 | 0,02 | 0,01 | 0,64 |
| 218 | 7,78 | 0,07 | 0,01 | 0,02 | 0,02 | 0,01 | 0,90 |
| 219 | 7,53 | 0,06 | 0,01 | 0,03 | 0,01 | 0,00 | 0,75 |
| 220 | 7,93 | 0,04 | 0,01 | 0,02 | 0,01 | 0,00 | 0,50 |
| 221 | 8,96 | 0,04 | 0,01 | 0,02 | 0,01 | 0,00 | 0,50 |
| 222 | 12,24 | 0,16 | 0,03 | 0,03 | 0,03 | 0,08 | 1,32 |
| 223 | 7,21 | 0,09 | 0,02 | 0,03 | 0,01 | 0,04 | 1,28 |
| 224 | 12,03 | 0,46 | 0,01 | 0,19 | 0,09 | 0,17 | 3,68 |
| 225 | 13,85 | 1,54 | 0,03 | 0,27 | 0,20 | 1,04 | 10,00 |
| 226 | 13,18 | 0,72 | 0,01 | 0,15 | 0,16 | 0,39 | 5,16 |
| 227 | 8,48 | 0,09 | 0,00 | 0,03 | 0,02 | 0,04 | 1,02 |
| 228 | 9,06 | 0,10 | 0,01 | 0,03 | 0,02 | 0,03 | 1,07 |
| 229 | 7,45 | 0,15 | 0,07 | 0,01 | 0,00 | 0,08 | 2,03 |
| 230 | 8,28 | 0,22 | 0,04 | 0,02 | 0,01 | 0,15 | 2,57 |
| 231 | 7,65 | 0,17 | 0,02 | 0,01 | 0,01 | 0,13 | 2,22 |
| 232 | 7,73 | 0,06 | 0,02 | 0,01 | 0,01 | 0,02 | 0,72 |
| 233 | 7,53 | 0,07 | 0,02 | 0,02 | 0,01 | 0,02 | 0,88 |
| 234 | 13,83 | 0,09 | 0,02 | 0,03 | 0,02 | 0,01 | 0,64 |
| 235 | 7,53 | 0,05 | 0,00 | 0,01 | 0,01 | 0,03 | 0,68 |
| 236 | 7,50 | 0,06 | 0,02 | 0,01 | 0,00 | 0,03 | 0,74 |
| 237 | 8,53 | 0,04 | 0,01 | 0,01 | 0,01 | 0,01 | 0,48 |
| 238 | 9,11 | 0,07 | 0,01 | 0,01 | 0,01 | 0,03 | 0,74 |
| 239 | 8,48 | 0,06 | 0,01 | 0,03 | 0,01 | 0,02 | 0,72 |
| 240 | 6,19 | 0,03 | 0,01 | 0,01 | 0,00 | 0,02 | 0,55 |
| 241 | 7,69 | 0,04 | 0,02 | 0,01 | 0,00 | 0,01 | 0,50 |
| 242 | 7,97 | 0,04 | 0,02 | 0,01 | 0,00 | 0,01 | 0,45 |
| 243 | 10,19 | 0,14 | 0,02 | 0,04 | 0,03 | 0,05 | 1,32 |
| 244 | 7,97 | 0,25 | 0,02 | 0,01 | 0,02 | 0,20 | 3,00 |
| 245 | 11,07 | 0,21 | 0,02 | 0,06 | 0,05 | 0,08 | 1,85 |
| 246 | 9,62 | 0,10 | 0,01 | 0,04 | 0,02 | 0,03 | 1,02 |
| 247 | 7,37 | 0,28 | 0,04 | 0,03 | 0,04 | 0,18 | 3,68 |
| 248 | 7,49 | 0,12 | 0,03 | 0,01 | 0,00 | 0,09 | 1,61 |
| 249 | 7,91 | 0,08 | 0,03 | 0,02 | 0,00 | 0,03 | 1,00 |
| 250 | 13,47 | 1,84 | 0,01 | 0,10 | 0,35 | 1,37 | 12,04 |
| 251 | 14,24 | 0,89 | 0,01 | 0,08 | 0,16 | 0,63 | 5,87 |
| 252 | 14,32 | 0,85 | 0,03 | 0,07 | 0,14 | 0,61 | 5,62 |
| 253 | - | - | - | - | - | - | - |
| 254 | 9,94 | 0,12 | 0,01 | 0,04 | 0,02 | 0,04 | 1,17 |
| 255 | - | - | - | - | - | - | - |
| 256 | 16,59 | 1,09 | 0,04 | 0,12 | 0,22 | 0,70 | 6,14 |
| 257 | - | - | - | - | - | - | - |
| 258 | 9,64 | 0,25 | 0,02 | 0,03 | 0,05 | 0,14 | 2,48 |
| 259 | - | - | - | - | - | - | - |
| 260 | 8,37 | 0,19 | 0,02 | 0,02 | 0,02 | 0,13 | 2,20 |
| 261 | 55,42 | 39,03 | 0,41 | 1,51 | 9,37 | 27,74 | 41,32 |
| 262 | 55,42 | 39,03 | 0,41 | 1,51 | 9,37 | 27,74 | 41,32 |
| 263 | 55,42 | 39,03 | 0,41 | 1,51 | 9,37 | 27,74 | 41,32 |
| 264 | 8,50 | 0,06 | 0,01 | 0,01 | 0,00 | 0,04 | 0,72 |
| 265 | 6,54 | 0,04 | 0,01 | 0,01 | 0,00 | 0,02 | 0,53 |
| 266 | 13,27 | 0,84 | 0,01 | 0,06 | 0,16 | 0,61 | 5,98 |
| 267 | 20,17 | 3,26 | 0,07 | 0,19 | 0,72 | 2,28 | 13,91 |
| 268 | 19,12 | 0,27 | 0,03 | 0,08 | 0,07 | 0,10 | 1,41 |
| 269 | 9,74 | 0,08 | 0,01 | 0,03 | 0,02 | 0,02 | 0,80 |
| 270 | 9,22 | 0,04 | 0,01 | 0,02 | 0,01 | 0,01 | 0,47 |
| 271 | 11,52 | 0,10 | 0,01 | 0,03 | 0,02 | 0,04 | 0,85 |
| 272 | 6,82 | 0,04 | 0,01 | 0,01 | 0,00 | 0,02 | 0,57 |
| 273 | 8,87 | 0,10 | 0,01 | 0,02 | 0,02 | 0,05 | 1,10 |
| 274 | 7,42 | 0,08 | 0,02 | 0,01 | 0,00 | 0,05 | 1,08 |
| 275 | - | - | - | - | - | - | - |
| 276 | 9,51 | 0,33 | 0,02 | 0,05 | 0,07 | 0,19 | 3,38 |
| 277 | 10,29 | 3,02 | 0,02 | 0,04 | 0,36 | 2,60 | 22,71 |
| 278 | 5,69 | 0,12 | 0,02 | 0,00 | 0,01 | 0,09 | 1,99 |
| 279 | - | - | - | - | - | - | - |
| 280 | 11,40 | 4,18 | 0,10 | 0,05 | 0,69 | 3,34 | 26,83 |
| 281 | - | - | - | - | - | - | - |
| 282 | 22,99 | 4,89 | 0,02 | 0,08 | 1,36 | 3,43 | 17,54 |
| 283 | - | - | - | - | - | - | - |
| 284 | 22,99 | 4,89 | 0,02 | 0,08 | 1,36 | 3,43 | 17,54 |
| 285 | - | - | - | - | - | - | - |
| 286 | 10,39 | 0,41 | 0,01 | 0,05 | 0,06 | 0,30 | 3,81 |

## Anhang [A5]: Mikromorphologische und bodenchemische Daten der biogenen Strukturen

| Zeilen-nummer | N in % (Mittelwert) | C in % (Mittelwert) | C/N |
|---|---|---|---|
| 215 | - | - | - |
| 216 | 0,08 | 0,86 | 10,99 |
| 217 | 0,08 | 0,84 | 10,18 |
| 218 | 0,10 | 1,17 | 11,97 |
| 219 | 0,10 | 1,02 | 10,23 |
| 220 | 0,10 | 1,04 | 10,88 |
| 221 | 0,10 | 1,11 | 11,12 |
| 222 | 0,14 | 1,76 | 12,98 |
| 223 | 0,08 | 1,03 | 12,22 |
| 224 | 0,19 | 2,21 | 11,61 |
| 225 | 0,22 | 2,78 | 12,55 |
| 226 | 0,19 | 2,30 | 11,82 |
| 227 | 0,13 | 1,32 | 10,30 |
| 228 | 0,14 | 1,46 | 10,82 |
| 229 | - | - | - |
| 230 | 0,09 | 0,96 | 10,62 |
| 231 | 0,08 | 0,83 | 10,26 |
| 232 | 0,07 | 0,90 | 13,16 |
| 233 | 0,07 | 0,87 | 12,22 |
| 234 | 0,18 | 2,25 | 12,42 |
| 235 | 0,08 | 0,92 | 10,93 |
| 236 | 0,08 | 0,85 | 11,08 |
| 237 | 0,10 | 1,10 | 11,53 |
| 238 | 0,10 | 1,22 | 11,92 |
| 239 | 0,09 | 1,13 | 12,07 |
| 240 | 0,07 | 0,75 | 10,76 |
| 241 | 0,08 | 0,85 | 10,92 |
| 242 | 0,08 | 0,90 | 11,62 |
| 243 | 0,14 | 1,56 | 11,26 |
| 244 | 0,09 | 0,92 | 10,65 |
| 245 | 0,17 | 1,98 | 11,62 |
| 246 | 0,13 | 1,44 | 11,35 |
| 247 | 0,09 | 1,06 | 11,24 |
| 248 | 0,07 | 0,71 | 10,28 |
| 249 | 0,10 | 1,14 | 11,30 |
| 250 | 0,23 | 3,28 | 14,59 |
| 251 | 0,22 | 2,99 | 13,78 |
| 252 | 0,23 | 3,36 | 14,37 |
| 253 | - | - | - |
| 254 | 0,16 | 1,81 | 11,37 |
| 255 | - | - | - |
| 256 | 0,29 | 4,21 | 14,39 |
| 257 | - | - | - |
| 258 | 0,14 | 1,57 | 11,36 |
| 259 | - | - | - |
| 260 | 0,11 | 1,21 | 11,04 |
| 261 | - | - | - |
| 262 | - | - | - |
| 263 | - | - | - |
| 264 | 0,07 | 0,70 | 9,83 |
| 265 | 0,07 | 0,71 | 9,93 |
| 266 | 0,20 | 2,73 | 13,52 |
| 267 | 0,36 | 5,99 | 16,54 |
| 268 | 0,31 | 3,96 | 12,89 |
| 269 | 0,14 | 1,56 | 11,06 |
| 270 | 0,13 | 1,37 | 10,65 |
| 271 | 0,17 | 1,90 | 11,27 |
| 272 | 0,07 | 0,71 | 9,82 |
| 273 | 0,13 | 1,43 | 10,78 |
| 274 | 0,08 | 0,75 | 9,91 |
| 275 | - | - | - |
| 276 | 0,15 | 1,73 | 11,69 |
| 277 | 0,20 | 2,56 | 12,95 |
| 278 | 0,06 | 0,57 | 10,21 |
| 279 | - | - | - |
| 280 | - | - | - |
| 281 | - | - | - |
| 282 | 0,33 | 6,68 | 20,19 |
| 283 | - | - | - |
| 284 | 0,33 | 6,68 | 20,19 |
| 285 | - | - | - |
| 286 | 0,17 | 1,87 | 11,29 |

## Anhang [A5]: Mikromorphologische und bodenchemische Daten der biogenen Strukturen

| Zeilen-nummer | Beschreibung | Dünnschliff-Nr. | Proben-name | Familie | Unterfamilie | Gattung bzw. Art |
|---|---|---|---|---|---|---|
| | | | | | Taxonomische Zuordnung | |
| 287 | Termitenbau *Syntermes molestus* | 559 | T2-12 | Termitidae | Nasutitermitinae | Syntermes molestus |
| 288 | - | (559) | - | - | - | - |
| 289 | Termitenbau *Syntermes molestus* | ohne Dünnschliff | T2-7 | Termitidae | Nasutitermitinae | Syntermes molestus |
| 290 | Termitenbau *Syntermes molestus* | ohne Dünnschliff | T2-9 | Termitidae | Nasutitermitinae | Syntermes molestus |
| 291 | Termitenbau *Syntermes molestus* | ohne Dünnschliff | T2-11 | Termitidae | Nasutitermitinae | Syntermes molestus |
| 292 | Termitenbau *Syntermes molestus* | ohne Dünnschliff | T2-KAK 0-10 | Termitidae | Nasutitermitinae | Syntermes molestus |
| 293 | Termitenbau *Syntermes molestus* | ohne Dünnschliff | T2-KAK 40-50 | Termitidae | Nasutitermitinae | Syntermes molestus |
| 294 | **Termiten-Struktur** | 337 | PW1-S-3T | Termitidae | Nasutitermitinae | Ibiratermes |
| 295 | - | (337) | - | - | - | - |
| 296 | Termiten-Struktur | 339 | PW1-S-2T | Termitidae | Nasutitermitinae | Ibiratermes |
| 297 | - | (339) | - | - | - | - |
| 298 | Termiten-Struktur | 341 | CZ2-S-3T | - | - | - |
| 299 | - | (341) | - | - | - | - |
| 300 | Termiten-Struktur | 513 | SE2-S-2T | Termitidae | Nasutitermitinae | Syntermes |
| 301 | - | (513) | - | - | - | - |
| 302 | Termiten-Struktur | 515 | R-1T | - | - | - |
| 303 | - | (515) | - | - | - | - |
| 304 | Termiten-Struktur | 516 | R-7T | - | - | - |
| 305 | - | (516) | - | - | - | - |
| 306 | Termiten-Struktur | 579 | URU2-S-2 | Termitidae | Termitinae | - |
| 307 | Termiten-Struktur | 580 | PW1-S-2T/3 | Termitidae | Nasutitermitinae | Ibiratermes |
| 308 | - | (580) | - | - | - | - |
| 309 | Termiten-Struktur | 582 | CUP3-S-2T2 | Termitidae | Apicotermitinae | - |
| 310 | - | (582) | - | - | - | - |
| 311 | Termiten-Struktur | ohne Dünnschliff | CO2-S-5T | - | - | - |
| 312 | Termiten-Struktur | ohne Dünnschliff | CUP2-S-5T | - | - | - |
| 313 | Termiten-Struktur | ohne Dünnschliff | CZ2-S-4T | - | - | - |
| 314 | Termiten-Struktur | ohne Dünnschliff | CZ2-S-4TW/3 | - | - | - |
| 315 | Termiten-Struktur | ohne Dünnschliff | CZ2-S-3T/2 | - | - | - |
| 316 | Termiten-Struktur | ohne Dünnschliff | CZ2-S-3AT | - | - | - |
| 317 | Termiten-Struktur | ohne Dünnschliff | CZ2-S-7T | - | - | - |
| 318 | Termiten-Struktur | ohne Dünnschliff | G-S-1A2 | Termitidae | Apicotermitinae | - |
| 319 | Termiten-Struktur | ohne Dünnschliff | M-1T | - | - | - |
| 320 | Termiten-Struktur | ohne Dünnschliff | M-2T | - | - | - |
| 321 | Termiten-Struktur | ohne Dünnschliff | M-1T2 | Termitidae | Apicotermitinae | - |
| 322 | Termiten-Struktur | ohne Dünnschliff | M-2T2 | - | - | - |
| 323 | Termiten-Struktur | ohne Dünnschliff | M-2T3 | - | - | - |
| 324 | Termiten-Struktur | ohne Dünnschliff | R-4T | Termitidae | Nasutitermitinae | Syntermes molestus |
| 325 | Termiten-Struktur | ohne Dünnschliff | R-1T2 | - | - | - |
| 326 | Termiten-Struktur | ohne Dünnschliff | R-2T | - | - | - |
| 327 | Termiten-Struktur | ohne Dünnschliff | B-3T | - | - | - |
| 328 | Termiten-Struktur | ohne Dünnschliff | B-2T | - | - | - |
| 329 | Termiten-Struktur | ohne Dünnschliff | B-4T | - | - | - |
| 330 | Termiten-Struktur | ohne Dünnschliff | SW-1T | - | - | - |
| 331 | Termiten-Struktur | ohne Dünnschliff | SW-2T | - | - | - |
| 332 | Termiten-Struktur | ohne Dünnschliff | SW-2T2 | - | - | - |
| 333 | Termiten-Struktur | ohne Dünnschliff | G2-S-3T | - | - | - |
| 334 | Termiten-Struktur | ohne Dünnschliff | G2-S-2T | - | - | - |
| 335 | Termiten-Struktur | ohne Dünnschliff | URU2-S-4T2 | - | - | - |
| 336 | Termiten-Struktur | ohne Dünnschliff | URU2-S-4T | Termitidae | Termitinae | - |
| 337 | Termiten-Struktur | ohne Dünnschliff | URU2-S-5T | Termitidae | Termitinae | - |
| 338 | Termiten-Struktur | ohne Dünnschliff | PW3-S-5T | - | - | - |
| 339 | Termiten-Struktur | ohne Dünnschliff | PW3-S-3T | - | - | - |
| 340 | Termiten-Struktur | ohne Dünnschliff | CUP3-S-2T | Termitidae | Apicotermitinae | - |
| 341 | Termiten-Struktur | ohne Dünnschliff | URU3-S-1T | - | - | - |
| 342 | Termiten-Struktur | ohne Dünnschliff | CZ3-S-1T | - | - | - |
| 343 | Termiten-Struktur | ohne Dünnschliff | PU3-S-2T | - | - | - |
| 344 | Termiten-Struktur | ohne Dünnschliff | SE3-S-4T | - | - | - |
| 345 | **Regenwurm-Struktur** | 338 | PW1-S-5R | - | - | - |
| 346 | - | (338) | - | - | - | - |
| 347 | Regenwurm-Struktur | 349 | M-2R | - | - | - |
| 348 | - | (349) | - | - | - | - |
| 349 | Regenwurm-Struktur | 351 | B-1R | - | - | - |
| 350 | - | (351) | - | - | - | - |
| 351 | Regenwurm-Struktur | 502 | URU2-S-5R | - | - | - |
| 352 | Regenwurm-Struktur | 507 | SE3-S-2R | - | - | - |
| 353 | - | (507) | - | - | - | - |
| 354 | Regenwurm-Struktur | 517 | SE3-S-2R3 | - | - | - |
| 355 | - | (517) | - | - | - | - |
| 356 | Regenwurm-Struktur | 590 | SE2-S-1R | - | - | - |
| 357 | - | (590) | - | - | - | - |
| 358 | Regenwurm-Struktur | 592 | PW3-S-2R | - | - | - |
| 359 | - | (592) | - | - | - | - |

## Anhang [A5]: Mikromorphologische und bodenchemische Daten der biogenen Strukturen

| Zeilen-nummer | Notizen bei der Geländeansprache |
|---|---|
| 287 | Termitengang mit zersetzten Blättern, mehrere Gänge in 40-50 cm Tiefe |
| 288 | - |
| 289 | Termitengang, in 20 cm Tiefe |
| 290 | Auskleidung einer Kammer in einem Gangsystem, in 30 cm Tiefe, Kammer 17 cm lang, 2 cm hoch |
| 291 | Termitenkammer, in 60 cm Tiefe, 30 cm breit, 2 cm hoch; hier: Boden der Kammer (Probe ist um 90 Grad gedreht) |
| 292 | Mischprobe aus 0 bis 10 cm Tiefe |
| 293 | Mischprobe (Unterboden) aus 40 bis 50 cm Tiefe |
| 294 | Termitengang |
| 295 | - |
| 296 | Termitengang (neben 3A) aus Termitennest, 6 mm breit, 3 mm hoch; Dünnschliff: Querschnitt |
| 297 | - |
| 298 | Termitenkammer (Syntermes) |
| 299 | - |
| 300 | 2 Termitengänge (Syntermes), in 11 cm Tiefe, 3 cm breit/0,5 cm hoch und 2,5 cm breit/0,5 cm hoch |
| 301 | - |
| 302 | Termitengang (Syntermes), in 7 cm Tiefe, 11 mm breit, mit Crematogaster |
| 303 | - |
| 304 | Termitengang (Syntermes), in 60-70 cm Tiefe, 7 cm hoch, 9,5 cm breit, tote Wurzeln an der Wand |
| 305 | - |
| 306 | organ. Material , von Termiten eingetragen, etwa 30 cm mächtig, bräunlich, nicht eingefärbt, Termitenpräsenz |
| 307 | Termitengang, mit organischem Material verfüllt |
| 308 | - |
| 309 | Termitengang, in 15 cm Tiefe, mit org. Material, verstopft, Tierpräsenz |
| 310 | - |
| 311 | Termitengang |
| 312 | Termitenkot |
| 313 | Syntermes, mit Kot verfüllter Gang |
| 314 | Termitengang ausgefüllt innerhalb toter Wurzel |
| 315 | Termitenkammer (Syntermes), weiter hinten |
| 316 | Termitenkammer (Syntermes) |
| 317 | Syntermes-Gang |
| 318 | Termitenstrukturen, von Ameisen bewohnt |
| 319 | Termiten-Gangsystem, in 10 cm Tiefe |
| 320 | Termitengang, ausgekleidet, in 17 cm Tiefe |
| 321 | Termitengang, in 7 cm Tiefe, 15 mm breit, Probe: Boden des Gangs |
| 322 | Termitengang, ausgekleidet, in 15 cm Tiefe, 12 mm Durchmesser |
| 323 | Termitengang, verstopft mit Material (?), bis 15 cm Tiefe, 2 cm Durchmesser |
| 324 | Termitengang, in 34 cm Tiefe, 8 mm breit |
| 325 | Termitengang, in 5 cm Tiefe, 12 mm Durchmesser |
| 326 | Termitengang (Syntermes), verfüllt mit Material (?), in 18 cm Tiefe, 15 mm Durchmesser, KAK-Probe: Material der Füllung |
| 327 | Termitengang, in 23 cm Tiefe, ausgekleidet |
| 328 | Termitengang, ausgekleidet mit Holzkohle (aus Oberboden ausgewaschen), in 10-30 cm Tiefe, Durchmesser 15 mm |
| 329 | Termitengänge (Syntermes), in 35 cm Tiefe, 8 mm Durchmesser |
| 330 | Termitengang, teilweise mit org. Material ausgekleidet, in 9 cm Tiefe, 10 mm Durchmesser, Wandstruktur dunkel |
| 331 | Termitenkammer, ausgekleidet mit org. Material, in 15 cm Tiefe, 6 cm breit, 2 cm hoch |
| 332 | Termiten-Gangsystem, mit Termitenkot verfüllt, in 15 cm Tiefe, Hauptgang 20 mm Durchmesser, kleine Gänge 3 mm Durchmesser |
| 333 | Termitengang, in 30 cm Tiefe, 5 cm breit, 1 cm hoch |
| 334 | Termitengang, in 11 cm Tiefe, 4 cm breit, 1 cm hoch; Probe: Boden der Kammer |
| 335 | Termitengang, ausgekleidet mit organischem Material, in 30 cm Tiefe, 6 cm breit, 2 cm hoch |
| 336 | Termitenkammer, in 35 cm Tiefe |
| 337 | Termiten-Nestschacht, Decke in 27 cm Tiefe, über 1 m tief, 18 cm breit, aus Wurzel entstanden, teilw. mit Wurmkot verfüllt (Rhinodril.); Probe: Nestmaterial |
| 338 | mehrere Termitengänge, in 45-50 cm Tiefe, ausgefüllt mit organischem Material, Durchmesser 2-3 mm |
| 339 | Termitengang, mit organischem Material ausgekleidet, in 25 cm Tiefe, 1 cm Durchmesser |
| 340 | Termitengang, in 12 cm Tiefe, Tierpräsenz |
| 341 | 2 Termitengänge, in 6 und 9 cm Tiefe, 1 cm Durchmesser |
| 342 | Termitengänge, in 5-10 cm Tiefe, Tierpräsenz |
| 343 | wahrsch. Termitengang, in 19 cm Tiefe, 2,5 cm breit, 0,5 cm hoch; Probe: Boden des Gangs (Probe um 90 Grad gedreht) |
| 344 | Termitengang (wahrsch. Syntermes), in 30 cm Tiefe (Decke), etwa 10 cm Durchm., über 1 m lang (geht unbestimmt weit rein); Probe: Decke des Gangs |
| 345 | Regenwurmgang, ausgefüllt, etwa 1 cm Durchmesser; Dünnschliff: Querschnitt |
| 346 | - |
| 347 | Wurmgang (Rhinodrilus), in 10-20 cm Tiefe, 14 mm Durchmesser, Probe um 90 Grad gedreht |
| 348 | - |
| 349 | Regenwurmgang, in 10 cm Tiefe, 15 mm breit |
| 350 | - |
| 351 | im Nest URU2-S-5T: Wurmkot aus 45 cm Tiefe |
| 352 | Wurmgang, mit Kot verfüllt, in 12 cm Tiefe, 1,5 cm Durchmesser, Probe um 90 Grad gedreht |
| 353 | - |
| 354 | Wurmgang, mit Kot verfüllt, von 5-18 cm Tiefe, 1 cm Durchmesser |
| 355 | - |
| 356 | Wurmgang, mit Wurmkot verstopft, in 5 cm Tiefe |
| 357 | - |
| 358 | Wurmkot, in etwa 20 cm Tiefe, 9 cm breit, über 30 cm lang |
| 359 | - |

## Anhang [A5]: Mikromorphologische und bodenchemische Daten der biogenen Strukturen

| Zeilen-nummer | Lage der untersuchten Struktur | Organikgehalt (Querschnitt) (Mittelwert) [Flächen-%] | Quarzgehalt (Querschnitt) (Mittelwert) [Flächen-%] | Porengehalt (Querschnitt) (Mittelwert) [Flächen-%] | Matrixgehalt (Querschnitt) (Mittelwert) [Flächen-%] | KAK nach Summe [mmol/100g] | KAK nach Ba2+ [mmol/100g] |
|---|---|---|---|---|---|---|---|
| 287 | 5 mm hinter Wand Termitengang | 0,4 | 3,7 | 11,0 | 84,9 | - | - |
| 288 | Termitengang (verfüllt) | 13,7 | 3,7 | 44,1 | 38,5 | 20,64 | 16,06 |
| 289 | - | - | - | - | - | 8,42 | 7,32 |
| 290 | - | - | - | - | - | 8,51 | 7,43 |
| 291 | - | - | - | - | - | 7,89 | 6,88 |
| 292 | - | - | - | - | - | 12,94 | 11,69 |
| 293 | - | - | - | - | - | 7,25 | 6,23 |
| 294 | 5 mm hinter Termitengang | 0,6 | 13,8 | 14,6 | 71,0 | - | - |
| 295 | Wand Termitengang | 4,3 | 9,5 | 19,2 | 67,0 | 11,54 | 10,27 |
| 296 | 5 mm hinter Termitengang | 0,5 | 9,2 | 11,2 | 79,1 | - | - |
| 297 | Wand Termitengang | 0,9 | 6,0 | 10,6 | 82,6 | 13,32 | 11,47 |
| 298 | 5 mm hinter Kammerwand | 0,1 | 13,3 | 9,1 | 77,5 | - | - |
| 299 | Kammerwand | 0,7 | 4,6 | 5,2 | 89,5 | 10,33 | 8,41 |
| 300 | 5 mm hinter Wand Termitengang | 0,3 | 11,1 | 13,1 | 75,4 | - | - |
| 301 | Wand Termitengang | 1,5 | 9,5 | 9,4 | 79,6 | 12,92 | 11,90 |
| 302 | 5 mm hinter Wand Termitengang | 1,3 | 7,5 | 5,6 | 85,5 | - | - |
| 303 | Wand Termitengang | 1,2 | 8,6 | 7,9 | 82,3 | 14,26 | 13,00 |
| 304 | 5 mm hinter Wand Termitengang | 0,1 | 2,6 | 10,4 | 86,8 | - | - |
| 305 | Wand Termitengang | 0,1 | 3,5 | 8,0 | 88,4 | 7,27 | 6,01 |
| 306 | organisches Material | 0,6 | 4,7 | 13,2 | 81,5 | 19,45 | 16,39 |
| 307 | 5 mm hinter Termitengang | 0,2 | 6,9 | 18,4 | 74,5 | - | - |
| 308 | Termitengang | 23,3 | 0,1 | 50,7 | 25,9 | 11,00 | 9,61 |
| 309 | 5 mm hinter Termitengang | 0,4 | 10,9 | 9,9 | 78,7 | - | - |
| 310 | Termitengang | 2,0 | 21,0 | 15,9 | 61,1 | 10,46 | 9,17 |
| 311 | - | - | - | - | - | 8,60 | 7,43 |
| 312 | - | - | - | - | - | 9,17 | 8,52 |
| 313 | - | - | - | - | - | 12,59 | 11,47 |
| 314 | - | - | - | - | - | 21,86 | 19,56 |
| 315 | - | - | - | - | - | 12,59 | 11,36 |
| 316 | - | - | - | - | - | 7,54 | 6,66 |
| 317 | - | - | - | - | - | 7,73 | 6,88 |
| 318 | - | - | - | - | - | 12,24 | 11,03 |
| 319 | - | - | - | - | - | 10,79 | 9,18 |
| 320 | - | - | - | - | - | 9,31 | 7,97 |
| 321 | - | - | - | - | - | 12,85 | 11,14 |
| 322 | - | - | - | - | - | 10,56 | 9,06 |
| 323 | - | - | - | - | - | 11,69 | 0,00 |
| 324 | - | - | - | - | - | 8,88 | 7,65 |
| 325 | - | - | - | - | - | 13,48 | 11,90 |
| 326 | - | - | - | - | - | 15,39 | 13,65 |
| 327 | - | - | - | - | - | 9,95 | 8,74 |
| 328 | - | - | - | - | - | 10,86 | 9,61 |
| 329 | - | - | - | - | - | 9,44 | 8,30 |
| 330 | - | - | - | - | - | 11,52 | 10,38 |
| 331 | - | - | - | - | - | 10,43 | 9,28 |
| 332 | - | - | - | - | - | 17,33 | 15,40 |
| 333 | - | - | - | - | - | 11,76 | 10,27 |
| 334 | - | - | - | - | - | 13,81 | 12,34 |
| 335 | - | - | - | - | - | 15,57 | 12,32 |
| 336 | - | - | - | - | - | 29,10 | 17,50 |
| 337 | - | - | - | - | - | 20,13 | 17,36 |
| 338 | - | - | - | - | - | 12,84 | 10,48 |
| 339 | - | - | - | - | - | 15,04 | 12,01 |
| 340 | - | - | - | - | - | 10,96 | 9,50 |
| 341 | - | - | - | - | - | 13,21 | 11,47 |
| 342 | - | - | - | - | - | 10,46 | 9,01 |
| 343 | - | - | - | - | - | 9,92 | 8,63 |
| 344 | - | - | - | - | - | 8,83 | 7,87 |
| 345 | Umgebung | 0,5 | 8,9 | 5,2 | 85,4 | - | - |
| 346 | Wurmkot | 2,2 | 15,6 | 4,0 | 78,2 | 19,30 | 17,37 |
| 347 | 5 mm hinter Wand Wurmgang | 0,4 | 4,6 | 4,6 | 90,4 | - | - |
| 348 | Wand Wurmgang | 1,0 | 4,6 | 4,1 | 90,2 | 12,01 | 10,71 |
| 349 | 5 mm hinter Wand Wurmgang | 0,4 | 4,0 | 7,5 | 88,2 | - | - |
| 350 | Wand Wurmgang | 0,5 | 5,3 | 2,9 | 91,4 | 9,96 | 9,06 |
| 351 | Wurmkot | 6,6 | 8,5 | 3,7 | 81,2 | 26,31 | 22,50 |
| 352 | Umgebung | 1,0 | 16,2 | 11,1 | 71,7 | - | - |
| 353 | Wurmkot | 11,3 | 9,9 | 5,7 | 73,1 | 19,40 | 17,70 |
| 354 | Umgebung | 0,3 | 12,9 | 6,2 | 80,7 | - | - |
| 355 | Wurmkot | 1,3 | 9,5 | 9,5 | 79,6 | 17,90 | 16,17 |
| 356 | 5 mm hinter Wurmkot | 0,7 | 9,0 | 16,3 | 74,0 | - | - |
| 357 | Wurmkot | 2,5 | 11,8 | 5,0 | 80,7 | 18,18 | 15,84 |
| 358 | 5 mm hinter Wurmkot | 0,3 | 5,9 | 2,1 | 91,7 | - | - |
| 359 | Wurmkot | 8,1 | 5,8 | 1,3 | 84,7 | 36,48 | 31,89 |

## Anhang [A5]: Mikromorphologische und bodenchemische Daten der biogenen Strukturen

| Zeilen-nummer | H-Wert [mmol/100g] | Summe Kationen [mmol/100g] | Na+ [mmol/100g] | K+ [mmol/100g] | Mg2+ [mmol/100g] | Ca2+ [mmol/100g] | Basensättigung [%] |
|---|---|---|---|---|---|---|---|
| 287 | - | - | - | - | - | - | - |
| 288 | 10,94 | 9,70 | 0,03 | 0,07 | 1,09 | 8,52 | 46,99 |
| 289 | 8,21 | 0,20 | 0,04 | 0,03 | 0,02 | 0,11 | 2,42 |
| 290 | 8,14 | 0,37 | 0,03 | 0,06 | 0,04 | 0,24 | 4,34 |
| 291 | 7,44 | 0,45 | 0,03 | 0,04 | 0,07 | 0,32 | 5,70 |
| 292 | 12,66 | 0,28 | 0,01 | 0,05 | 0,07 | 0,15 | 2,16 |
| 293 | 7,14 | 0,11 | 0,01 | 0,01 | 0,01 | 0,08 | 1,54 |
| 294 | - | - | - | - | - | - | - |
| 295 | 11,39 | 0,15 | 0,05 | 0,03 | 0,05 | 0,02 | 1,31 |
| 296 | - | - | - | - | - | - | - |
| 297 | 13,12 | 0,20 | 0,03 | 0,04 | 0,04 | 0,08 | 1,51 |
| 298 | - | - | - | - | - | - | - |
| 299 | 10,10 | 0,22 | 0,01 | 0,08 | 0,08 | 0,05 | 2,15 |
| 300 | - | - | - | - | - | - | - |
| 301 | 12,64 | 0,28 | 0,00 | 0,07 | 0,06 | 0,16 | 2,17 |
| 302 | - | - | - | - | - | - | - |
| 303 | 13,98 | 0,28 | 0,02 | 0,14 | 0,12 | 0,01 | 1,97 |
| 304 | - | - | - | - | - | - | - |
| 305 | 7,21 | 0,07 | 0,00 | 0,05 | 0,00 | 0,01 | 0,90 |
| 306 | 19,31 | 0,14 | 0,01 | 0,06 | 0,04 | 0,03 | 0,73 |
| 307 | - | - | - | - | - | - | - |
| 308 | 10,67 | 0,34 | 0,08 | 0,04 | 0,07 | 0,15 | 3,05 |
| 309 | - | - | - | - | - | - | - |
| 310 | 10,36 | 0,10 | 0,01 | 0,03 | 0,02 | 0,03 | 0,93 |
| 311 | 8,51 | 0,10 | 0,03 | 0,02 | 0,03 | 0,02 | 1,13 |
| 312 | 9,11 | 0,06 | 0,01 | 0,02 | 0,02 | 0,01 | 0,68 |
| 313 | 12,46 | 0,13 | 0,02 | 0,04 | 0,04 | 0,02 | 1,04 |
| 314 | 21,69 | 0,18 | 0,01 | 0,06 | 0,07 | 0,04 | 0,82 |
| 315 | 12,36 | 0,23 | 0,02 | 0,10 | 0,07 | 0,04 | 1,85 |
| 316 | 7,43 | 0,11 | 0,02 | 0,02 | 0,05 | 0,03 | 1,49 |
| 317 | 7,61 | 0,12 | 0,03 | 0,03 | 0,04 | 0,02 | 1,61 |
| 318 | 11,92 | 0,32 | 0,03 | 0,09 | 0,05 | 0,16 | 2,64 |
| 319 | 10,51 | 0,28 | 0,02 | 0,06 | 0,08 | 0,12 | 2,60 |
| 320 | 9,14 | 0,17 | 0,03 | 0,06 | 0,03 | 0,05 | 1,87 |
| 321 | 11,84 | 1,01 | 0,01 | 0,08 | 0,32 | 0,60 | 7,89 |
| 322 | 10,29 | 0,27 | 0,04 | 0,07 | 0,06 | 0,10 | 2,56 |
| 323 | 11,36 | 0,33 | 0,02 | 0,08 | 0,11 | 0,12 | 2,82 |
| 324 | 8,74 | 0,14 | 0,01 | 0,07 | 0,02 | 0,04 | 1,62 |
| 325 | 13,05 | 0,43 | 0,03 | 0,16 | 0,07 | 0,17 | 3,19 |
| 326 | 15,03 | 0,36 | 0,02 | 0,13 | 0,08 | 0,13 | 2,34 |
| 327 | 9,66 | 0,29 | 0,01 | 0,03 | 0,05 | 0,19 | 2,88 |
| 328 | 10,68 | 0,19 | 0,01 | 0,05 | 0,03 | 0,09 | 1,70 |
| 329 | 9,23 | 0,21 | 0,02 | 0,03 | 0,03 | 0,12 | 2,21 |
| 330 | 11,38 | 0,14 | 0,02 | 0,04 | 0,04 | 0,04 | 1,20 |
| 331 | 10,28 | 0,15 | 0,02 | 0,04 | 0,03 | 0,06 | 1,46 |
| 332 | 17,18 | 0,16 | 0,01 | 0,05 | 0,04 | 0,06 | 0,92 |
| 333 | 11,38 | 0,38 | 0,04 | 0,07 | 0,04 | 0,22 | 3,21 |
| 334 | 13,46 | 0,35 | 0,03 | 0,08 | 0,05 | 0,19 | 2,57 |
| 335 | 13,61 | 1,95 | 0,04 | 0,06 | 0,44 | 1,42 | 12,56 |
| 336 | 23,11 | 5,99 | 0,10 | 0,37 | 1,89 | 3,63 | 20,57 |
| 337 | 19,98 | 0,16 | 0,01 | 0,05 | 0,05 | 0,05 | 0,78 |
| 338 | 12,03 | 0,82 | 0,05 | 0,02 | 0,12 | 0,62 | 6,35 |
| 339 | 14,88 | 0,16 | 0,04 | 0,04 | 0,03 | 0,04 | 1,05 |
| 340 | 10,81 | 0,15 | 0,02 | 0,03 | 0,02 | 0,07 | 1,35 |
| 341 | 13,02 | 0,19 | 0,03 | 0,07 | 0,06 | 0,04 | 1,45 |
| 342 | 10,35 | 0,11 | 0,01 | 0,04 | 0,03 | 0,03 | 1,09 |
| 343 | 9,22 | 0,71 | 0,03 | 0,06 | 0,13 | 0,49 | 7,12 |
| 344 | 8,72 | 0,12 | 0,01 | 0,05 | 0,01 | 0,04 | 1,31 |
| 345 | - | - | - | - | - | - | - |
| 346 | 19,00 | 0,30 | 0,04 | 0,05 | 0,08 | 0,14 | 1,57 |
| 347 | - | - | - | - | - | - | - |
| 348 | 11,66 | 0,35 | 0,02 | 0,07 | 0,11 | 0,16 | 2,90 |
| 349 | - | - | - | - | - | - | - |
| 350 | 9,40 | 0,56 | 0,02 | 0,09 | 0,09 | 0,37 | 5,62 |
| 351 | 25,18 | 1,13 | 0,01 | 0,08 | 0,31 | 0,73 | 4,30 |
| 352 | - | - | - | - | - | - | - |
| 353 | 19,19 | 0,21 | 0,03 | 0,06 | 0,04 | 0,08 | 1,07 |
| 354 | - | - | - | - | - | - | - |
| 355 | 17,71 | 0,19 | 0,02 | 0,05 | 0,05 | 0,07 | 1,07 |
| 356 | - | - | - | - | - | - | - |
| 357 | 17,96 | 0,21 | 0,02 | 0,08 | 0,06 | 0,06 | 1,17 |
| 358 | - | - | - | - | - | - | - |
| 359 | 36,25 | 0,22 | 0,03 | 0,08 | 0,11 | 0,01 | 0,61 |

## Anhang [A5]: Mikromorphologische und bodenchemische Daten der biogenen Strukturen

| Zeilen-nummer | N in % (Mittelwert) | C in % (Mittelwert) | C/N |
|---|---|---|---|
| 287 | - | - | - |
| 288 | 0,20 | 3,45 | 17,44 |
| 289 | 0,12 | 1,22 | 10,37 |
| 290 | 0,12 | 1,22 | 10,45 |
| 291 | 0,10 | 1,14 | 10,84 |
| 292 | 0,21 | 2,41 | 11,35 |
| 293 | 0,08 | 0,93 | 11,28 |
| 294 | - | - | - |
| 295 | 0,14 | 1,90 | 13,76 |
| 296 | - | - | - |
| 297 | 0,18 | 2,43 | 13,84 |
| 298 | - | - | - |
| 299 | 0,26 | 2,62 | 9,91 |
| 300 | - | - | - |
| 301 | 0,18 | 2,20 | 12,56 |
| 302 | - | - | - |
| 303 | 0,21 | 2,63 | 12,63 |
| 304 | - | - | - |
| 305 | 0,09 | 0,86 | 10,12 |
| 306 | 0,22 | 3,11 | 13,96 |
| 307 | - | - | - |
| 308 | 0,15 | 2,01 | 13,03 |
| 309 | - | - | - |
| 310 | 0,14 | 1,62 | 11,46 |
| 311 | 0,09 | 1,24 | 13,10 |
| 312 | 0,12 | 1,39 | 11,99 |
| 313 | 0,29 | 4,06 | 14,06 |
| 314 | 0,20 | 1,98 | 9,96 |
| 315 | 0,40 | 3,04 | 7,61 |
| 316 | 0,10 | 1,21 | 12,48 |
| 317 | 0,09 | 1,06 | 11,24 |
| 318 | 0,21 | 2,23 | 10,65 |
| 319 | 0,15 | 1,71 | 11,47 |
| 320 | 0,12 | 1,38 | 11,19 |
| 321 | 0,19 | 2,39 | 12,78 |
| 322 | 0,12 | 1,57 | 12,76 |
| 323 | 0,15 | 1,83 | 11,92 |
| 324 | 0,11 | 1,24 | 11,31 |
| 325 | 0,21 | 2,50 | 12,09 |
| 326 | 0,21 | 2,68 | 12,95 |
| 327 | 0,13 | 1,40 | 11,22 |
| 328 | 0,15 | 1,70 | 11,10 |
| 329 | 0,11 | 1,30 | 11,71 |
| 330 | 0,19 | 1,93 | 10,39 |
| 331 | 0,16 | 1,71 | 10,55 |
| 332 | 0,27 | 3,15 | 11,69 |
| 333 | 0,18 | 1,91 | 10,64 |
| 334 | 0,22 | 2,45 | 11,12 |
| 335 | - | - | - |
| 336 | - | - | - |
| 337 | 0,24 | 3,41 | 14,20 |
| 338 | 0,12 | 2,07 | 17,82 |
| 339 | 0,17 | 2,83 | 16,96 |
| 340 | 0,13 | 1,58 | 11,92 |
| 341 | 0,20 | 2,31 | 11,59 |
| 342 | 0,15 | 1,68 | 11,42 |
| 343 | 0,15 | 1,59 | 10,58 |
| 344 | 0,10 | 1,17 | 11,27 |
| 345 | - | - | - |
| 346 | 0,26 | 3,73 | 14,25 |
| 347 | - | - | - |
| 348 | 0,17 | 2,04 | 11,88 |
| 349 | - | - | - |
| 350 | 0,13 | 1,45 | 11,11 |
| 351 | 0,43 | 5,55 | 13,03 |
| 352 | - | - | - |
| 353 | - | - | - |
| 354 | - | - | - |
| 355 | 0,27 | 3,21 | 12,03 |
| 356 | - | - | - |
| 357 | 0,25 | 3,55 | 13,93 |
| 358 | - | - | - |
| 359 | 0,56 | 7,83 | 14,07 |

## Anhang [A5]: Mikromorphologische und bodenchemische Daten der biogenen Strukturen

| Zeilen-nummer | Beschreibung | Dünnschliff-Nr. | Proben-name | Familie | Unterfamilie | Gattung bzw. Art |
|---|---|---|---|---|---|---|
| 360 | Regenwurm-Struktur | 594 | URU2-S-3R2 | - | - | - |
| 361 | Regenwurm-Struktur | 595 | PU3-S-1R/3 | - | - | - |
| 362 | Regenwurm-Struktur | ohne Dünnschliff | CO2-S-1R | - | - | - |
| 363 | Regenwurm-Struktur | ohne Dünnschliff | CO2-S-2R | - | - | - |
| 364 | Regenwurm-Struktur | ohne Dünnschliff | PW1-S-6R | - | - | - |
| 365 | Regenwurm-Struktur | ohne Dünnschliff | M-4R | - | - | - |
| 366 | Regenwurm-Struktur | ohne Dünnschliff | R-1R | - | - | - |
| 367 | Regenwurm-Struktur | ohne Dünnschliff | B-2R | - | - | - |
| 368 | Regenwurm-Struktur | ohne Dünnschliff | B-3R | - | - | - |
| 369 | Regenwurm-Struktur | ohne Dünnschliff | URU2-S-2R | - | - | - |
| 370 | Regenwurm-Struktur | ohne Dünnschliff | URU2-S-2R2 | - | - | - |
| 371 | Regenwurm-Struktur | ohne Dünnschliff | PW3-S-2R2 | - | - | - |
| 372 | Regenwurm-Struktur | ohne Dünnschliff | CO3-S-3R | - | - | - |
| 373 | Regenwurm-Struktur | ohne Dünnschliff | URU3-S-3R | - | - | - |
| 374 | Regenwurm-Struktur | ohne Dünnschliff | URU3-S-2R | - | - | - |
| 375 | Regenwurm-Struktur | ohne Dünnschliff | CZ3-S-2R | - | - | - |
| 376 | Regenwurm-Struktur | ohne Dünnschliff | PU2-S-3R | - | - | - |
| 377 | Regenwurm-Struktur | ohne Dünnschliff | PU2-S-2R | - | - | - |
| 378 | Regenwurm-Struktur | ohne Dünnschliff | PU3-S-1R | - | - | - |
| 379 | Regenwurm-Struktur | ohne Dünnschliff | PU3-S-1R/5 | - | - | - |
| 380 | Regenwurm-Struktur | ohne Dünnschliff | PU3-S-3R | - | - | - |
| 381 | Regenwurm-Struktur | ohne Dünnschliff | PU3-S-3R2 | - | - | - |
| 382 | Regenwurm-Struktur | ohne Dünnschliff | PU3-S-2R | - | - | - |
| 383 | Regenwurm-Struktur | ohne Dünnschliff | SE2-S-2R | - | - | - |
| 384 | Regenwurm-Struktur | ohne Dünnschliff | SE2-S-1R2 | - | - | - |
| 385 | Regenwurm-Struktur | ohne Dünnschliff | SE3-S-1R | - | - | - |
| 386 | Regenwurm-Struktur | ohne Dünnschliff | SE3-S-2R2 | - | - | - |
| 387 | Regenwurm-Struktur | ohne Dünnschliff | CO2-S-2RT | - | - | - |
| 388 | Regenwurm-Struktur | ohne Dünnschliff | CO2-S-2T | - | - | - |
| 389 | **Wurzel** | ohne Dünnschliff | CO2-S-2W | - | - | - |
| 390 | Wurzel | ohne Dünnschliff | PW1-S-2W | - | - | - |
| 391 | Wurzel | ohne Dünnschliff | SW-3W | - | - | - |
| 392 | Wurzel | ohne Dünnschliff | URU2-S-3W | - | - | - |
| 393 | Wurzel | ohne Dünnschliff | PW3-S-4WR | - | - | - |
| 394 | Wurzel | ohne Dünnschliff | URU3-S-2W | - | - | - |
| 395 | Sonstiges | ohne Dünnschliff | M-1G | - | - | - |

## Anhang [A5]: Mikromorphologische und bodenchemische Daten der biogenen Strukturen

| Zeilen-nummer | Notizen bei der Geländeansprache |
|---|---|
| 360 | Wurmkot, in etwa 20 cm Tiefe, 9 cm breit, über 30 cm lang |
| 361 | Wurmkot von der Oberfläche (andere Stelle als 1R); KAK: Probe an der Stelle von 1R/3 und 1R/4 aus 0-6 cm Tiefe |
| 362 | Regenwurm-Gangauskleidung |
| 363 | alter Regenwurmkot |
| 364 | Regenwurmgang |
| 365 | Wurmkammer, in 38 cm Tiefe, mit verhärtetem Kot an den Wänden, 6 cm breit, 4 cm hoch, Kammerwand mit Feinwurzeln |
| 366 | Wurmgang, in 10 cm Tiefe, 15 mm Durchmesser, mit Ameisengängen |
| 367 | Wurmgang, verstopft mit Wurmkot, in 14 cm Tiefe, KAK-Probe: Wurmkot |
| 368 | Wurmgang mit Holzkohle ausgekleidet (aus Oberboden ausgewaschen), in 20-25 cm Tiefe |
| 369 | Wurmgang, in 17 cm Tiefe, 1,5 cm Durchmesser, Tonkügelchen (evtl. von Wespen) |
| 370 | Wurmgang, früher von Termiten bewohnt, Wurzeln und org. Material eingelagert, 1 cm Durchmesser |
| 371 | Wurmloch, in 15 cm Tiefe, 1 cm Durchmesser, Probe um 90 Grad gedreht |
| 372 | Regenwurm-Gang |
| 373 | Wurmloch, in 21 cm Tiefe, 1 cm Durchmesser, mit Kot |
| 374 | Wurmloch, in 18 cm Tiefe, 1 cm Durchmesser |
| 375 | alter Wurmgang mit Termitenstrukturen, in 15-20 cm Tiefe |
| 376 | Wurmkot, in 29 cm Tiefe, entlang Wurzelkanal |
| 377 | Wurmgang, in 16 cm Tiefe, 0,5 cm Durchmesser, Probe um 90 Grad gedreht |
| 378 | Wurmkot, 0-6 cm Tiefe; KAK: Probe bei 1R und 1R/2 aus 0-6 cm Tiefe; in der Pupunha-Pflanzung um PU3 ist der Boden vollständig mit Wurmkot bedeckt |
| 379 | Wurmkot von der Oberfläche (andere Stelle als vorherige Proben) |
| 380 | mehrere kleine Wurmgänge, unter 1 mm Durchmesser, in 30 cm Tiefe |
| 381 | Wurmgang, in 22 cm Tiefe |
| 382 | Wurmgang, in 10 cm Tiefe, 0.7 cm Durchmesser; darüber: eingefärbt |
| 383 | Wurmgang, mit Wurmkot verstopft, in 10 cm Tiefe |
| 384 | Wurmgang, in 6 cm Tiefe, 0,6 cm Durchmesser, Probe um 90 Grad gedreht |
| 385 | Wurmgang, nicht verfüllt, von 5-15 cm Tiefe, 0,6 cm Durchmesser |
| 386 | Wurmgang, nicht verfüllt, von oben Holzkohle eingewaschen, von 7-35 cm Tiefe, etwa 1 cm Durchmesser |
| 387 | Regenwurm- und Termitenkot |
| 388 | Regenwurm- und Termitenkot |
| 389 | tote Wurzel |
| 390 | tote Wurzel, ausgefüllt mit org. Material und Pilzen, von Termiten bewohnt |
| 391 | tote Wurzel, ausgefüllt mit org. Material eingetragen von Termiten, mit Feinwurzeln, 2 cm Durchmesser, Probe um 90 Grad gedreht |
| 392 | tote Wurzel, in 25 cm Tiefe, ausgefüllt, 1,5 cm Durchmesser |
| 393 | zersetzte Wurzel, verfüllt mit Regenwurmkot, in 30-40 cm Tiefe, 9 cm breit, 8 cm hoch |
| 394 | tote Wurzel verfüllt (wahrsch. von Termiten) mit Mineralboden und Termitengängen, von 0 bis 40 cm Tiefe, Probe aus etwa 20 cm Tiefe |
| 395 | Bau einer Maulwurfsgrille, keine Wandauskleidung, in 1-5 cm Tiefe, 5 cm lang, 2 cm breit |

## Anhang [A5]: Mikromorphologische und bodenchemische Daten der biogenen Strukturen

| Zeilen-nummer | Lage der untersuchten Struktur | Organikgehalt (Querschnitt) (Mittelwert) [Flächen-%] | Quarzgehalt (Querschnitt) (Mittelwert) [Flächen-%] | Porengehalt (Querschnitt) (Mittelwert) [Flächen-%] | Matrixgehalt (Querschnitt) (Mittelwert) [Flächen-%] | KAK nach Summe [mmol/100g] | KAK nach Ba2+ [mmol/100g] |
|---|---|---|---|---|---|---|---|
| 360 | Wurmkot | 1,2 | 5,4 | 4,6 | 88,9 | 18,05 | 16,16 |
| 361 | Wurmkot | 1,2 | 3,4 | 6,6 | 88,8 | 12,57 | 11,14 |
| 362 | - | - | - | - | - | 11,64 | 11,36 |
| 363 | - | - | - | - | - | 10,31 | 10,05 |
| 364 | - | - | - | - | - | 7,99 | 6,88 |
| 365 | - | - | - | - | - | 8,90 | 7,64 |
| 366 | - | - | - | - | - | 13,23 | 12,01 |
| 367 | - | - | - | - | - | 14,86 | 13,22 |
| 368 | - | - | - | - | - | 10,14 | 9,06 |
| 369 | - | - | - | - | - | 11,23 | 9,94 |
| 370 | - | - | - | - | - | 11,62 | 10,38 |
| 371 | - | - | - | - | - | 14,61 | 12,45 |
| 372 | - | - | - | - | - | 11,43 | 9,83 |
| 373 | - | - | - | - | - | 12,77 | 11,43 |
| 374 | - | - | - | - | - | 14,07 | 12,66 |
| 375 | - | - | - | - | - | 10,72 | 8,63 |
| 376 | - | - | - | - | - | 15,28 | 13,22 |
| 377 | - | - | - | - | - | 14,31 | 12,38 |
| 378 | - | - | - | - | - | 13,10 | 11,80 |
| 379 | - | - | - | - | - | 19,28 | 17,69 |
| 380 | - | - | - | - | - | 8,22 | 7,10 |
| 381 | - | - | - | - | - | 9,98 | 8,85 |
| 382 | - | - | - | - | - | 11,12 | 9,94 |
| 383 | - | - | - | - | - | 16,26 | 14,41 |
| 384 | - | - | - | - | - | 14,46 | 12,89 |
| 385 | - | - | - | - | - | 13,63 | 12,17 |
| 386 | - | - | - | - | - | 12,38 | 11,25 |
| 387 | - | - | - | - | - | 12,68 | 11,03 |
| 388 | - | - | - | - | - | 10,21 | 9,07 |
| 389 | - | - | - | - | - | 12,10 | 11,47 |
| 390 | - | - | - | - | - | 17,48 | 16,16 |
| 391 | - | - | - | - | - | 11,26 | 9,83 |
| 392 | - | - | - | - | - | 13,91 | 11,69 |
| 393 | - | - | - | - | - | 43,78 | 36,04 |
| 394 | - | - | - | - | - | 13,57 | 11,91 |
| 395 | - | - | - | - | - | 11,58 | 10,71 |

## Anhang [A5]: Mikromorphologische und bodenchemische Daten der biogenen Strukturen

| Zeilen-nummer | H-Wert [mmol/100g] | Summe Kationen [mmol/100g] | Na+ [mmol/100g] | K+ [mmol/100g] | Mg2+ [mmol/100g] | Ca2+ [mmol/100g] | Basensättigung [%] |
|---|---|---|---|---|---|---|---|
| 360 | 17,83 | 0,23 | 0,01 | 0,07 | 0,07 | 0,08 | 1,26 |
| 361 | 10,46 | 2,10 | 0,01 | 0,20 | 0,42 | 1,47 | 16,75 |
| 362 | 11,31 | 0,33 | 0,01 | 0,05 | 0,16 | 0,10 | 2,85 |
| 363 | 9,86 | 0,45 | 0,01 | 0,04 | 0,26 | 0,15 | 4,41 |
| 364 | 7,95 | 0,04 | 0,01 | 0,01 | 0,01 | 0,01 | 0,48 |
| 365 | 8,76 | 0,14 | 0,02 | 0,05 | 0,02 | 0,05 | 1,58 |
| 366 | 12,26 | 0,98 | 0,02 | 0,22 | 0,26 | 0,48 | 7,40 |
| 367 | 14,33 | 0,53 | 0,01 | 0,07 | 0,12 | 0,33 | 3,56 |
| 368 | 9,58 | 0,56 | 0,01 | 0,05 | 0,14 | 0,36 | 5,52 |
| 369 | 10,68 | 0,54 | 0,04 | 0,05 | 0,07 | 0,37 | 4,83 |
| 370 | 11,36 | 0,26 | 0,03 | 0,05 | 0,05 | 0,14 | 2,24 |
| 371 | 14,48 | 0,13 | 0,02 | 0,04 | 0,04 | 0,02 | 0,89 |
| 372 | 11,01 | 0,43 | 0,01 | 0,05 | 0,09 | 0,27 | 3,72 |
| 373 | 12,52 | 0,24 | 0,04 | 0,06 | 0,07 | 0,08 | 1,91 |
| 374 | 13,94 | 0,13 | 0,02 | 0,05 | 0,04 | 0,02 | 0,91 |
| 375 | 10,59 | 0,13 | 0,02 | 0,03 | 0,02 | 0,05 | 1,20 |
| 376 | 13,94 | 1,34 | 0,03 | 0,09 | 0,30 | 0,92 | 8,75 |
| 377 | 12,05 | 2,26 | 0,02 | 0,08 | 0,20 | 1,95 | 15,80 |
| 378 | 9,49 | 3,60 | 0,01 | 0,19 | 0,77 | 2,63 | 27,52 |
| 379 | 14,52 | 4,76 | 0,02 | 0,25 | 1,16 | 3,33 | 24,70 |
| 380 | 8,14 | 0,07 | 0,02 | 0,03 | 0,00 | 0,03 | 0,90 |
| 381 | 9,32 | 0,66 | 0,02 | 0,07 | 0,12 | 0,45 | 6,66 |
| 382 | 10,15 | 0,97 | 0,03 | 0,13 | 0,24 | 0,57 | 8,73 |
| 383 | 16,03 | 0,22 | 0,04 | 0,06 | 0,04 | 0,09 | 1,37 |
| 384 | 14,16 | 0,30 | 0,06 | 0,05 | 0,04 | 0,15 | 2,06 |
| 385 | 13,48 | 0,16 | 0,03 | 0,04 | 0,02 | 0,06 | 1,15 |
| 386 | 12,09 | 0,29 | 0,03 | 0,02 | 0,02 | 0,22 | 2,36 |
| 387 | 12,33 | 0,35 | 0,02 | 0,02 | 0,20 | 0,12 | 2,76 |
| 388 | 9,78 | 0,43 | 0,01 | 0,04 | 0,24 | 0,14 | 4,19 |
| 389 | 11,56 | 0,54 | 0,02 | 0,05 | 0,30 | 0,18 | 4,50 |
| 390 | 17,32 | 0,16 | 0,02 | 0,06 | 0,05 | 0,03 | 0,92 |
| 391 | 11,15 | 0,11 | 0,02 | 0,04 | 0,02 | 0,02 | 0,96 |
| 392 | 13,73 | 0,17 | 0,05 | 0,05 | 0,04 | 0,04 | 1,25 |
| 393 | 43,31 | 0,47 | 0,02 | 0,10 | 0,22 | 0,13 | 1,08 |
| 394 | 13,42 | 0,15 | 0,02 | 0,06 | 0,04 | 0,04 | 1,11 |
| 395 | 11,54 | 0,04 | 0,01 | 0,02 | 0,00 | 0,02 | 0,38 |

## Anhang [A5]: Mikromorphologische und bodenchemische Daten der biogenen Strukturen

| Zeilen-nummer | N in % (Mittelwert) | C in % (Mittelwert) | C/N |
|---|---|---|---|
| 360 | 0,26 | 3,38 | 12,77 |
| 361 | 0,22 | 2,54 | 11,81 |
| 362 | 0,20 | 2,13 | 10,50 |
| 363 | 0,17 | 2,01 | 11,61 |
| 364 | 0,08 | 1,00 | 11,82 |
| 365 | 0,11 | 1,30 | 11,62 |
| 366 | 0,19 | 2,26 | 11,86 |
| 367 | 0,22 | 2,52 | 11,35 |
| 368 | 0,13 | 1,45 | 11,01 |
| 369 | 0,15 | 1,62 | 11,11 |
| 370 | 0,17 | 1,96 | 11,46 |
| 371 | 0,20 | 2,52 | 12,84 |
| 372 | 0,13 | 1,51 | 11,46 |
| 373 | - | - | - |
| 374 | 0,18 | 2,28 | 12,53 |
| 375 | 0,14 | 1,65 | 12,06 |
| 376 | 0,23 | 3,64 | 16,01 |
| 377 | - | - | - |
| 378 | 0,26 | 3,07 | 11,86 |
| 379 | 0,38 | 4,78 | 12,69 |
| 380 | 0,10 | 1,04 | 10,95 |
| 381 | 0,16 | 1,65 | 10,62 |
| 382 | 0,19 | 1,99 | 10,29 |
| 383 | 0,21 | 2,89 | 13,56 |
| 384 | 0,19 | 2,66 | 13,73 |
| 385 | - | - | - |
| 386 | 0,17 | 1,96 | 11,63 |
| 387 | 0,18 | 2,04 | 11,58 |
| 388 | 0,15 | 1,68 | 11,45 |
| 389 | 0,19 | 2,19 | 11,73 |
| 390 | 0,30 | 4,49 | 14,91 |
| 391 | 0,16 | 2,04 | 12,88 |
| 392 | 0,17 | 2,38 | 14,00 |
| 393 | 0,59 | 9,27 | 15,64 |
| 394 | 0,18 | 2,33 | 12,87 |
| 395 | 0,19 | 2,28 | 12,33 |

## Anhang [A6]: Mikromorphologische und bodenchemische Daten des Holzexperiments

| Zeilen-nummer | Beschreibung | Dünnschliff-Nr. | Proben-name | Organikgehalt (Querschnitt) (Mittelwert) [Flächen-%] | Quarzgehalt (Querschnitt) (Mittelwert) [Flächen-%] | Porengehalt (Querschnitt) (Mittelwert) [Flächen-%] | Matrixgehalt (Querschnitt) (Mittelwert) [Flächen-%] | KAK nach Summe [mmol/100g] (Durchschnitt) |
|---|---|---|---|---|---|---|---|---|
| 396 | Brandrodung 217 | 217 | Q1-B8 | 0,8 | 10,2 | 17,4 | 71,5 | 14,51 |
| 397 | Brandrodung 218 | 218 | Q1-B8 | 1,7 | 6,6 | 20,7 | 71,0 | 14,51 |
| 398 | Brandrodung 219 | 219 | Q1-D3 | 2,2 | 8,6 | 6,2 | 83,0 | 14,51 |
| 399 | Brandrodung 220 | 220 | Q1-D3 | 0,7 | 11,3 | 7,5 | 80,6 | 14,51 |
| 400 | Brandrodung 221 | 221 | Q1-H6 | 1,1 | 10,1 | 15,0 | 73,9 | 14,51 |
| 401 | Brandrodung 222 | 222 | Q1-H6 | 3,3 | 10,8 | 18,9 | 67,0 | 14,51 |
| 402 | Brandrodung 241 | 241 | Q2-D5 | 1,0 | 5,2 | 14,4 | 79,4 | 25,24 |
| 403 | Brandrodung 242 | 242 | Q2-D5 | 0,3 | 6,6 | 7,7 | 85,4 | 25,24 |
| 404 | Brandrodung 243 | 243 | Q2-E2 | 0,6 | 6,9 | 13,1 | 79,4 | 25,24 |
| 405 | Brandrodung 244 | 244 | Q2-E2 | 1,8 | 3,6 | 9,5 | 85,1 | 25,24 |
| 406 | Brandrodung 245 | 245 | Q2-H7 | 0,4 | 6,9 | 10,0 | 82,7 | 25,24 |
| 407 | Brandrodung 246 | 246 | Q2-H7 | 0,7 | 7,7 | 7,6 | 84,1 | 25,24 |
| 408 | Brandrodung 265 | 265 | Q3-C3 | 1,3 | 12,2 | 11,5 | 75,0 | 16,54 |
| 409 | Brandrodung 266 | 266 | Q3-C3 | 0,2 | 7,2 | 13,2 | 79,4 | 16,54 |
| 410 | Brandrodung 267 | 267 | Q3-D9 | 0,3 | 8,6 | 9,8 | 81,3 | 16,54 |
| 411 | Brandrodung 268 | 268 | Q3-D9 | 0,6 | 9,5 | 11,1 | 78,8 | 16,54 |
| 412 | Brandrodung 269 | 269 | Q3-G6 | 0,6 | 3,3 | 11,9 | 84,2 | 16,54 |
| 413 | Brandrodung 270 | 270 | Q3-G6 | 0,8 | 5,7 | 9,4 | 84,0 | 16,54 |
| 414 | Holzreihen 210 | 210 | L1-B8 | 1,3 | 7,8 | 14,7 | 76,2 | 15,72 |
| 415 | Holzreihen 212 | 212 | L1-D3 | 0,3 | 11,7 | 6,0 | 81,9 | 15,72 |
| 416 | Holzreihen 213 | 213 | L1-H6 | 1,6 | 7,5 | 9,5 | 81,4 | 15,72 |
| 417 | Holzreihen 214 | 214 | L1-H6 | 1,4 | 13,3 | 9,2 | 76,1 | 15,72 |
| 418 | Holzreihen 233 | 233 | L2-D5 | 0,5 | 6,0 | 9,0 | 84,4 | 14,61 |
| 419 | Holzreihen 234 | 234 | L2-D5 | 1,0 | 5,4 | 9,5 | 84,1 | 14,61 |
| 420 | Holzreihen 235 | 235 | L2-E2 | 1,6 | 5,6 | 14,2 | 78,6 | 14,61 |
| 421 | Holzreihen 236 | 236 | L2-E2 | 0,9 | 9,8 | 7,4 | 81,9 | 14,61 |
| 422 | Holzreihen 237 | 237 | L2-F8 | 0,7 | 6,4 | 6,9 | 86,0 | 14,61 |
| 423 | Holzreihen 238 | 238 | L2-F8 | 1,1 | 6,8 | 4,4 | 87,7 | 14,61 |
| 424 | Holzreihen 257 | 257 | L3-C3 | 1,3 | 6,9 | 8,6 | 83,2 | 15,02 |
| 425 | Holzreihen 258 | 258 | L3-C3 | 5,5 | 7,3 | 6,3 | 80,9 | 15,02 |
| 426 | Holzreihen 259 | 259 | L3-D9 | 0,8 | 6,0 | 7,5 | 85,7 | 15,02 |
| 427 | Holzreihen 260 | 260 | L3-D9 | 0,9 | 5,3 | 9,1 | 84,7 | 15,02 |
| 428 | Holzreihen 261 | 261 | L3-G6 | 2,9 | 2,8 | 10,7 | 83,6 | 15,02 |
| 429 | Holzreihen 262 | 262 | L3-G6 | 0,3 | 3,5 | 7,0 | 89,2 | 15,02 |
| 430 | Holzschredder 201 | 201 | T1-B8 | 3,3 | 4,6 | 15,2 | 76,9 | 17,39 |
| 431 | Holzschredder 202 | 202 | T1-B8 | 0,8 | 9,2 | 13,7 | 76,2 | 17,39 |
| 432 | Holzschredder 203 | 203 | T1-D3 | 1,9 | 7,6 | 15,2 | 75,4 | 17,39 |
| 433 | Holzschredder 204 | 204 | T1-D3 | 1,1 | 9,4 | 8,9 | 80,5 | 17,39 |
| 434 | Holzschredder 205 | 205 | T1-H6 | 0,7 | 7,8 | 9,6 | 81,9 | 17,39 |
| 435 | Holzschredder 206 | 206 | T1-H6 | 1,4 | 6,8 | 15,8 | 76,1 | 17,39 |
| 436 | Holzschredder 225 | 225 | T2-D5 | 1,0 | 9,5 | 14,3 | 75,2 | 16,84 |
| 437 | Holzschredder 226 | 226 | T2-D5 | 0,9 | 5,5 | 12,6 | 80,9 | 16,84 |
| 438 | Holzschredder 227 | 227 | T2-E2 | 0,3 | 5,2 | 10,4 | 84,1 | 16,84 |
| 439 | Holzschredder 228 | 228 | T2-E2 | 0,3 | 4,8 | 5,2 | 89,7 | 16,84 |
| 440 | Holzschredder 229 | 229 | T2-F8 | 1,4 | 5,0 | 12,1 | 81,5 | 16,84 |
| 441 | Holzschredder 230 | 230 | T2-F8 | 0,8 | 8,3 | 9,6 | 81,3 | 16,84 |
| 442 | Holzschredder 249 | 249 | T3-C3 | 0,4 | 5,3 | 10,6 | 83,7 | 18,79 |
| 443 | Holzschredder 250 | 250 | T3-C3 | 2,5 | 3,4 | 13,2 | 80,8 | 18,79 |
| 444 | Holzschredder 251 | 251 | T3-D9 | 0,4 | 4,5 | 14,5 | 80,6 | 18,79 |
| 445 | Holzschredder 252 | 252 | T3-D9 | 0,9 | 8,7 | 14,6 | 75,8 | 18,79 |
| 446 | Holzschredder 253 | 253 | T3-G6 | 0,8 | 4,5 | 8,4 | 86,2 | 18,79 |
| 447 | Holzschredder 254 | 254 | T3-G6 | 1,2 | 10,2 | 13,9 | 74,7 | 18,79 |
| 448 | Sekundärwald 207 | 207 | T1-inal | 0,7 | 5,0 | 12,4 | 81,8 | 14,69 |
| 449 | Sekundärwald 208 | 208 | T1-inal | 0,6 | 12,4 | 12,8 | 74,3 | 14,69 |
| 450 | Sekundärwald 215 | 215 | L1-inal | 0,6 | 15,4 | 7,6 | 76,4 | 19,73 |
| 451 | Sekundärwald 216 | 216 | L1-inal | 0,6 | 14,6 | 10,6 | 74,2 | 19,73 |
| 452 | Sekundärwald 223 | 223 | Q1-inal | 0,4 | 9,5 | 8,4 | 81,7 | 16,61 |
| 453 | Sekundärwald 224 | 224 | Q1-inal | 0,6 | 9,6 | 11,7 | 78,1 | 16,61 |
| 454 | Sekundärwald 231 | 231 | T2-inal | 0,6 | 3,9 | 5,8 | 89,7 | 19,44 |
| 455 | Sekundärwald 232 | 232 | T2-inal | 0,4 | 4,7 | 10,2 | 84,7 | 19,44 |
| 456 | Sekundärwald 239 | 239 | L2-inal | 0,2 | 4,2 | 10,2 | 85,4 | 15,67 |
| 457 | Sekundärwald 240 | 240 | L2-inal | 0,2 | 7,0 | 11,9 | 80,9 | 15,67 |
| 458 | Sekundärwald 247 | 247 | Q2-inal | 1,7 | 8,5 | 18,3 | 71,5 | 20,63 |
| 459 | Sekundärwald 248 | 248 | Q2-inal | 1,2 | 4,7 | 16,9 | 77,2 | 20,63 |
| 460 | Sekundärwald 255 | 255 | T3-inal | 0,3 | 8,3 | 10,0 | 81,4 | 39,16 |
| 461 | Sekundärwald 256 | 256 | T3-inal | 0,4 | 5,9 | 9,1 | 84,6 | 39,16 |
| 462 | Sekundärwald 263 | 263 | L3-inal | 1,1 | 6,5 | 8,5 | 83,8 | 18,33 |
| 463 | Sekundärwald 264 | 264 | L3-inal | 0,9 | 4,3 | 14,0 | 80,8 | 18,33 |
| 464 | Sekundärwald 271 | 271 | Q3-inal | 1,2 | 2,5 | 7,3 | 89,0 | 15,43 |
| 465 | Sekundärwald 272 | 272 | Q3-inal | 1,0 | 3,4 | 13,4 | 82,1 | 15,43 |
| 466 | Brandrodung 413 | 413 | Q1-D2 | 3,2 | 8,3 | 9,2 | 79,3 | 11,59 |
| 467 | Brandrodung 415 | 415 | Q1-B5 | 0,7 | 8,5 | 4,7 | 86,1 | 11,67 |
| 468 | Brandrodung 417 | 417 | Q1-G9 | 0,4 | 9,8 | 14,3 | 75,5 | 10,96 |

## Anhang [A6]: Mikromorphologische und bodenchemische Daten des Holzexperiments

| Zeilen-nummer | KAK nach Ba2+ [mmol/100g] (Durchschnitt) | H-Wert [mmol/100g] (Durchschnitt) | Summe Kationen [mmol/100g] (Durchschnitt) | Na+ [mmol/100g] (Durchschnitt) | K+ [mmol/100g] (Durchschnitt) | Mg2+ [mmol/100g] (Durchschnitt) | Ca2+ [mmol/100g] (Durchschnitt) | Basensättigung [%] (Durchschnitt) |
|---|---|---|---|---|---|---|---|---|
| 396 | 14,14 | 12,93 | 1,58 | 0,01 | 0,10 | 0,41 | 1,07 | 10,83 |
| 397 | 14,14 | 12,93 | 1,58 | 0,01 | 0,10 | 0,41 | 1,07 | 10,83 |
| 398 | 14,14 | 12,93 | 1,58 | 0,01 | 0,10 | 0,41 | 1,07 | 10,83 |
| 399 | 14,14 | 12,93 | 1,58 | 0,01 | 0,10 | 0,41 | 1,07 | 10,83 |
| 400 | 14,14 | 12,93 | 1,58 | 0,01 | 0,10 | 0,41 | 1,07 | 10,83 |
| 401 | 14,14 | 12,93 | 1,58 | 0,01 | 0,10 | 0,41 | 1,07 | 10,83 |
| 402 | 21,75 | 22,85 | 2,39 | 0,01 | 0,19 | 0,58 | 1,63 | 11,53 |
| 403 | 21,75 | 22,85 | 2,39 | 0,01 | 0,19 | 0,58 | 1,63 | 11,53 |
| 404 | 21,75 | 22,85 | 2,39 | 0,01 | 0,19 | 0,58 | 1,63 | 11,53 |
| 405 | 21,75 | 22,85 | 2,39 | 0,01 | 0,19 | 0,58 | 1,63 | 11,53 |
| 406 | 21,75 | 22,85 | 2,39 | 0,01 | 0,19 | 0,58 | 1,63 | 11,53 |
| 407 | 21,75 | 22,85 | 2,39 | 0,01 | 0,19 | 0,58 | 1,63 | 11,53 |
| 408 | 15,24 | 14,31 | 2,23 | 0,01 | 0,13 | 0,60 | 1,49 | 15,78 |
| 409 | 15,24 | 14,31 | 2,23 | 0,01 | 0,13 | 0,60 | 1,49 | 15,78 |
| 410 | 15,24 | 14,31 | 2,23 | 0,01 | 0,13 | 0,60 | 1,49 | 15,78 |
| 411 | 15,24 | 14,31 | 2,23 | 0,01 | 0,13 | 0,60 | 1,49 | 15,78 |
| 412 | 15,24 | 14,31 | 2,23 | 0,01 | 0,13 | 0,60 | 1,49 | 15,78 |
| 413 | 15,24 | 14,31 | 2,23 | 0,01 | 0,13 | 0,60 | 1,49 | 15,78 |
| 414 | 14,62 | 14,73 | 0,99 | 0,01 | 0,09 | 0,28 | 0,61 | 6,49 |
| 415 | 14,62 | 14,73 | 0,99 | 0,01 | 0,09 | 0,28 | 0,61 | 6,49 |
| 416 | 14,62 | 14,73 | 0,99 | 0,01 | 0,09 | 0,28 | 0,61 | 6,49 |
| 417 | 14,62 | 14,73 | 0,99 | 0,01 | 0,09 | 0,28 | 0,61 | 6,49 |
| 418 | 13,71 | 13,90 | 0,71 | 0,01 | 0,12 | 0,22 | 0,37 | 5,16 |
| 419 | 13,71 | 13,90 | 0,71 | 0,01 | 0,12 | 0,22 | 0,37 | 5,16 |
| 420 | 13,71 | 13,90 | 0,71 | 0,01 | 0,12 | 0,22 | 0,37 | 5,16 |
| 421 | 13,71 | 13,90 | 0,71 | 0,01 | 0,12 | 0,22 | 0,37 | 5,16 |
| 422 | 13,71 | 13,90 | 0,71 | 0,01 | 0,12 | 0,22 | 0,37 | 5,16 |
| 423 | 13,71 | 13,90 | 0,71 | 0,01 | 0,12 | 0,22 | 0,37 | 5,16 |
| 424 | 13,96 | 14,19 | 0,83 | 0,01 | 0,11 | 0,28 | 0,43 | 5,84 |
| 425 | 13,96 | 14,19 | 0,83 | 0,01 | 0,11 | 0,28 | 0,43 | 5,84 |
| 426 | 13,96 | 14,19 | 0,83 | 0,01 | 0,11 | 0,28 | 0,43 | 5,84 |
| 427 | 13,96 | 14,19 | 0,83 | 0,01 | 0,11 | 0,28 | 0,43 | 5,84 |
| 428 | 13,96 | 14,19 | 0,83 | 0,01 | 0,11 | 0,28 | 0,43 | 5,84 |
| 429 | 13,96 | 14,19 | 0,83 | 0,01 | 0,11 | 0,28 | 0,43 | 5,84 |
| 430 | 16,25 | 16,52 | 0,87 | 0,02 | 0,25 | 0,29 | 0,31 | 5,48 |
| 431 | 16,25 | 16,52 | 0,87 | 0,02 | 0,25 | 0,29 | 0,31 | 5,48 |
| 432 | 16,25 | 16,52 | 0,87 | 0,02 | 0,25 | 0,29 | 0,31 | 5,48 |
| 433 | 16,25 | 16,52 | 0,87 | 0,02 | 0,25 | 0,29 | 0,31 | 5,48 |
| 434 | 16,25 | 16,52 | 0,87 | 0,02 | 0,25 | 0,29 | 0,31 | 5,48 |
| 435 | 16,25 | 16,52 | 0,87 | 0,02 | 0,25 | 0,29 | 0,31 | 5,48 |
| 436 | 15,38 | 15,84 | 1,01 | 0,01 | 0,18 | 0,36 | 0,45 | 6,53 |
| 437 | 15,38 | 15,84 | 1,01 | 0,01 | 0,18 | 0,36 | 0,45 | 6,53 |
| 438 | 15,38 | 15,84 | 1,01 | 0,01 | 0,18 | 0,36 | 0,45 | 6,53 |
| 439 | 15,38 | 15,84 | 1,01 | 0,01 | 0,18 | 0,36 | 0,45 | 6,53 |
| 440 | 15,38 | 15,84 | 1,01 | 0,01 | 0,18 | 0,36 | 0,45 | 6,53 |
| 441 | 15,38 | 15,84 | 1,01 | 0,01 | 0,18 | 0,36 | 0,45 | 6,53 |
| 442 | 16,91 | 17,49 | 1,30 | 0,03 | 0,29 | 0,40 | 0,58 | 7,73 |
| 443 | 16,91 | 17,49 | 1,30 | 0,03 | 0,29 | 0,40 | 0,58 | 7,73 |
| 444 | 16,91 | 17,49 | 1,30 | 0,03 | 0,29 | 0,40 | 0,58 | 7,73 |
| 445 | 16,91 | 17,49 | 1,30 | 0,03 | 0,29 | 0,40 | 0,58 | 7,73 |
| 446 | 16,91 | 17,49 | 1,30 | 0,03 | 0,29 | 0,40 | 0,58 | 7,73 |
| 447 | 16,91 | 17,49 | 1,30 | 0,03 | 0,29 | 0,40 | 0,58 | 7,73 |
| 448 | - | 14,47 | 0,22 | 0,02 | 0,09 | 0,07 | 0,03 | 1,48 |
| 449 | - | 14,47 | 0,22 | 0,02 | 0,09 | 0,07 | 0,03 | 1,48 |
| 450 | - | 18,93 | 0,81 | 0,01 | 0,09 | 0,25 | 0,45 | 4,09 |
| 451 | - | 18,93 | 0,81 | 0,01 | 0,09 | 0,25 | 0,45 | 4,09 |
| 452 | - | 16,37 | 0,24 | 0,02 | 0,08 | 0,09 | 0,04 | 1,44 |
| 453 | - | 16,37 | 0,24 | 0,02 | 0,08 | 0,09 | 0,04 | 1,44 |
| 454 | - | 19,02 | 0,41 | 0,02 | 0,10 | 0,12 | 0,17 | 2,13 |
| 455 | - | 19,02 | 0,41 | 0,02 | 0,10 | 0,12 | 0,17 | 2,13 |
| 456 | - | 15,50 | 0,18 | 0,02 | 0,08 | 0,06 | 0,02 | 1,13 |
| 457 | - | 15,50 | 0,18 | 0,02 | 0,08 | 0,06 | 0,02 | 1,13 |
| 458 | - | 20,33 | 0,31 | 0,03 | 0,09 | 0,12 | 0,07 | 1,49 |
| 459 | - | 20,33 | 0,31 | 0,03 | 0,09 | 0,12 | 0,07 | 1,49 |
| 460 | - | 35,42 | 3,74 | 0,01 | 0,09 | 0,60 | 3,04 | 9,55 |
| 461 | - | 35,42 | 3,74 | 0,01 | 0,09 | 0,60 | 3,04 | 9,55 |
| 462 | - | 17,82 | 0,51 | 0,02 | 0,11 | 0,21 | 0,16 | 2,80 |
| 463 | - | 17,82 | 0,51 | 0,02 | 0,11 | 0,21 | 0,16 | 2,80 |
| 464 | - | 15,17 | 0,26 | 0,02 | 0,09 | 0,09 | 0,05 | 1,70 |
| 465 | - | 15,17 | 0,26 | 0,02 | 0,09 | 0,09 | 0,05 | 1,70 |
| 466 | - | 7,33 | 4,26 | 0,02 | 0,11 | 0,69 | 3,44 | 36,73 |
| 467 | - | 11,09 | 0,58 | 0,01 | 0,04 | 0,11 | 0,42 | 5,01 |
| 468 | - | 10,80 | 0,16 | 0,01 | 0,04 | 0,04 | 0,07 | 1,42 |

## Anhang [A6]: Mikromorphologische und bodenchemische Daten des Holzexperiments

| Zeilen-nummer | Beschreibung | Dünnschliff-Nr. | Proben-name | Organikgehalt (Querschnitt) (Mittelwert) [Flächen-%] | Quarzgehalt (Querschnitt) (Mittelwert) [Flächen-%] | Porengehalt (Querschnitt) (Mittelwert) [Flächen-%] | Matrixgehalt (Querschnitt) (Mittelwert) [Flächen-%] | KAK nach Summe [mmol/100g] (Durchschnitt) |
|---|---|---|---|---|---|---|---|---|
| 469 | Brandrodung 431 | 431 | Q2-C3 | 0,8 | 4,9 | 8,5 | 85,7 | 16,20 |
| 470 | Brandrodung 433 | 433 | Q2-H6 | 4,4 | 2,8 | 11,1 | 81,7 | 24,19 |
| 471 | Brandrodung 435 | 435 | Q2-E7 | 0,2 | 7,3 | 8,1 | 84,4 | 22,68 |
| 472 | Brandrodung 449 | 449 | Q3-E2 | 0,6 | 4,9 | 11,3 | 83,3 | 10,26 |
| 473 | Brandrodung 453 | 453 | Q3-B9 | 1,1 | 4,1 | 11,2 | 83,6 | 17,63 |
| 474 | Holzreihen 407 | 407 | L1-D2 | 1,0 | 4,6 | 10,4 | 84,1 | 13,74 |
| 475 | Holzreihen 408 | 408 | L1-D2 | 2,0 | 4,6 | 8,8 | 84,7 | 13,74 |
| 476 | Holzreihen 411 | 411 | L1-G9 | 3,1 | 9,1 | 13,9 | 73,8 | 13,06 |
| 477 | Holzreihen 425 | 425 | L2-C3 | 0,4 | 6,6 | 16,6 | 76,5 | 12,51 |
| 478 | Holzreihen 427 | 427 | L2-H6 | 0,3 | 10,2 | 10,6 | 78,8 | 12,71 |
| 479 | Holzreihen 429 | 429 | L2-E7 | 3,0 | 12,0 | 6,8 | 78,2 | 11,35 |
| 480 | Holzreihen 447 | 447 | L3-B9 | 0,4 | 5,8 | 10,7 | 83,0 | 13,34 |
| 481 | Holzschredder 401 | 401 | T1-D2 | 0,3 | 10,1 | 17,8 | 71,8 | 10,89 |
| 482 | Holzschredder 403 | 403 | T1-B5 | 2,0 | 5,9 | 9,9 | 82,3 | 12,74 |
| 483 | Holzschredder 404 | 404 | T1-B5 | 0,4 | 4,5 | 13,5 | 81,6 | 12,74 |
| 484 | Holzschredder 405 | 405 | T1-G9 | 0,5 | 6,6 | 10,7 | 82,3 | 10,85 |
| 485 | Holzschredder 406 | 406 | T1-G9 | 1,0 | 7,2 | 10,5 | 81,3 | 10,85 |
| 486 | Holzschredder 419 | 419 | T2-C3 | 1,7 | 6,9 | 13,9 | 77,5 | 12,04 |
| 487 | Holzschredder 421 | 421 | T2-H6 | 0,5 | 7,8 | 12,1 | 79,6 | 10,74 |
| 488 | Holzschredder 423 | 423 | T2-E7 | 2,1 | 7,4 | 8,6 | 81,9 | 10,77 |
| 489 | Holzschredder 437 | 437 | T3-E2 | 0,5 | 5,7 | 10,7 | 83,2 | 16,35 |
| 490 | Holzschredder 439 | 439 | T3-F5 | 0,5 | 5,0 | 13,0 | 81,5 | 12,97 |
| 491 | Holzschredder 441 | 441 | T3-B9 | 0,7 | 4,8 | 12,2 | 82,4 | 12,74 |

## Anhang [A6]: Mikromorphologische und bodenchemische Daten des Holzexperiments

| Zeilen-nummer | KAK nach Ba2+ [mmol/100g] (Durchschnitt) | H-Wert [mmol/100g] (Durchschnitt) | Summe Kationen [mmol/100g] (Durchschnitt) | Na+ [mmol/100g] (Durchschnitt) | K+ [mmol/100g] (Durchschnitt) | Mg2+ [mmol/100g] (Durchschnitt) | Ca2+ [mmol/100g] (Durchschnitt) | Basensättigung [%] (Durchschnitt) |
|---|---|---|---|---|---|---|---|---|
| 469 | - | 14,38 | 1,82 | 0,02 | 0,05 | 0,38 | 1,37 | 11,24 |
| 470 | - | 23,38 | 0,81 | 0,02 | 0,06 | 0,14 | 0,59 | 3,35 |
| 471 | - | 20,23 | 2,46 | 0,02 | 0,07 | 0,55 | 1,82 | 10,83 |
| 472 | - | 5,28 | 4,98 | 0,02 | 0,19 | 1,05 | 3,73 | 48,57 |
| 473 | - | 17,21 | 0,42 | 0,03 | 0,06 | 0,13 | 0,20 | 2,37 |
| 474 | - | 13,51 | 0,23 | 0,02 | 0,05 | 0,08 | 0,08 | 1,66 |
| 475 | - | 13,51 | 0,23 | 0,02 | 0,05 | 0,08 | 0,08 | 1,66 |
| 476 | - | 12,34 | 0,72 | 0,01 | 0,06 | 0,14 | 0,52 | 5,55 |
| 477 | - | 12,13 | 0,39 | 0,02 | 0,06 | 0,11 | 0,20 | 3,11 |
| 478 | - | 12,00 | 0,71 | 0,01 | 0,06 | 0,19 | 0,45 | 5,58 |
| 479 | - | 10,90 | 0,45 | 0,00 | 0,07 | 0,14 | 0,24 | 3,97 |
| 480 | - | 10,05 | 3,29 | 0,01 | 0,04 | 0,60 | 2,65 | 24,67 |
| 481 | - | 10,76 | 0,12 | 0,02 | 0,03 | 0,04 | 0,03 | 1,13 |
| 482 | - | 12,51 | 0,23 | 0,03 | 0,06 | 0,10 | 0,04 | 1,77 |
| 483 | - | 12,51 | 0,23 | 0,03 | 0,06 | 0,10 | 0,04 | 1,77 |
| 484 | - | 10,04 | 0,82 | 0,01 | 0,06 | 0,34 | 0,40 | 7,52 |
| 485 | - | 10,04 | 0,82 | 0,01 | 0,06 | 0,34 | 0,40 | 7,52 |
| 486 | - | 11,28 | 0,77 | 0,01 | 0,07 | 0,29 | 0,39 | 6,36 |
| 487 | - | 10,15 | 0,59 | 0,01 | 0,06 | 0,20 | 0,31 | 5,47 |
| 488 | - | 10,30 | 0,47 | 0,02 | 0,06 | 0,17 | 0,22 | 4,35 |
| 489 | - | 14,56 | 1,79 | 0,03 | 0,17 | 0,73 | 0,86 | 10,94 |
| 490 | - | 11,38 | 1,59 | 0,02 | 0,31 | 0,36 | 0,90 | 12,29 |
| 491 | - | 11,92 | 0,82 | 0,02 | 0,06 | 0,32 | 0,42 | 6,40 |

## Anhang [A7]: Mikromorphologische und bodenchemische Daten der Mulchexperimente

| Zeilen-nummer | Beschreibung | Dünnschliff-Nr. | Probenname | Organikgehalt (Querschnitt) (Mittelwert) [Flächen-%] | Quarzgehalt (Querschnitt) (Mittelwert) [Flächen-%] | Porengehalt (Querschnitt) (Mittelwert) [Flächen-%] | Matrixgehalt (Querschnitt) (Mittelwert) [Flächen-%] |
|---|---|---|---|---|---|---|---|
| 492 | geringe Mulchqualität | 455 | Exp. 2, Parzelle 1 | 0,3 | 6,9 | 7,8 | 85,0 |
| 493 | geringe Mulchqualität | 459 | Exp. 2, Parzelle 6 | 0,8 | 6,3 | 18,7 | 74,2 |
| 494 | geringe Mulchqualität | 464 | Exp. 2, Parzelle 22 | 1,3 | 5,2 | 16,0 | 77,5 |
| 495 | geringe Mulchqualität | 465 | Exp. 2, Parzelle 23 | 0,9 | 3,1 | 16,1 | 79,9 |
| 496 | geringe Mulchqualität | 468 | Exp. 2, Parzelle 26 | 0,5 | 3,7 | 15,9 | 79,8 |
| 497 | geringe Mulchqualität | 471 | Exp. 2, Parzelle 34 | 0,3 | 7,0 | 10,7 | 82,0 |
| 498 | mittlere Mulchqualität | 456 | Exp. 2, Parzelle 3 | 1,2 | 5,2 | 13,3 | 80,3 |
| 499 | mittlere Mulchqualität | 458 | Exp. 2, Parzelle 5 | 1,0 | 7,8 | 12,9 | 78,2 |
| 500 | mittlere Mulchqualität | 463 | Exp. 2, Parzelle 21 | 1,7 | 4,4 | 6,4 | 87,5 |
| 501 | mittlere Mulchqualität | 466 | Exp. 2, Parzelle 24 | 1,2 | 6,7 | 12,0 | 80,1 |
| 502 | mittlere Mulchqualität | 467 | Exp. 2, Parzelle 25 | 1,2 | 6,6 | 12,4 | 79,8 |
| 503 | mittlere Mulchqualität | 472 | Exp. 2, Parzelle 36 | 0,5 | 8,8 | 9,9 | 80,7 |
| 504 | hohe Mulchqualität | 457 | Exp. 2, Parzelle 4 | 0,3 | 5,8 | 12,5 | 81,4 |
| 505 | hohe Mulchqualität | 460 | Exp. 2, Parzelle 10 | 0,5 | 5,9 | 7,1 | 86,5 |
| 506 | hohe Mulchqualität | 461 | Exp. 2, Parzelle 16 | 2,5 | 6,9 | 17,4 | 73,3 |
| 507 | hohe Mulchqualität | 462 | Exp. 2, Parzelle 18 | 1,6 | 5,6 | 11,1 | 81,8 |
| 508 | hohe Mulchqualität | 469 | Exp. 2, Parzelle 28 | 0,6 | 7,8 | 10,0 | 81,6 |
| 509 | hohe Mulchqualität | 470 | Exp. 2, Parzelle 29 | 0,6 | 7,2 | 7,3 | 84,9 |
| 510 | ohne Mulch | 474 | Exp. 3, Parzelle 38 | 0,4 | 4,3 | 15,3 | 80,1 |
| 511 | ohne Mulch | 479 | Exp. 3, Parzelle 48 | 0,7 | 4,3 | 13,3 | 81,7 |
| 512 | ohne Mulch | 481 | Exp. 3, Parzelle 54 | 0,8 | 8,4 | 13,6 | 77,1 |
| 513 | ohne Mulch | 488 | Exp. 3, Parzelle 68 | 1,1 | 3,2 | 13,3 | 82,3 |
| 514 | ohne Mulch | 490 | Exp. 3, Parzelle 77 | 1,2 | 4,9 | 9,4 | 84,5 |
| 515 | ohne Mulch | 495 | Exp. 3, Parzelle 83 | 0,5 | 5,3 | 13,3 | 81,0 |
| 516 | geringe Mulchmenge | 475 | Exp. 3, Parzelle 39 | 0,7 | 5,2 | 11,1 | 83,0 |
| 517 | geringe Mulchmenge | 477 | Exp. 3, Parzelle 41 | 4,0 | 9,5 | 7,6 | 78,8 |
| 518 | geringe Mulchmenge | 484 | Exp. 3, Parzelle 59 | 0,4 | 6,9 | 11,7 | 81,0 |
| 519 | geringe Mulchmenge | 487 | Exp. 3, Parzelle 67 | 0,6 | 10,3 | 9,0 | 80,1 |
| 520 | geringe Mulchmenge | 489 | Exp. 3, Parzelle 72 | 1,5 | 9,5 | 9,5 | 79,5 |
| 521 | geringe Mulchmenge | 493 | Exp. 3, Parzelle 80 | 0,9 | 7,8 | 8,8 | 82,5 |
| 522 | mittlere Mulchmenge | 473 | Exp. 3, Parzelle 37 | 0,8 | 6,8 | 9,4 | 83,0 |
| 523 | mittlere Mulchmenge | 480 | Exp. 3, Parzelle 49 | 1,2 | 8,4 | 20,7 | 69,7 |
| 524 | mittlere Mulchmenge | 483 | Exp. 3, Parzelle 56 | 1,2 | 4,3 | 10,2 | 84,3 |
| 525 | mittlere Mulchmenge | 485 | Exp. 3, Parzelle 62 | 1,5 | 8,9 | 8,9 | 80,7 |
| 526 | mittlere Mulchmenge | 491 | Exp. 3, Parzelle 78 | 0,9 | 4,9 | 12,2 | 82,1 |
| 527 | mittlere Mulchmenge | 492 | Exp. 3, Parzelle 79 | 1,0 | 4,5 | 10,1 | 84,3 |
| 528 | hohe Mulchmenge | 476 | Exp. 3, Parzelle 40 | 1,6 | 6,6 | 10,6 | 81,2 |
| 529 | hohe Mulchmenge | 478 | Exp. 3, Parzelle 43 | 0,6 | 6,7 | 7,9 | 84,8 |
| 530 | hohe Mulchmenge | 482 | Exp. 3, Parzelle 55 | 0,5 | 11,5 | 9,0 | 79,0 |
| 531 | hohe Mulchmenge | 486 | Exp. 3, Parzelle 63 | 0,4 | 8,2 | 8,2 | 83,1 |
| 532 | hohe Mulchmenge | 494 | Exp. 3, Parzelle 82 | 0,4 | 7,1 | 11,6 | 80,9 |
| 533 | hohe Mulchmenge | 496 | Exp. 3, Parzelle 84 | 0,9 | 5,6 | 9,9 | 83,7 |

## Anhang [A7]: Mikromorphologische und bodenchemische Daten der Mulchexperimente

| Zeilen-nummer | Organikgehalt (Längsschnitt) (Mittelwert) [Flächen-%] | Quarzgehalt (Längsschnitt) (Mittelwert) [Flächen-%] | Porengehalt (Längsschnitt) (Mittelwert) [Flächen-%] | Matrixgehalt (Längsschnitt) (Mittelwert) [Flächen-%] | Organikgehalt oben (Längss.) (Mittelwert) [Flächen-%] | Organikgehalt Mitte (Längss.) (Mittelwert) [Flächen-%] | Organikgehalt unten (Längss.) (Mittelwert) [Flächen-%] | KAK nach Summe [mmol/100g] |
|---|---|---|---|---|---|---|---|---|
| 492 | 1,2 | 5,6 | 7,7 | 85,6 | 1,1 | 1,1 | 1,3 | 14,91 |
| 493 | 0,8 | 4,3 | 16,1 | 78,8 | 0,6 | 1,0 | 0,7 | 15,80 |
| 494 | 1,4 | 6,4 | 14,2 | 78,0 | 3,3 | 0,4 | 0,5 | 15,83 |
| 495 | 0,6 | 7,7 | 11,8 | 79,8 | 0,9 | 0,5 | 0,4 | 15,80 |
| 496 | 0,5 | 6,8 | 9,2 | 83,5 | 0,7 | 0,6 | 0,2 | 15,90 |
| 497 | 0,4 | 4,7 | 12,2 | 82,7 | 0,7 | 0,3 | 0,2 | 13,96 |
| 498 | 1,2 | 5,6 | 13,6 | 79,6 | 0,5 | 2,5 | 0,5 | 15,09 |
| 499 | 0,7 | 5,5 | 13,5 | 80,2 | 1,0 | 0,6 | 0,6 | 15,68 |
| 500 | 0,7 | 6,1 | 8,0 | 85,2 | 1,3 | 0,7 | 0,2 | 14,35 |
| 501 | 1,0 | 6,9 | 11,0 | 81,1 | 1,2 | 1,0 | 0,9 | 15,06 |
| 502 | 1,3 | 4,2 | 11,8 | 82,7 | 0,9 | 0,2 | 3,0 | 15,77 |
| 503 | 0,7 | 6,3 | 12,5 | 80,5 | 1,4 | 0,4 | 0,4 | 16,82 |
| 504 | 1,5 | 7,2 | 13,1 | 78,2 | 3,6 | 0,5 | 0,3 | 14,52 |
| 505 | 1,4 | 8,0 | 16,3 | 74,3 | 3,0 | 0,7 | 0,7 | 17,66 |
| 506 | 0,3 | 7,7 | 11,1 | 80,9 | 0,1 | 0,4 | 0,4 | 14,78 |
| 507 | 1,1 | 9,0 | 14,0 | 76,0 | 1,1 | 1,9 | 0,2 | 16,33 |
| 508 | 0,9 | 4,3 | 13,5 | 81,3 | 1,6 | 0,5 | 0,5 | 16,70 |
| 509 | 1,8 | 6,1 | 9,0 | 83,1 | 1,5 | 3,2 | 0,6 | 15,71 |
| 510 | 1,0 | 3,4 | 13,8 | 81,8 | 1,1 | 1,1 | 0,8 | 15,35 |
| 511 | 0,8 | 8,7 | 20,1 | 70,5 | 1,6 | 0,3 | 0,5 | 15,59 |
| 512 | 1,1 | 5,6 | 13,6 | 79,7 | 2,0 | 1,0 | 0,3 | 14,71 |
| 513 | 0,6 | 7,3 | 7,0 | 85,1 | 0,6 | 0,7 | 0,4 | 15,05 |
| 514 | 0,8 | 5,1 | 11,1 | 82,9 | 1,1 | 1,0 | 0,5 | 13,39 |
| 515 | 1,0 | 6,4 | 12,1 | 80,5 | 0,9 | 1,8 | 0,4 | 14,68 |
| 516 | 2,1 | 5,1 | 11,0 | 81,8 | 2,2 | 3,0 | 1,0 | 16,48 |
| 517 | 1,3 | 7,1 | 14,5 | 77,2 | 1,7 | 0,7 | 1,4 | 18,11 |
| 518 | 2,6 | 7,0 | 14,1 | 76,2 | 4,8 | 2,4 | 0,6 | 16,94 |
| 519 | 2,1 | 10,7 | 8,5 | 78,7 | 1,6 | 1,2 | 3,4 | 16,50 |
| 520 | 1,2 | 4,5 | 5,7 | 88,6 | 2,1 | 0,6 | 0,8 | 15,42 |
| 521 | 1,4 | 5,4 | 11,6 | 81,7 | 1,8 | 1,5 | 0,7 | 19,23 |
| 522 | 1,3 | 7,6 | 12,0 | 79,1 | 1,0 | 0,9 | 2,0 | 20,64 |
| 523 | 1,0 | 6,5 | 11,6 | 80,9 | 1,8 | 0,1 | 1,0 | 18,54 |
| 524 | 1,3 | 7,3 | 8,1 | 83,4 | 2,3 | 0,8 | 0,8 | 18,84 |
| 525 | 1,3 | 7,0 | 11,4 | 80,3 | 1,8 | 1,2 | 0,9 | 17,83 |
| 526 | 0,8 | 8,1 | 9,8 | 81,4 | 1,1 | 0,6 | 0,7 | 15,18 |
| 527 | 4,7 | 4,5 | 12,9 | 78,0 | 11,8 | 1,0 | 1,3 | 19,62 |
| 528 | 1,3 | 5,6 | 9,3 | 83,8 | 2,9 | 0,8 | 0,3 | 20,25 |
| 529 | 0,8 | 4,0 | 12,4 | 82,7 | 1,6 | 0,7 | 0,1 | 22,39 |
| 530 | 2,4 | 3,6 | 10,8 | 83,1 | 2,1 | 4,1 | 1,2 | 17,51 |
| 531 | 2,1 | 6,4 | 12,0 | 79,5 | 1,3 | 4,7 | 0,4 | 18,36 |
| 532 | 1,3 | 5,5 | 16,2 | 76,9 | 2,0 | 1,3 | 0,7 | 17,35 |
| 533 | 2,6 | 5,0 | 12,8 | 79,5 | 5,5 | 1,6 | 0,9 | 20,78 |

## Anhang [A7]: Mikromorphologische und bodenchemische Daten der Mulchexperimente

| Zeilen-nummer | KAK nach Ba2+ [mmol/100g] | H-Wert [mmol/100g] | Summe Kationen [mmol/100g] | Na+ [mmol/100g] | K+ [mmol/100g] | Mg2+ [mmol/100g] | Ca2+ [mmol/100g] | Basensättigung [%] |
|---|---|---|---|---|---|---|---|---|
| 492 | 13,28 | 13,67 | 1,24 | 0,02 | 0,24 | 0,36 | 0,62 | 8,32 |
| 493 | 13,98 | 15,15 | 0,66 | 0,02 | 0,19 | 0,18 | 0,27 | 4,15 |
| 494 | 14,72 | 14,85 | 0,98 | 0,01 | 0,25 | 0,26 | 0,46 | 6,19 |
| 495 | 14,83 | 15,10 | 0,70 | 0,01 | 0,18 | 0,19 | 0,33 | 4,46 |
| 496 | 14,72 | 14,45 | 1,45 | 0,02 | 0,19 | 0,49 | 0,76 | 9,14 |
| 497 | 12,97 | 13,35 | 0,62 | 0,01 | 0,13 | 0,19 | 0,28 | 4,41 |
| 498 | 14,09 | 14,74 | 0,35 | 0,01 | 0,11 | 0,08 | 0,15 | 2,39 |
| 499 | 14,09 | 14,54 | 1,13 | 0,02 | 0,13 | 0,27 | 0,71 | 7,24 |
| 500 | 13,30 | 13,42 | 0,93 | 0,02 | 0,13 | 0,17 | 0,61 | 6,47 |
| 501 | 13,95 | 14,54 | 0,52 | 0,01 | 0,12 | 0,12 | 0,26 | 3,42 |
| 502 | 14,82 | 14,72 | 1,06 | 0,01 | 0,14 | 0,24 | 0,67 | 6,69 |
| 503 | - | 16,51 | 0,31 | 0,01 | 0,12 | 0,06 | 0,12 | 1,87 |
| 504 | 13,11 | 14,17 | 0,35 | 0,01 | 0,10 | 0,07 | 0,18 | 2,40 |
| 505 | 15,29 | 17,19 | 0,47 | 0,01 | 0,10 | 0,08 | 0,27 | 2,65 |
| 506 | 13,21 | 14,14 | 0,64 | 0,02 | 0,12 | 0,12 | 0,38 | 4,34 |
| 507 | 15,38 | 15,87 | 0,46 | 0,02 | 0,10 | 0,08 | 0,26 | 2,82 |
| 508 | 15,59 | 16,25 | 0,45 | 0,01 | 0,11 | 0,09 | 0,24 | 2,71 |
| 509 | 13,95 | 14,94 | 0,77 | 0,02 | 0,14 | 0,13 | 0,49 | 4,92 |
| 510 | - | 13,96 | 1,38 | 0,03 | 0,12 | 0,35 | 0,88 | 9,01 |
| 511 | 14,20 | 14,99 | 0,60 | 0,03 | 0,15 | 0,12 | 0,30 | 3,82 |
| 512 | 13,55 | 13,68 | 1,04 | 0,03 | 0,14 | 0,25 | 0,63 | 7,04 |
| 513 | 13,54 | 14,39 | 0,66 | 0,02 | 0,12 | 0,18 | 0,34 | 4,39 |
| 514 | 12,12 | 12,82 | 0,58 | 0,01 | 0,14 | 0,13 | 0,30 | 4,31 |
| 515 | 13,44 | 14,24 | 0,44 | 0,01 | 0,11 | 0,11 | 0,21 | 3,00 |
| 516 | - | 15,04 | 1,44 | 0,03 | 0,16 | 0,22 | 1,03 | 8,73 |
| 517 | - | 16,81 | 1,30 | 0,02 | 0,22 | 0,24 | 0,82 | 7,19 |
| 518 | 15,29 | 16,02 | 0,92 | 0,01 | 0,13 | 0,21 | 0,58 | 5,44 |
| 519 | 14,52 | 15,32 | 1,18 | 0,02 | 0,15 | 0,25 | 0,76 | 7,15 |
| 520 | 13,76 | 14,44 | 0,99 | 0,02 | 0,12 | 0,21 | 0,65 | 6,39 |
| 521 | 17,04 | 17,94 | 1,29 | 0,02 | 0,16 | 0,25 | 0,85 | 6,69 |
| 522 | - | 19,42 | 1,22 | 0,03 | 0,22 | 0,23 | 0,74 | 5,92 |
| 523 | 16,60 | 15,69 | 2,85 | 0,03 | 0,17 | 0,55 | 2,11 | 15,39 |
| 524 | 16,93 | 16,20 | 2,64 | 0,03 | 0,21 | 0,57 | 1,84 | 14,03 |
| 525 | 16,16 | 15,72 | 2,11 | 0,03 | 0,20 | 0,43 | 1,44 | 11,81 |
| 526 | 13,65 | 13,86 | 1,32 | 0,02 | 0,14 | 0,25 | 0,91 | 8,68 |
| 527 | 16,93 | 18,75 | 0,87 | 0,02 | 0,15 | 0,16 | 0,55 | 4,46 |
| 528 | - | 17,91 | 2,34 | 0,05 | 0,21 | 0,38 | 1,70 | 11,57 |
| 529 | 20,10 | 19,77 | 2,62 | 0,04 | 0,24 | 0,54 | 1,80 | 11,70 |
| 530 | 15,73 | 15,80 | 1,70 | 0,02 | 0,14 | 0,30 | 1,24 | 9,73 |
| 531 | 16,17 | 16,93 | 1,43 | 0,02 | 0,22 | 0,28 | 0,91 | 7,78 |
| 532 | 15,73 | 16,22 | 1,13 | 0,02 | 0,12 | 0,13 | 0,87 | 6,53 |
| 533 | 18,57 | 18,64 | 2,14 | 0,02 | 0,23 | 0,39 | 1,50 | 10,29 |

## Anhang [A7]: Mikromorphologische und bodenchemische Daten der Mulchexperimente

| Zeilen-nummer | N in % (Mittelwert) | C in % (Mittelwert) | C/N |
|---|---|---|---|
| 492 | 0,26 | 3,22 | 12,28 |
| 493 | 0,28 | 3,26 | 11,49 |
| 494 | 0,33 | 3,95 | 12,11 |
| 495 | 0,34 | 4,23 | 12,37 |
| 496 | 0,29 | 3,34 | 11,73 |
| 497 | 0,26 | 3,01 | 11,41 |
| 498 | 0,27 | 3,09 | 11,52 |
| 499 | 0,26 | 2,91 | 11,01 |
| 500 | 0,26 | 2,95 | 11,52 |
| 501 | 0,25 | 2,81 | 11,31 |
| 502 | 0,32 | 3,70 | 11,41 |
| 503 | 0,32 | 3,69 | 11,79 |
| 504 | 0,27 | 3,06 | 11,14 |
| 505 | 0,29 | 3,35 | 11,46 |
| 506 | 0,28 | 3,18 | 11,32 |
| 507 | 0,28 | 3,24 | 11,75 |
| 508 | 0,29 | 3,17 | 11,16 |
| 509 | 0,24 | 2,82 | 11,60 |
| 510 | 0,29 | 3,21 | 10,97 |
| 511 | 0,24 | 2,67 | 11,07 |
| 512 | 0,24 | 2,73 | 11,28 |
| 513 | 0,30 | 3,40 | 11,35 |
| 514 | 0,29 | 3,25 | 11,37 |
| 515 | 0,26 | 2,84 | 11,03 |
| 516 | 0,27 | 3,04 | 11,08 |
| 517 | 0,36 | 4,09 | 11,23 |
| 518 | 0,33 | 3,71 | 11,34 |
| 519 | 0,28 | 3,24 | 11,59 |
| 520 | 0,34 | 3,86 | 11,37 |
| 521 | 0,35 | 4,07 | 11,80 |
| 522 | 0,38 | 4,52 | 11,97 |
| 523 | 0,34 | 3,72 | 11,08 |
| 524 | 0,33 | 3,93 | 11,88 |
| 525 | 0,29 | 3,51 | 12,00 |
| 526 | 0,38 | 4,26 | 11,31 |
| 527 | 0,34 | 4,00 | 11,85 |
| 528 | 0,37 | 4,34 | 11,88 |
| 529 | 0,37 | 4,35 | 11,86 |
| 530 | 0,36 | 4,30 | 11,83 |
| 531 | 0,34 | 4,03 | 11,78 |
| 532 | 0,27 | 3,11 | 11,40 |
| 533 | 0,33 | 3,87 | 11,69 |

## Anhang [A8]: Korrelationstabellen

**Farbtracer-Experimente (n = 6.700)**

| | Bodentiefe [cm] | prozentuale Einfärbung | Wurzeln lebend Anzahl | Wurzeln tot Anzahl | Wurzeln insgesamt Anzahl | Gänge insgesamt Anzahl | Gänge Regenwürmer insges. | Gänge Regenwürmer frisch | Gänge Regenwürmer alt | Gänge Ameisen Anzahl | Gänge Termiten Anzahl | biogene Poren Anzahl | Kammern insgesamt Anzahl | Kammern Termiten Anzahl | Kammern Ameisen Anzahl |
|---|---|---|---|---|---|---|---|---|---|---|---|---|---|---|---|
| prozentuale Einfärbung | -0,62 | ------ | ------ | ------ | ------ | ------ | ------ | ------ | ------ | ------ | ------ | ------ | ------ | ------ | ------ |
| Wurzeln lebend Anzahl | -0,53 | 0,70 | ------ | ------ | ------ | ------ | ------ | ------ | ------ | ------ | ------ | ------ | ------ | ------ | ------ |
| Wurzeln tot Anzahl | -0,21 | 0,21 | 0,18 | ------ | ------ | ------ | ------ | ------ | ------ | ------ | ------ | ------ | ------ | ------ | ------ |
| Wurzeln insgesamt Anzahl | -0,54 | 0,71 | 0,99 | 0,31 | ------ | ------ | ------ | ------ | ------ | ------ | ------ | ------ | ------ | ------ | ------ |
| Gänge insgesamt Anzahl | -0,30 | 0,31 | 0,25 | 0,06 | 0,25 | ------ | ------ | ------ | ------ | ------ | ------ | ------ | ------ | ------ | ------ |
| Gänge Regenwürmer insges. | -0,26 | 0,26 | 0,24 | 0,03 | 0,24 | 0,50 | ------ | ------ | ------ | ------ | ------ | ------ | ------ | ------ | ------ |
| Gänge Regenwürmer frisch | -0,19 | 0,20 | 0,19 | 0,03 | 0,19 | 0,35 | 0,76 | ------ | ------ | ------ | ------ | ------ | ------ | ------ | ------ |
| Gänge Regenwürmer alt | -0,20 | 0,18 | 0,17 | 0,01 | 0,16 | 0,38 | 0,71 | 0,08 | ------ | ------ | ------ | ------ | ------ | ------ | ------ |
| Gänge Ameisen Anzahl | -0,09 | 0,09 | 0,08 | 0,01 | 0,08 | 0,61 | 0,03 | 0,02 | 0,03 | ------ | ------ | ------ | ------ | ------ | ------ |
| Gänge Termiten Anzahl | -0,22 | 0,23 | 0,17 | 0,05 | 0,17 | 0,85 | 0,18 | 0,10 | 0,17 | 0,34 | ------ | ------ | ------ | ------ | ------ |
| biogene Poren Anzahl | -0,53 | 0,57 | 0,47 | 0,22 | 0,49 | 0,29 | 0,27 | 0,18 | 0,21 | 0,11 | 0,20 | ------ | ------ | ------ | ------ |
| Kammern insgesamt Anzahl | -0,07 | 0,05 | 0,01 | -0,01 | 0,01 | 0,02 | 0,03 | 0,00 | 0,04 | 0,01 | 0,01 | 0,05 | ------ | ------ | ------ |
| Kammern Termiten Anzahl | -0,05 | 0,03 | 0,01 | 0,00 | 0,01 | 0,02 | 0,02 | -0,01 | 0,04 | 0,01 | 0,02 | 0,02 | 0,48 | ------ | ------ |
| Kammern Ameisen Anzahl | -0,04 | 0,02 | 0,00 | -0,01 | 0,00 | 0,01 | 0,02 | 0,01 | 0,03 | 0,01 | -0,01 | 0,02 | 0,77 | 0,16 | ------ |
| Holzkohle Anzahl | -0,09 | 0,04 | 0,06 | -0,01 | 0,06 | 0,01 | 0,00 | -0,01 | 0,00 | -0,01 | 0,01 | 0,06 | -0,01 | 0,00 | -0,01 |

**Agroforstsystem (n = 105 Querschnitte)**

| | Organikgehalt MW [Flächen-%] | Quarzgehalt MW [Flächen-%] | Porengehalt MW [Flächen-%] | Matrixgehalt MW [Flächen-%] | KAK nach Summe [mmol/100g] | H-Wert [mmol/100g] | K+ [mmol/100g] | Mg2+ [mmol/100g] | Ca2+ [mmol/100g] | Basensättigung [%] | N in % (MW) | C in % (MW) |
|---|---|---|---|---|---|---|---|---|---|---|---|---|
| Quarzgehalt MW [Flächen-%] | 0,01 | ------ | ------ | ------ | ------ | ------ | ------ | ------ | ------ | ------ | ------ | ------ |
| Porengehalt MW [Flächen-%] | -0,25 | 0,12 | ------ | ------ | ------ | ------ | ------ | ------ | ------ | ------ | ------ | ------ |
| Matrixgehalt MW [Flächen-%] | -0,06 | -0,79 | -0,68 | ------ | ------ | ------ | ------ | ------ | ------ | ------ | ------ | ------ |
| KAK nach Summe [mmol/100g] | 0,32 | 0,09 | 0,03 | -0,15 | ------ | ------ | ------ | ------ | ------ | ------ | ------ | ------ |
| H-Wert [mmol/100g] | 0,26 | 0,08 | 0,08 | -0,16 | 0,92 | ------ | ------ | ------ | ------ | ------ | ------ | ------ |
| K+ [mmol/100g] | 0,08 | 0,00 | -0,18 | 0,10 | 0,19 | 0,08 | ------ | ------ | ------ | ------ | ------ | ------ |
| Mg2+ [mmol/100g] | 0,06 | 0,08 | -0,15 | 0,03 | -0,04 | -0,39 | 0,35 | ------ | ------ | ------ | ------ | ------ |
| Ca2+ [mmol/100g] | 0,10 | -0,01 | -0,13 | 0,06 | 0,00 | -0,38 | 0,20 | 0,85 | ------ | ------ | ------ | ------ |
| Basensättigung [%] | 0,06 | 0,02 | -0,14 | 0,06 | -0,18 | -0,54 | 0,26 | 0,92 | 0,95 | ------ | ------ | ------ |
| N in % (MW) | 0,27 | 0,27 | 0,00 | -0,24 | 0,74 | 0,66 | 0,17 | 0,05 | 0,05 | -0,06 | ------ | ------ |
| C in % (MW) | 0,24 | 0,21 | -0,03 | -0,18 | 0,67 | 0,58 | 0,25 | 0,12 | 0,09 | 0,00 | 0,88 | ------ |
| C/N | 0,01 | -0,04 | -0,09 | 0,09 | 0,02 | -0,03 | 0,26 | 0,19 | 0,12 | 0,16 | -0,03 | 0,43 |

**Biogene Strukturen (n = 61)**

Ameisen (n = 28)
Termiten (n = 24)
Regenwürmer (n = 9)

| | Organikgehalt MW [Flächen-%] | Organikgehalt Ameisenstrukturen | Organikgehalt Termitenstrukturen | Organikgehalt Regenwurmstrukturen | Quarzgehalt MW [Flächen-%] | Porengehalt MW [Flächen-%] | Matrixgehalt MW [Flächen-%] | KAK nach Summe [mmol/100g] | H-Wert [mmol/100g] | Summe Kationen [mmol/100g] | Na+ [mmol/100g] | K+ [mmol/100g] | Mg2+ [mmol/100g] | Ca2+ [mmol/100g] | Basensättigung [%] | N in % (MW) | C in % (MW) |
|---|---|---|---|---|---|---|---|---|---|---|---|---|---|---|---|---|---|
| Quarzgehalt MW [Flächen-%] | -0,17 | 0,14 | -0,27 | 0,07 | ------ | ------ | ------ | ------ | ------ | ------ | ------ | ------ | ------ | ------ | ------ | ------ | ------ |
| Porengehalt MW [Flächen-%] | 0,07 | 0,45 | 0,11 | -0,52 | -0,29 | ------ | ------ | ------ | ------ | ------ | ------ | ------ | ------ | ------ | ------ | ------ | ------ |
| Matrixgehalt MW [Flächen-%] | -0,55 | -0,55 | -0,69 | -0,35 | 0,07 | -0,83 | ------ | ------ | ------ | ------ | ------ | ------ | ------ | ------ | ------ | ------ | ------ |
| KAK nach Summe [mmol/100g] | 0,50 | 0,27 | 0,62 | 0,94 | 0,21 | -0,21 | -0,14 | ------ | ------ | ------ | ------ | ------ | ------ | ------ | ------ | ------ | ------ |
| H-Wert [mmol/100g] | 0,40 | 0,24 | 0,53 | 0,93 | 0,28 | -0,28 | -0,04 | 0,97 | ------ | ------ | ------ | ------ | ------ | ------ | ------ | ------ | ------ |
| Summe Kationen [mmol/100g] | 0,56 | 0,28 | 0,55 | -0,03 | -0,19 | 0,20 | -0,42 | 0,45 | 0,22 | ------ | ------ | ------ | ------ | ------ | ------ | ------ | ------ |
| Na+ [mmol/100g] | 0,15 | -0,03 | 0,36 | 0,25 | -0,09 | 0,23 | -0,25 | 0,04 | 0,04 | 0,01 | ------ | ------ | ------ | ------ | ------ | ------ | ------ |
| K+ [mmol/100g] | 0,09 | 0,40 | 0,14 | -0,14 | 0,18 | -0,13 | 0,01 | 0,46 | 0,44 | 0,24 | 0,03 | ------ | ------ | ------ | ------ | ------ | ------ |
| Mg2+ [mmol/100g] | 0,73 | 0,22 | 0,73 | 0,18 | -0,17 | -0,01 | -0,33 | 0,58 | 0,40 | 0,89 | -0,01 | 0,30 | ------ | ------ | ------ | ------ | ------ |
| Ca2+ [mmol/100g] | 0,51 | 0,23 | 0,50 | -0,08 | -0,19 | 0,24 | -0,43 | 0,39 | 0,16 | 0,99 | 0,00 | 0,19 | 0,84 | ------ | ------ | ------ | ------ |
| Basensättigung [%] | 0,42 | 0,26 | 0,46 | -0,26 | -0,26 | 0,30 | -0,41 | 0,30 | 0,06 | 0,96 | 0,05 | 0,26 | 0,78 | 0,96 | ------ | ------ | ------ |
| N in % (MW) | 0,37 | 0,29 | 0,46 | 0,96 | 0,26 | -0,27 | -0,03 | 0,94 | 0,95 | 0,27 | 0,02 | 0,56 | 0,42 | 0,21 | 0,15 | ------ | ------ |
| C in % (MW) | 0,51 | 0,25 | 0,63 | 0,96 | 0,22 | -0,23 | -0,13 | 0,96 | 0,93 | 0,41 | 0,05 | 0,47 | 0,59 | 0,35 | 0,26 | 0,91 | ------ |
| C/N | 0,32 | 0,08 | 0,68 | 0,59 | 0,17 | -0,02 | -0,19 | 0,43 | 0,38 | 0,33 | 0,09 | 0,11 | 0,39 | 0,30 | 0,24 | 0,27 | 0,61 |

## Anhang [A8]: Korrelationstabellen

| Unterböden (n = 7) | Organikgehalt MW [Flächen-%] | Quarzgehalt MW [Flächen-%] | Porengehalt MW [Flächen-%] | Matrixgehalt MW [Flächen-%] | KAK nach Summe [mmol/100g] | H-Wert [mmol/100g] | Summe Kationen [mmol/100g] | Na+ [mmol/100g] | K+ [mmol/100g] | Mg2+ [mmol/100g] | Ca2+ [mmol/100g] | Basensättigung [%] | N in % (MW) | C in % (MW) |
|---|---|---|---|---|---|---|---|---|---|---|---|---|---|---|
| Quarzgehalt MW [Flächen-%] | 0,73 | ------ | ------ | ------ | ------ | ------ | ------ | ------ | ------ | ------ | ------ | ------ | ------ | ------ |
| Porengehalt MW [Flächen-%] | 0,56 | 0,66 | ------ | ------ | ------ | ------ | ------ | ------ | ------ | ------ | ------ | ------ | ------ | ------ |
| Matrixgehalt MW [Flächen-%] | -0,74 | -0,91 | -0,92 | ------ | ------ | ------ | ------ | ------ | ------ | ------ | ------ | ------ | ------ | ------ |
| KAK nach Summe [mmol/100g] | -0,21 | -0,04 | 0,37 | -0,17 | ------ | ------ | ------ | ------ | ------ | ------ | ------ | ------ | ------ | ------ |
| H-Wert [mmol/100g] | -0,19 | -0,02 | 0,41 | -0,20 | 1,00 | ------ | ------ | ------ | ------ | ------ | ------ | ------ | ------ | ------ |
| Summe Kationen [mmol/100g] | -0,37 | -0,38 | -0,67 | 0,59 | 0,07 | 0,01 | ------ | ------ | ------ | ------ | ------ | ------ | ------ | ------ |
| Na+ [mmol/100g] | -0,07 | 0,48 | -0,08 | -0,18 | 0,12 | 0,10 | 0,39 | ------ | ------ | ------ | ------ | ------ | ------ | ------ |
| K+ [mmol/100g] | 0,28 | 0,39 | 0,76 | -0,63 | 0,78 | 0,79 | -0,12 | 0,15 | ------ | ------ | ------ | ------ | ------ | ------ |
| Mg2+ [mmol/100g] | -0,25 | -0,41 | -0,43 | 0,46 | 0,32 | 0,28 | 0,85 | 0,25 | 0,21 | ------ | ------ | ------ | ------ | ------ |
| Ca2+ [mmol/100g] | -0,42 | -0,44 | -0,82 | 0,70 | -0,22 | -0,27 | 0,91 | 0,26 | -0,47 | 0,58 | ------ | ------ | ------ | ------ |
| Basensättigung [%] | -0,29 | -0,31 | -0,77 | 0,60 | -0,21 | -0,26 | 0,95 | 0,39 | -0,36 | 0,69 | 0,97 | ------ | ------ | ------ |
| N in % (MW) | 0,20 | 0,14 | 0,46 | -0,34 | 0,56 | 0,56 | 0,17 | 0,15 | 0,84 | 0,58 | -0,24 | -0,06 | ------ | ------ |
| C in % (MW) | 0,21 | 0,41 | 0,50 | -0,49 | 0,50 | 0,50 | 0,02 | 0,48 | 0,78 | 0,39 | -0,37 | -0,17 | 0,88 | ------ |
| C/N | 0,15 | 0,58 | 0,35 | -0,49 | 0,23 | 0,24 | -0,21 | 0,71 | 0,38 | -0,03 | -0,43 | -0,26 | 0,35 | 0,76 |

| Holzexperiment (n = 96) | Organikgehalt MW [Flächen-%] | Quarzgehalt MW [Flächen-%] | Porengehalt MW [Flächen-%] | Matrixgehalt MW [Flächen-%] | KAK nach Summe [mmol/100g] | H-Wert [mmol/100g] | Summe Kationen [mmol/100g] | Na+ [mmol/100g] | K+ [mmol/100g] | Mg2+ [mmol/100g] | Ca2+ [mmol/100g] |
|---|---|---|---|---|---|---|---|---|---|---|---|
| Quarzgehalt MW [Flächen-%] | -0,05 | ------ | ------ | ------ | ------ | ------ | ------ | ------ | ------ | ------ | ------ |
| Porengehalt MW [Flächen-%] | 0,08 | 0,02 | ------ | ------ | ------ | ------ | ------ | ------ | ------ | ------ | ------ |
| Matrixgehalt MW [Flächen-%] | -0,24 | -0,61 | -0,78 | ------ | ------ | ------ | ------ | ------ | ------ | ------ | ------ |
| KAK nach Summe [mmol/100g] | -0,11 | -0,09 | -0,05 | 0,12 | ------ | ------ | ------ | ------ | ------ | ------ | ------ |
| H-Wert [mmol/100g] | -0,10 | -0,10 | -0,05 | 0,11 | 0,98 | ------ | ------ | ------ | ------ | ------ | ------ |
| Summe Kationen [mmol/100g] | -0,06 | 0,00 | -0,06 | 0,06 | 0,42 | 0,24 | ------ | ------ | ------ | ------ | ------ |
| Na+ [mmol/100g] | 0,01 | -0,28 | 0,27 | -0,03 | 0,03 | 0,09 | -0,30 | ------ | ------ | ------ | ------ |
| K+ [mmol/100g] | -0,04 | -0,13 | 0,12 | 0,00 | 0,26 | 0,23 | 0,23 | 0,31 | ------ | ------ | ------ |
| Mg2+ [mmol/100g] | -0,10 | -0,02 | -0,03 | 0,05 | 0,34 | 0,17 | 0,93 | -0,27 | 0,38 | ------ | ------ |
| Ca2+ [mmol/100g] | -0,05 | 0,02 | -0,07 | 0,06 | 0,42 | 0,24 | 0,99 | -0,34 | 0,09 | 0,87 | ------ |
| Basensättigung [%] | 0,00 | 0,00 | -0,03 | 0,02 | -0,01 | -0,19 | 0,88 | -0,24 | 0,19 | 0,85 | 0,87 |

Korrelationskoeffizienten (Pearson) ab ±0,80 sind grau markiert

## Anhang [A8]: Korrelationstabellen

| Mulchexperiment II: Mulchqualität (n = 18) | Mulchqualität | Organikgehalt MW (Quers.) [Flä.-%] | Quarzgehalt MW (Quers.) [Flä.-%] | Porengehalt MW (Quers.) [Flä.-%] | Matrixgehalt MW (Quers.) [Flä.-%] | Organikgehalt MW (Längss.) [Flä.-%] | Quarzgehalt MW (Längss.) [Flä.-%] | Porengehalt MW (Längss.) [Flä.-%] | Matrixgehalt MW (Längss.) [Flä.-%] | Organikgehalt oben MW (Längss.) | Organikgehalt Mitte MW (Längss.) | Organikgehalt unten MW (Längss.) | KAK nach Summe [mmol/100g] | H-Wert [mmol/100g] | Summe Kationen [mmol/100g] | Na+ [mmol/100g] | K+ [mmol/100g] |
|---|---|---|---|---|---|---|---|---|---|---|---|---|---|---|---|---|---|
| Organikgehalt MW (Quers.) [Flä.-%] | 0,23 | ------ | ------ | ------ | ------ | ------ | ------ | ------ | ------ | ------ | ------ | ------ | ------ | ------ | ------ | ------ | ------ |
| Quarzgehalt MW (Quers.) [Flä.-%] | 0,33 | -0,15 | ------ | ------ | ------ | ------ | ------ | ------ | ------ | ------ | ------ | ------ | ------ | ------ | ------ | ------ | ------ |
| Porengehalt MW (Quers.) [Flä.-%] | -0,38 | 0,32 | -0,30 | ------ | ------ | ------ | ------ | ------ | ------ | ------ | ------ | ------ | ------ | ------ | ------ | ------ | ------ |
| Matrixgehalt MW (Quers.) [Flä.-%] | 0,21 | -0,40 | -0,07 | -0,92 | ------ | ------ | ------ | ------ | ------ | ------ | ------ | ------ | ------ | ------ | ------ | ------ | ------ |
| Organikgehalt MW (Längss.) [Flä.-%] | 0,36 | -0,26 | 0,06 | -0,39 | 0,40 | ------ | ------ | ------ | ------ | ------ | ------ | ------ | ------ | ------ | ------ | ------ | ------ |
| Quarzgehalt MW (Längss.) [Flä.-%] | 0,34 | 0,29 | -0,40 | 0,01 | 0,10 | 0,05 | ------ | ------ | ------ | ------ | ------ | ------ | ------ | ------ | ------ | ------ | ------ |
| Porengehalt MW (Längss.) [Flä.-%] | 0,16 | -0,05 | 0,12 | 0,32 | -0,36 | 0,11 | 0,02 | ------ | ------ | ------ | ------ | ------ | ------ | ------ | ------ | ------ | ------ |
| Matrixgehalt MW (Längss.) [Flä.-%] | -0,35 | -0,06 | 0,07 | -0,22 | 0,20 | -0,25 | -0,49 | -0,87 | ------ | ------ | ------ | ------ | ------ | ------ | ------ | ------ | ------ |
| Organikgehalt oben MW (Längss.) | 0,26 | -0,33 | -0,05 | -0,25 | 0,32 | 0,64 | 0,24 | 0,30 | -0,46 | ------ | ------ | ------ | ------ | ------ | ------ | ------ | ------ |
| Organikgehalt Mitte MW (Längss.) | 0,29 | 0,00 | -0,01 | -0,27 | 0,27 | 0,50 | 0,12 | -0,14 | 0,00 | -0,13 | ------ | ------ | ------ | ------ | ------ | ------ | ------ |
| Organikgehalt unten MW (Längss.) | -0,06 | 0,01 | 0,21 | -0,04 | -0,05 | 0,35 | -0,43 | -0,06 | 0,20 | -0,11 | -0,13 | ------ | ------ | ------ | ------ | ------ | ------ |
| KAK nach Summe [mmol/100g] | 0,26 | -0,20 | 0,14 | -0,09 | 0,06 | 0,23 | 0,19 | 0,50 | -0,54 | 0,24 | 0,02 | 0,07 | ------ | ------ | ------ | ------ | ------ |
| H-Wert [mmol/100g] | 0,40 | -0,18 | 0,21 | -0,11 | 0,06 | 0,25 | 0,24 | 0,61 | -0,66 | 0,28 | 0,07 | -0,03 | 0,95 | ------ | ------ | ------ | ------ |
| Summe Kationen [mmol/100g] | -0,52 | 0,00 | -0,26 | 0,11 | 0,00 | -0,12 | -0,21 | -0,52 | 0,55 | -0,21 | -0,15 | 0,28 | -0,15 | -0,46 | ------ | ------ | ------ |
| Na+ [mmol/100g] | -0,16 | 0,13 | 0,10 | 0,11 | -0,17 | -0,27 | 0,01 | -0,11 | 0,12 | -0,40 | 0,28 | -0,28 | -0,02 | -0,10 | 0,27 | ------ | ------ |
| K+ [mmol/100g] | -0,76 | -0,09 | -0,28 | 0,32 | -0,19 | -0,01 | -0,19 | -0,24 | 0,29 | 0,01 | -0,13 | 0,14 | -0,10 | -0,31 | 0,68 | 0,30 | ------ |
| Mg2+ [mmol/100g] | -0,67 | -0,15 | -0,32 | 0,24 | -0,09 | -0,24 | -0,21 | -0,44 | 0,50 | -0,24 | -0,21 | 0,17 | -0,15 | -0,44 | 0,94 | 0,26 | 0,72 |
| Ca2+ [mmol/100g] | -0,31 | 0,10 | -0,19 | -0,03 | 0,09 | -0,06 | -0,19 | -0,55 | 0,56 | -0,21 | -0,11 | 0,34 | -0,15 | -0,44 | 0,96 | 0,21 | 0,49 |
| Basensättigung [%] | -0,54 | 0,02 | -0,26 | 0,09 | 0,01 | -0,15 | -0,23 | -0,57 | 0,61 | -0,23 | -0,15 | 0,26 | -0,25 | -0,55 | 0,99 | 0,28 | 0,68 |
| N in % (MW) | -0,29 | 0,01 | -0,27 | 0,43 | -0,32 | -0,10 | 0,08 | 0,34 | -0,31 | 0,15 | -0,51 | 0,24 | 0,44 | 0,39 | 0,02 | -0,39 | 0,30 |
| C in % (MW) | -0,40 | -0,02 | -0,35 | 0,38 | -0,24 | -0,07 | 0,14 | 0,22 | -0,24 | 0,13 | -0,41 | 0,19 | 0,39 | 0,32 | 0,10 | -0,30 | 0,44 |
| C/N | -0,55 | -0,11 | -0,44 | 0,06 | 0,13 | 0,02 | 0,25 | -0,26 | 0,10 | -0,01 | 0,07 | -0,04 | 0,11 | 0,01 | 0,28 | 0,12 | 0,69 |
| C-grob 2,0 mm C in % (MW) | -0,50 | -0,08 | -0,47 | 0,40 | -0,20 | -0,13 | 0,15 | 0,21 | -0,23 | 0,08 | -0,34 | 0,05 | 0,32 | 0,27 | 0,05 | -0,12 | 0,45 |
| C-mittel 0,200 mm C in % (MW) | -0,19 | 0,02 | 0,00 | 0,18 | -0,18 | 0,08 | 0,01 | 0,12 | -0,12 | 0,20 | -0,36 | 0,31 | 0,43 | 0,33 | 0,17 | -0,34 | 0,39 |
| C-fein 0,05 mm C in % (MW) | -0,35 | 0,02 | -0,42 | 0,43 | -0,27 | -0,12 | 0,19 | 0,24 | -0,28 | 0,09 | -0,43 | 0,19 | 0,34 | 0,29 | 0,06 | -0,39 | 0,36 |
| pH CaCl2 | -0,65 | 0,00 | -0,24 | 0,09 | 0,01 | -0,18 | -0,34 | -0,67 | 0,75 | -0,26 | -0,25 | 0,37 | -0,45 | -0,68 | 0,86 | 0,12 | 0,70 |
| Anteil an abgebautem Mulch in % | -0,52 | -0,57 | -0,15 | -0,08 | 0,23 | -0,12 | -0,42 | -0,05 | 0,25 | 0,07 | -0,29 | 0,04 | 0,18 | -0,02 | 0,56 | 0,17 | 0,47 |
| Anteil der Zersetzer-Taxa | -0,15 | -0,11 | -0,56 | 0,32 | -0,08 | -0,04 | 0,44 | 0,13 | -0,30 | 0,29 | -0,20 | -0,25 | -0,12 | -0,07 | -0,11 | -0,32 | 0,16 |
| Gesamtabundanz Makrofauna | -0,07 | 0,11 | -0,58 | 0,17 | 0,04 | 0,02 | 0,58 | 0,02 | -0,29 | 0,31 | -0,04 | -0,38 | -0,11 | -0,09 | -0,01 | -0,02 | 0,25 |
| Fraßrate Köderstreifen (Löcher/Stab) | 0,31 | 0,42 | 0,01 | 0,03 | -0,10 | 0,18 | 0,06 | 0,04 | -0,08 | -0,18 | 0,30 | 0,24 | 0,24 | 0,26 | -0,15 | -0,04 | -0,31 |
| Mikrobielle Biomasse | -0,31 | -0,05 | -0,35 | -0,21 | 0,35 | 0,01 | -0,05 | -0,62 | 0,54 | -0,24 | 0,06 | 0,30 | -0,20 | -0,33 | 0,47 | 0,09 | 0,44 |
| Lagerungsdichte (MW) [g/cm³] | 0,40 | 0,20 | -0,14 | -0,19 | 0,22 | 0,29 | 0,28 | 0,13 | -0,28 | 0,18 | 0,14 | 0,11 | 0,42 | 0,42 | -0,12 | -0,34 | -0,24 |
| Wassergehalt [%] | 0,18 | 0,00 | 0,09 | -0,11 | 0,07 | 0,25 | -0,30 | -0,44 | 0,48 | -0,06 | 0,43 | 0,01 | -0,43 | -0,42 | 0,09 | 0,03 | -0,04 |

## Anhang [A8]: Korrelationstabellen

**Mulchexperiment II: Mulchqualität (n = 18)**

| | Mg2+ [mmol/100g] | Ca2+ [mmol/100g] | Basensättigung [%] | N in % (MW) | C in % (MW) | C/N | C-grob 2,0 mm C in % (MW) | C-mittel 0,200 mm C in % (MW) | C-fein 0,05 mm C in % (MW) | pH CaCl2 | Anteil an abgebautem Mulch in % | Anteil der Zersetzer-Taxa | Gesamtabundanz Makrofauna | Fraßrate Köderstreifen (Löcher/Stab) | Mikrobielle Biomasse | Lagerungsdichte (MW) [g/cm³] | Wassergehalt [%] |
|---|---|---|---|---|---|---|---|---|---|---|---|---|---|---|---|---|---|
| Organikgehalt MW (Quers.) [Flä.-%] | ------ | ------ | ------ | ------ | ------ | ------ | ------ | ------ | ------ | ------ | ------ | ------ | ------ | ------ | ------ | ------ | ------ |
| Quarzgehalt MW (Quers.) [Flä.-%] | ------ | ------ | ------ | ------ | ------ | ------ | ------ | ------ | ------ | ------ | ------ | ------ | ------ | ------ | ------ | ------ | ------ |
| Porengehalt MW (Quers.) [Flä.-%] | ------ | ------ | ------ | ------ | ------ | ------ | ------ | ------ | ------ | ------ | ------ | ------ | ------ | ------ | ------ | ------ | ------ |
| Matrixgehalt MW (Quers.) [Flä.-%] | ------ | ------ | ------ | ------ | ------ | ------ | ------ | ------ | ------ | ------ | ------ | ------ | ------ | ------ | ------ | ------ | ------ |
| Organikgehalt MW (Längss.) [Flä.-%] | ------ | ------ | ------ | ------ | ------ | ------ | ------ | ------ | ------ | ------ | ------ | ------ | ------ | ------ | ------ | ------ | ------ |
| Quarzgehalt MW (Längss.) [Flä.-%] | ------ | ------ | ------ | ------ | ------ | ------ | ------ | ------ | ------ | ------ | ------ | ------ | ------ | ------ | ------ | ------ | ------ |
| Porengehalt MW (Längss.) [Flä.-%] | ------ | ------ | ------ | ------ | ------ | ------ | ------ | ------ | ------ | ------ | ------ | ------ | ------ | ------ | ------ | ------ | ------ |
| Matrixgehalt MW (Längss.) [Flä.-%] | ------ | ------ | ------ | ------ | ------ | ------ | ------ | ------ | ------ | ------ | ------ | ------ | ------ | ------ | ------ | ------ | ------ |
| Organikgehalt oben MW (Längss.) | ------ | ------ | ------ | ------ | ------ | ------ | ------ | ------ | ------ | ------ | ------ | ------ | ------ | ------ | ------ | ------ | ------ |
| Organikgehalt Mitte MW (Längss.) | ------ | ------ | ------ | ------ | ------ | ------ | ------ | ------ | ------ | ------ | ------ | ------ | ------ | ------ | ------ | ------ | ------ |
| Organikgehalt unten MW (Längss.) | ------ | ------ | ------ | ------ | ------ | ------ | ------ | ------ | ------ | ------ | ------ | ------ | ------ | ------ | ------ | ------ | ------ |
| KAK nach Summe [mmol/100g] | ------ | ------ | ------ | ------ | ------ | ------ | ------ | ------ | ------ | ------ | ------ | ------ | ------ | ------ | ------ | ------ | ------ |
| H-Wert [mmol/100g] | ------ | ------ | ------ | ------ | ------ | ------ | ------ | ------ | ------ | ------ | ------ | ------ | ------ | ------ | ------ | ------ | ------ |
| Summe Kationen [mmol/100g] | ------ | ------ | ------ | ------ | ------ | ------ | ------ | ------ | ------ | ------ | ------ | ------ | ------ | ------ | ------ | ------ | ------ |
| Na+ [mmol/100g] | ------ | ------ | ------ | ------ | ------ | ------ | ------ | ------ | ------ | ------ | ------ | ------ | ------ | ------ | ------ | ------ | ------ |
| K+ [mmol/100g] | ------ | ------ | ------ | ------ | ------ | ------ | ------ | ------ | ------ | ------ | ------ | ------ | ------ | ------ | ------ | ------ | ------ |
| Mg2+ [mmol/100g] | ------ | ------ | ------ | ------ | ------ | ------ | ------ | ------ | ------ | ------ | ------ | ------ | ------ | ------ | ------ | ------ | ------ |
| Ca2+ [mmol/100g] | 0,82 | ------ | ------ | ------ | ------ | ------ | ------ | ------ | ------ | ------ | ------ | ------ | ------ | ------ | ------ | ------ | ------ |
| Basensättigung [%] | 0,93 | 0,95 | ------ | ------ | ------ | ------ | ------ | ------ | ------ | ------ | ------ | ------ | ------ | ------ | ------ | ------ | ------ |
| N in % (MW) | 0,07 | -0,07 | -0,03 | ------ | ------ | ------ | ------ | ------ | ------ | ------ | ------ | ------ | ------ | ------ | ------ | ------ | ------ |
| C in % (MW) | 0,15 | -0,02 | 0,05 | 0,97 | ------ | ------ | ------ | ------ | ------ | ------ | ------ | ------ | ------ | ------ | ------ | ------ | ------ |
| C/N | 0,34 | 0,10 | 0,27 | 0,47 | 0,66 | ------ | ------ | ------ | ------ | ------ | ------ | ------ | ------ | ------ | ------ | ------ | ------ |
| C-grob 2,0 mm C in % (MW) | 0,13 | -0,09 | 0,02 | 0,86 | 0,92 | 0,69 | ------ | ------ | ------ | ------ | ------ | ------ | ------ | ------ | ------ | ------ | ------ |
| C-mittel 0,200 mm C in % (MW) | 0,15 | 0,12 | 0,12 | 0,84 | 0,84 | 0,49 | 0,58 | ------ | ------ | ------ | ------ | ------ | ------ | ------ | ------ | ------ | ------ |
| C-fein 0,05 mm C in % (MW) | 0,15 | -0,06 | 0,02 | 0,95 | 0,97 | 0,61 | 0,86 | 0,78 | ------ | ------ | ------ | ------ | ------ | ------ | ------ | ------ | ------ |
| pH CaCl2 | 0,81 | 0,80 | 0,89 | 0,06 | 0,16 | 0,37 | 0,13 | 0,19 | 0,11 | ------ | ------ | ------ | ------ | ------ | ------ | ------ | ------ |
| Anteil an abgebautem Mulch in % | 0,63 | 0,46 | 0,54 | 0,21 | 0,25 | 0,25 | 0,27 | 0,20 | 0,19 | 0,44 | ------ | ------ | ------ | ------ | ------ | ------ | ------ |
| Anteil der Zersetzer-Taxa | 0,02 | -0,23 | -0,11 | 0,46 | 0,51 | 0,42 | 0,50 | 0,23 | 0,62 | -0,03 | 0,09 | ------ | ------ | ------ | ------ | ------ | ------ |
| Gesamtabundanz Makrofauna | 0,00 | -0,07 | 0,00 | 0,33 | 0,44 | 0,52 | 0,49 | 0,19 | 0,47 | 0,01 | 0,06 | 0,86 | ------ | ------ | ------ | ------ | ------ |
| Fraßrate Köderstreifen (Löcher/Stab) | -0,28 | -0,02 | -0,18 | 0,06 | 0,00 | -0,18 | 0,01 | 0,07 | -0,06 | -0,25 | -0,42 | -0,48 | -0,36 | ------ | ------ | ------ | ------ |
| Mikrobielle Biomasse | 0,46 | 0,42 | 0,50 | -0,06 | 0,09 | 0,51 | 0,10 | -0,01 | 0,12 | 0,64 | 0,23 | 0,10 | 0,11 | -0,33 | ------ | ------ | ------ |
| Lagerungsdichte (MW) [g/cm³] | -0,25 | 0,01 | -0,16 | 0,19 | 0,16 | 0,00 | 0,09 | 0,17 | 0,19 | -0,16 | -0,20 | 0,09 | 0,15 | 0,03 | 0,20 | ------ | ------ |
| Wassergehalt [%] | 0,03 | 0,15 | 0,13 | -0,51 | -0,50 | -0,28 | -0,53 | -0,29 | -0,52 | 0,12 | -0,19 | -0,34 | -0,35 | 0,32 | -0,01 | -0,35 | ------ |

Korrelationskoeffizienten (Pearson) ab ±0,80 sind grau markiert

## Anhang [A8]: Korrelationstabellen

| Mulchexperiment III: Mulchmenge (n = 24) | Mulchmenge | Organikgehalt MW (Quers.) [Flä.-%] | Quarzgehalt MW (Quers.) [Flä.-%] | Porengehalt MW (Quers.) [Flä.-%] | Matrixgehalt MW (Quers.) [Flä.-%] | Organikgehalt MW (Längss.) [Flä.-%] | Quarzgehalt MW (Längss.) [Flä.-%] | Porengehalt MW (Längss.) [Flä.-%] | Matrixgehalt MW (Längss.) [Flä.-%] | Organikgehalt oben MW (Längss.) | Organikgehalt Mitte MW (Längss.) | Organikgehalt unten MW (Längss.) | KAK nach Summe [mmol/100g] | H-Wert [mmol/100g] | Summe Kationen [mmol/100g] | Na+ [mmol/100g] | K+ [mmol/100g] |
|---|---|---|---|---|---|---|---|---|---|---|---|---|---|---|---|---|---|
| Organikgehalt MW (Quers.) [Flä.-%] | -0,06 | ------ | ------ | ------ | ------ | ------ | ------ | ------ | ------ | ------ | ------ | ------ | ------ | ------ | ------ | ------ | ------ |
| Quarzgehalt MW (Quers.) [Flä.-%] | 0,30 | 0,22 | ------ | ------ | ------ | ------ | ------ | ------ | ------ | ------ | ------ | ------ | ------ | ------ | ------ | ------ | ------ |
| Porengehalt MW (Quers.) [Flä.-%] | -0,32 | -0,23 | -0,29 | ------ | ------ | ------ | ------ | ------ | ------ | ------ | ------ | ------ | ------ | ------ | ------ | ------ | ------ |
| Matrixgehalt MW (Quers.) [Flä.-%] | 0,11 | -0,18 | -0,49 | -0,67 | ------ | ------ | ------ | ------ | ------ | ------ | ------ | ------ | ------ | ------ | ------ | ------ | ------ |
| Organikgehalt MW (Längss.) [Flä.-%] | 0,34 | -0,13 | 0,10 | -0,28 | 0,22 | ------ | ------ | ------ | ------ | ------ | ------ | ------ | ------ | ------ | ------ | ------ | ------ |
| Quarzgehalt MW (Längss.) [Flä.-%] | -0,20 | 0,11 | 0,02 | 0,04 | -0,07 | -0,19 | ------ | ------ | ------ | ------ | ------ | ------ | ------ | ------ | ------ | ------ | ------ |
| Porengehalt MW (Längss.) [Flä.-%] | -0,07 | -0,09 | -0,12 | 0,16 | -0,04 | 0,07 | -0,01 | ------ | ------ | ------ | ------ | ------ | ------ | ------ | ------ | ------ | ------ |
| Matrixgehalt MW (Längss.) [Flä.-%] | 0,07 | 0,06 | 0,06 | -0,08 | 0,02 | -0,22 | -0,43 | -0,86 | ------ | ------ | ------ | ------ | ------ | ------ | ------ | ------ | ------ |
| Organikgehalt oben MW (Längss.) | 0,24 | -0,01 | -0,15 | -0,11 | 0,21 | 0,88 | -0,25 | 0,13 | -0,21 | ------ | ------ | ------ | ------ | ------ | ------ | ------ | ------ |
| Organikgehalt Mitte MW (Längss.) | 0,30 | -0,35 | 0,31 | -0,33 | 0,16 | 0,42 | -0,24 | 0,01 | 0,00 | 0,01 | ------ | ------ | ------ | ------ | ------ | ------ | ------ |
| Organikgehalt unten MW (Längss.) | 0,03 | 0,08 | 0,40 | -0,20 | -0,12 | 0,31 | 0,48 | -0,18 | -0,16 | 0,08 | -0,02 | ------ | ------ | ------ | ------ | ------ | ------ |
| KAK nach Summe [mmol/100g] | 0,75 | 0,09 | 0,15 | -0,33 | 0,18 | 0,34 | -0,16 | 0,04 | -0,04 | 0,35 | 0,03 | 0,10 | ------ | ------ | ------ | ------ | ------ |
| H-Wert [mmol/100g] | 0,67 | 0,07 | 0,11 | -0,42 | 0,30 | 0,42 | -0,13 | 0,12 | -0,15 | 0,42 | 0,06 | 0,13 | 0,96 | ------ | ------ | ------ | ------ |
| Summe Kationen [mmol/100g] | 0,66 | 0,11 | 0,20 | 0,05 | -0,21 | -0,04 | -0,16 | -0,20 | 0,26 | -0,01 | -0,06 | -0,03 | 0,67 | 0,45 | ------ | ------ | ------ |
| Na+ [mmol/100g] | 0,36 | 0,08 | 0,00 | 0,10 | -0,11 | -0,24 | -0,14 | -0,01 | 0,14 | -0,14 | -0,21 | -0,10 | 0,56 | 0,41 | 0,73 | ------ | ------ |
| K+ [mmol/100g] | 0,59 | 0,35 | 0,13 | -0,45 | 0,25 | 0,08 | 0,05 | 0,00 | -0,05 | 0,06 | 0,03 | 0,05 | 0,80 | 0,73 | 0,66 | 0,58 | ------ |
| Mg2+ [mmol/100g] | 0,49 | 0,09 | 0,14 | 0,10 | -0,21 | -0,12 | -0,13 | -0,25 | 0,30 | -0,07 | -0,12 | -0,05 | 0,58 | 0,35 | 0,96 | 0,70 | 0,61 |
| Ca2+ [mmol/100g] | 0,68 | 0,09 | 0,21 | 0,07 | -0,24 | -0,02 | -0,18 | -0,20 | 0,26 | 0,00 | -0,04 | -0,04 | 0,65 | 0,43 | 1,00 | 0,72 | 0,61 |
| Basensättigung [%] | 0,57 | 0,11 | 0,22 | 0,15 | -0,32 | -0,10 | -0,14 | -0,24 | 0,30 | -0,09 | -0,05 | -0,02 | 0,50 | 0,25 | 0,97 | 0,69 | 0,52 |
| N in % (MW) | 0,62 | 0,29 | 0,22 | -0,34 | 0,09 | 0,17 | -0,16 | -0,34 | 0,32 | 0,14 | 0,06 | 0,08 | 0,63 | 0,59 | 0,46 | 0,28 | 0,52 |
| C in % (MW) | 0,67 | 0,25 | 0,24 | -0,43 | 0,17 | 0,21 | -0,16 | -0,35 | 0,32 | 0,18 | 0,09 | 0,10 | 0,69 | 0,66 | 0,48 | 0,31 | 0,58 |
| C/N | 0,66 | 0,00 | 0,25 | -0,65 | 0,42 | 0,35 | -0,04 | -0,29 | 0,18 | 0,27 | 0,18 | 0,17 | 0,69 | 0,69 | 0,41 | 0,26 | 0,62 |
| C-grob 2,0 mm C in % (MW) | 0,67 | 0,31 | 0,26 | -0,34 | 0,06 | 0,30 | -0,29 | -0,31 | 0,33 | 0,30 | 0,06 | 0,08 | 0,67 | 0,62 | 0,52 | 0,35 | 0,51 |
| C-mittel 0,200 mm C in % (MW) | 0,59 | 0,30 | 0,31 | -0,38 | 0,06 | 0,02 | -0,10 | -0,34 | 0,34 | -0,04 | 0,05 | 0,13 | 0,58 | 0,54 | 0,45 | 0,29 | 0,50 |
| C-fein 0,05 mm C in % (MW) | 0,61 | 0,08 | 0,07 | -0,48 | 0,38 | 0,29 | -0,05 | -0,31 | 0,21 | 0,25 | 0,15 | 0,04 | 0,68 | 0,69 | 0,37 | 0,21 | 0,60 |
| pH CaCl2 | -0,16 | 0,01 | -0,40 | 0,43 | -0,12 | -0,22 | -0,24 | -0,19 | 0,33 | -0,04 | -0,29 | -0,28 | -0,13 | -0,26 | 0,30 | 0,23 | -0,16 |
| Anteil an abgebautem Mulch in % | 0,71 | 0,21 | 0,40 | -0,31 | -0,04 | 0,22 | 0,06 | -0,29 | 0,16 | 0,15 | 0,14 | 0,12 | 0,50 | 0,40 | 0,55 | 0,27 | 0,40 |
| Anteil der Zersetzer-Taxa | 0,60 | 0,11 | 0,11 | 0,01 | -0,11 | 0,23 | 0,23 | -0,25 | 0,04 | 0,27 | -0,14 | 0,21 | 0,33 | 0,24 | 0,43 | 0,13 | 0,21 |
| Gesamtabundanz Makrofauna | 0,64 | 0,08 | 0,10 | 0,01 | -0,10 | 0,26 | 0,11 | -0,20 | 0,05 | 0,29 | -0,05 | 0,13 | 0,31 | 0,23 | 0,40 | 0,07 | 0,15 |
| Fraßrate Köderstreifen (Löcher/Stab) | 0,57 | 0,04 | 0,24 | -0,13 | -0,06 | 0,29 | -0,07 | -0,25 | 0,17 | 0,33 | -0,12 | 0,24 | 0,54 | 0,45 | 0,55 | 0,37 | 0,45 |
| Mikrobielle Biomasse | 0,34 | 0,02 | 0,04 | 0,09 | -0,12 | -0,08 | -0,11 | -0,31 | 0,34 | 0,00 | -0,14 | -0,10 | 0,43 | 0,27 | 0,69 | 0,59 | 0,39 |
| Lagerungsdichte (MW) [g/cm³] | -0,60 | -0,09 | 0,02 | 0,17 | -0,15 | -0,25 | 0,04 | -0,06 | 0,09 | -0,27 | -0,08 | 0,06 | -0,61 | -0,51 | -0,64 | -0,51 | -0,59 |
| Wassergehalt [%] | 0,80 | 0,05 | 0,41 | -0,44 | 0,10 | 0,46 | -0,23 | -0,20 | 0,16 | 0,35 | 0,34 | 0,10 | 0,67 | 0,62 | 0,51 | 0,26 | 0,56 |

## Anhang [A8]: Korrelationstabellen

| Mulchexperiment III: Mulchmenge (n = 24) | Mg2+ [mmol/100g] | Ca2+ [mmol/100g] | Basensättigung [%] | N in % (MW) | C in % (MW) | C/N | C-grob 2,0 mm C in % (MW) | C-mittel 0,200 mm C in % (MW) | C-fein 0,05 mm C in % (MW) | pH CaCl2 | Anteil an abgebautem Mulch in % | Anteil der Zersetzer-Taxa | Gesamtabundanz Makrofauna | Fraßrate Köderstreifen (Löcher/Stab) | Mikrobielle Biomasse | Lagerungsdichte (MW) [g/cm³] | Wassergehalt [%] |
|---|---|---|---|---|---|---|---|---|---|---|---|---|---|---|---|---|---|
| Organikgehalt MW (Quers.) [Flä.-%] | ------ | ------ | ------ | ------ | ------ | ------ | ------ | ------ | ------ | ------ | ------ | ------ | ------ | ------ | ------ | ------ | ------ |
| Quarzgehalt MW (Quers.) [Flä.-%] | ------ | ------ | ------ | ------ | ------ | ------ | ------ | ------ | ------ | ------ | ------ | ------ | ------ | ------ | ------ | ------ | ------ |
| Porengehalt MW (Quers.) [Flä.-%] | ------ | ------ | ------ | ------ | ------ | ------ | ------ | ------ | ------ | ------ | ------ | ------ | ------ | ------ | ------ | ------ | ------ |
| Matrixgehalt MW (Quers.) [Flä.-%] | ------ | ------ | ------ | ------ | ------ | ------ | ------ | ------ | ------ | ------ | ------ | ------ | ------ | ------ | ------ | ------ | ------ |
| Organikgehalt MW (Längss.) [Flä.-%] | ------ | ------ | ------ | ------ | ------ | ------ | ------ | ------ | ------ | ------ | ------ | ------ | ------ | ------ | ------ | ------ | ------ |
| Quarzgehalt MW (Längss.) [Flä.-%] | ------ | ------ | ------ | ------ | ------ | ------ | ------ | ------ | ------ | ------ | ------ | ------ | ------ | ------ | ------ | ------ | ------ |
| Porengehalt MW (Längss.) [Flä.-%] | ------ | ------ | ------ | ------ | ------ | ------ | ------ | ------ | ------ | ------ | ------ | ------ | ------ | ------ | ------ | ------ | ------ |
| Matrixgehalt MW (Längss.) [Flä.-%] | ------ | ------ | ------ | ------ | ------ | ------ | ------ | ------ | ------ | ------ | ------ | ------ | ------ | ------ | ------ | ------ | ------ |
| Organikgehalt oben MW (Längss.) | ------ | ------ | ------ | ------ | ------ | ------ | ------ | ------ | ------ | ------ | ------ | ------ | ------ | ------ | ------ | ------ | ------ |
| Organikgehalt Mitte MW (Längss.) | ------ | ------ | ------ | ------ | ------ | ------ | ------ | ------ | ------ | ------ | ------ | ------ | ------ | ------ | ------ | ------ | ------ |
| Organikgehalt unten MW (Längss.) | ------ | ------ | ------ | ------ | ------ | ------ | ------ | ------ | ------ | ------ | ------ | ------ | ------ | ------ | ------ | ------ | ------ |
| KAK nach Summe [mmol/100g] | ------ | ------ | ------ | ------ | ------ | ------ | ------ | ------ | ------ | ------ | ------ | ------ | ------ | ------ | ------ | ------ | ------ |
| H-Wert [mmol/100g] | ------ | ------ | ------ | ------ | ------ | ------ | ------ | ------ | ------ | ------ | ------ | ------ | ------ | ------ | ------ | ------ | ------ |
| Summe Kationen [mmol/100g] | ------ | ------ | ------ | ------ | ------ | ------ | ------ | ------ | ------ | ------ | ------ | ------ | ------ | ------ | ------ | ------ | ------ |
| Na+ [mmol/100g] | ------ | ------ | ------ | ------ | ------ | ------ | ------ | ------ | ------ | ------ | ------ | ------ | ------ | ------ | ------ | ------ | ------ |
| K+ [mmol/100g] | ------ | ------ | ------ | ------ | ------ | ------ | ------ | ------ | ------ | ------ | ------ | ------ | ------ | ------ | ------ | ------ | ------ |
| Mg2+ [mmol/100g] | ------ | ------ | ------ | ------ | ------ | ------ | ------ | ------ | ------ | ------ | ------ | ------ | ------ | ------ | ------ | ------ | ------ |
| Ca2+ [mmol/100g] | 0,93 | ------ | ------ | ------ | ------ | ------ | ------ | ------ | ------ | ------ | ------ | ------ | ------ | ------ | ------ | ------ | ------ |
| Basensättigung [%] | 0,94 | 0,97 | ------ | ------ | ------ | ------ | ------ | ------ | ------ | ------ | ------ | ------ | ------ | ------ | ------ | ------ | ------ |
| N in % (MW) | 0,41 | 0,45 | 0,38 | ------ | ------ | ------ | ------ | ------ | ------ | ------ | ------ | ------ | ------ | ------ | ------ | ------ | ------ |
| C in % (MW) | 0,43 | 0,47 | 0,38 | 0,99 | ------ | ------ | ------ | ------ | ------ | ------ | ------ | ------ | ------ | ------ | ------ | ------ | ------ |
| C/N | 0,37 | 0,39 | 0,29 | 0,53 | 0,67 | ------ | ------ | ------ | ------ | ------ | ------ | ------ | ------ | ------ | ------ | ------ | ------ |
| C-grob 2,0 mm C in % (MW) | 0,43 | 0,53 | 0,43 | 0,89 | 0,91 | 0,64 | ------ | ------ | ------ | ------ | ------ | ------ | ------ | ------ | ------ | ------ | ------ |
| C-mittel 0,200 mm C in % (MW) | 0,41 | 0,43 | 0,38 | 0,96 | 0,95 | 0,51 | 0,79 | ------ | ------ | ------ | ------ | ------ | ------ | ------ | ------ | ------ | ------ |
| C-fein 0,05 mm C in % (MW) | 0,34 | 0,34 | 0,25 | 0,87 | 0,91 | 0,72 | 0,72 | 0,82 | ------ | ------ | ------ | ------ | ------ | ------ | ------ | ------ | ------ |
| pH CaCl2 | 0,36 | 0,31 | 0,38 | -0,10 | -0,15 | -0,27 | -0,08 | -0,16 | -0,17 | ------ | ------ | ------ | ------ | ------ | ------ | ------ | ------ |
| Anteil an abgebautem Mulch in % | 0,40 | 0,58 | 0,54 | 0,60 | 0,61 | 0,47 | 0,54 | 0,59 | 0,57 | 0,04 | ------ | ------ | ------ | ------ | ------ | ------ | ------ |
| Anteil der Zersetzer-Taxa | 0,33 | 0,46 | 0,45 | 0,58 | 0,56 | 0,30 | 0,50 | 0,53 | 0,53 | 0,09 | 0,77 | ------ | ------ | ------ | ------ | ------ | ------ |
| Gesamtabundanz Makrofauna | 0,28 | 0,44 | 0,42 | 0,61 | 0,58 | 0,28 | 0,53 | 0,56 | 0,51 | 0,03 | 0,74 | 0,97 | ------ | ------ | ------ | ------ | ------ |
| Fraßrate Köderstreifen (Löcher/Stab) | 0,46 | 0,55 | 0,50 | 0,43 | 0,47 | 0,50 | 0,53 | 0,33 | 0,45 | 0,13 | 0,55 | 0,58 | 0,46 | ------ | ------ | ------ | ------ |
| Mikrobielle Biomasse | 0,73 | 0,68 | 0,69 | 0,49 | 0,49 | 0,27 | 0,46 | 0,45 | 0,44 | 0,35 | 0,44 | 0,42 | 0,35 | 0,55 | ------ | ------ | ------ |
| Lagerungsdichte (MW) [g/cm³] | -0,61 | -0,62 | -0,60 | -0,63 | -0,64 | -0,45 | -0,56 | -0,56 | -0,67 | -0,18 | -0,63 | -0,62 | -0,59 | -0,51 | -0,66 | ------ | ------ |
| Wassergehalt [%] | 0,40 | 0,52 | 0,42 | 0,57 | 0,66 | 0,79 | 0,73 | 0,50 | 0,61 | -0,20 | 0,58 | 0,41 | 0,43 | 0,66 | 0,43 | -0,52 | ------ |

Korrelationskoeffizienten (Pearson) ab ±0,80 sind grau markiert

## KARLSRUHER SCHRIFTEN ZUR GEOGRAPHIE UND GEOÖKOLOGIE

**Institut für Geographie und Geoökologie, Universität Karlsruhe (TH)**

**Band 1:** MEURER, M. (Hrsg.) – Geo- und weideökologische Untersuchungen in der subhumiden Savannenzone NW-Benins
mit Beiträgen von MEURER, M., SWOBODA, J., REIFF, K., STURM, H.-J., SCHMÜDDERICH, C., JENISCH, T.O., FRIEBE, G., GRENZ, M., Will H. & M. MIDELL
279 S.,48 Abb., 33 Tab., 6 Farbkarten-Beilagen, Karlsruhe 1998, ISBN 978-3-9803630-6-8    € 26,50

**Band 2:** STURM, H.-J. – Produktions- und weideökologische Untersuchungen in der subhumiden Savannenzone Nordbenins– ein Beitrag zur Konzeption ökologisch nachhaltiger Nutzungssysteme
94 S., 30 Abb., 36 Tab., 3 Karten, Karlsruhe 1993, ISBN 978-3-9803630-0-6    € 16,00

**Band 3:** HÜBNER, F. – Wachstumsverhalten und Revitalisierungstendenzen innerstädtischer Linden und Ahorne in Karlsruhe nach Wurzelraumsanierungsmaßnahmen
200 S., 89 Abb., 85 Tab., Karlsruhe 1996, ISBN 978-3-9803630-3-7    € 21,50

**Band 4:** WILL, H. – Fernerkundung und Weideökologie in der subhumiden Savannenzone NW-Benins – Anwendungen der Satellitenfernerkundung (LANDSAT-TM, SPOT) im Rahmen von weideökologischen Aufgabenstellungen
118 S., 26 Abb., 29 Tab., 6 Farb-Beilagen, Karlsruhe 1996, ISBN 978-3-9803630-2-0    € 21,50

**Band 5:** JIANG, Y. – Kleinräumliche Variation der Vegetation und ihrer Standortbedingungen im Pfannwald und in Teilgebieten des Streitwaldes/ Kraichgau
145 S., 41 Abb., 30 Tab. (3 als Beilage), 5 SW-Karten, 3 Farbkarten-Beilagen, Karlsruhe 1996, ISBN 978-3-9803630-1-3    € 21,50

**Band 6:** JENISCH, T.O. – Pastorale Nutzungsmechanismen und nahinfrarot-reflex-ionsspektroskopisch (NIRS) ermittelte Qualität der Futterressourcen in dem Département Atacora/Benin (West-Afrika) – unter dem Aspekt des Landschafts- und Ressourcenschutzes
223 S., 51 Abb., 59 Tab., 1 SW-Beilage, Karlsruhe 1997, ISBN 978-3-9803630-4-4    € 24,00

**Band 7:** MEURER, M. & T.K. BUTTSCHARDT (Hrsg.) – Geoökologie in Lehre, Forschung, Anwendung. Beiträge zum 1. Kongreß für Geoökologie am 09.11.1996 an der Universität Karlsruhe (TH) (Kongreßband GEOöKon 1996)
133 S., 33 Abb., 19. Tab., Karlsruhe 1997, ISBN 978-3-9803630-5-1    € 16,00

Kongreßteiln – Erfolgskontrollen im Naturschutz. Entwicklung einer Evaluationsstrategie für großflächige, integrative Naturschutzprojekte und ihre Erprobung am Beispiel des PLENUM*-Modellprojekts Isny/Leutkirch
*Projekt des Landes zur Erhaltung und Entwicklung von Natur und Umwelt
180 S., 14 Abb., 21 Tab., Karlsruhe 1999, ISBN 978-3-9803630-7-5    € 19,00

**Band 9:** RITZ, D. – Computergestützte Bildanalyse des Bodenbedeckungsgrades unter besonderer Berücksichtigung der Regionalisierung pflanzen- und bodenkundlicher Parameter
104 S., 170 Abb., 19 Tab., 1 Farb-Beilage, Karlsruhe 2000, ISBN 978-3-9803630-8-2    € 16,00

**Band 10:** NUTZ, L. – Regeneration und Sukzession der Vegetation auf Brandflächen. Eine anwendungsorientierte Fallstudie auf der Kykladeninsel Naxos (Griechenland)
191 S., 31 SW-Abb., 1 Farb-Abb., 31 Tab., 4 SW-Karten, 8 Farb-Karten, 8 SW-Photos, Karlsruhe 2000, ISBN 978-3-9803630-9-9    € 24,00

**Band 11:** HARTENSTEIN, M. – Analyse eines Bergwindsystems im Nordschwarzwald (Michelbachtal bei Gaggenau) unter Berücksichtigung seiner stadtklimatisch-lufthygienischen Bedeutung
104 S., 44 SW-Abb., 3 Farb-Abb., 11 Tab., Karlsruhe 2000, ISBN 978-3-934987-00-5    € 16,00

**Band 12:** SCHWARZWÄLDER, S. – Ökologische Bedeutung von Pflegemaßnahmen auf Energieleitungstrassen - Wert und Entwicklungsmöglichkeiten trassengeprägter Biotope
134 S., 35 Abb., 24 Tab., Karlsruhe 2000, ISBN 978-3-934987-01-2    € 16,00

# KARLSRUHER SCHRIFTEN ZUR GEOGRAPHIE UND GEOÖKOLOGIE

## Institut für Geographie und Geoökologie, Universität Karlsruhe (TH)

**Band 13:** BUTTSCHARDT, T.K. – Extensive Dachbegrünungen und Naturschutz
275 S., 45 SW-Abb., 2 Farb-Abb., 91 Tab., Karlsruhe 2001, ISBN 978-3-934987-02-9
€ 21,50

**Band 14:** VOGT, J. – Lokale Kaltluftabflüsse
354 S., 143 SW-Abb., 1 Farb-Abb. 4 Tab., Karlsruhe 2001, ISBN 978-3-934987-03-6
€ 26,50

**Band 15:** JEHN, K. – Vegetationskundliche Erfolgskontrollen an renaturierten Fließgewässern in der badischen Oberrheinebene
219 S., 108 SW-Abb., 6 Farb-Abb., 50 Tab., Datenanhang auf CD-ROM, Karlsruhe 2001,
ISBN 978-3-934987-05-0
€ 18,50

**Band 16:** ZOMAHOUN, G.-H. – Landnutzungs- und Managementstrategien für die Puffer- und Siedlungszone des Pendjari-Nationalparks (Bénin)
252 S., 68 SW-Abb., 1 Farb-Abb., 66 Tab., 16 SW-Karten, 3 Farb-Karten, Karlsruhe 2002,
ISBN 978-3-934987-06-7
€ 27,00

**Band 17:** MÜLLER, H.-N. – Landschaftsgeschichte Simplon (Walliser Alpen, Schweiz) – Gletscher-, Vegetations- und Klimaentwicklung seit der Eiszeit
436 S., 97 SW-Abb., 26 Farb-Abb., 53 Tab., 1 Großtabelle, 2 Großfarbkarten, Karlsruhe 2005,
ISBN 978-3-934987-10-4
€ 30,00

**Band 18:** BURGER, D., M. MEURER, J. VOGT (HRSG.): – Studien zur Geographie und Geoökologie
175 S., 87 SW-Abb., 7 Farb-Abb., 5 Tab., Karlsruhe 2003, ISBN 978-3-934987-07-4
€ 26,50

**Band 19:** SAMIMI, C. – Das Weidepotential im Gutu Distrikt (Zimbabwe) - Möglichkeiten und Grenzen der Modellierung unter Verwendung von Landsat TM-5
134 S., 65 SW-Abb., 13 Farb-Abb., 31 Tab., Karlsruhe 2003, ISBN 978-3-934987-08-1
**(vergriffen)**
€ 32,00

**Band 20:** WALDENMEYER, G. – Abflussbildung und Regionalisierung in einem forstlich genutzten Einzugsgebiet (Dürreychtal, Nordschwarzwald)
247 S. 160 SW-Abb., 4 Farb-Abb., 57 Tab., Karlsruhe 2003, ISBN 978-3-934987-09-8
**(vergriffen)**
€ 29,00

**Band 21:** LANGNER, M. – Exponierter innerstädtischer Spitzahorn (*Acer platanoides*) – eine effiziente Senke für $PM_{10}$?
138 S. 66 SW-Abb., 5 Farb-Abb., 43 Tab., Karlsruhe 2006, ISBN 978-3-934987-11-1
€ 24,00

**Band 22:** SALLING, P., GENSCH, C.-O., KREISEL, G., KRALISCH, D., DIEHLMANN, D. P., MEURER, M., KÖLSCH, D., SCHMITT, I. (2007) – Entwicklung der Nachhaltigkeitsbewertung SEEbalance® - im BMBF-Projekt „Nachhaltige Aromatenchemie"
137 S. 49 SW-Abb., 44 Farb-Abb., 4 Tab., Karlsruhe 2007, ISBN 978-3-934987-12-8
€ 25,00

**Band 23:** SCHMIDT, I. (2007) – Nachhaltige Produktbewertung mit der Sozio-Öko-effizienz-Analyse
288 S., 27 SW-Abb., 44 Farb-Abb., 54 Tab., Karlsruhe 2007, ISBN 978-3-934987-13-5
€ 25,00

**Band 24:** DIETZ, S. (2009) – Bestimmung von Bodenwasserhaushaltskomponenten für den praxisbezogenen Einsatz in Wasserschutzgebieten
321 S., 11 SW-Abb., 181 Farb-Abb., 45 Tab., Karlsruhe 2009, ISBN 978-3-934987-17-3
€ 25,00

Bezugsadresse (bis Band 24):

Karlsruher Institut für Technologie (KIT)
Institut für Geographie und Geoökologie
Schriftleitung : Dr. Christophe Neff
Kaiserstraße 12, 76128 Karlsruhe
Tel.: 0721/608-3481 Fax: 0721/608-3738
E-Mail: Christophe.Neff@kit.edu

Alle Preisangaben verstehen sich inkl. MwSt. und zzgl. Versandkosten

# KARLSRUHER BERICHTE ZUR GEOGRAPHIE UND GEOÖKOLOGIE

## Institut für Geographie und Geoökologie, Universität Karlsruhe (TH)

Heft 1:  MEURER, M., JENISCH, T., REIFF, K., STURM, H.-J, SWOBODA, J.& H. WILL –
Weidepotentialanalysen in der Atakora-Provinz Benins
68 S., 17 Abb., 12 Tab., Karlsruhe 1991 — € 11,00

Heft 2:  MEURER, M. – Die Südtiroler Almwirtschaft und das Bracheproblem aus ökologischer Sicht
72 S., 11 Abb., 13 Tab., Karlsruhe 1992 — € 11,00

Heft 3:  BUTTSCHARDT, T.K. – Ökomorphologische Fließgewässerbewertung und ihre Bedeutung für die Biotopverbundplanung
85 S., 21 Abb., 22 Tab., 6 Photos, 5 Farbkarten, Karlsruhe 1994 — € 13,50

Heft 4:  ZINOW, L. – Floristisch-vegetationskundliche Untersuchungen zweier Karlsruher Industrie- und Gewerbegebiete im Hinblick auf ihren Wert für den Arten- und Biotopschutz unter Berücksichtigung von Nutzung, Pflege und Versiegelung
KÜHNEN, A. - Satellitengestützte Vegetationskartierung im Südtiroler Martelltal als Grundlage geoökologischer Planung
113 S., 24 Abb., 9 Tab., 34 Photos, 1 SW-Karte, 2 Farbkarten, 1 digitales Geländemodell, Karlsruhe 1994 — € 13,50

Heft 5:  HARTENSTEIN, M. – Phänologische Analysen im Stadtgebiet von Karlsruhe
68 S., 30 Abb., 15 Tab., 1 SW-Karte, Karlsruhe 1994 — € 11,00

Heft 6:  NUTZ, L. – Untersuchungen zur Sukzession von Inselwäldchen der Feuchtsavanne des Beni-Tieflandes, Bolivien
105 S., 13 Abb., 12 Tab., 5 Photos, 4 Farbkarten, Karlsruhe 1995 — € 13,50

Heft 7:  BÖHLING, N. – Zur pedoökologischen Indikatorfunktion der Vegetation des Stadtwaldes von Hannover. Untersuchungen zur Parallelisierung von Zeigerwerten nach ELLENBERG mit Bodendaten im Hinblick auf eine Physiotopdifferenzierung
HERBINGER, W. - Landschaftsökologie und GIS – Strategien zum Umgang mit Datenunsicherheiten
86 S., 57 Abb., 22 Tab., Karlsruhe 1995 — € 11,00

Heft 8:  JEHN, K. – Regeneration von *Chionochloa rigida*-Tussockgrasland nach dem Abbrennen auf der Südinsel Neuseelands
85 S., 42 Abb., 62 Tab., 17 Photos, 1 Farbkarte, Karlsruhe 1997 — € 13,50

Heft 9:  DANNENMAIER, S. – Vegetationskundliche Analysen unterschiedlicher Brachflächen in SW-Niger
115 S., 36 Abb., 18 Tab., 2 Beilagen, Karlsruhe 1996 — € 11,00

Heft 10: NORRA, S. – Anorganische Schadstoffbelastung in Stäuben, Straßensedimenten, Böden und Pflanzen entlang innerstädtischer Straßen von sechs Standorten in Karlsruhe
104 S., 35 Abb., 32 Tab., 7 Photos, 1 Beilage, Karlsruhe 1997 — € 11,00

Heft 11: BRANDL, G. – Die Entwicklung und die Auswirkungen des Tourismus auf Naxos (Griechenland)
89 S., 15 Abb., 12 Tab., 8 SW Karten u. 4 Farbkarten-Beilagen, Karlsruhe 1998 — € 16,00

Heft 12: SCHWARZWÄLDER, S. – Ökosystemare Auswirkungen von Pflegemaßnahmen unter Freileitungstrassen – Möglichkeiten und Grenzen der Sukzessionslenkung
121 S., 18 Abb., 33 Tab., 24 Farbphotos, Karlsruhe 1999 — € 13,50

Heft 13: HAMMEN, A. – Auswirkungen von Bränden auf die Böden der Insel Naxos (Griechenland)
87 S., 34 Abb., 16 Tab., 19 SW-Photos, Karlsruhe 2000 — € 11,00

Heft 14: VOGT, J. – Thermische Luftzirkulation in großen Innenräumen. Ergebnisse von Messungen im Dom von Meißen
43 S., 41 Abb., Karlsruhe 2000 — € 11,00

# KARLSRUHER BERICHTE ZUR GEOGRAPHIE UND GEOÖKOLOGIE

## Institut für Geographie und Geoökologie, Universität Karlsruhe (TH)

Heft 15: LANGNER, M. – Analysen zur Staubauflage auf Bäumen (*Acer platanoides*) innerstädtischer Standorte
75 S., 30 Abb., 12 Tab., Karlsruhe 2002 — € 11,00

Heft 16: PFÄFFLIN, J., JONITZ, A., LEIST, N. – Zur Wiederbesiedelung gebrannter Flächen auf Naxos – ein Beitrag zur Diasporenbank im Boden unter Berücksichtigung des Diasporenansatzes sowie der anemochoren und zoochoren Verbreitung
97 S., 28 Abb., 37 Tab., Karlsruhe 2003 — € 11,00

Heft 17: RENNER, J. – Eigendynamische Entwicklung der Alb im Nordschwarzwald – Morphologische Untersuchungen an einem Mittelgebirgsbach im Buntsandstein
102 S., 66 Abb., 15 Tab., Karlsruhe 2004 mit CD-Rom der Arbeit inkl. 26 Farbkarten als Anhang — € 13,50

Heft 18: SÖRGEL, C. – Immissionen von Ammoniak im Umfeld zweier landwirtschaftlicher Betriebe
143 S., 42 Abb., 44 Tab., mit Elektronischem Anhang (CD-ROM), Karlsruhe 2005 — € 13,50

Heft 19: SKARKA, J. – Ökobilanzielle Abschätzung der Bereitstellung von Bioenergie. Strom und Wärme aus Gras-, Maissilage, Heu und Paapelhackschnitzeln. Immissionen von Ammoniak
104 S., 32 Abb., 43 Tab., Karlsruhe 2008 — € 12,50

Heft 20: SCHADE, U. – Monitoring zur Erfolgskontrolle von Revitalisierungsprojekten an Fließgewässern. Konzeptentwicklung und Implementierung am Beispiel von Brend und Ulster im Biosphärenreservat Rhön.
216 S., 17 Abb., 88 Tab., Diplomarbeit und Handbuch (287 S.), Karlsruhe 2008 — **online**

Heft 21: MASUCH, J. – Strategien zum Land-Use-Management in der Anrainergemeinde Pouri im Biosphärenreservat Pendjari (Bénin, Westafrika)
128 S., 47 Abb., 49 Tab., Anhang mit 7 DIN A3 Farbkarten, Karlsruhe 2008 — € 12,00

Heft 22: KRESS, A. – Praxisorientiertes Feuermanagement im Biosphärenreservat Pendjari Bénin, Westafrika
129 S., 62 Abb., 18 Tab., Karlsruhe 2008 — € 12,00


Bezugsadresse:

Karlsruher Institut für Technologie (KIT)
Institut für Geographie und Geoökologie
Schriftleitung : Dr. Christophe Neff
Kaiserstraße 12, 76128 Karlsruhe
Tel.: 0721/608-3481 Fax: 0721/608-3738
E-Mail: Christophe.Neff@kit.edu


Alle Preisangaben verstehen sich inkl. MwSt. und zzgl. Versandkosten